最受养殖户欢迎的精品图书

现代养蜂法

第二版

张中印 编著

中国农业出版社

第一版前言

蜜蜂是人类的朋友，养蜂是有百利无一害的“甜蜜事业”。养蜂不与粮棉油争田地，不与畜牧业争饲料。蜜蜂访花授粉，还能促进植物结果，提高农产品的产量和品质，增加生物的多样性，是现代农业不可缺少的组成部分。养蜂能够强身祛病、就业致富，养1群蜜蜂，有吃不完的甜蜜，养10群蜜蜂，相当于养100头猪。养蜂可以有效地利用山区宝贵的蜜源资源，是解决失地、失林农民生活问题的一条可行路子。

本书是作者在长期从事养蜂生产、教学和科研的基础上，学习并广泛吸取中外百家之经典理论和成功经验，根据我国对现代养蜂科学技术的需要，以及当今世界对优质蜂产品的消费增长态势，继承传统，求是创新，历时3年撰写而成。全书融基础性、先进性、可读性和可操作性于一体，形成了一套较为完整的技术体系，便于初学者一步到位。本书向读者提供的现代养蜂技术、理念和相关知识，对养蜂者具有重要的理论和实践意义，亦可为教学工作者、科学研究者提供参考。

本书围绕如何养好蜜蜂、用好蜜蜂，着重介绍提高蜂产品产量和质量的现代科学养蜂技术，力争达到施之有法、行之有效，花最少的投资、获最大的收益。比如：蜂花粉生产工具和蜂群管理技术的革新，使产量成倍增加，质量也得到提高；而专业化、半机械化的蜂王浆生产技术和“两罐雾化器”的应用，将劳动效率提高10余倍，把养蜂员从烦琐、艰苦的劳动中解放出来，对实现一人多养、扩大规模和提高效益有重要意义。在一个问题的多种解决方案中，仅介绍有效、简便的最佳技术措施。此外，结合我国的实际情况和养蜂发展趋势，有选择地介绍国外的先进技术，以加速我国现代养蜂业的发展。

全书使用了大量精美的图片。为了更直观地说明问题，既保留经典的线条插图，还新增遴选800余张照片及绘制数十幅素描图，图文结合，相得益彰。

本书在撰写和出版过程中，得到中国农业出版社养殖业出版中心编审们的大力支持，河南科技学院副校长王清连教授以及陈锡铃、王运兵、金德锐、陆希宣、杨怀森教授、周岩博士一贯支持和关怀作者对养蜂科学的研究与教学工作，中国养蜂学会张复兴理事长和陈黎红秘书长，中国农业科学院蜜蜂研究所吴杰研究员，《中国养蜂》杂志主编叶振生编审，福建农林大学蜂学学院陈崇羔教授、缪晓青教授和陈大福博士，江西农业大学曾志将教授，浙江大学苏松坤博士，东北林业大学张少斌教授，牡丹江市农业科学研究所徐万林研究员，吉林蜜蜂研究所薛运波所长，以及王慧高师傅等也提供了许多帮助，得到 Zachary Huang Associate Professor of Apiculture Michigan State University 的大力支持，以及 http：//photo. bees. net/、www. legaitaly. com、http：//www. beecare. com/、http：//www. draperbee. com/、http：//www. beeman. se/和 http：//www. mondoapi. it 等专业网站的精美图片。福建农林大学蜂学学院周冰峰教授对全书作了认真细致的审核和修正。掩卷思忖，拙著得以付梓，是与作者的师长、朋友、同事和领导的鼓励、支持和悉心指点分不开的。在此谨向以上单位和个人致以衷心的感谢，对参考过的有关资料和被引用国内外网站的精彩图片的作者，也在此一并致以诚挚的谢意。囿于个人学识水平和实践经验，书中错误和欠妥之处在所难免，恳请读者随时批评指正，以便今后修改、增删，使之日臻完善。

特别注明，因有些联络地址不详，作者对被引用了图片而没有取得联系的国内外网站和个人表示深切的歉意，如有机会请与作者联系。（作者通讯地址：中国河南新乡市，河南科技学院；邮编：453003；电话：+86－0373－3040206；email：zzy2772@yahoo. com. cn）。

张中印

目录

第一章 蜜蜂饲养基础知识

本章阐述了蜜蜂的形态结构与生理功能、蜜蜂的生物学特性、蜜蜂赖以生存的生态环境知识，以及蜜蜂属中重要的种、亚种和改良蜂种在我国的应用价值。对蜜蜂总科中与植物授粉有重要价值的蜂类也作了介绍，以满足现代农业发展的需要。

第一节 蜜蜂形态学

蜜蜂个体生长发育包括由卵发育到成虫的整个过程，从形态上可划分为卵、幼虫、蛹、成虫 4 个阶段（图 1-1），其形态和生活形式也各不相同。

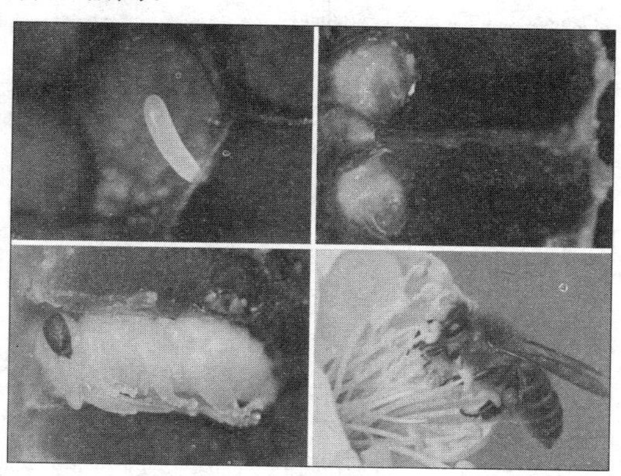

图 1-1 蜜蜂个体生长发育的四个虫态
左上：卵 右上：幼虫 左下：蛹 右下：成虫
（张中印 摄）

一、蜜蜂卵、虫和蛹

(一) 卵

蜜蜂卵呈香蕉状，乳白色，略透明；两端钝圆，一端稍粗是头部，朝向房口；另一端稍细是腹末，表面有黏液，黏着于巢房底部（图 1 - 2）。

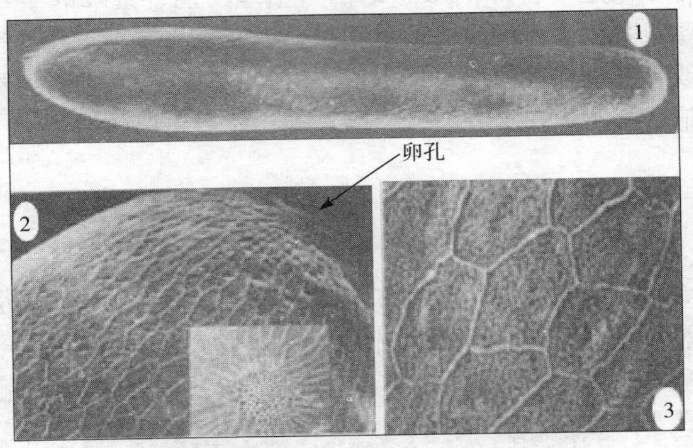

图 1 - 2　放大的蜜蜂卵

1. 卵　2. 卵的一端，示卵孔　3. 卵壳表面

（引自 Snodgrass R. E.，1993）

从蜂王产卵开始到卵孵化，这一时期称为卵期，约持续 3 天。第 3 天后，幼虫孵出。

(二) 幼虫

从卵孵化开始到第 5 次蜕皮结束，称为幼虫期 。初孵化的幼虫淡青色，不具足，平卧房底，并被哺育蜂饲喂的蜂乳所包围，以后，哺育蜂对幼虫的哺育约每分钟进行 1 次。幼虫初呈新月形，渐成 C 形，呈蠕虫状，体表有环纹分节，有一个小头和

13个分节的体躯；随着不断生长，幼虫越来越呈小环状，白色晶亮，长大后则伸向巢房口发展（图1-3）。

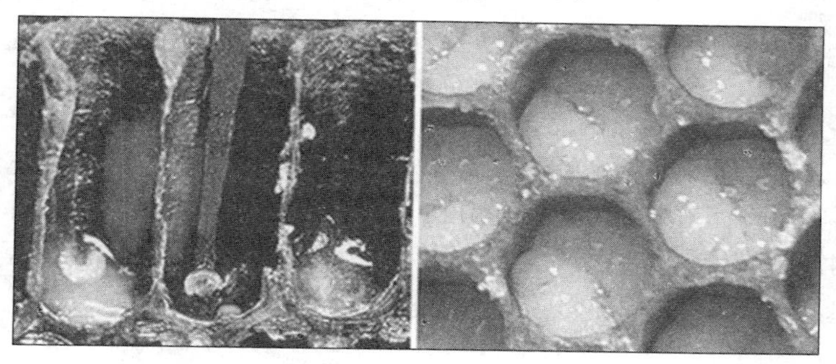

图1-3　工蜂幼虫

左：漂浮在王浆上的小幼虫　右：长大的小幼虫

（引自黄智勇；张中印）

（三）蛹

从幼虫蜕掉第5次皮始到蛹壳裂开止，称为蛹期。蜜蜂蛹期不取食，但幼虫期形成的组织和器官在继续分化和改造，逐渐形成成虫的各种器官和组织。

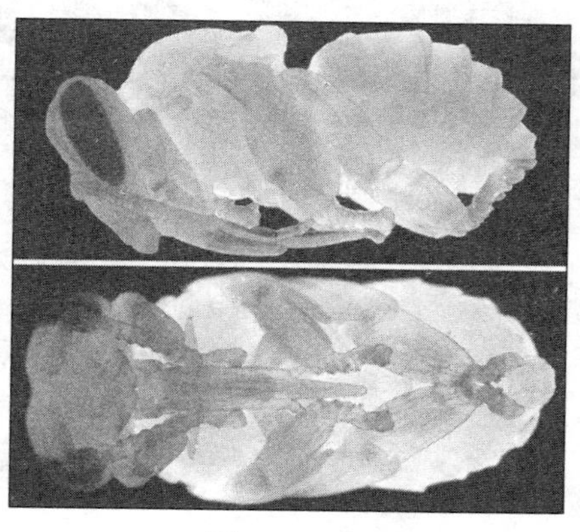

图1-4　蛹

左：封盖工蜂蛹房　右上：工蜂蛹侧面观

右下：工蜂蛹腹面观

（引自 www.warrenphotographic.co.uk）

幼虫孵化5～6天后，工蜂将巢房封盖，停止饲喂，幼虫继续食用剩余饲料，封盖3天后停止取食，并由蜷曲逐渐伸直，头朝向巢房口，将积粪一次排在房底（在幼虫期结束时，马氏管和中肠才与后肠相通），然后吐丝结茧，经过1天的预蛹期，幼虫在茧内第5次蜕皮，并在蜕皮内进入蛹期发育（图1-4）。

（四）成虫

当成虫在蛹壳内完全形成时，蛹壳裂开，咬开巢房盖羽化出房。刚羽化的蜜蜂外骨骼较软，体色淡，由其他工蜂喂食。它依靠吸食蜂蜜和水分增大体液压力，使躯体膨胀，翅展平直，外骨骼逐渐变硬，绒毛竖起，经过数天的再发育，体内各器官发育成熟（图1-5）。

图1-5　工蜂成虫

左：羽化　右：采蜜

（引自 www.mondoapi.it 等）

二、成虫的外部形态

蜜蜂是营社会性群体生活的昆虫，蜂群是其生活和繁殖的单位，由蜂王、工蜂、雄蜂3种不同职能的个体组成。蜜蜂成虫的体躯分头、胸、腹三部分，由多个体节构成（图1-6）。

蜜蜂的体表是一层几丁质外骨骼，构成体形，支撑和保护内

图 1-6　外部形态

1. 头部　2. 胸部　3. 腹部　4. 触角　5. 复眼　6. 翅
7. 后足　8. 中足　9. 前足　10. 口器
（引自 www. flickr. com）

脏器官。外骨骼表面密被绒毛，有保温护体作用。绒毛有些是空心的，是感觉器官；有些呈羽状分枝，能黏附花粉粒（图 1-7）。

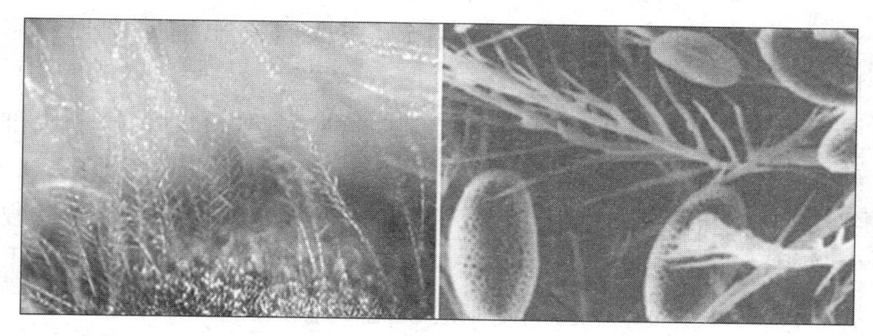

图 1-7　蜜蜂头/胸部绒毛

左：示羽毛状分枝　右：示黏附花粉粒
（引自黄智勇；Snodrass R. E.，1993）

（一）头部

蜜蜂的头部是感觉和摄食的中心，表面着生眼、触角和口器，里面有腺体、脑和神经节等。头和胸由一细而富有弹性的膜质颈相连（图1-8）。

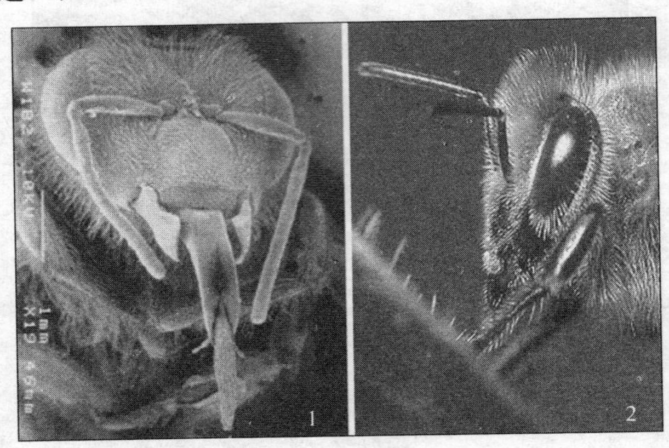

图1-8 工蜂头部

1. 正面观 2. 侧面观

（引自 Snodgrass. R. E. 1993；www. greensmiths. com）

三型蜂的头部形状各不相同：蜂王的头部呈心脏形，工蜂的头部呈倒三角形，雄蜂的头部因复眼大且突出而呈圆形（图1-9）。

1. 眼 蜜蜂的眼有复眼和单眼两种。复眼1对，位于头部两侧，暗褐色，有光泽；复眼由许多正六边形的小眼面组成，相邻小眼面之间着生短绒毛。蜂王和工蜂的复眼呈肾形，雄蜂的复眼呈半球形。单眼3个，呈倒三角形排列在两复眼之间与头顶上方（图1-10）。单眼协同复眼起视觉作用。

2. 触角 触角1对，着生于颜面中央触角窝，膝状，由柄、梗、鞭3节组成。蜂王和工蜂的鞭节有10节，雄蜂的有11节；触角基部插入触角窝的膜质区，可自由活动。每一触角内有两条神经，连接脑与鞭节上的感觉器（图1-11）。

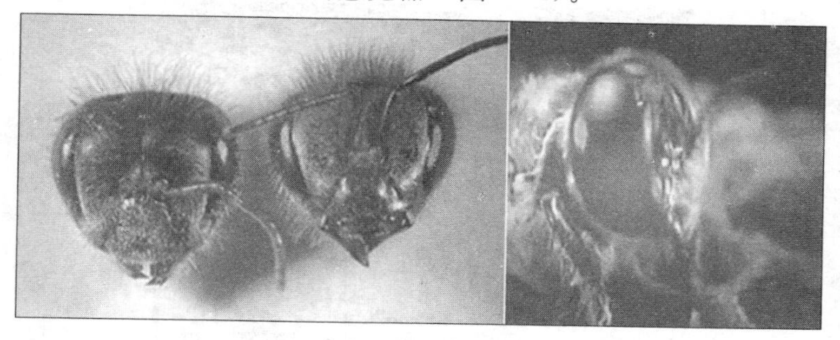

图1-9　三型蜂的头

左：蜂王的头　中：工蜂的头　右：雄蜂的头

（引自黄智勇；maarec. cas. psu. edu）

图1-10　眼

上：复眼和单眼位置　下左：单眼　下右：复眼

（引自黄智勇；Snodgrass R. E.，1993）

触角是蜜蜂最主要的感觉器官，毛形、锥形感觉器起触觉作

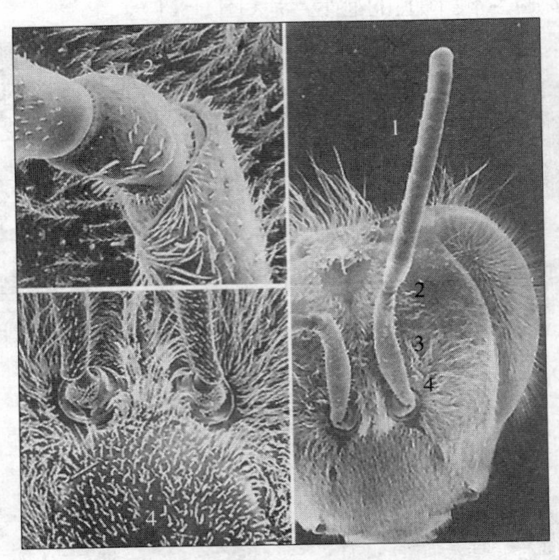

图 1-11　触　角

1. 鞭节　2. 梗节　3. 柄节　4. 触角窝

（引自 Snodgrass R. E.，1993）

用，板形、钟形、坛形感觉器起嗅觉作用。

3. **口器**　蜜蜂的口器由上颚、特化的下颚和下唇等组成，是适于吸吮花蜜和嚼食花粉等的嚼吸式口器（图 1-12、图 1-13）。

（1）上唇和上颚：上唇 1 片，方形，位于颜面唇基下；上唇前后开合，可阻止口中食物从前方漏出。唇基内壁突出，形成柔软的内唇，富有味觉器。上颚 1 对，附着于头后上唇下方两侧，可左右开合，是蜜蜂咀嚼花粉等的器官。

蜂王的上颚基部粗壮而端部尖锐，主要用于羽化时咬开茧衣和巢房盖。

工蜂的上颚呈靴状，两端大、中间小，端部内表面有一峡沟，与基部的上颚腺开口相通。工蜂的上颚主要用于咀嚼花粉、筑巢、清巢、御敌以及支撑和抱持向外伸长或折叠的喙等。

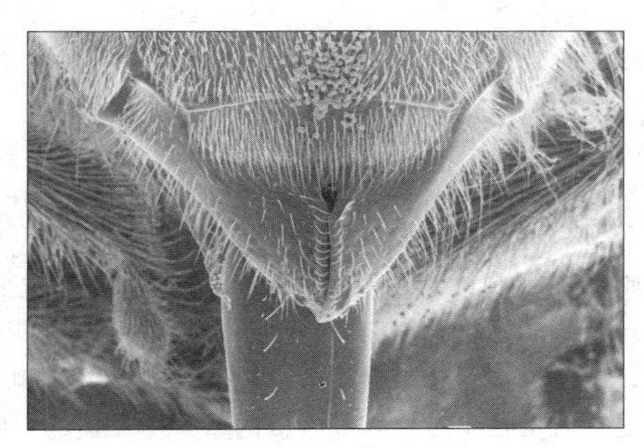

图 1-12　口器（示上唇、上颚和喙）

（引自 www. bath. ac. uk）

图 1-13　工蜂的口器

左：示喙　右：示上颚

（引自 Erickson 等，1986；黄智勇）

雄蜂的上颚较小，上宽下窄，因不工作而退化。

（2）喙：喙是由下颚和下唇的活动部分临时组合形成的一条

管子，用于吸食液体食物，在喙管内有一细长、扁平、多节、密毛且可抽动的舌，舌端有唇瓣。

（二）胸部

胸部是蜜蜂运动的中心。蜜蜂成虫胸部由前胸、中胸、后胸和并胸腹节组成。并胸腹节由第一腹节延伸至胸部形成，其后部突窄连着腹柄而与腹部相连。胸部 4 节紧密结合，每节都由背板、腹板和两侧的侧板合围而成。中胸和后胸的背板两侧各具 1 对膜质翅，依次称前翅和后翅。前、中、后胸腹板两侧分别着生前足、中足、后足各 1 对。胸部骨板内壁着生发达的肌肉，支持着足、翅的运动。意蜂（意大利蜜蜂，简称意蜂）王的胸厚为 4.7～5.0 毫米。

1. 翅　蜜蜂的翅膜质透明，前翅大于后翅。翅上有翅脉，是翅的支架；翅上有翅毛。前翅后缘有卷褶，后翅前缘有 1 列向上的翅勾（图 1-14、图 1-15）。静止时，翅水平向后折叠于体

图 1-14　工蜂的翅

左：示前、后翅　右：示翅脉

（引自 www. static. flickr. com；www. usefilm. com）

背面；飞翔时，前翅掠过后翅，前翅卷褶与后翅翅勾搭挂——连锁，以增加飞翔力。

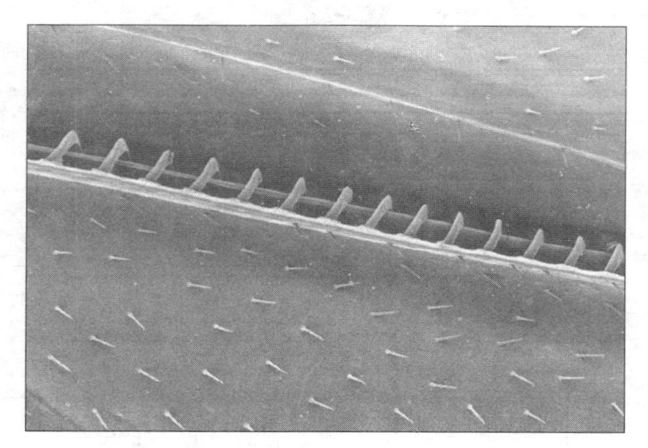

图 1-15　蜜蜂的翅（示翅钩、翅褶及前、后翅连锁）
（引自 science. exeter. edu）

雄蜂的翅最大，蜂王的翅次之，工蜂的翅最小。

蜜蜂的翅除飞行外，还能扇动气流，调节巢内温度和湿度；还能振动发声，传递信息。工蜂振翅的不同姿态，表示不同的行为。

2. *足*　蜜蜂足分前足、中足和后足，均由基节、转节、股节、胫节和跗节组成。跗节由 5 个小节组成：基部加长扩宽近长方形的分节称基跗节；近端部的分节叫前跗节，其端部具有 1 对爪和 1 个中垫，爪用以抓牢粗糙物体的表面，中垫能分泌黏液附着于光滑物体的表面（图 1-16）。足的分节有利于蜜蜂的灵活运动。工蜂足的构造高度特化，它既是运动器官，又适宜采集和携带花粉等。

（1）前足：工蜂的前足短而灵活，基跗节基部内侧有 1 个圆形凹槽，周生 1 列短毛，共同与胫节端部 1 个可活动的距组成净

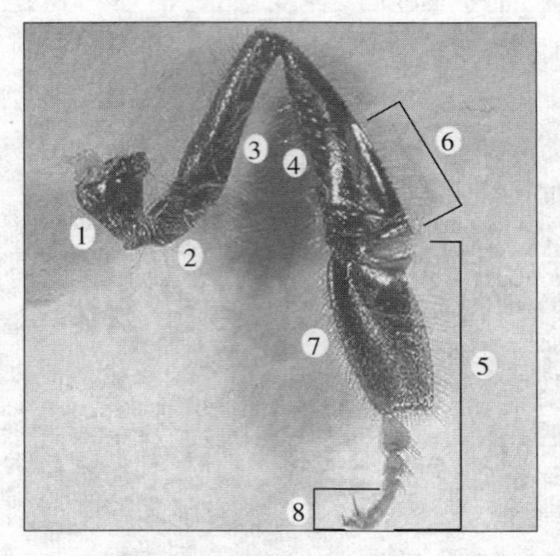

图 1-16　蜜蜂的足

1. 基节　2. 转节　3. 股节　4. 胫节　5. 跗节

6. 花粉篮　7. 基跗节　8. 前跗节（示：爪）

（引自 www.greensmiths.com）

角器。蜜蜂用前足将触角扣入净角器内，通过拉刷，将触角上黏附的花粉粒或其他杂质清理干净。基跗节内侧密生的硬毛，称跗刷，可清扫头、眼、口器的花粉和其他尘粒（图 1-17）。

（2）中足：中足基跗节的跗刷用来清洁胸部，胫节端部有 1 个长距，用于清理翅与气门以及将后足花粉篮中的花粉团铲落在巢房内（图 1-18）。

（3）后足：后足最大。胫节端部宽扁，外表面光滑而略凹陷，周边着生向内弯曲的长刚毛，相对环

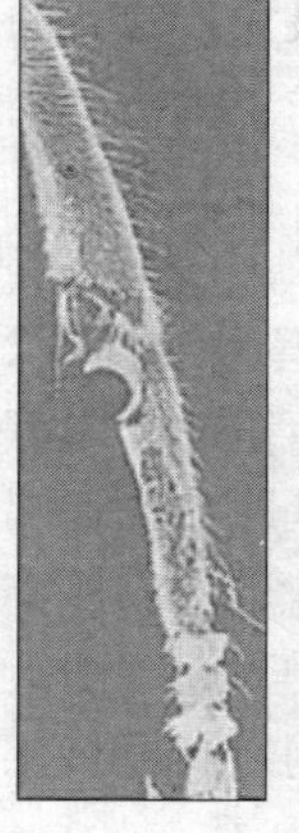

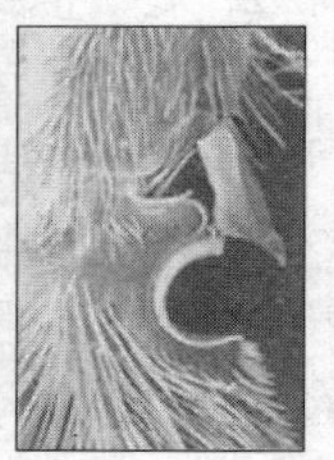

图 1-17　工蜂前足的净角器

胫节端部的距和基跗节的凹槽

（引自 Snodgrass R. E.，1993）

抱，下部偏中央处独生1支长刚毛，形成一个可携带花粉的装置——花粉篮。工蜂采集到的花粉在此堆集成团，中央刚毛和花粉篮周围的刚毛，起固定花粉团的作用。胫节端部有一列硬刺，称花粉耙，基跗节基部边缘有一横向的扁状突起部分，称耳状突。花粉耙和耳状突可协作把收集来的花粉形成花粉团并装入花粉篮内。基

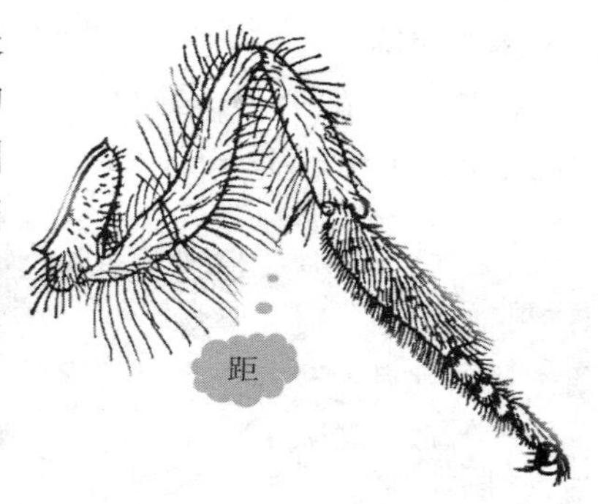

图1-18 中 足

（引自 Snodgrass R. E.，1993）

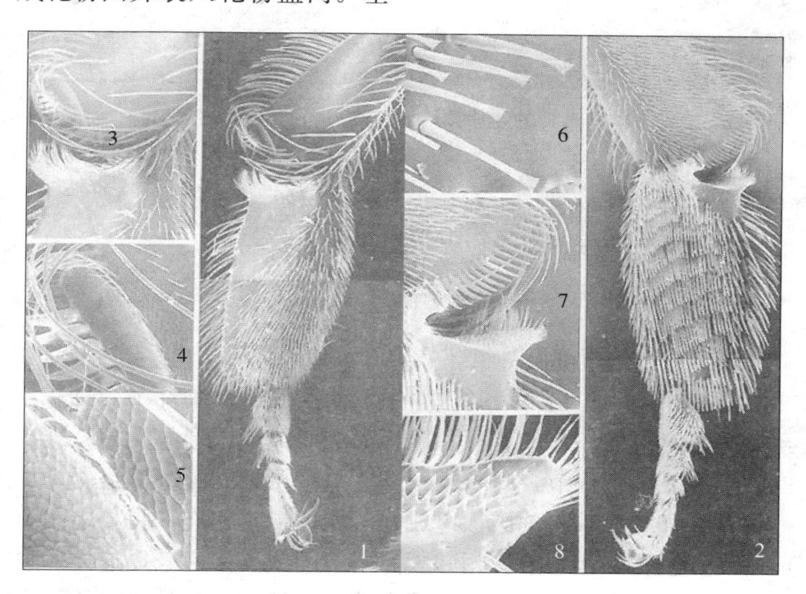

图1-19 蜜蜂后足

1. 外侧，示花粉篮 2. 内侧，示花粉梳 3. 示刚毛 4. 花粉耙 5. 胫节端部表皮 6. 组成花粉梳的毛形状 7. 内观花粉耙和耳状突 8. 耳状突

（引自 Snodgrass R. E.，1993）

跗节内侧具有 9～10 排整齐横列的硬毛，称花粉梳，用于梳刮附着在身体上的花粉等（图 1-19、图 1-20）。意蜂等西方蜜蜂的花粉篮还用于携带蜂胶。

图 1-20 花粉篮携带的花粉团

图 1-21 腹 部

（引自 www.flickr.com）

蜂王和雄蜂足的采集构造均退化。

(三) 腹部

蜜蜂成虫的腹部由一组环节组成，是内脏活动和生殖的中心。

1. 腹部结构　工蜂和蜂王的腹部可见到 6 个环节，即第 2 至第 7 节，最后一节的背板和腹板形成躯体圆锥形的尖端。雄蜂的腹部可见 7 个环节，腹末端圆形。每一可见的腹节都是由 1 片大的背板和 1 片较小的腹板组成，其间由侧膜相连；腹节之间由前向后套叠在一起，前后相邻腹节由节间膜连接起来，这样，腹部可以自由伸缩、弯曲。在蜜蜂腹节背板的两侧各具成对的气门（图 1-21）。

2. 附属器官

（1）螫针：螫针是蜜蜂的自卫器官（图 1-22）。工蜂的螫针由产卵器特化而成，通常包藏于腹末第 7 节背板下的螫针腔内，由可外露的螫针杆和一个大的基部结构组成。

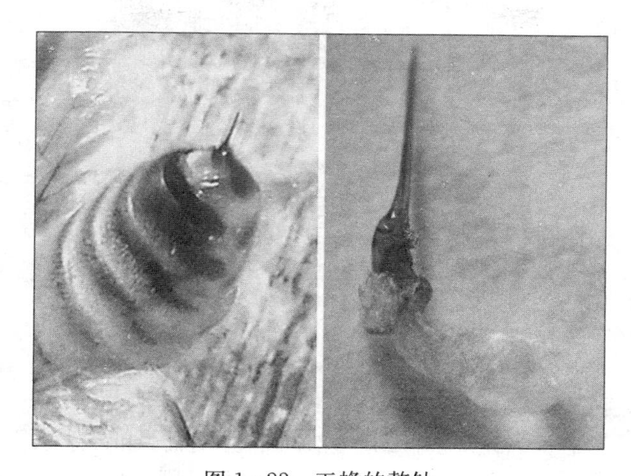

图 1-22 工蜂的螫针

（引自张中印；www. scottcamazine. com）

①螫针基部的构造：是由螫针球、碱性腺（副腺）、酸性腺（毒腺）、毒囊、1 对弯曲臂和与其相关联的 3 对形状各异的骨片组成。毒囊接受毒腺的分泌液，并有管道通往螫针球。

②螫针杆由 3 个部分组成：背部是 1 根腹面具沟的刺针（中针），下面为 2 根上表面具槽、端部具齿的感针，嵌于中针之下，可滑动自如，并与中针闭合成一通道与毒囊、毒腺相连（图 1-23）。

当工蜂螫针刺入敌机体后，靠感针端部的小齿牢固地附着在机体上，刺针与感针上下滑动，使针越刺越深，最后，螫针、毒囊等一起同蜂体断离，留在敌机体上。附在螫针和毒囊上的肌肉，在交感神经的作用下，还会有节奏地收缩，使螫针继续深刺射毒，直到把毒液全部排出为止。失掉螫针的工蜂，不久便死亡。

蜂王的螫针也是由产卵器特化而成，略弯曲、稍粗壮、少逆齿，毒囊、毒腺不如工蜂发达，它只在与其他蜂王搏斗时才使

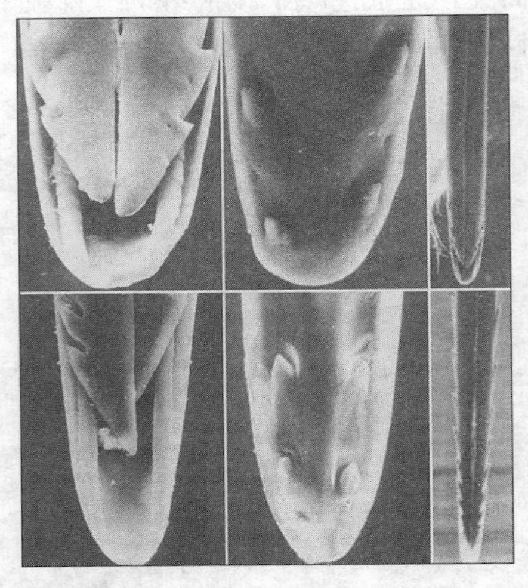

图 1-23　蜜蜂螫刺（示端部腹面观、背面观和螫针杆）

上：蜂王　下：工蜂

（引自 Snodgrass R. E.，1993）

用。雄蜂没有螫针。

（2）蜡镜：在工蜂的第 4 至第 7 腹板的前部，即被前一节套叠的部分，各具一对光滑、透明、卵圆形的蜡镜，是承接蜡液凝固成蜡鳞的地方（图 1-24）。

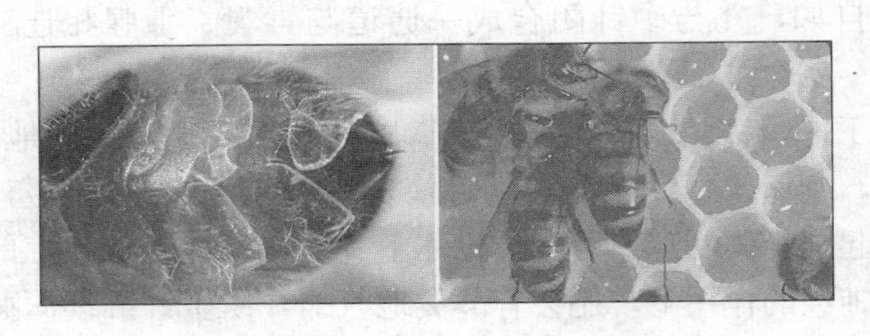

图 1-24　蜡　鳞

左：蜡镜上的蜡鳞　右：巢房上的一片蜡鳞

（引自黄智勇）

三、内部结构与生理

蜜蜂的内部器官位于体腔内，体腔内充满着流动的血液（血淋巴），故又称为血腔。蜜蜂的消化道位于体腔的中央，从口到肛门前后贯通；血液循环系统的中心——背血管（心脏和一段动脉），位于腹腔背面的中央。中枢神经系统由头部的脑和位于体腔腹面中央的腹神经索组成。呼吸系统开口于胸部和腹部的两侧。除此以外，蜜蜂的内部构造还包括生殖系统、腺系统、排泄器官等（图 1－25）。

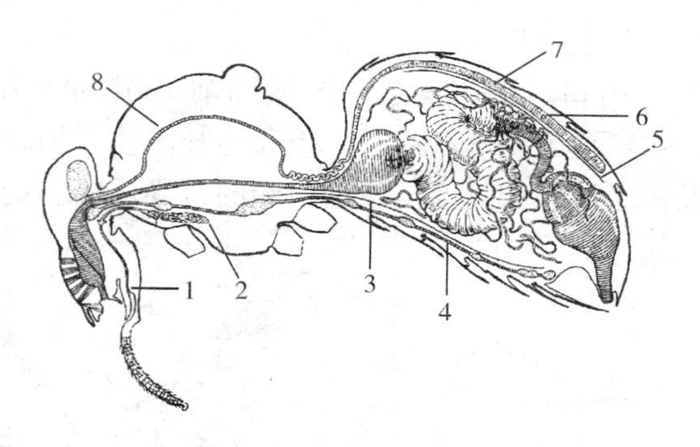

图 1－25　工蜂内部器官

1. 唾管　2. 胸唾腺　3. 腹神经索　4. 腹膈　5. 心门
6. 心脏　7. 背膈　8. 背血管
（引自 Snodgrass R. E.，1993）

蜜蜂腹部的消化道与背血管、腹神经索之间分别由背膈、腹膈隔开，这样将腹腔分隔成 3 个腔，即背血窦、围脏窦和腹血窦，以便血液分流循环（图1－26）。

（一）消化系统

蜜蜂成虫的消化系统可分为前肠、中肠和后肠 3 部分。中肠和后肠分界处着生的马氏管为排泄器官，后肠又由小肠和直肠组

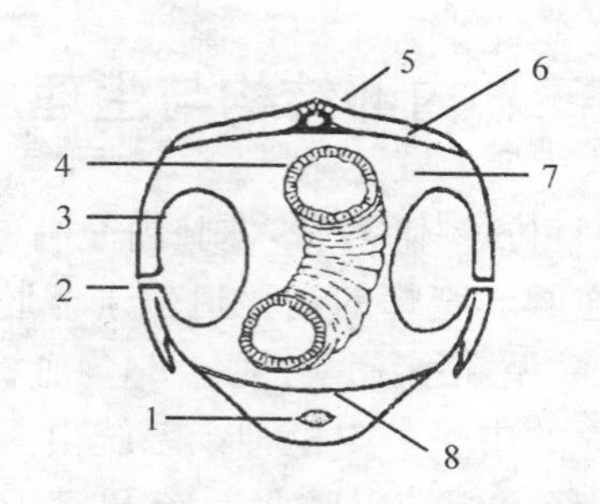

图 1-26 蜜蜂体腔（腹节横断面）

1. 神经索 2. 气门 3. 气囊 4. 中肠 5. 心脏 6. 背膈 7. 体腔 8. 腹膈

（引自 Snodgrass R. E.，1993）

成，直肠壁上着生有直肠腺。

1. 前肠　由口、咽、食道、蜜囊和前胃组成（图 1-27）。口后为咽，咽膨大为食窦，适宜吮吸和还吐液体食物。咽后连接细长的食道，通过颈和胸部与腹部前端的蜜囊连接。蜜囊是暂时

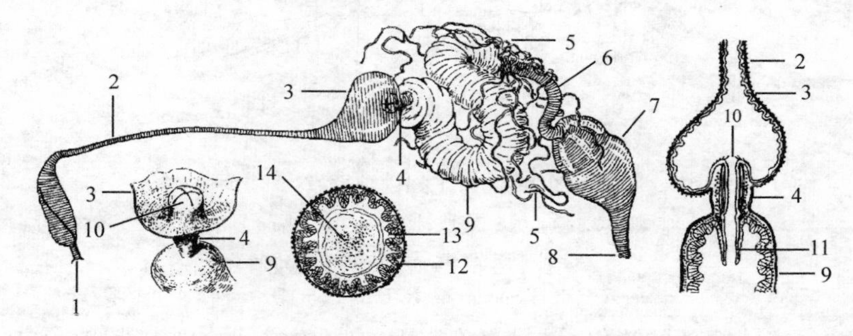

图 1-27 工蜂消化系统

1. 口 2. 食管 3. 蜜囊 4. 前胃瓣 5. 马氏管 6. 小肠 7. 直肠 8. 肛门 9. 中肠 10. 前胃瓣 11. 贲门瓣 12. 中肠上皮细胞 13. 围食膜 14. 中肠内食物

（引自 Snodgrass R. E.）

贮藏花蜜和水的器官，工蜂的蜜囊延展性很大，意蜂工蜂蜜囊的容积为 14～60 微升，中蜂（中华蜜蜂，简称“中蜂”）的可扩大到 40 微升。蜂王和雄蜂的蜜囊不发达。蜜囊下接短而窄的前胃，

其前端突出伸入蜜囊中，端部形成X形裂口，由4个三角形唇瓣控制开合；其后端形成一个长漏斗形活动瓣膜，伸入中肠，有阻止食物回流的作用。前胃是食物进入中肠的调节器：当唇瓣紧闭时，食物不能进入中肠而暂时贮藏在蜜囊中，并能通过蜜囊的收缩把食物吐回食窦；当唇瓣开放时，食物便从蜜囊进入中肠。

2. *中肠* 是蜜蜂消化食物和吸收养分的主要器官，位于腹腔前中部，呈S形。中肠壁肌肉发达呈环形皱褶，肠壁内有腺细胞分泌酶和消化液，内表面还有一层胶状膜——围食膜。蜜蜂中肠的结构有利于食物的消化、分解、吸收，其养分由肠壁吸收后直接进入周围的血液中。

蜜蜂的中肠后端紧缩，开口于后肠。

3. *后肠* 由小肠和直肠组成。小肠是弯曲、狭长的管子，在中肠未被消化的食物，经小肠继续消化和吸收后进入直肠。直肠是具有发达肌肉层的囊袋，能扩大容积，凡没有被消化吸收的废物都经过直肠吸收水分后排出体外。在直肠基部环生6条隆起的直肠腺，其分泌物能防止粪便腐败，同时能吸收粪便中过多的水分。

（二）排泄系统

蜜蜂的排泄系统由马氏管、直肠及部分脂肪体组成，其排泄物主要是食物残渣和代谢废物——尿酸、尿酸盐类等。

中肠和小肠连接处着生有100多条细长的盲管，称马氏管。这些盲管彼此相互交错盘曲，深入到腹腔的各个部位，浸浴在血液中。在管壁上着生螺旋状的条纹肌纤维，纤维肌收缩使马氏管扭动，与更多的血液接触，扩大吸收面积。马氏管从血液中吸收尿酸和尿酸盐类等，并将其送入后肠，混入粪便而排出体外。

蜜蜂的代谢废物有一部分贮藏在脂肪体内，这些废物并不影响蜜蜂的正常生活。

（三）呼吸系统

蜜蜂的呼吸是将空气中的氧气经由不同直径的管道，直接送到需要氧气的器官和组织，其呼吸系统是由气门、气管、微气管、气囊等组成（图 1－28）。

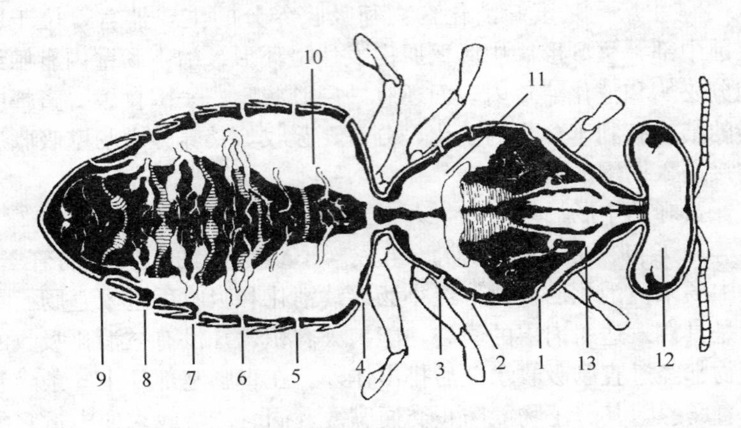

图 1－28　蜜蜂呼吸系统

1～9. 第Ⅰ～Ⅸ对气门　10. 腹部气囊　11. 胸部气囊　12. 头部气囊　13. 气管

（引自 Snodgrass，1993）

1. 呼吸器官的构造

（1）气门：气门是气管通向体外的开口，在身体的两侧，胸部有 3 对气门，腹部有 7 对气门。除第 3 对气门外，其他气门都有控制空气漏出和在气管中流动的装置。

（2）气管：气管是与气门相连的具有弹性的管子，成对并对称地在体内呈分枝状分布。从气门到分枝处的一短段气管称气门气管，它分成 3 支伸向背面、腹面和中央的消化道，分别称为背气管、腹气管和内脏气管。从胸到腹末，把整个开口于体侧的气管连接贯通的纵向气管叫气管干。蜜蜂腹部的气管干膨大，演变成了气囊。

（3）气囊：气管局部膨大的部分叫气囊，气囊充满空气时呈银白色。气囊壁薄而柔软，富有弹性，其扩张和收缩可加强气管内气体的流通，蜜蜂飞行时，还有增大浮力的作用。

（4）微气管：气管和气囊不断分支，最终形成管径1微米以下的气管，并以盲端分布于各组织器官间。微气管末端充满含饱和氧的液体，这些氧通过管壁和细胞壁进入细胞内进行代谢。

2. 呼吸的实现　蜜蜂的呼吸运动是靠腹部肌肉的收缩和扩张来实现的。随着腹部有节奏的张缩运动，使气门开合：腹部伸展时，胸部气门张开，腹部气门关闭，腹部收缩时则相反，彼此交错开闭。蜜蜂静止时，主要依靠第1对气门呼吸，腹部气门关闭；飞翔时，因糖等的代谢增加，空气由第1气门吸入，由腹部气门排出。

蜜蜂的呼吸，一般每分钟40～150次，在静止和低温时较慢，在活动、高温或激怒时则较快。

蜜蜂在任何时候都需要充足、新鲜、洁净的空气；在运输、室内越冬、生产花粉或关闭巢门期间，空气不足或高温会造成蜜蜂呼吸困难及体力消耗，甚至死亡。

（四）循环系统

1. 结构　蜜蜂的循环系统是开放式的，背血管是其主要器官。背血管由前部的动脉和后部的心脏组成，前端开口于头部脑下，后端封闭。心脏是血液循环的搏动器官，有5个心室组成，每个心室两侧都有1对心门，是血液进入心脏的入口，其边缘向内折入，形成心门瓣，以防止血液倒流。心脏下面与腹部背板两侧的肌肉相连。动脉是引导血液向前流动的简单血管，从心脏的第1心室向前延伸入头部，开口于脑下（图1-29）。

2. 循环　心脏扩张，背血窦中的血液经心门吸入心室，借心脏的搏动，将血液推入动脉，从头部的血管口喷出后向两侧和后方回流；血液流入胸部时，由于腹膈的波状运动，大部分血液流入腹血窦，其中一部分进入足内，背血窦中的一部分血液进入

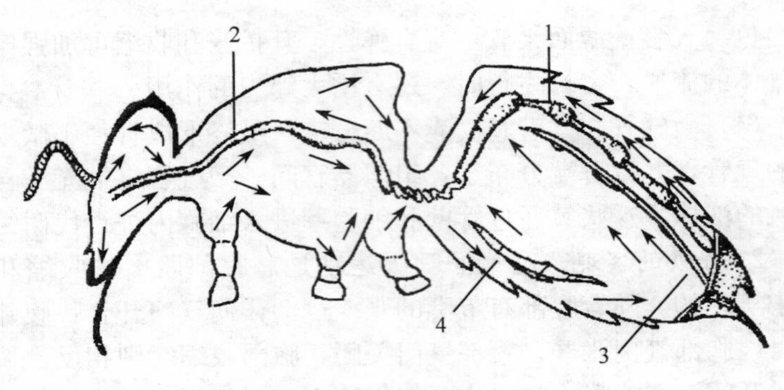

图 1-29 循环系统
1. 心室 2. 动脉 3. 背膈 4. 腹膈
（引自 Snodgrass R. E.，1993）

翅；血液经过腹膈的空隙进入围脏窦。循环过程中，血液将营养物等输送到各组织器官，并把机体的代谢物带走；然后，血液在围脏窦接纳胃肠道扩散的营养物质，同时，携带的代谢物经由马氏管吸收后送入后肠。

3. 功能　蜜蜂的血液，也称血淋巴，为蜜蜂的细胞外体液，无色或淡黄色。其功能有：输送营养物质，运走代谢废物；为各器官的运动、幼虫蜕皮提供必要的压力；吞噬细菌和其他微生物，以及死亡细胞和组织残片；凝血作用和运送激素。蜜蜂的血液无红细胞，故没有输氧的功能。

(五) 神经系统

蜜蜂的神经系统由中枢神经、交感神经、周缘神经和遍及全身的感觉器官组成，其功能是协调蜜蜂躯体的各组织器官，使之适应环境条件（图 1-30）。蜜蜂的神经系统很发达，工蜂大脑的重量占其体重的 1/174，能很好地完成辨识方向、筑巢、育儿、舞蹈通讯、采酿食料、协调群体等复杂的行为。

1. 中枢神经　蜜蜂的中枢神经系统由脑和腹神经索组成，支配全身的感觉器官，统一协调活动。

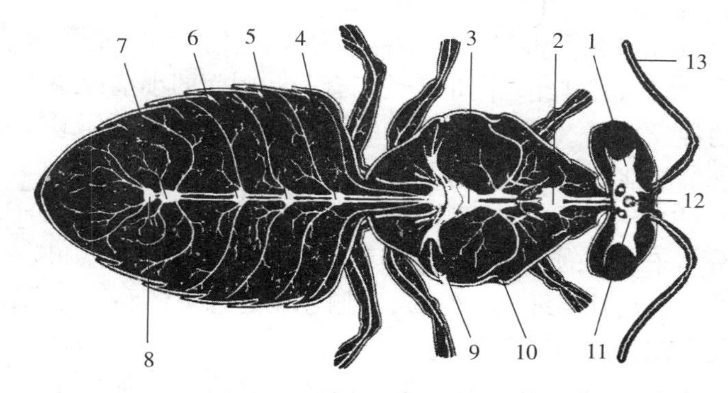

图 1-30 蜜蜂神经系统

1. 脑 2～8. 第Ⅱ～Ⅷ神经结 9. 后翅神经 10. 前翅神经

11. 视叶 12. 单眼 13. 触角神经

（引自 Snodgrass R. E.，1993）

（1）脑：蜜蜂的脑位于食管背面，又称食管上神经节，可分为前脑、中脑和后脑。

①前脑：前脑最大，由前脑叶和视叶组成。前脑叶分出神经通往单眼，视叶分出神经通往复眼，故前脑是支配视觉的中心。

②中脑：中脑位于前脑下，成对的中脑叶有神经通向触角，是支配触角的中心。

③后脑：后脑发出的神经到额及上唇。

三型蜂中，工蜂的脑最发达，雄蜂的次之，蜂王的最小；雄蜂的视叶最发达，利于婚飞。

（2）腹神经索：蜜蜂的腹神经索位于消化道的腹面，由一系列的神经节和纵横相连的神经构成，通过围咽神经与脑相连。腹神经索前端的第 1 个神经节，位于头内食管腹面，称食管下神经节，发出神经分别通至口器各部和颈部肌肉等处。位于胸部和腹部的神经节由两根神经索相连，每一神经节的侧面各发出 2～3 根神经，通到本节的有关器官。蜜蜂胸部可看到 2 个发达的神经节，腹部可见 5 个，最后一个神经节为复合神经节，其神经通到本节及其后体节、生殖器官、后肠等。

2. 交感神经　蜜蜂的交感神经是支配内脏器官正常活动的神经，又叫内脏神经，由位于前肠背面和侧面的小型神经节及其发出的神经组成。交感神经调节有关消化、循环、内分泌腺、呼吸系统等的活动，是内脏正常新陈代谢的反射中心。

3. 周缘神经　也叫外周神经，是指除中枢神经和神经节以外的分布于全身的所有感觉神经纤维（传入神经纤维）和运动神经纤维（传出神经纤维），以及它们连接的感觉器和反应器所构成的复杂的传导网络。

4. 感觉器官　感觉器官接受体内外的信息，通过神经系统或内分泌系统的协作，引起特定的行为反应。蜜蜂的感觉器官分布于体躯的不同部位，包括视、触、听、嗅、味、温湿度等感觉器。

（1）视觉器官：由1对复眼和3个单眼所组成。

①视觉器官的构造

Ⅰ. 复眼：蜜蜂的复眼由数千个小眼组成，小眼外观呈六角形小眼面，由表面的集光器（角膜和晶锥）和下面的感光器（视网膜细胞）以及视杆构成（图1-31）。每个小眼的视杆束与下连的视神经形成视神经束，并与神经节的中间神经元连接，形成内导通道。视网膜细胞和角膜细胞周围有色素细胞，使相邻的小眼隔离。所有小眼在纵向上都相对地微向内倾斜，因而无两个方向一致的小眼。

Ⅱ. 单眼：蜜蜂的单眼与小眼结构相似。屈光器为一双凸角膜，下面为一层角膜细胞，其下的感光器为一群圆柱形视觉细胞组成的视网膜，外围具有色素细胞。

②视觉的形成：蜜蜂的视觉包括形状视觉、颜色视觉、单眼视觉、偏振光视觉。

Ⅰ. 形状的印象：蜜蜂的形状视觉是由复眼感知的，每个小眼只接受射入本小眼以内的光点，其他斜射光均被色素细胞吸

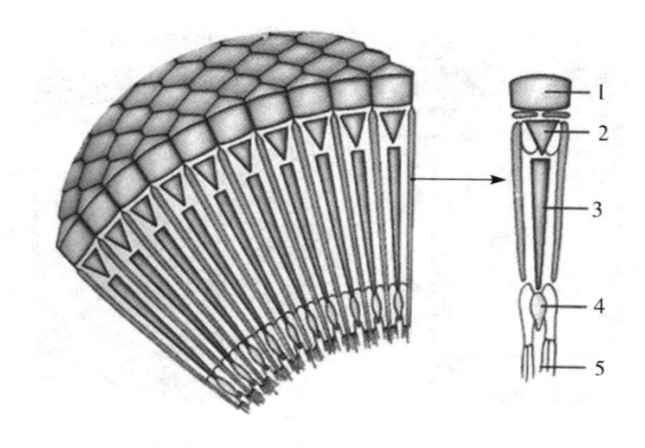

图 1 - 31 昆虫复眼结构

1. 小眼横切面 2. 晶锥 3. 视杆 4. 底膜 5. 神经

（引自 BIOLOGY-*The Unity and Diversity of Life*，EIGHTH EDITION）

收，各小眼光点并列镶嵌成像，整个复眼或复眼的一部分网膜上呈现出由许多像点镶嵌组成的外界物体的模糊物像，视觉中枢接受来自视网膜的神经冲动后加工处理，简单复制这些冲动，从而使蜜蜂产生视觉（图 1 - 32）。

Ⅱ. 颜色的感知：蜜蜂复眼的色觉范围是 300～650 纳米，它对紫外线、蓝光等光色较敏感，并常以颜色作为食物信号之一。对红色是色盲，对红色的花瓣辨识为深灰色，常与黑色相混淆；讨厌黑色与毛茸茸的东西。在实际应用中，箱前部涂以黄、绿、蓝、紫、白色或贴上彩纸，以防蜜蜂迷巢；冬季或早春的夜晚用红光照明以处理蜂群。

Ⅲ. 偏振光导航：蜜蜂复眼顶部的一小部分小眼，能够利用天空中紫外偏振光进行定向和导航，并通过在巢脾的竖直平面或水平面上的舞蹈，将蜂箱、食物源和太阳三者联系起来。

Ⅳ. 单眼视觉：单眼为蜜蜂的第二视觉系统，它对光强度敏感，决定蜜蜂早出晚归，协同复眼工作，并对夜晚趋光性起重要作用。

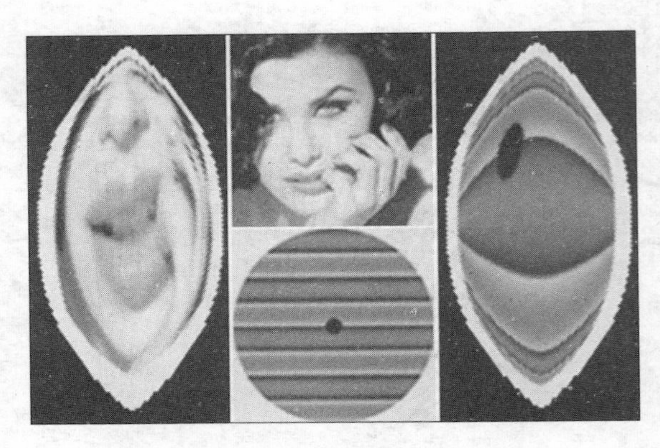

图 1-32　人、蜜蜂眼中的物像

中：人眼中的物像　左/右：蜜蜂眼中的物像

（引自 www. cvs. anu. edu. a）

蜜蜂的复眼不能调焦，无法把目光对准它所看到的物体，只能看到大约1米远的物体；蜜蜂复眼对快速活动的物体可以看清楚，巢门口活动的物体往往是其攻击的对象。

（2）触觉器官：触觉器官是蜜蜂辨别接触和压力刺激的神经结构。蜜蜂体表由几丁质表皮覆盖，通过表皮上的各种感觉器与外界环境接触，以获取信息。

①毛形感受器：蜜蜂体表的许多刚毛是毛形感觉器，是最简单的感受器官，司触觉。毛原细胞形成刚毛，由一圈薄的皮膜与表皮相连，刚毛基部连着神经细胞，由下面的轴突连接中央的神经系统。有状态受器和强度受器2种，感知挤压，有些还具有检测气流的能力。

②重力感觉器：分布在足等关节上。在头和前胸、胸和腹之间关节的两侧有4丛重力感觉纤毛，可使蜜蜂感受到它在空间与重力线的相对位置。

③钟形感觉器：是体壁稍凹陷的空心锥体，分布在各附肢的基部，如翅基、足、螯针、口器和触角基部，其作用是检测压

力。与毛形感受器相比，它的外表皮由一小圆形皮膜封住，有神经通到中央神经系统，无感觉毛。

(3) 听觉器官：是生物体感知声波信息的器官。

①膝下听器：位于蜜蜂 3 对足的胫关节处，包括 48～62 个感觉细胞，是接受由物体传递声波的感觉器，其接受声波的频率范围为 1 000～3 000 赫，最大振幅为 2 500 赫。

蜂王振翅发声，声波通过巢脾和空气传递并被蜂群内工蜂膝下器接收，产生停止活动的反应。蜜蜂集体振翅发声以示对敌人的警告。

②毛感听器：位于复眼和后头间，声波振动使毛倾斜产生振动脉冲，从而使毛具听感官作用。蜜蜂舞蹈所产生的音波也可能参与通讯活动。

(4) 嗅觉器官：感知外界某些物质气体分子的器官，分布于触角除基部两小节外的其他鞭节上（图 1 - 12)。有板形嗅觉器，呈一稍凸的卵圆形外膜，分辨气味；坛形嗅觉器对 CO_2 有感知；腔锥形嗅觉器为表面稍突起、陷入体壁所构成的穴，上有小孔，底部有神经束，可检测相对湿度以及温度和 CO_2 浓度；锥形嗅觉器分布在触角鞭节、口器、前足跗节，是一突出体壁的毛形圆锥体的复合感觉细胞，表面有小孔，下端有 3～4 根神经，既司味觉，也司嗅觉。蜜蜂利用触觉和嗅觉的功能，能在黑暗的巢穴中形象地嗅到外物。

(5) 味觉器官：即锥形味（嗅）觉器。蜜蜂能区分糖、醋酸、盐和奎宁的不同味道，对酸和咸的感觉大体与人相近，但对苦味感觉迟钝。国外有人在白糖中加入苦味剂，作为蜜蜂的专用饲料。蜜蜂触角上的味觉器比口器上的味觉器灵敏度高，前足味觉器检测糖浓度的最低阈值为 17%。

(六) 生殖系统

蜂王和雄蜂的生殖器官发育完全，工蜂的生殖器官几乎完全退化，正常情况下不能产卵。

1. 雄蜂生殖器官　由1对睾丸、2条输精管、1对贮精囊、1对黏液腺、1条射精管和阳茎组成（图1-33）。

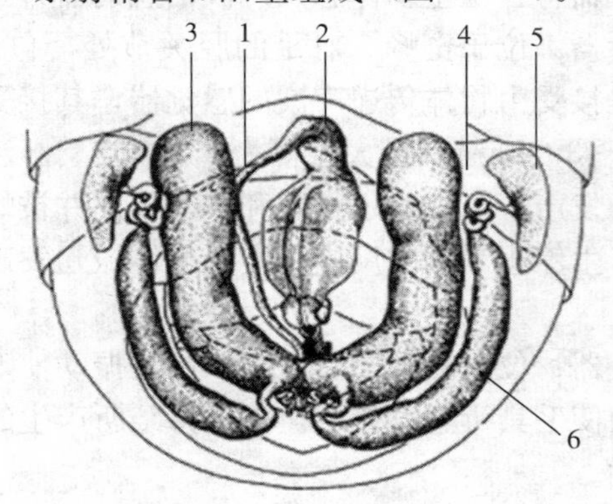

图1-33　雄蜂生殖系统

1. 射精管　2. 阳茎　3. 附腺　4. 输精管　5. 睾丸　6. 贮精囊

（引自 Winston M. L.，1987）

睾丸是位于腹腔两侧的1对扁平的扇状体，内有许多精小管，为精子产生和成熟的地方。睾丸后部连接一短段细小扭曲的输精管，通入长管状的贮精囊，贮精囊和膨大的黏液腺并列，并以其窄小的后端通入黏液腺的基部。左右成对的黏液腺在基部连在一起，中间有一个共同开口与细长的射精管相连接，射精管直通阳茎。雄蜂的阳茎平时藏在腹腔内，故又称内阳具。外翻的阳茎可分为球状部、颈状部和阳茎囊三部分，在颈状部背壁上着生一穗状突，阳茎囊末端是一稍大的开口，背侧有1对角囊。阳茎开口于肛门下、两阳茎瓣之间。

2. 蜂王生殖器官　由卵巢、侧输卵管、中输卵管、附性腺和外生殖器等组成（图1-34）。

蜂王腹腔两侧有1对梨形卵巢，每个卵巢由150条左右的卵巢管紧密聚集而形成。卵巢管由一连串的卵室和滋养细胞室相间组成。卵在卵室内发育，成熟的卵从卵巢基部进入侧输卵管。两

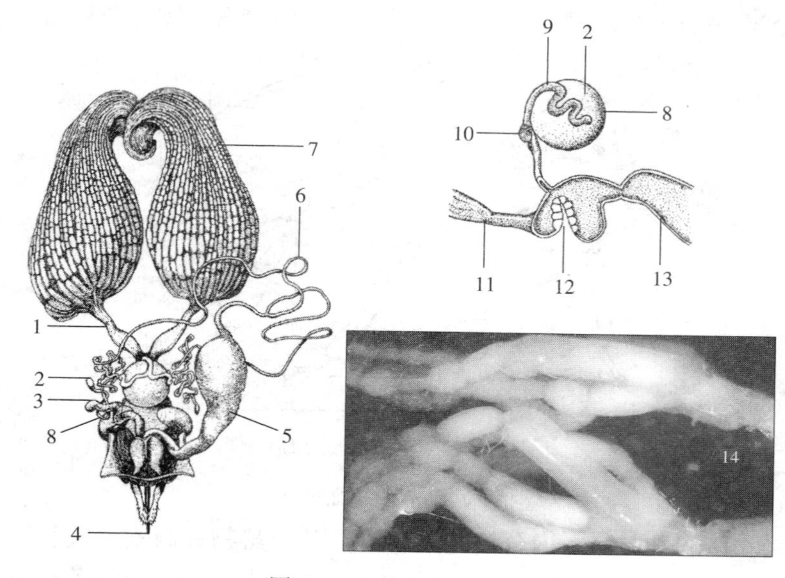

图 1-34 蜂王生殖系统

1. 侧输卵管 2. 受精囊腺 3. 附腺 4. 螫刺 5. 毒囊
6. 毒腺 7. 卵巢 8. 受精囊 9. 受精囊管 10. 受精囊管阀瓣
11. 中输卵管 12. 阴道瓣状褶 13. 阴道 14. 卵巢管（示成熟的卵子）
（引自 Winston M. L. 1987；黄智勇）

条侧输卵管再会合为中输卵管，中输卵管的后端膨大为阴道。阴道口位于螫针基部下方，两侧各有 1 个侧交配囊的开口。阴道背面有 1 个圆球状的受精囊，是蜂王接受和贮藏精子的地方，由受精囊管与阴道相通。在受精囊上还有 1 对受精囊腺，会合后与受精囊管的顶端相通。

工蜂的生殖器官已显著退化，卵巢仅存 3～8 条卵巢管，受精囊仅存痕迹，其他器官也已退化，失去正常的产卵功能。

（七）分泌腺系统

由不同功能的腺体组成，包括外分泌腺和内分泌腺，是具有分泌功能的上皮细胞构成的腺上皮所组成的器官（图 1-35）。

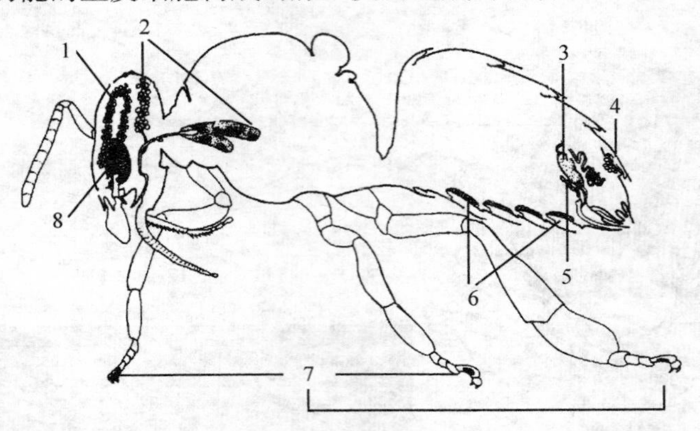

图 1-35　工蜂的腺系统

1. 王浆腺　2. 唾腺　3. 毒腺　4. 臭腺　5. 副腺　6. 蜡腺　7. 跗节腺　8. 上颚腺

（引自 Winston M. L.， 1991）

1. 内分泌腺　内分泌腺无腺管，其分泌物称激素，被腺体周围的毛细血管吸收，通过血液循环送往躯体各处，以调节机体的生长发育、蜕皮、物质代谢和组织器官的活动。蜜蜂的分泌腺有前胸腺、咽侧体、心侧体、脑神经分泌细胞群（蜜蜂的脑下垂体）。

2. 外分泌腺　外分泌腺有腺管，分泌物通过导管排出体外。

（1）舌腺：位于头内两侧，为1对葡萄状的腺体，其两条中轴导管分别开口于口底部的口片侧角上。工蜂的舌腺发达，能分泌用来饲喂工蜂和雄蜂幼龄幼虫、蜂王的食物——蜂王浆（或称蜂乳），所以，舌腺又称王浆腺、营养腺。

（2）唾液腺：由头唾腺和胸唾腺组成。头唾腺 1 对，在头内后部脑的上面，为 2 串扁平的梨状体。胸唾腺 1 对，位于胸部，是 2 串管状体。两对腺体的 4 根导管汇集成一条总管，开口于唾液泵，唾液腺分泌的唾液经此泵和舌下表面的槽管至舌尖，唾液中的转化酶能促使蔗糖水解和溶解糖粒，还经常与蜡混合。

（3）蜡腺：蜡腺 4 对，位于第 4 至第 7 腹板的蜡镜下。工蜂蜡腺分泌的蜡液通过蜡镜的微孔渗出，在蜡镜上凝固成片的蜡鳞，作筑巢的原料。工蜂泌蜡期过后，蜡腺退化。蜂王和雄蜂无蜡腺。

（4）毒腺：位于螫针的基部，由碱性腺和酸性腺共同组成。酸性腺是产生蜂毒有效成分的地方，称为毒腺。碱性腺也叫副腺，产生乙酸异戊酯、乙酸正丁酯等物质，类似熟香蕉的气味，从螫针基部排出后立即挥发，由空气传递，向蜂群报警，很快激起蜜蜂的螫刺反应，故称告警信息素。毒囊也位于螫针基部，以接受毒腺分泌物——蜂毒，并有管道通入螫针球。

当工蜂螫刺时，贮于毒囊中的毒液由螫针排出，作用于其他生物体产生反应；而分泌出的告警信息素激起其他蜜蜂的攻击行为。

雄蜂无毒腺，蜂王的毒腺和毒囊较发达。

（5）臭腺：又叫纳氏腺，是位于工蜂第 7 腹节背板内部的一个似大细胞带的腺体，腺细胞的分泌物通过微小的导管排入背板基部的囊内，主要成分为萜烯衍生物（如氧合单萜、牻牛儿醇）等芳香物质。工蜂举腹发臭，露出纳氏腺，散发芳香味，并使劲振翅使气味加速扩散，且发出尖锐响声。处女王婚飞、幼蜂“闹巢”、工蜂新址认巢等，工蜂都会在巢门口翘腹振翅释放信息素；在适合的蜜源、水源和分蜂时，工蜂会在飞往目标途中和目标处散发信息素，以示引导。因此，臭腺的分泌物又叫引导信息素。

（6）上颚腺：是位于头内上颚上面的一对囊状腺体，开口于上颚基部两侧。其分泌物为信息素。

①工蜂上颚腺：工蜂上颚腺分泌的王浆酸参与王浆的形成，主要成分是 10-羟基-α-癸烯酸（简式 10-HDA），也是口授信息素，它能促进蜂王卵巢发育和代谢作用。分泌的 2-庚酮是一种告警信息素的主要成分，当工蜂用上颚咬住“敌人”或在巢门口守卫时，都会释放告警信息素，以引导其他工蜂前去进攻或驱避其他入侵的昆虫。另外，工蜂上颚腺还能分泌一些软化蜡质或

溶解蜂胶的物质。

②蜂王上颚腺：蜂王上颚腺的分泌物叫蜂王物质或口授信息素，主要成分是反式9-氧代-2-癸烯酸（简式9-ODA）、反式9-羟基-2-癸烯酸（简式9-HDA）等。一方面，工蜂通过饲喂蜂王获得这种物质，并经过工蜂间的相互饲喂在蜂群中传递，抑制工蜂的卵巢发育，阻止工蜂建造王台，保持蜂群的稳定团结和积极的工作状态；另一方面，通过空气传播，婚飞的处女王招引雄蜂的竞争，分蜂的蜜蜂聚集在蜂王的周围，并形成稳定的蜂团。蜂王上颚腺分泌量的多少还直接影响着工蜂对蜂王哺育积极性的高低。老、弱、病、残的蜂王，分泌的蜂王物质量少。

③雄蜂的上颚腺已退化成小囊袋，其分泌物能吸引雄蜂飞到利于蜂王交尾的地方形成聚集区。

（7）跗节腺：蜂王跗节腺分泌示踪信息素，并通过足垫把这种信息素涂布在蜂巢表面，以表明蜂王的存在。工蜂跗节腺分泌的示踪信息素，是通过足垫把它遗留在花朵或食物点上，以告示其他蜜蜂该花已采过或留下食物信息。

（8）蜂王腹板腺（伦纳—鲍曼腺）：位于蜂王第3至第5腹板边缘外的一组单细胞腺，分泌一种标示蜂王的信息素，具有吸引工蜂、抑制工蜂卵巢发育和稳定蜂群的作用。

上颚腺、臭腺、跗节腺、蜂王腹板腺以及螯针基部的副腺都是信息素腺，分泌的信息素，在蜂群中起着制约和联络作用。在生产实践中，用合成的性外激素可以提高蜂王的婚飞交配率；用合成的蜂王信息素稳定和扩大蜂群，招引蜜蜂，刺激工蜂更加积极地工作；用合成的引导、示踪信息素为农作物授粉；用合成的告警信息素来驱避蜜蜂或其他入侵者。

（八）免疫系统

蜜蜂的免疫包括体壁、体液和诱导免疫等。蜜蜂的免疫系统是由许多器官组织共同组成的，在体壁、体液、神经系统、内分泌系统等的相互协助下，共同完成对机体的保护。在养蜂生产实践中，研究蜜蜂的生物学特性，保持蜂巢内外的良好环境，饲喂优质的饲料，提高蜜蜂的免疫力，有助于蜂群健康。

第二节　蜜蜂生物学

一、蜂群的组成及生活

蜜蜂是营社会性群体生活的昆虫，其生活的基本条件要具有蜂巢、食粮和适宜的环境等。

（一）蜂群组成

蜂群是蜜蜂的社会性群体，为蜜蜂自然生活和蜂场饲养管理的基本单位。一个蜂群通常由 1 只蜂王、千百只雄蜂和数千只乃至数万只工蜂组成（图 1-36）。

图 1-36　蜜蜂家族的成员
左：雄蜂　中：蜂王　右：工蜂
（引自 www. dkimages）

1. 蜂王　是由受精卵发育而成的生殖器官发育完全的雌蜂，具二倍染色体，在蜂群中专司产卵，是蜜蜂品种种性的载体，以其分泌蜂王物质的量和产卵力来控制蜂群。蜂王头呈心脏形，长圆锥形腹部，上颚锋利，喙短，色泽鲜艳。中蜂蜂王体长 18～22 毫米，体重约 250 毫克；意蜂蜂王体长 20～25 毫米，体重可达 300 毫克。蜂王体重是工蜂的 2～3 倍。产卵蜂王行动稳重，由工蜂围侍其周，不断用触角拍打蜂王，并伺机饲喂之。

2. 工蜂　是由受精卵发育而来的生殖器官发育不完全的雌

性蜂，具二倍染色体，有执行巢内外工作的器官。工蜂是蜂群中个体最小的，而数量占蜂群中的绝大多数，在繁殖旺季，一个具有优良种王的蜂群可拥有5万～6万只工蜂，它们担负着蜂群内外的主要工作，正常情况下不产卵。意蜂工蜂初生重约110毫克，成年蜂平均体重100毫克，体长12～14毫米；中蜂工蜂初生重约85毫克，成年蜂平均体重约80毫克，体长11～13毫米。

3. 雄蜂　是由未受精卵发育而成的蜜蜂，具单倍染色体，雄蜂头近圆形，身体粗壮，体毛多而长，色深，翅大覆盖整个体表。雄蜂在蜂群中的职能是平衡性比关系和寻求与处女王交配。它是季节性蜜蜂，只有蜂群需要时才出现。成年意蜂雄蜂平均体重212毫克，体长17毫米，翅展32毫米。

（二）相互关系

1. 三型蜂相互依存　蜂王是一群之母，一群蜂中的所有个体都是它的儿女，没有蜂王，蜂群就会灭亡；但蜂王不能哺育蜂儿，也不采集食料，脱离工蜂，蜂王就无法生存。工蜂承担着巢内外的一切工作，但它们不能传宗接代。没有雄蜂，处女蜂王就不能交配，就不能产受精卵，蜂群就不能继续繁殖，但雄蜂除和处女王交配外，不能自食其力，如果脱离了蜂群，它很快就会死亡。所以说，三型蜂是一个统一的有机整体，彼此相互依存才能完成群体生活。

2. 三型蜂血缘关系　雄蜂是由蜂王孤雌生殖而来，蜂群中所有的雄蜂都是亲兄弟，它们继承了蜂王的遗传特性。由于蜂王在婚飞时与几只雄蜂交配，所以，蜂群中的工蜂既有同母同父姐妹，也有同母异父的姐妹，它们分别继承了蜂王与各自父亲的遗传特性。

在蜂群中，工蜂和雄蜂的不同血缘关系决定了其种的特性。

3. 蜂群之间的关系　蜂群与蜂群之间都是一个互相独立的整体，彼此互不往来，但存在着食物的竞争，如蜜源缺乏季节，盗蜂即是一例。另外，还存在着种间竞争，如生殖竞争（生殖隔离），在同一个交尾场地，意蜂雄蜂也会参与中蜂处女王的婚飞，但不能交配，致使中蜂处女王交配成功率下降；还有在蜜源缺少季节，中蜂和意蜂不能同场饲养，中蜂场和意蜂场也不能相距太近，否则，意蜂会盗垮中蜂。

在不同蜂群的蜂王、工蜂之间有严格的群体界线，如果错投他群就会遭到围攻或阻挠（满载而归或老练的工蜂能避开守卫蜂检查），而雄蜂没有危及蜂群安全的能力，故不受群体限制。

（三）蜂巢

蜂巢是蜜蜂繁衍生息、贮藏食粮的场所，由工蜂泌蜡筑造的1片或多片与地面垂直、间隔并列的巢脾构成，巢脾上布满巢房。蜂巢有自然蜂巢和人工蜂巢。

1. 自然蜂巢　由处于野生状态的蜜蜂筑造。

（1）（黑）大蜜蜂和（黑）小蜜蜂露天营造单脾蜂巢。（黑）大蜜蜂常在突出的岩石、树枝等下方筑巢，脾面长近2米、宽近1米，上部厚达100～200毫米用以贮蜜，下部厚约35毫米用于育虫，工蜂房和雄蜂房的大小和形状相同。（黑）小蜜蜂的巢常筑在灌木和小树枝下面，似手掌大小，它有3种大小不同的巢房：最小的用于培育工蜂，较大的用来培育雄蜂，它们位于巢脾下部，厚约20毫米；最大的在上部用于贮藏花粉和蜂蜜，厚约60毫米，使巢脾上部形成一个小平台，满载而归的采集蜂在其上跳舞向同伴报告信息。

（2）野生的东方蜜蜂和西方蜜蜂常在树洞、岩洞、土穴等黑暗地方筑巢，通常由10余片互相平行、彼此保持一定距离的巢脾组成，巢脾两面布满正六边形的巢房，每一片巢脾的上缘都附着在洞穴的顶部，蜂巢的形状随洞穴形状，一般呈半椭圆球形（图1-37）。中蜂育虫区脾距（蜂路）约9毫米，育虫区脾厚23毫米，贮蜜区厚27毫米；西方蜜蜂育虫区蜂路10～12毫米，育

图 1-37　筑在屋檐下和树枝上的自然蜂巢

半球形的蜂巢，有利于保温御寒

（引自黄智勇；David L. Green）

虫区厚约 25 毫米，贮蜜区厚 29 毫米。在自然状态下，单片巢脾的中下部为育虫区，上方及两侧为贮粉区，贮粉区以外至边缘为贮蜜区。从整个蜂巢看，中下部为培育蜂子区，外层为饲料区。

2. 人工蜂巢　现代人工饲养的东方蜜蜂和西方蜜蜂，生活在人们特制的蜂箱内，巢房建筑在活动巢框里，巢脾大小规格一致。其他特点同野生的东方和西方蜜蜂。

（1）巢脾的筑造：巢脾一般是由 12～18 日龄的工蜂分泌蜡膦筑造而成。从事造脾的工蜂，吸饱蜂蜜后连成串串蜂链，安静地悬挂在造脾施工点或附近，数小时后，蜡液外泌到蜡镜并凝固成蜡臌。蜜蜂用后足基跗节的刺戳取蜡臌，经前足送至上颚，充分咀嚼并混入上颚腺的分泌物后，在前足、中足和上颚的协同操作下，把已成海绵状的蜡块固定在巢脾上，蜜蜂在筑巢时，头向上，把自身调整到地球引力的方向，以便能感觉出自身对垂直面的微小误差并作出调整，从而使一串串蜂链有控制巢脾相互平行的能力。因此，工蜂在适宜的条件下于一定的时间内能造成相当规则精美的蜂巢。

自然蜂巢，是从顶端附着物部位开始筑造，然后向下延伸。东、西方蜜蜂筑巢，都是先筑造中心的巢脾，再向两侧对称扩展。人工蜂巢，蜜蜂密集在人工巢础上造脾。蜜蜂筑巢要有充足的饲料、适量的泌蜡工蜂以及一定的温度等条件。

（2）巢房的特点

①巢房的结构：蜜蜂筑造的工蜂房和雄蜂房，从脾面看呈正六边形，整个巢房为一个正六棱柱体，巢房朝房口斜向上倾斜9°～14°。房底由 3 个菱形面组成，每个菱形的锐角约 70°、钝角约 109°，每相邻两个菱形面的夹角为 120°，每个巢房的房底即是反面另外 3 个巢房各个房底的 1/3，其房壁是同一面相邻巢房的公用面，房壁中间薄，底部和端部厚。层层叠叠的巢房，无论从水平方向还是从 60°方向看，每一排房孔都在同一条直线上，规格如一，洁白、美观。这样的结构能最有效地利用空间、最省材料、更坚固（图1-38）。

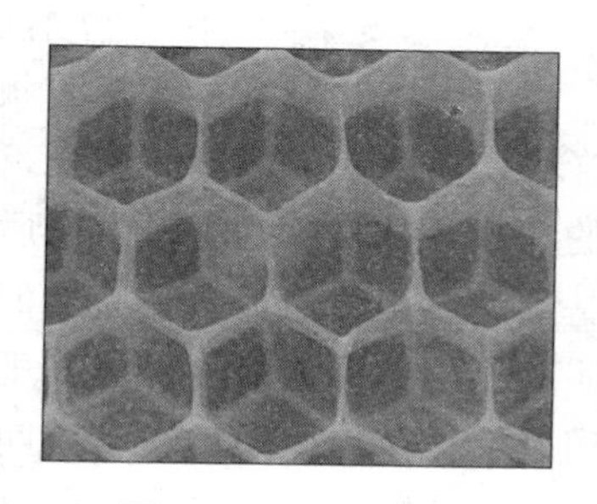

图 1-38　新脾巢房

（张中印　摄）

②巢房的类型：东方和西方蜜蜂的巢房均分为工蜂房、雄蜂房、王台和过渡型巢房。工蜂房用于培养工蜂和贮藏蜂粮，位于巢脾中下部。1 张标准巢脾，约有中蜂工蜂房 7 400 个，意蜂工蜂房 6 800 个。雄蜂房在巢脾边缘稍大一点的巢房，用来培育雄

蜂和贮藏蜂蜜。由工蜂在巢脾下部筑造，也可由工蜂把被撕裂的不规则的工蜂房改造而成。过渡型巢房在工蜂房和雄蜂房之间及巢脾边缘，形状不定，有加固巢脾和贮藏食料的作用。

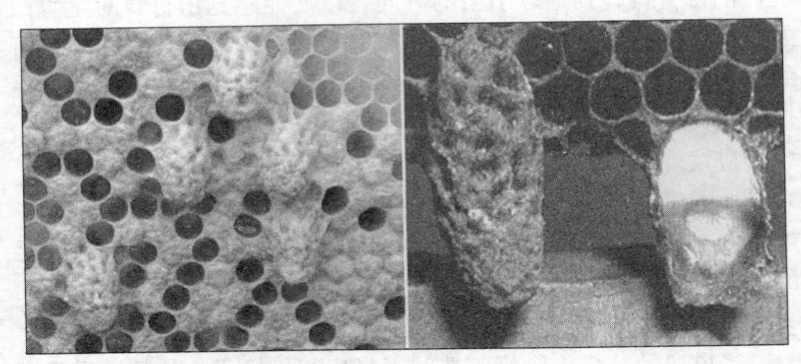

图 1-39　王　台

左：改造王台　右：正常王台

（引自黄智勇；《日本岐阜株式会社》）

王台在蜂群培育蜂王时筑造，专门培育蜂王。正常情况下，蜂群在巢脾下缘或两侧边缘筑造数个不等的王台，先造成口朝下的杯状台基，待蜂王产下卵后，随着幼虫的生长，工蜂逐渐将台基加高直至封盖，封盖后形似花生，表面有凹凸皱纹，这种王台叫自然王台。当蜂群突然失王或伤残，工蜂会将有小幼虫的工蜂房改造成口斜向下的王台，叫急造王台，前者数量多，后者 1～3 个（图 1-39）。中蜂王台内径 6～9 毫米，意蜂王台内径 8～10 毫米。

③蜂子和蜂粮的排布：在一张巢脾上，卵、虫或封盖子位于巢脾的中下部，叫子圈；花粉房位于子圈的外围，叫粉圈；在粉圈外部贮藏蜂蜜，叫蜜圈（图 1-40）。就整个蜂巢而言，中间的巢脾子圈最大，两侧巢脾的子圈依次渐小，整个育虫区位于蜂巢的中央，花粉及蜂蜜依次在外围，这样的分布排列方式，有利于蜜蜂育子，也方便了人们进行蜂产品生产。

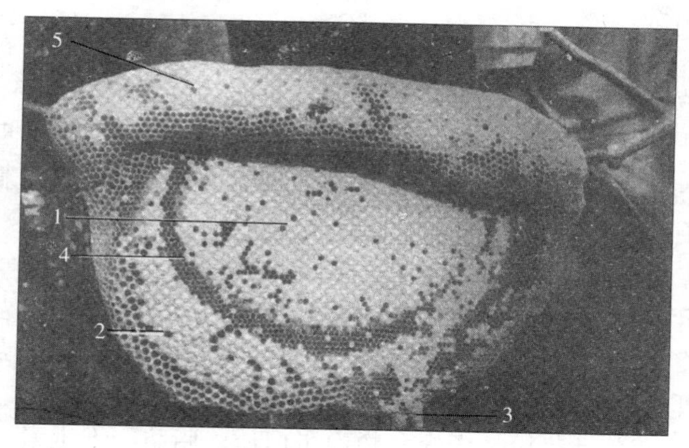

图 1-40　小蜜蜂蜂巢（示：三型蜂蜂房位置）

1. 工蜂房　2. 雄蜂房　3. 蜂王台　4. 花粉房　5. 贮蜜房

（引自黄智勇）

④封盖巢房的区别：在一张巢脾上，封盖子一般位于巢脾的中下部，巢房呈黄褐色，形状规则，轮廓清晰；封盖蜜则位于巢脾的上部至两角向下发展，色浅，巢房轮廓不清晰，具波浪纹。中蜂雄蜂房封盖呈尖笠状，中间有透气孔；意蜂雄蜂房封盖突出，似馒头状。

（3）蜂巢的更新：新脾色泽鲜艳，房壁薄，容量大。随着每次蜜蜂的羽化，其房壁就会增加 1 层茧衣和在房底留下幼虫的蜕皮，随着育虫代数的增加，巢房容积越来越小，颜色也越来越深，最后成为黑色，由这种巢房育出的蜜蜂个体小，也容易招来病菌。因此，1 张意蜂巢脾使用 2～3 年就要更换，中蜂则年年更换。中蜂爱咬脾就是巢脾需要更新的表现。但是，装满花粉的褐色巢脾导热系数仅为 1.4，这有助于早春蜜蜂保温。

（四）食物与营养

食物是蜜蜂生存的基本条件之一。自然情况下，食物是指蜂蜜和花粉。

1. 蜂蜜　蜂蜜为蜜蜂生命活动提供能量。蜂蜜中含有180余种物质，其主要成分是果糖、葡萄糖，占总成分的64%～79%；其次是水分，含量为17%；另外还有蔗糖、麦芽糖、少量多糖及氨基酸、维生素、矿物质、酶类、芳香物质、色素、激素和有机酸等。

1只蜜蜂在飞行中，每小时消耗10毫克蜂蜜；在我国1群蜂1年约需69千克蜂蜜，其中夏季43千克，冬季20千克，北方越冬期则需25千克；培育1千克蜜蜂约需蜂蜜1.14千克；生产1千克蜂蜡约需蜂蜜4.7千克。

2. 花粉　花粉是蜜蜂食物中蛋白质、脂肪、维生素、矿物质的主要来源。花粉中含有8%～40%的蛋白质、30%的糖类、20%的脂肪以及多种维生素、矿物质、酶与辅酶类、甾醇类、色素等。

1只蜜蜂从卵到羽化约需14.5毫克花粉，刚羽化的蜜蜂必须吃花粉才能继续生长发育，并利用花粉在体内进行物质的转

图1-41　蜂蜜（左）和蜂粮（右）
（张中印　摄）

化。Haydak 计算出成年蜜蜂一生约需花粉 120 毫克；培育 1 千克蜜蜂约需花粉 894 克，一群蜂 1 年能采集 30 千克花粉，并消耗掉其中的 25 千克（图 1-41）。

3. 王浆　王浆是蜂王的食物以及工蜂和雄蜂小幼虫的食物。其主要成分是蛋白质和水。在蜂王的生长发育和产卵期都必须有充足的蜂王浆供应（图1-42）。

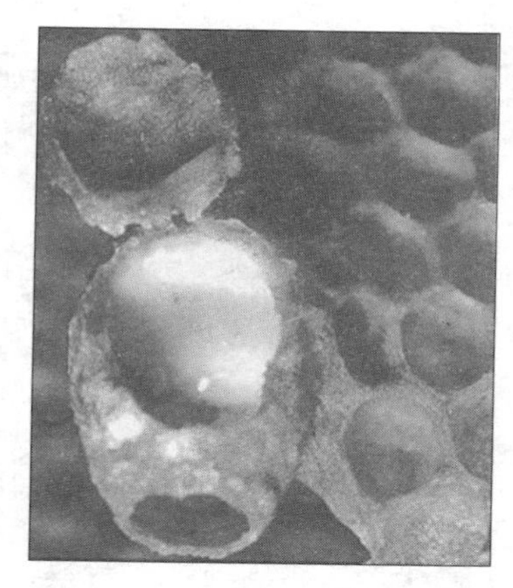

图 1-42　蜂王浆
（引自《蜜蜂挂图》）

4. 水分　蜜蜂自身组织、新陈代谢、调食喂幼虫等都需要水，蜜蜂利用采水、食物水分及食物吸水、代谢水等途径来获得水分，而通过排粪、气孔蒸发、空气流动来排出水。在活动期，一群蜂日需水量约 200 克，一个强群日采水量可达 400 克。没有水，蜜蜂同样不能繁殖，喝了污水会生病。

5. 蜂胶　蜂胶不是蜜蜂的食物但却是意蜂群中必不可少的起抗生素作用的药物，以及巢房上光、塞堵缝隙的物质。

蜜蜂由于食物不足，在冬季会饿死，在繁殖期造成蜂子生长发育不良，羽化的幼蜂不健康，严重者在其发育期死亡，造成子脾“花子”现象，这是蜜蜂营养代谢疾病的一种。有时候，虽然巢内蜜、粉充足，但由于蜂少子多，或由于巢温失调造成蜜蜂离脾，从而使蜂子得不到足够的蜂王浆等食物，也会造成蜂子营养缺乏（图 1-43）。

蜜蜂除需要从外界获得水、花蜜、花粉等物质外，它们还需要一个适宜的环境条件，如新鲜空气、阳光、湿度等。

图 1-43　幼虫营养比较

（引自张中印；黄智勇）

二、蜜蜂个体生长发育

（一）发育过程

蜜蜂个体生长发育包括由卵发育到成虫的整个过程，即胚前发育、胚胎发育和胚后发育 3 个阶段。胚前发育包括卵子和精子的形成。为叙述方便，我们把胚胎发育和胚后发育从形态上划分为卵、幼虫、蛹、成虫 4 个阶段。

1. 卵子的形成　蜂王卵巢中的每条卵巢管内都有原始雌性生殖细胞——卵原细胞，卵原细胞分裂增殖后成为卵母细胞，卵母细胞再经过两次连续的有丝和减数分裂，变成 1 个成熟卵子和 3 个无发育能力的极体。

雌性蜜蜂的细胞染色体数目是 32（2n）个，卵子的每个核内都有 16 个染色体。

2. 精子的形成　雄蜂睾丸中的精管内产生原始雄性生殖细

胞——精原细胞，它们在精管内分裂增殖后成为精母细胞，精母细胞经过 2 次连续的成熟分裂，最后产生 4 个具长尾的圆柱形的精子，精子通过输精管进入贮精囊。

雄蜂的细胞染色体数目是 16（1n）个，2 次成熟分裂都是有丝分裂，因此，所形成的精子的每个核内也是 16 个染色体。

（二）各虫态生长历期

在蜜蜂的王国里，不同种和同一群蜂中三型蜂之间的发育历期都不相同，并且会受到食物和气候等的影响（表 1－1）。

表 1－1　中蜂和意蜂发育、生活历期　（单位：天）

型别	蜂种	卵期	未封盖幼虫期	封盖期	羽化日	成虫期
蜂王	中蜂	3	5	8	16	360～1 800
	意蜂					
工蜂	中蜂		6	11	20	28～240
	意蜂			12	21	
雄蜂	中蜂		7	13	23	平均 20
	意蜂			14	24	

（三）性别和级型分化

1. 性别决定　蜂王在工蜂房和王台基内产下的受精卵，是含有 32 个染色体的合子，经过生长发育成为雌性蜂；由雌性蜜蜂产的未受精卵，其核中仅有 16 个染色体，只能发育成雄蜂（图 1－44）。

2. 级型分化　蜂群中工蜂和蜂王这两种雌性蜂，在形态结构、职能和行为等方面存在差异，这与其主要职能分工有关，主要表现在以下几个方面。第一，工蜂具有采食和分泌蜂蜡、制造王浆等的特殊构造，但生殖器官退化，体小，专门负责哺育、采集、筑巢等工作；蜂王不具有采食构造，无分泌蜂蜡、制造王浆等的特殊构造，但生殖器官发达，体大，专司产卵。两者发育历期不同，寿命差异很大。

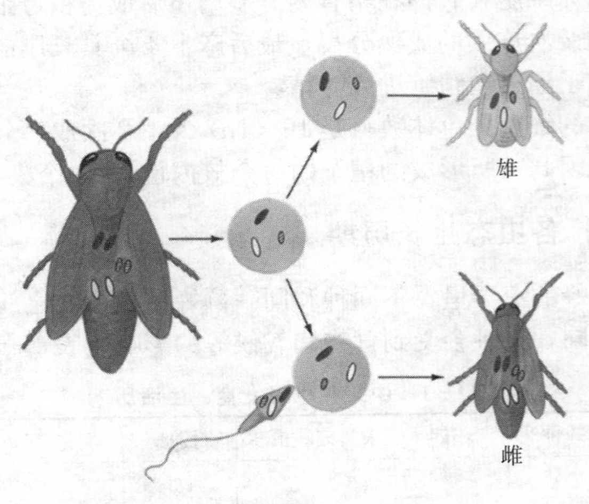

图 1-44　蜜蜂性别决定

（引自 BIOLOGY-*The Unity and Diversity of Life*，EIGHTH EDITION）

蜜蜂级型分化原因，一般认为是由于营养不同而造成的。从蜜蜂受精卵孵化出来的所有幼虫在身体结构上都相同，用 3.5 日龄以下的小幼虫都可以培育成蜂王，而超过 3.5 日龄的则不能。工蜂和蜂王幼虫在最初的 3 天内都受到哺育蜂的密集饲喂，且食物成分基本相同。3 天后，在工蜂房的幼虫被改为间断饲喂，且每次仅供给少量的蜂粮和蜂蜜的混合食物，直到封盖。而王台中的幼虫一直被哺育蜂喂给充足的蜂王浆，王台封盖后，还有大量剩余食物。蜂王浆中有较多的泛酸、生物喋呤和较高浓度的糖等，有些物质在贮藏过程中会丧失。

关于蜜蜂的级型分化还有其他假说，有待进一步探讨。

（四）成年蜜蜂的一生

成年蜜蜂的一生是指从羽化到死亡这一虫期的蜜蜂。

1. 工蜂　3 日龄以内的幼蜂由其他工蜂喂食，能担负保温、孵卵、清理巢房工作。4～5 日龄幼蜂会调制花粉喂大幼虫，并开始离巢在蜂箱附近做短时间的认巢飞翔，同时进行首次排泄。6～12 日龄工蜂，王浆腺发育成熟，分泌蜂王浆饲喂蜂王和 3 日龄以内的小幼虫。12～18 日龄，王浆腺萎缩，蜡腺发达，主要担负筑巢、清理巢穴、夯实花粉、酿蜜、使用蜂胶、调节巢内温湿度等工作。一部分工蜂在巢内的最后一项工作是在巢门口“站岗”，一些老蜂也参与守卫蜂巢。蜜蜂履行巢外工作一般是从 17 日龄以后开始，主要进行花粉、花蜜、蜂胶、水的采集。

在正常情况下，蜂群的内、外勤工作各占约一半的工蜂，它们按照日龄从事生理上最适宜的工作。如果蜂群需要，这种按生理分工也会改变：如越过冬的工蜂，照常能分泌王浆哺育幼虫；一个由相同日龄的工蜂组成的小群，也能进行正常的蜂群活动；大流蜜期，5～6 日龄的工蜂可提前参加外勤工作。

在活动季节蜂群昼夜工作，蜂王不停地产卵，工蜂不停地哺育幼虫；外界主要蜜源植物流蜜，夜晚可听到蜜蜂酿蜜扇风的嗡嗡声彻夜不停。蜜蜂也有休息的时候，休息的蜜蜂身体下伏，上颚下垂到休息处的表面，一对触角下垂静止不动，体温与环境温度相同；休息的蜜蜂多处于蜂巢外围，不活动，对光线不敏感，似睡眠状。

一年中不同时期、不同饲养条件下，工蜂的寿命差异比较大：据报道，3 月份的新蜂寿命平均 35 天左右，6 月份为 28 天，在越冬期 150～180 天或更长。造成工蜂寿命差异的主要因素是培育幼虫的劳动强度、采集强度、温度高低以及花粉的丰歉等。这里应注意的是，在正常情况下，强群的工蜂无论在任何季节都比弱群的工蜂寿命长。就是说在相同季节和环境条件下，饲料和群势是影响蜜蜂寿命的关键。

2. 蜂王的生长与发育

（1）蜂王的产生：在自然情况下，蜂群产生蜂王的方法有 3 种。

①自然分蜂：在群强子旺、蜜粉充足时，工蜂在巢脾边缘或

下缘建造王台，培育蜂王，准备分蜂。特点是台数多，台内幼虫日龄不一致。

②自然交替：蜂王伤残或生理上已衰老，工蜂便在巢脾的下缘或中间筑造1～3个王台，培育蜂王。特点是台中幼虫日龄一致，老蜂王在新蜂王产卵不久死亡。

③急迫改造：当蜂群突然失王后，约过1天，工蜂就将有小幼虫或卵的工蜂房改造成王台，培育新蜂王。特点是台数多、位置多在脾面上、王台口斜向下。

第一种产生蜂王的方法，将发生自然分蜂；第二和第三种方法产生蜂王，蜂群不会发生分蜂。除以上自然产生蜂王的方法外，还可进行人工育王。

（2）蜂王的羽化与争斗：新蜂王在羽化前的2～3天，工蜂就将王台端部的蜂蜡咬去，使茧露出；蜂王出台时在台内用上颚顺王台口将茧咬开一环形裂缝，并从裂缝向工蜂求食，然后爬出来。

一只健全的蜂王，出台后十分活跃，巡察各脾，寻找并破坏其他王台。它首先攻击成熟王台，破坏王台时，若没有受到工蜂的阻挠，蜂王就用上颚在王台侧面咬个孔，把腹部插入王台内，用螯针把新成熟的蜂王刺死，接下来，工蜂便扩大孔口，把王蛹拖弃。如果一前一后或同时出房，将会听到它们之一发出“吱吱吱”的挑战声，接着另一只处女王也发出“吱吱吱”的应战声；两只处女王之间就会发生一场战争，只有最强壮的处女王能活下来。

（3）婚飞：处女王出房后5～6日龄性发育成熟，与雄蜂交配发生在5～13日龄，8～9日龄是其交配的高峰期。

处女王与雄蜂的交配行为是在空中进行的，婚飞前通常做几次认巢飞翔。认巢飞翔和婚飞一般在气温20℃以上、无风或微风的晴暖天气的14～16时进行。婚飞的当天，一簇工蜂兴奋地围绕在处女王周围，进而一些工蜂趋向巢门，在巢门和处女王之间排列成行，另一些工蜂聚集在巢门口，高翘腹部分泌气味物质以引导蜂王。这时，蜂群的正常采集工作几乎停止，当处女王出现在巢口时，工蜂用前足和头驱使其起飞；若处女王犹豫返巢，工蜂则加以阻拦并继续逼迫，直到起飞为止，有一小批工蜂也同时起飞，似为处女王护航。处女王与雄蜂交配多在 2 千米以外 15～30 米的高空，在蜜蜂交尾场地附近，肉眼可看到彗星状的雄蜂急速旋转、移动追逐处女王。

图 1-45　婚　飞
（引自 Norman E. G. 1993）

通常，处女王在第一次婚飞时与飞在最前边的雄蜂交配，一次婚飞可连续和多个雄蜂交配，并可重复婚飞交配，直到精液贮满精囊为止。天气越好、适龄雄蜂越多，越有利于交配。在天气不好的日子婚飞，处女王受精量少，产卵后常提早被交替。处女王交配返巢后，螯针腔拖着一白色物，认为是雄蜂的角囊，俗称交尾标志（图 1-45）。

蜂王的受精囊贮藏上百万的精子，供其一生使用。蜂王交配产卵后终生不再交配，除自然分蜂和蜂群迁居外终生不飞出蜂巢。

（4）产卵：处女王交配后，哺育蜂环护其周，不时地向蜂王饲喂蜂王浆，搬走蜂王的排泄物。随着蜂王卵巢的发育，体重上升，腹部逐渐膨大伸长，行动日趋稳健，在交配 2～3 天后开始产卵。蜂王在巢脾上爬行，每到一个巢房便把头伸进去，以探测巢房大小和环境，然后把头缩回，如果这个巢房是已被工蜂清理好准备接受产卵的空房，蜂王就将头朝下，把腹部插入这个巢房，几秒钟后产完1粒卵，最后把腹部抽回，继续在巢脾上爬行，寻找适合产卵的巢房（图1-46）。

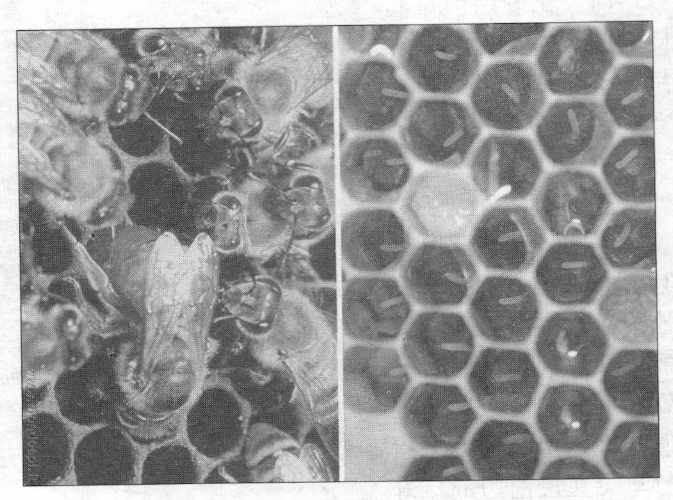

图1-46　蜂王产卵

（引自 www. mondoapi. it）

正常情况下，蜂王在每一个巢房产1粒卵，在工蜂房和王台中产受精卵，在雄蜂房中产不受精卵。在缺少产卵房时，蜂王会在产过卵的巢房内重复产卵，但条件改变，这个现象即消失，否则，该蜂王应淘汰。蜂王产卵，一般从蜜蜂密集的巢脾中央开始，然后以螺旋形的顺序向四周扩大，逐渐扩展到左右脾。在巢脾上，产卵范围常呈椭圆形，称之为"产卵圈"，而且中央的产卵圈最大，左右巢脾的依次渐小。从整个蜂巢看，整个产卵区呈一椭圆球体，这有利于育儿保温。

在蜜源充足时，1只优良的意蜂王1昼夜可产卵1 500～2 000粒，中蜂王可产900粒，这些卵的总重量相当于蜂王本身的体重。蜂王的产卵量还与种性、亲代性能、个体生理条件以及蜂群内外环境有关。

（5）职能：蜂王是品种种性的载体，它对蜂群中个体的形态、生物学特性、生产性能、抗逆能力等都有直接的影响；蜂王除专司产卵外，还通过释放蜂王物质和产生足够数量的卵来维持蜂群正常的生活秩序，从而达到控制群体的作用。没有蜂王的蜂群，工蜂骚动不安、采集力下降，最终会导致群体死亡。

（6）寿命：蜂王的寿命在自然情况下为3～5年，其产卵最盛期是前1～1.5年，1.5年后，产卵量逐渐下降。在养蜂生产中，常使用1～2年的蜂王，中蜂蜂王衰老更快，应年年更换。而在炎热的、蜂群没有断子期的地区，蜂王一年更换2次，以此保持蜂群的繁荣昌盛。

3. 雄蜂

（1）雄蜂的产生：雄蜂是季节性蜜蜂，正常情况下，仅出现在春末和夏季的分蜂季节，其数量每群蜂中数百只不等，它们是由蜂王产的未受精卵或产卵工蜂、未交配的处女王产的卵发育而来（图1-47）。蜂群培育雄蜂的数量与蜂种、蜂王生理状态、群体大小、季节、蜂巢内雄蜂房的数量有关。雄蜂在8～12日龄性成熟，有效交配时间为12～35日龄。雄蜂性成熟的时间、个体大小与花粉饲料有关，其产生精子数与幼虫期前3天的饲料和哺育蜂的日龄有关。

图1-47　雄蜂的一生

左：雄蜂出生　右：驱赶雄蜂

（引自 www.mondoapi.it）

（2）职能：雄蜂在蜂群中的职能一是与处女王交配，二是平衡蜂群中的性比关系。众多的雄蜂可以保证处女王充分受精和利于种内竞争（选择）。东、西方蜜蜂的雄蜂在午后 14～16 时大量出外飞翔，其要求的气候条件、时间与处女王婚飞相吻合，飞行距离多在 3 千米内。雄蜂与处女王交配后立即瘫痪死亡，而未能和处女蜂王交配的雄蜂返回蜂场。雄蜂不具有偷盗和斗杀特性，不会给蜂群带来威胁，因此，很少受工蜂的阻拦，其结果有利于避免近亲繁殖。

雄蜂个大、食量大，又不具采集和自卫能力，但屠杀雄蜂不是好方法。除养王场外，一般采用优质巢脾和优良种王控制雄蜂的数量。

（3）寿命：雄蜂的寿命最长为 3～4 个月，平均寿命 20 天。在花蜜逐渐稀少、蜂王已交配的正常蜂群，工蜂不让雄蜂吃蜜，并把它们逐到边脾或箱底，甚至拖出巢外饿死。在夏季食物稀少时，工蜂会从雄蜂房拉出雄蜂幼虫扔到巢外。但在无王群、有处女王的蜂群或蜂王衰老伤残的蜂群，蜂群会保留雄蜂。

三、蜂群的生长与繁殖

在四季环境条件（气候、蜜粉源等）影响下，蜂群中蜜蜂数量的消长和生活规律的变化（包括蜂群的周年生活和群体繁殖）很大。在温带地区，四季气候分明，蜜蜂生活的变化比较明显。

（一）蜂群的周年生活

在同一地区，每个蜂群受气候和蜜源的影响，每年都有相似的周期性变化规律。根据蜂群在一年中的数量、质量和活动情况，把其周年生活分为繁殖期和断子期（图 1-48）。

1. 繁殖阶段　蜂群处于积极的活动状态，蜂王产卵，子蜂齐全，巢温稳定在 34～35℃。全期持续时间南长北短，可分为 4 个阶段。

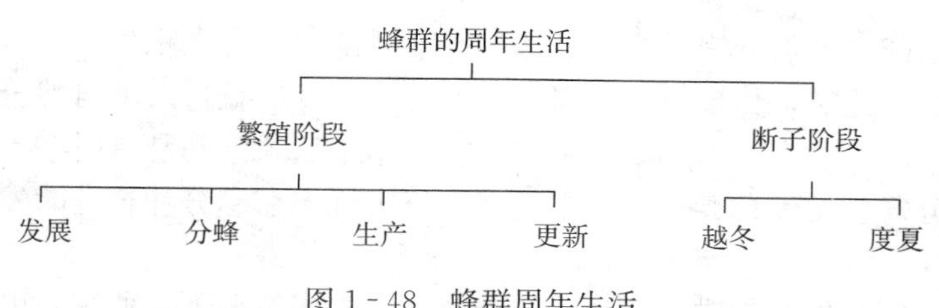

图 1-48 蜂群周年生活

（1）春季蜂群发展阶段：随着冬天结束、蜂王开始产卵到蜂群群势达到鼎盛时止，它包括群势下降、恢复、上升和积累工作蜂 4 个阶段。

从蜂王产卵开始，到新蜂出房数与老蜂死亡数相等时止，蜂群势下降到最弱，越过冬的老蜂仅能哺育出 1 只新蜂。随着出生超过死亡的蜜蜂越来越多，新蜂完全代替了老蜂，蜂群势恢复到开始繁殖时的大小，新羽化的工蜂能哺育近 4 只新蜂，且寿命长。群势上升，达到 8 框足蜂。从 8 框蜂发展到 16 框蜂，蜂群积累了大量工作蜂，这一阶段，前期蜂王的产卵量继续提高，达到每昼夜 1 500 粒卵（中蜂王 900 粒卵）左右，群势、蜂子总数继续增长，但每千克蜜蜂哺育蜂子的强度降低，蜜蜂的平均寿命增长，蜂群达到鼎盛时期，同时蜂群群势停止增长。

蜂群从产卵到恢复阶段结束，需 30～40 天。这一阶段所需时间的长短主要取决于越冬蜂群的群势、质量及管理。越冬蜂群越强、秋季培育的越冬蜂健康，翌年春季，这一阶段所需的时间就越短；优质的越冬饲料、适当的保温和安定的环境能延长蜜蜂的寿命；在繁殖期，丰富优质的饲料、良好的管理技术都会缩短蜜蜂恢复期的时间。蜂群上升阶段所需时间的长短主要取决于群势，在繁殖时一个有 8 框以上蜂的强群，更新越冬蜂后几乎不经过这一阶段而直接进入积累工作蜂阶段。后备蜜蜂的大量积累，为蜂群生产、分蜂等打下了基础。

从早春蜂群开始育虫至积累工作蜂结束，即进入生产或分蜂阶段，一般需要 60～70 天的时间。

（2）自然分蜂：当蜂群达到鼎盛时期，蜂群中积累了大量的蜜蜂，此时，如果没有适当强度的工作，蜂群就进入了自然分蜂阶段。蜂群多在当年第一个主要蜜源结束后才达到鼎盛时期，自然分蜂多发生在春末和夏季。河南省中蜂多在春分和秋分时发生分蜂。

（3）生产阶段：蜜蜂活动季节，在很多情况下，所采集的花蜜只够蜂群的自身繁殖需要。在主要蜜源植物开花流蜜时，一个强群 1 天就可采到数千克花蜜，同时可进行王浆、花粉、造脾等的生产。生产期一般南方长于北方，转地饲养的蜂群在 3～10 月有 8 个月的生产时间，在河南生产期为 4～8 月。这一阶段，蜜源丰富，三型蜂共存，每千克蜂哺育蜂子的强度低。

蜂群进入主要采蜜阶段，其采蜜量的多少主要取决于群势（采蜜群应达到 14 框足蜂）、蜂群内部状态（哺育负担轻、没有分蜂热）、蜜源、天气、蜂种及管理方法（表 1-2）。若流蜜期短（如刺槐流蜜期 8 天左右），在流蜜期前宜采取措施（如断子等），集中力量进行生产。若流蜜期长，应边繁殖边生产，以便有充足的后备力量采集后期蜜源。在主要采蜜期过后，须抓紧时间繁殖，恢复群势。

表 1-2　不同群势正常蜂群的采蜜量（C. L. 法勒）

群势（千克）	1.5	2	3	4	5	6
每千克蜂的采蜜量（千克）	2.97	3.51	4.01	4.28	4.46	4.55
每千克蜂的采蜜量（%）	100	118	135	144	150	153

（4）蜂群秋季更新阶段：在秋季，一年的最后一个主要蜜源流蜜结束后，老年蜂逐渐被新哺育出来的蜜蜂更替，这些幼龄蜜蜂经过充分的排泄飞行，但没有参加哺育、采集、酿蜜等活动，它们的腺体保持了初期的发育状态，到翌年春天，仍具有哺育能力，这些工蜂叫适龄越冬蜂。这一时期，外界蜜源逐渐断绝，气温降低，蜂王产卵减少，群势下降，工蜂开始驱逐雄蜂。蜂群秋

季的更新，在人工饲养下约 20 天。

由于适龄越冬蜂是翌年蜂群繁殖、生产的基础，因此，应尽可能多地培育适龄健康的越冬蜂。

2. 断子阶段　当外界蜜源断绝，天气长时间处于低温或高温状态，蜂王停止产卵，群势不断下降，蜜蜂处于半冬眠或静止状态，这是蜂群周年生活最困难的时期（图 1-49）。

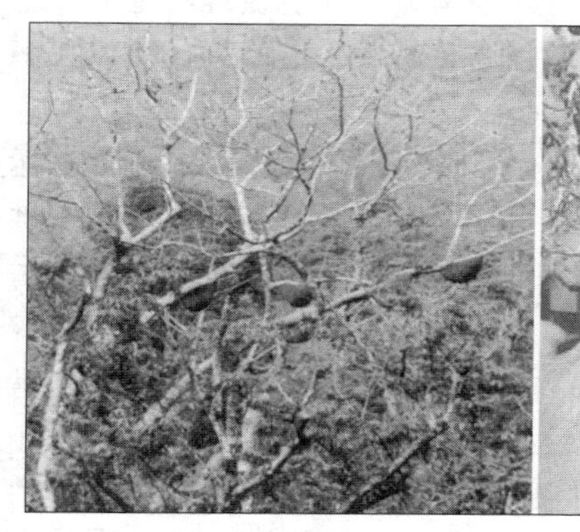

图 1-49　蜂群越冬与度夏

左：大蜜蜂蜂群越夏　右：冰雪中的越冬蜂

（引自《蜜蜂起源与进化》）

（1）蜂群越冬期：在秋末冬初，蜂王停止产卵，直到翌年春天。当气温下降到 6～8℃时，蜂群就结成稳定的蜂团，蜂王在蜂团的中央，全群的蜜蜂聚集其周围，形成一个球形体；蜂团表面温度保持 6～10℃，其中心温度处于变化中。越冬蜂团在气温低时比较紧密，温度高时比较松散，其位置多在对着巢门的巢脾上形成，有利于呼吸新鲜空气。太阳照射时，蜂团便向有热源的地方移动（如蜂团向蜂巢前方移动或闸板两旁的蜜蜂向闸板靠拢等）。结团的蜜蜂除取食蜂蜜和适当活动以提高巢温外，不再进行其他活动，连排泄也停止了。随着饲料的消耗，蜂团在巢脾上以先上而后的顺序移动，若贮蜜吃光或在移动时形成两个蜂团，就可能饿死。

越冬期南短北长，如在河南越冬期约 3.5 个月，浙江约 2 个月，而在我国海南没有越冬期，蜂群安全越冬要求新王、群强、食足。

(2) 蜂群度夏期：在江、浙以南地区，夏季气温高，蜜源稀少，蜂王停产，群内断子，巢温接近外界气温，蜜蜂只有采水降温活动，这一时期约持续 2 个月。在南方夏季有蜜源的地方，蜂群无明显的度夏期。度夏的蜜蜂代谢比越冬的蜜蜂强，所以在南方度夏难于越冬。

一般地区只出现越冬或越夏期。因气候和蜜源的关系，在南方个别地方的蜂群一年中既有越冬期又有越夏期，结果，这些地方全年就出现了两个繁殖期，分别在越冬和越夏之后，从而使生产期缩短。

实践证明，强群在断子期，抗逆力强，蜜蜂死亡少，饲料消耗省，能保存实力，繁殖期恢复发展快，能充分利用早春和秋季蜜源。强群培养的工蜂体壮、舌长、蜜囊大、寿命长、采集力强，而且巢内工作负担相对较少，一旦遇到流蜜期就能夺取高产，并有利于取成熟蜜；强群还能多取蜂蜡和获得王浆高产，管理省工。所以，必须因时、因地制宜，饲养强群，夺取养蜂高产。

（二）蜂群的繁殖——自然分蜂

蜂群中的老蜂王连同大半数的工蜂结群离去，另筑新巢；原群留下的蜜蜂和所有蜂子，待新王出房后，又形成一群，这个过程就叫自然分蜂，是蜂群的繁殖方式，是蜜蜂社会化生活的本能表现。

1. 分蜂因素　自然分蜂是由蜂群哺育蜂多寡、蜜源、蜂种、巢内拥挤等多个内外因素共同促成的。不同蜂种，分蜂性有强有弱，中蜂比意蜂爱分蜂。同种蜜蜂不同蜂群其分蜂性有差异。

自然情况下，当蜂群群大、子旺和蜂多时，如果蜂王（尤其是衰老蜂王）分泌的蜂王物质分配给每个蜜蜂的数量少，工蜂哺育幼虫和巢外负担相对较轻，就会促成工蜂筑造台基并迫使蜂王向台基内产卵，为分蜂做准备。在蜂巢内蜂王产卵量受到不能造脾扩巢的限制，以及外界蜜源丰富，则会加速分蜂的形成。

蜂群是否进行自然分蜂，是上述因素综合作用的结果，如果改善了蜂巢的内部环境、气温突然下降、人工分群、人工换王，自然分蜂即可终止。自然分蜂多发生在春夏季蜜源丰富时期，在我国南方地区，秋末也发生分蜂，海南省的中蜂四季都能分蜂。

2. 分蜂征兆　分蜂前，先造雄蜂房，培育雄蜂（当然，蜂群为平衡其性比关系或巢脾因素也会培育雄蜂，但并不发生分蜂），然后筑造台基，蜂王在台基内产卵，工蜂将台基加高培育成蜂王，这是分蜂的一个可靠征兆。在王台封盖后 2～5 天发生分蜂。在这期间，工蜂出勤明显减少，许多工蜂不积极工作；同时，它们对蜂王减少饲喂量，蜂王产卵量下降，腹部缩小，蜂群酝酿分蜂的这些懈怠现象叫“分蜂热”。在分蜂当天，工蜂不进行采集活动，而在巢门口形成蜂胡子——小蜂团，这预示着分蜂即将发生。

3. 分蜂过程　在晴暖无风或微风之日，一天当中，8～16 时都可能发生分蜂，但多数发生在 11～15 时。久雨初晴，易在当天的早些时间发生。

在分蜂群飞出之前，侦察蜂找到新巢穴返巢后，即时表演舞蹈，发出分蜂信号。随着舞蹈蜂这些分蜂积极分子的增多，蜂群全群激动，准备飞出的蜜蜂饱食蜂蜜，匆忙飞出巢门，先是少数工蜂在巢前作低空盘旋，接着出巢蜂越来越多，蜂王在一部分工蜂的引导下爬出巢门飞向空中，而后，大队蜜蜂如决堤之水，蜂拥而出。它们在蜂场上空盘旋，跳着浩大的分蜂群舞，发出的嗡嗡声响彻整个蜂场，形成蜂群繁殖的大合唱。不一会，分出的蜜蜂便在附近的树杈或其他适合聚集的地方形成分蜂团（图1-50）。

图1-50 分蜂团
（引自黄智勇）

通常分蜂团静止2～3小时。蜂团外紧内松，下方内陷一个缺口，以利于通气。在蜂团表面，侦察蜂按各自发现的新巢穴方向和距离表演舞蹈，新巢穴条件越好，舞蹈蜂跳舞越积极，有时它们会动员其他蜜蜂前往察看一番，以得到更多的蜜蜂认同舞蹈。之后，蜂群结队随侦察蜂投奔，在低空缓慢前进，途中每只蜜蜂转着圈向前飞，唯恐掉队，整个分蜂群形成一朵生命的“蜂云”在向前滚动，用俗语“空中蜂队如车轮”来形容非常贴切。蜜蜂飞抵新巢穴，一部分工蜂高翘腹部，发出示踪信息素招引同伴，随着蜂王的进入，蜜蜂便像雨点一样降落在巢门前，涌进巢门。进住新巢穴后，工蜂即开始泌蜡造脾，守卫巢门，采集蜂群生活所需要的食粮。新的团体生活从此开始，日后即使冻饿而死，也不重返原巢。

蜜蜂新巢多选择远离原群、避风有阳光的地方。当分蜂群结团后，如果蜂王不在其中，工蜂不久便飞回原巢或飞投蜂王栖息的地方，再次结团。分蜂进行中的蜜蜂，因吸饱蜂蜜比较温驯。

4. 自然分蜂的利弊　自然分蜂是蜂群自然繁殖的方式，以此，蜂群种族得以繁荣和延续。通过分蜂，缓和了矛盾，使蜂群正常快速发展。但人们饲养强群的目的是为了获得更好的养蜂效益，分蜂削弱了群势，分蜂热使蜜蜂的工作几乎停止，分出的蜂群有时会丢失，即使不丢失，也要费工费时进行收捕。因此，饲养蜜蜂应有效地控制自然分蜂，扩大蜂场规模以人工分群为主。

四、蜜蜂的语言与传递

蜜蜂的社会性生活方式，要求其社会成员间进行有效的信息传递。它们通过感觉器官、神经系统接受外界和体内各种理化刺激，按固定程序机械性地产生一系列行为反应，使整个蜂群中的蜜蜂内外协调，共同完成繁殖、分蜂、抗御敌害与严寒，使蜜蜂种群得以生存和繁荣。

（一）本能与反射

1. 本能　蜜蜂的本能是在长期自然选择中建立起来的适应性反应，一般受内分泌素的调节。如蜂王产卵、工蜂筑巢、采酿蜂蜜与蜂粮、饲喂幼虫、适时封盖等都是本能表现。

2. 反射　生物受刺激而发生的反应，是一种最简单的神经活动。它分为条件反射和无条件反射。无条件反射是一种适应性反应，如遇敌蜇刺、闻烟吸蜜。条件反射是蜜蜂个体在生活中产生的，如用浸花糖浆喂蜂，蜜蜂就趋向探访有这种香味的花朵。

本能与无条件反射都是蜜蜂族系在长期自然选择过程中所习得的适应性反应，永不消失。条件反射是蜜蜂个体在生活中临时获得的，得之易、失之也快。

（二）蜜蜂信息素

又叫外激素，是蜜蜂外分泌腺体向体外分泌的多种化学通讯物质，这些物质借助蜜蜂的接触、饲料传递或空气传播，作用于同种的其他个体，引起特定的行为或生理反应。

1. 蜜蜂信息素的种类与功能　除本章第一节“三（七）分泌腺系统”中介绍的以外，较重要的还有以下几种。

（1）蜂子信息素：由蜜蜂幼虫和蛹分泌散布的信息素，主要成分是脂肪族酯和1，2-二油酸-3-棕榈酸甘油酯等，其分泌量、成分随着幼虫日龄的增长和蜕皮阶段不同而变化，在封盖过程中分泌量最大。

工蜂和雄蜂子信息素的主要作用是作为雄、雌虫区别的信号，抑制工蜂卵巢发育，刺激工蜂的采集活动和诱导工蜂对成熟幼虫的封盖。蜂王虫信息素，作为工蜂识别王台、提高王台接受率和增加工蜂往王台内饲喂蜂王浆的量。

（2）蜂蜡信息素：含氧化合物，是有8～10个碳的醇类。新脾散发出的挥发物能激起采集蜂的囤积行为。

流蜜期，巢内有适量幼虫、造脾会增加蜂蜜产量。

2. 人工蜜蜂信息素的应用前景　人工合成的纳氏信息素可以吸引蜜蜂为农作物授粉，收捕分蜂群，纳氏信息素中的牻牛儿醇对大蜂螨有驱逐作用。主要蜜源花期，在蜂群中释放人工合成的9-ODA能控制分蜂，增加产量，据报道，可提高中蜂产蜜量17.8%、意蜂产蜜量21.7%。利用幼虫信息素提高王台接受率，增加蜂王浆产量与改善品质，同时也可提高蜂蜜和花粉的产量。

（三）蜂舞

蜜蜂用不同形式、不同频率的“跑步”“摆腹”动作来传递信息的一种方式，类似人的“哑语”或“旗语”。弗里希描述的西方蜜蜂与食物有关的舞蹈有圆舞、8字形舞、新月舞等。

1. 西方蜜蜂与食物有关的舞蹈

（1）圆舞：在圆舞中，蜜蜂在巢脾上同一位置用快而短的步伐做范围狭小的圆圈跑步，经常改变方向，忽儿冲向左边绕圈，忽儿冲向右边绕圈，走完两个圆弧，并且十分用力地重复着。跳舞时间持续几秒钟至 1 分钟，然后停下来或在脾的其他地方开始舞蹈，最后舞蹈蜂急速地爬出巢门飞走。这种舞蹈激发了其他蜜蜂，随着该舞蹈蜂舞蹈移动，一部分蜜蜂用触角伸向它或向它接近，其中的一部分蜜蜂飞出蜂巢采集。

圆舞表示了蜜源距离蜂巢 100 米以内，但不表示方向。当蜜源距离蜂巢越来越远时，蜜蜂由跳圆舞逐渐过渡到 8 字形舞。

（2）8 字形舞：当蜜源距离蜂巢 100 米以外时，舞蹈蜂在一

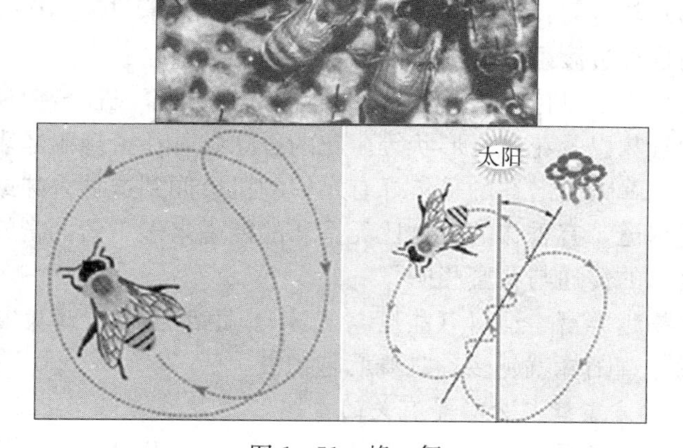

图 1-51　蜂　舞

上：采蜜蜂正在舞蹈　下左：圆舞　下右：8 字形舞

（引自 BIOLOGY-LIFE ON EARTH，THIRD EDITION）

边跑一狭小的半圆，然后急转弯呈直线向开始点跑去，再转向另一边跑一个半圆，随后它又照直跑去，沿着开始走的那条直线小径直至最初起点。这样，在整个舞蹈过程中，划出一个整圆，在其跑直线部分时，它使腹部向两旁极力摆动，所以，这种舞蹈又称为“摆尾舞”（图 1-51）。

蜜蜂摆尾舞中跑直线所占用的时间和以 250 赫低频率发出的短音数量与已知食物来源的距离有高度的相关性（表 1-3）。并且，舞蹈蜂所跑直线的方向和地球引力线的夹角与太阳方位、蜂巢、蜜源三点所形成的夹角一致。因此，摆尾舞指出了食物的距离和准确的方向。

表 1-3　蜜蜂摆尾舞直跑次数与距离的关系

距离（米）	每 15 秒直跑次数
100	9~10
600	7
1 000	4
6 000	2

（3）新月舞：又称镰刀舞。当蜜源距离蜂巢 10～100 米时，蜜蜂用这种过渡型蜂舞传递信息。

在食物信息传递中，还有花的香味、采集蜂飞往蜜源途中所散发的气味以及花色、形状等。花的香味黏着在蜜蜂躯体表面和食物中，蜂巢中潜在的采集蜂有足够的机会闻到这种香味或尝到花蜜的味道，有香味的食物比无香味的能赢来多 1 倍的蜜蜂。采花粉信息的传递与花蜜相同。

食物越丰富、适口（甜度与气味）、距离越近、蜂巢贮蜜相对较少，舞蹈蜂就越多、跳舞就越积极。

2. 西方蜜蜂与分蜂等有关的舞蹈

（1）分蜂舞：又叫“呼呼舞”。分蜂群在飞出之前，侦察蜂振动腹部作之字形爬行于蜂群中，同时振翅发出“呼呼声”。跳呼呼舞的蜜蜂，开始时只有一两只，约 1 分钟后即扩大到几十只，继而跳呼呼舞的蜜蜂越来越多，直到整个蜂群都激动起来，蜂拥而出。分出群在附近树枝或房檐下结团后，侦察蜂便开始在分蜂团表面跳摆尾舞并进行比舞，跳舞最活跃的蜜蜂能激起其他蜜蜂去察看营巢地点，归来后又通过舞蹈争取更多的蜜蜂认可，随后，侦察蜂又跳起呼呼舞，促使分蜂团飞向新巢。

（2）警报舞：当采集蜂在野外遇到杀虫剂等有害物质或受到捕食等惊扰时，返巢后会在巢脾上沿着Z形线奔跑，腹部剧烈地左右颤动。随着警报舞的出现，蜜蜂的飞行活动几乎完全停止，当毒素扩散时，会有更多的蜜蜂舞蹈，以阻止工蜂外出。

蜜蜂除跳与采集、分蜂和报警等有关的重要舞蹈外，还跳与清洁、服务（如按摩舞）和庆祝有关的蜂舞。

东方蜜蜂和大蜜蜂也在巢脾平面上跳舞，小蜜蜂在巢脾顶端的平台上跳舞。蜜蜂属的蜜蜂，均以圆舞、摆尾舞指示食物的方位和距离，但蜜蜂种间的这种行为，对指示食物点的距离存在差异。除此之外，它们还通过声波、花香等传递食物信息。

（四）蜂声

蜂声是蜜蜂的有声语言，如前述蜜蜂跳分蜂舞时的“呼呼”声，似分蜂出发的动员令，发出数分钟后，蜜蜂便倾巢而出。蜜蜂跳摆尾舞时发出的低频率的短音，表明食物距蜂巢的远近。

蜜蜂敌对性围王时，会发出一种频率很高、连续、刺耳的“吱吱……”声，工蜂闻之，有的就会从脾的四面八方快速向发声处爬行集中，使蜂球越结越大，直到把蜂王困死。

当蜜蜂遇到胡蜂等敌害进攻蜂群，守卫蜂就立即发出“嗤嗤”声，箱内工蜂听到此音，即拥出巢门，加强守卫。而中蜂受到惊扰或胡蜂进攻，会集体振翅，发出“唰唰”的示威声。

研究蜜蜂的语言、信息传递及行为特点，可有效地训练蜜蜂为特种植物授粉，模拟蜂声或激素气味可安全介绍蜂王（台），稳定蜂群，促进工蜂积极地工作。

五、蜜蜂的采集等行为

蜂群生活所需要的营养物质，都由蜜蜂从外界采集物中获得。蜜蜂出外采集主要有花蜜、花粉、水和树胶等。

（一）蜜蜂的飞行特点

1. 工蜂的飞翔能力　晴暖无风的天气，意蜂载重飞行的时速为 20～24 千米，出巢蜂由于寻找蜜源，飞行速度反而较慢（Park1923 年报道为 10.9～29.0 千米/小时），最高时速达 40 千米；在逆风条件下飞行受阻，常贴地面艰难飞行。蜜蜂的有效活动范围在离巢 2.5 千米内，向上飞行的高度 1 千米，并可绕过障碍物。中蜂的采集半径约 1 千米。

图 1-52　工蜂飞行特点

采完食物，先打 2 圈再直线飞走，飞行时，后足分开

（引自 www.warrenphotographic.co.uk）

2. 工蜂的飞行规律　一般情况下，蜜蜂在最近的植物上进行采集。当远处（在其飞行范围内）有更大吸引力的植物泌蜜、

散粉的情况下，有些蜜蜂也会舍近求远，去采集该植物的花蜜和花粉（如制种用的萝卜花与油菜花对蜜蜂的竞争），但离蜂巢越远，去采集的蜜蜂就会越少。一天中，蜜蜂飞行的时间与植物泌蜜时间相吻合。

3. *蜜蜂的定向能力* 在黑暗的蜂巢里，蜜蜂是利用其发达的重力感觉器与地磁力来完成筑巢定位。在来往飞行中，蜜蜂充分利用了视觉、嗅觉的功能，依靠地形、地物与太阳位置、偏振光来定位。而在近处则主要靠颜色和气味来寻找巢门位置和食物点（图 1-52）。

在一个狭小的场地住着众多的蜜蜂，在没有明显标志物时，蜜蜂也会迷巢，蜂场附近的高压线能影响蜜蜂的定向。

（二）花蜜的采集与酿造

1. *花蜜的采集* 花蜜是植物蜜腺分泌出来的一种甜液，是植物招引蜜蜂和其他昆虫为其异花授粉必不可少的“报酬”。

蜜蜂飞到食物点附近时，利用视觉和嗅觉找到花蜜和花粉的来源，如果花朵大小能容纳它时，采集蜂便降落到花里面（像桐树花），但如果花朵小（如荆条花、枣树花），它就降落在能够承担它体重的任何其他方便的部位或在空中飞翔中进行采蜜。降落后便把喙从颏下静止的位置伸向前方，并插入到花朵中积聚了花蜜的部位，在喙达到的范围内把花蜜吮吸干净（图 1-53）。花蜜吮净后或没有花蜜，蜜蜂会很快转移到另一朵花上，蜜蜂能嗅出以前的采访者仍留在花朵未消失的气味并避开它，以此来提高采集效率。

图 1-53 采 蜜
（张中印 摄）

采集花蜜是一项十分辛苦的

工作。蜜蜂采访1 100～1 446朵花才能获得1蜜囊花蜜。在流蜜期中，1只蜜蜂平均日采集10次，每次载蜜量平均为其体重的一半（意蜂约为40毫克），一生能为人类提供0.6克蜂蜜。采集1千克刺槐蜂蜜需采访150万～200万朵花。据报道，酿制1千克蜂蜜，其来回飞行就要36万～45万千米，相当于绕地球8～11周。蜜蜂出勤，不一定都是好天，若遇狂风暴雨，更是艰苦，有很多蜜蜂遇难是常有的事。

每一个蜂群，在流蜜期中能够投入到采集活动的工蜂数量是与该群群势、工蜂日龄构成以及蜂巢内蜂子的数量有关。群势强、青壮年蜂多、巢内负担轻，则投入到采集活动的工蜂数量就多。如一个6千克重的蜂群，在流蜜期投入到采集活动的工蜂约为总数的1/2；而一个2千克重的蜂群，投入到采集活动的工蜂占蜂群比例约为1/3.4；如果巢内没有蜂子可哺育，则5日龄以后的工蜂就投入到采集工作中去。在刺槐、油菜、椴树等主要蜜源开花盛期，一个意蜂采蜜群1天采蜜量可达5千克以上。中蜂群势和个体都比意蜂小，因此，采集力不如意蜂。

满载花蜜的工蜂回巢后，如果外界蜜源流蜜量不大，它就来回走动，把花蜜分给1至数只内勤蜂；如果花蜜来源丰富，这只采集蜂就会跳舞，并把花蜜献给附近的几只蜜蜂尝尝，以报告信息。不久，它把大部分花蜜交给1只内勤蜂，在它们交接过程中，外勤蜂把上颚分开，把一滴花蜜吐到它的喙上面，内勤蜂把喙全部伸展，并从采集蜂的上颚中间吸取花蜜。两只蜜蜂不断用触角互相轻轻敲打对方的触角，同时，内勤蜂还会用前足敲打采集蜂的颜面。

2. 花蜜的酿制　花蜜酿造成蜂蜜，一是要经过糖类的化学转变，二是要把多余的水分排除。

花蜜被蜜蜂吸进蜜囊的同时即混入了上颚腺的分泌物——转化酶，蔗糖的转化就从此开始。采集蜂归巢后，把蜜汁分给1至数只内勤蜂；内勤蜂接受蜜汁后，找个空地方，头向上，保持一定姿态，张开上颚，整个喙进行反复伸缩，吐出吸纳蜜珠，整个过程约需 20 分钟。

上述过程完成后，酿蜜蜂爬进巢房，腹面朝上，准备吐存这些蜜汁。如果这个巢房是空的，它爬进巢房直至上颚触及房底的上角为止，吐蜜汁入内，然后，转动头部，用口器当刷子，把蜜汁涂抹到整个巢房上，以扩大蒸发面。如果巢房内已有贮蜜，则将上颚浸入，直接注添而已。当巢内进蜜迅速，蜜汁稀薄时，内勤蜂一面不停地酿作，一面加速进行贮存，它们把蜜汁分成小滴，分别挂在好几个巢房的房顶上，这些巢房有时是小幼虫或卵的巢房，被“吊起风干”的小滴花蜜，以后再收集起来。反复进行酿制和翻倒，蜜汁不断转化和浓缩，直至蜂蜜完全成熟为止。蜂蜜成熟后，逐渐转移至边脾，泌蜡封存。

花蜜中的水分，在酿制过程中还通过扇风来排除。若听到通夜嗡嗡之声大作，说明正是蜜蜂紧张酿蜜、浓缩蜜汁之时。

蜂蜜成熟时间，受花蜜浓度、蜂群群势、气候、日采花蜜量、可供贮存用的巢房数量和空气流动等因素影响，一般历时 5～7 天。由此可知，采蜜不易，酿蜜更难，有人谓“百炼成蜜”，此语并非夸张。

（三）花粉的采集与制作

花粉是植物的雄性配子，由雄蕊花药产生。饲喂幼虫和幼蜂所需要的蛋白质、脂肪、矿物质、维生素等，几乎完全来自花粉。

工蜂采集花粉在形态结构上是高度特化的，采集花粉时，6 只足、口器和全身绒毛都参与其工作（图 1 - 54）。Casteel (1912) 描述蜜蜂采集甜玉米花粉的过程：蜜蜂飞落在穗状雄花上，沿着穗状花序爬行，紧紧抱着下垂的花药，它们用舌和上颚咬花药，结果使花粉黏着在口器上，并且被润湿；也有大量的花粉附着在多毛的足和身体上。蜜蜂爬过几穗花后，就开始从头部、身体和前部器官把花粉梳下来，并把它传递给后足。这个过程可在花上停落时完成，更多的是在飞翔中进行。蜜蜂用前足刷集附着在口器和头部的花粉，用第二对足刷集胸部和腹部所黏附的花粉，并接受第一对足传来的花粉。在传递花粉时，中足伸向前方，与前足跗刷摩擦，把花粉粒拢集到中足基跗节的内面，然后，中足再将收集到的花粉传到后足的花粉梳上，两后足提到腹部下面，通过花粉梳的梳刮并送到相对的花粉耙上刮集，依次集中在花粉篮的下沿部分，最后经后足基跗节的屈伸运动，由耳状突把花粉推挤到花粉篮里，堆积成团，并被胫节隆起边缘的反曲毛和中间的花粉竿（刚毛）固定住。如果所带花粉团很大时，这些毛便被推向外并部分地被埋在花粉里面，使花粉团突出到胫节边缘之外。

图 1-54　采集花粉

（引自 www.greensmiths.com）

带粉蜂归巢后，找到靠近育虫圈的空巢房，先用两前足抓住巢房的一个边，将腹部和两后足伸入巢房，然后，以中足的距（也称“花粉铲”），把花粉铲落房内，接着两后足自行清除残余的花粉，卸落花粉后，采粉蜂便离开巢房。不久内勤蜂把头伸进房内，把花粉嚼碎夯实，并吐蜜湿润。这样贮藏的花粉称为“蜂粮”（图 1-55），其中已加入蜂蜜、花蜜和唾液，随着蜂粮中自然夹带的乳酸菌的作用，蜂粮成熟防止腐败。巢房中蜂粮贮存至七成左右，蜜蜂再加 1 层蜜，最后封蜡盖，以俟长期保存。

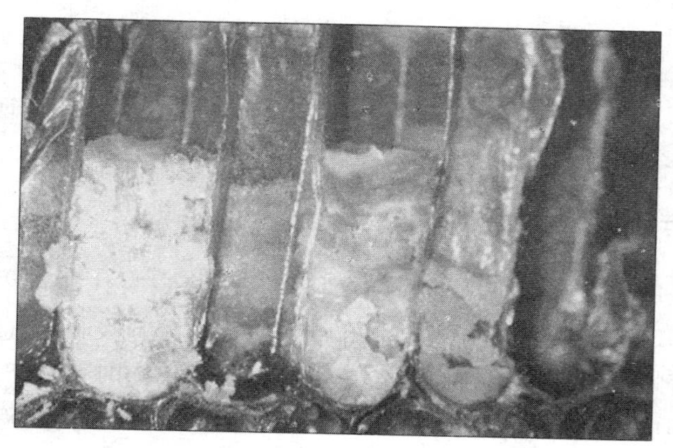

图 1-55　大蜜蜂蜂粮
（引自黄智勇）

据观察，工蜂每次采粉约访梨花 84 朵、蒲公英 100 朵，历时约 10 分钟，采粉量 12～29 毫克。每日采粉 6～8 次，最多 47 次，平均 10 次。在油菜花期，一个有 2 万只蜜蜂的蜂群，日采鲜花粉量可达到 2 300 克，即群日采粉55 000蜂次以上。一群蜂 1 年能采集 30 千克以上花粉。

（四）树胶的采集与使用

蜜蜂从植物嫩芽或松柏植物的破伤部分采集树脂或树胶，并混入上颚腺的分泌物和蜂蜡等物质。采胶蜂发现胶源物质后，就用上颚咬下一块胶粒，经上颚揉捏一阵后，用前足抱持着，再用 1 只中足伸向口器下的前足，接过胶粒，最后把胶粒送到同侧后足的花粉篮里，在它将胶粒向花粉篮装填的同时，又伸出前足去采取新的胶粒。蜜蜂反复剥离胶粒和向花粉篮中装填要花很长时间，当它满载蜂胶归巢时，由其他蜜蜂帮助把蜂胶从花粉篮中卸下来，运到需要的地方。

蜂群中一般是较老的工蜂采集、加工和使用蜂胶，采胶蜂也较少。蜜蜂采胶季节一般在春末、夏季，气温较高，容易采集。西方蜜蜂喜好采胶，东方蜜蜂不采胶。

蜜蜂采胶是用来填补蜂箱裂缝、缩小巢门、加固巢框、涂抹巢房（巢房上光）、包封小动物尸体（防止腐烂）、抑制病虫害和蜂巢内微生物的生长。

（五）水的采集

蜂巢降温调湿、内勤蜂调食喂幼、蜜蜂自身代谢都需要水。越冬期，蜂群所需水分主要靠蜂蜜中所含水分与吸收空气中的水分，蜜蜂呼吸获取。在有大量花蜜被采集到巢内时，其中所含的水分即可满足蜂群的需要，但在早春流蜜前和夏天干旱燥热时，则需要出外采水。

当采水工蜂找到水源后，将水吸入蜜囊，带回蜂巢，爬上巢脾后便开始舞蹈，并有数只蜜蜂跟随其后，采水蜂不时地停下来把水分给附近的工蜂。

1只采水蜂每日采水可达50次，每次载水25毫克，400只采水蜂，日采水量可达0.5千克。在春季，一般蜂群日需水约0.15千克，蜜蜂采水归来后，把水交给“贮水蜂”暂且贮存，数小时后，贮水蜂即将蜜与水混合，有时它们也会把稀释后的蜜汁贮藏在育虫区的周围。在干燥炎热的夏季，日采水可达1千克，采来的水像雾滴般布置在箱内各处。当温度超过38℃时，蜜蜂降低巢温所花的时间比采蜜、粉的更多。若无水供应，24小时内蜂群就会死亡。

蜜蜂的生长发育，还需要矿物质、维生素等。这些物质主要来源于花蜜、花粉、水，在自然情况下能够满足蜂群的需要，但在用人工饲料喂蜜蜂时需要考虑这些物质的含量。

蜜蜂还有互相饲喂、工蜂产卵、蜂盗、围王、迁徙、扇风、攻击等行为，并受其发育阶段、遗传、激素、蜂群状态等内因和光、热、食物、声音、接触、化学品等外因的影响和控制，都有社会性、阶段性、机动性、多样性的特点。

第三节　蜜蜂生态学

蜜蜂生态学是研究蜜蜂与其所处环境相互关系的学科，包括蜜蜂与环境、蜜蜂与温度、蜜蜂与植物、蜜蜂的种群、蜜蜂的分布5个方面。

一、蜜蜂与环境

环境因素包括生物因素与非生物因素两大类。生物因素主要包括食物、天敌及病原生物等。非生物因素主要包括光、温度、湿度、风、降雨等。

（一）生物因素

1. *食物*　蜜蜂必须依靠食物作为生命过程中所需物质和能量的来源，能否得到所需要的食物，关系到蜜蜂能否在这样的环境中生存；食物是否适合蜜蜂生理要求，又关系到蜜蜂在这样的环境中存在的数量。蜜蜂的食物主要是花蜜和花粉，以及由蜂蜜和蜂粮经腺体转化而来的蜂王浆。

在蜜粉源充足的季节，工蜂会根据花蜜和花粉的成分和数量选择采集适合蜜蜂生长发育的食物。在蜜源缺乏的季节，即使有些食物（如甘露蜜）对蜜蜂不利，工蜂也会去采集（图1-56）。

2. *天敌*　蜜蜂的天敌有蜡螟、蟾蜍、老鼠、胡蜂、蜘蛛、壁虎及熊等（图1-57）。天敌的作用：①蜜蜂天敌对养蜂业有一定的危害；②是生态食物链的一个环节，如花蜜→蜜蜂→胡蜂→

鸟类形成营养关系；③是蜜蜂种群进化的动力，调节蜜蜂种群的大小。例如，在秋季，山区的中蜂习惯在清晨和黄昏进行采集，避开胡蜂的捕食。

图 1-56　在没有食物的日子里，蜜蜂采集既没有营养又辛辣的辣椒面充饥

（李东荣　摄）

图 1-57　金环胡蜂

（引自《微观世界》）

蜜蜂对天敌的反应，往往表现出回避、恐吓、行螫保卫及飞逃等几种行为。

3. 病原生物　危害蜜蜂的病原生物有病原微生物和寄生性敌害。

病原微生物主要有病毒、细菌和真菌。蜜蜂的病毒病主要有囊状幼虫病和麻痹病，前者多发生在春末夏初，寒冷多变和缺乏蜜粉源为其感染暴发提供适宜的环境条件；后者在极端的温度条件下一年四季都可发病。蜜蜂细菌病发病的环境条件，美洲幼虫腐臭病是饲料不良引起，欧洲幼虫腐臭病则为群势弱和饥饿造成，副伤寒病是巢内低温和高湿引起，巢穴高温和潮湿则易发生败血病和黄曲霉病（真菌病），高温高湿加上蜜汁稀薄，是暴发蜜蜂真菌病——白垩病的典型环境条件。

蜂螨以蜜蜂的体液作为食物，是典型的外寄生敌害；微孢子虫破坏蜜蜂的消化道，是典型的内寄生敌害。

（二）非生物因素

1. 光　光对蜜蜂的影响主要决定于光的性质、强度和光周期。

（1）光的性质：光是一种电磁波。蜜蜂的感光区在310～650纳米，能够看到紫外光，而对红光为色盲。在红光下处置蜂群，可以减少蜜蜂骚动。

（2）光的强度：光照强度主要影响蜜蜂的活动和行为。比如早春，把蜂群放在向阳处，而在夏季，蜂群应放在较阴凉处。蜜蜂夜间有趋光性，白天适当的光照强度能刺激工蜂勤奋地工作，提高蜂群的抗逆力。

（3）光的周期：据资料介绍，蜂群分蜂周期与四季光照周期长短有密切的关系，如在河南省生存的中蜂，自然分蜂多发生在5月份和8月份。

2. 湿度　蜜蜂通过采集水、食物和新陈代谢提高蜂巢湿度，采取扇风来降低湿度。在一个健康有子的蜂群内，巢内相对湿度为75%～90%，在95%时蜂王的初生重和吻长都比低湿度条件下有所增加，蜜蜂室内越冬时要求越冬室内的相对湿度为75%～80%，在蜜源流蜜期，蜂巢内的相对湿度在54%～66%，强群则保持55%。蜂巢内的湿度在短时间内的升降变化，对蜂子发育影响不大。干旱年份，对蜜蜂采集枣花蜜极为不利；晴朗的天气，蜜蜂在早上10时以前湿度大的时段内才能采到较多的荷花或玉米花粉；而早春阴雨连绵，则易引起蜜蜂爬蜂病。

3. 降水　降水可以改变湿度，从而影响蜜源植物的生长和泌蜜。例如在云南野坝子花期，丰年里，雨季早（4～5月），年降水集中在6～9月，800毫米以上；若降雨推迟，年降水量在600毫米以下，一般为野坝子蜜歉收年。在辉县的荆条花期，干旱年份下一场雨，则可生产1～2次荆条花蜜，有人说“下雨就是下蜜”。

另外，降水对蜜蜂本身也有较大影响。一般说来，流蜜期间长期干燥，下一场雨，有刺激蜜蜂采集作用。晴天突然下一阵暴雨，对蜜蜂的安全出勤威胁很大，暴雨形成的山洪或积水直接威胁着蜂群和蜂场的财产安全。连绵的梅雨，加上气温低，蜂群易患欧洲幼虫腐臭病、孢子虫病及下痢等疾病。

4. 风　风是最普遍的大气运动形式，它主要影响蜜蜂的活动。为了避免蜜蜂在大于3级风力的天气出巢所造成的损失，根据季风方向，把蜂群放在离蜜源较近的地方或林子中较宽阔的地方，并使蜜蜂逆风而去，顺风满载而归。

另外，风会造成蜜蜂偏群和影响蜜源植物泌蜜。在风口处的蜂场，蜂群繁殖将受到巨大影响；在湖北过于封闭的油菜场地，工蜂往往损失严重，群势难以发展。在河南信阳地区，黄沙天气，能使紫云英花流蜜突然终止，此时，如不及时转移蜂场，将面临着爬蜂垮场的危险。而在枣花期，刮南风泌蜜好，刮东北风则泌蜜差。

5. 气候因素　由光、温度、湿度、降雨和风等非生物因素组成气候因素。气候因素是各种非生物因素的综合作用。

在实践中，长年积累气象（降水和温度）资料，利用气候生态图可以帮助我们了解每个季节蜜源泌蜜和蜜蜂采集活动的规律，预测蜜源生产潜力，是制订养蜂生产计划的重要依据。

6. 生存空间　蜜蜂种群外空间为在一定蜜源条件下的种群密度，它们会为了获得充足的食物而竞争，如盗蜂、生殖竞争等。蜂巢是蜜蜂的住所，其大小和环境必须适合蜜蜂的生物学特性，人们饲养蜂群的蜂箱还要符合生产的需要。

二、蜜蜂与温度

蜜蜂个体对温度的适应性较差，蜂群对温度有一定的调控能力。试验证明，当蜂群中的蜜蜂数量达1.5万只以上，群内有子时，不管外界气温是冷还是热，蜂群总能把巢内中心温度控制在34.4～34.8℃。

（一）蜜蜂与温度的关系

1. 个体温度　蜜蜂属于变温动物，其个体体温接近气温，随所处环境温度的变化而发生相应的改变。不同种和处于不同生态型的蜜蜂个体，对温度的反应有差异。例如，工蜂个体安全采集温度，中蜂不低于10℃，意蜂不低于13℃；伊犁黑蜂在外界气温8℃时能采回冰凌花的花粉。工蜂飞翔最适气温为15～28℃，蜂王和雄蜂最适飞翔气温在20℃以上；成年蜂生活最适气温在18～25℃。

蜂子发育的最适巢温是34.4℃，在35℃以上或34℃以下时生长发育将受到影响：有的死亡，造成“花子”现象；虽然有的能羽化出房，但是体质差、寿命短，部分蜜蜂的器官还会出现异常，这是巢温失调引起的蜜蜂生理性疾病。长期食物不足或蜂、子比例和巢温失调都会使蜂群衰弱不堪。

2. 群体（蜂巢）温度　由于蜜蜂的社会性群居生活，蜂群对环境的适应能力较强，其蜂巢温度相对比较稳定。据报道，具有一定群势和充足饲料的蜂群，在－40℃低温下能够安全越冬，在最高气温46～47℃的条件下还可以生存。但是，在恶劣环境下生活的蜜蜂要付出很多。蜂群正常活动会产生一定的热量，视群势强弱等因素可使巢温升高8℃左右，所以蜂群适宜生活的温度要比育子适温低些。

蜂群在繁殖期，蜂巢中育虫区的温度要求在34～35℃，强群能保持这一温度。当气温较低时，同一巢脾上，蜂子分布区外围的温度较低，而蜂巢外侧没有蜂子的部分，温度在20℃上下。当天气暖和时，巢脾上的温度比较均匀。而巢内温度过高是促成分蜂的条件之一。

蜂群在度夏期，巢穴温度超过适宜蜂子生长发育要求，蜂群停止繁殖或仅培育少量蜂子。

在越冬断子期，巢温随外界气温而变动，一般在 6～24℃。蜂团外围的温度在 6～10℃，蜂团中心的温度在 14～24℃。

温度还影响着植物的开花泌蜜，间接影响着蜜蜂的采集活动。

（二）蜜蜂对巢温的调节

1. 能量来源　蜂群获得热能有两个途径，一是太阳辐射能，二是蜜蜂新陈代谢产生的化学能。蜂箱吸收地面反射的热能和通过箱盖吸收太阳的热能，糖饲料是蜜蜂能主动利用和调节温度必不可少的能量来源，是蜜蜂产生化学能的基础，而封盖子所释放的热量约相当于同样数量成年蜂所产生热量的 23%。

2. 调节方式　蜜蜂常以疏散、静止、扇风、采水、离巢等方式降低巢温，以密集、缩小巢门、加快新陈代谢等方式升高巢温。蜂群在整个生活周期内，都是以蜂团的方式度过的，冷时蜂团收缩，热时蜂团疏散，这在野生的半球形蜂巢中更为明显。

（1）当巢温过高时：附着在子脾上的蜜蜂散开，减少附脾蜂数，一部分蜜蜂甚至离开巢脾，爬在箱底或箱壁上停止活动，减少热量的产生和散发。若巢温继续升高，蜜蜂就振翅扇风，加强巢内空气流通。若经扇风后效果不明显，部分蜜蜂便外出采水，并把采回的水滴沾在封盖子的房盖及巢框木条上，或将水滴沾挂在未封盖幼虫房的房壁上部，或不断屈伸沾有水滴的喙，以促进水分蒸发，降低巢温。有时，一部分蜜蜂爬出巢外，连接成片，悬挂在箱前，巢内蜂数减少，使巢温下降。同时，蜜蜂通过气管系统蒸发的水分也明显增加，体温下降，也有助于降低巢温。

长时间高温会使蜂王产卵量下降甚至停产，减轻工蜂负担。蜂群通过分蜂降低蜂巢内蜜蜂密度，扩大生活空间。蜜蜂在耐受不了长期高温的情况下会飞逃，例如，大蜜蜂因气温和蜜源等因素在平原和山区有来回迁居的习性。

（2）当巢温过低时：蜜蜂就离开边脾和空脾，密集在子脾上，同时加快新陈代谢以保持子脾温度。秋天气温下降后，蜜蜂还用蜂胶和蜂蜡封闭巢箱裂缝和缩小巢门，以利保温。冬季来临，外界气温降到 6～8℃时，蜂群就结成蜂团。越冬蜂团外紧内松，内部的蜜蜂比较松散，将 6 个足和上颚相互紧钩在一起，它们产生热量，并把热量向蜂团外层传输。蜂团外层由 3～4 层蜜蜂组成，它们相互紧靠，蜜蜂的几丁质体壁和周身绒毛不易散热，从而形成保温“外壳”。当组成“外壳”的蜜蜂不能从蜂团中心获取足够的热量时，将逐渐死去，并被其他蜜蜂替代而形成新的保温“外壳”。蜂团表面的温度保持在 6～10℃，中心温度 14～24℃。越冬蜂团一般是由蜂箱下部、前部缓慢上升与后移来消耗蜂蜜的。对于越冬蜂团，上部和后部的蜂蜜，可确保能源的供应。

处于野生的东、西方蜜蜂，其巢是由多片平行且呈半圆形的巢脾组成的半球形蜂巢。蜜蜂还把育虫区巧妙地安排在蜂巢中心位置，形成一个半球状的繁殖区，在繁殖区外围贮藏着蜂粮，最外层是蜂蜜，这样有助于蜂群维持育虫区恒定的温、湿度（图

图 1-58　蜂群对温度的适应

半球形的蜂巢有利于蜜蜂团结和保温，热时散开，冷时挤在一起

（引自 www.invasive.org 等）

1-58)。

3. 调温能力　蜜蜂调节巢穴温度的能力与群势的强弱呈正相关。试验表明，由500只蜜蜂组成的小群，仅在气温高于33℃或低于18℃时才调节温度。蜂数在5 000只以上的正常蜂群，可以调节0～40℃范围内的温度，将温度相应提高25℃或降低4℃。蜂数达15 000～25 000只的蜂群，在整个生活周期，即使气温变化幅度很大，也能将巢温维持在34～35℃的水平上。

（三）人类对巢温的影响

蜜蜂活动和蜂群育虫都有一定的温度范围，超过一定的限度，它们就无能为力了。在养蜂生产实践中，高温会缩短成年蜜蜂的寿命，影响采集活动，增加饲料消耗，甚至使巢脾坠毁，给蜂群造成灾难性的后果。而长期低温，同样会增加饲料消耗，影响生产和繁殖。因此，蜂场周围的气温应尽可能适合蜜蜂生活的需要。

1. 影响蜂巢温度升降的因素　光照（太阳直射）充足和外界气温高，自然使巢穴温暖；关巢门运输、生产花粉使蜜蜂进出巢困难，能使蜂巢升温，直至热死蜜蜂；外界有蜜源泌蜜、饲喂和巢内有子等，能刺激或促进蜜蜂将巢温提高到所需要的温度。另外，不同地区同一时期，气温随着纬度的升高而降低；同一地区，气温随着海拔高度每升高100米而降低0.6℃。

2. 人为控制蜂巢温度的措施　首先蜂箱要规范标准，符合蜜蜂生活和生产要求。加强管理，保持蜂群具有一定的群势、合理的蜂脾比例和蜂箱内具有一定的空间，正确排列巢脾位置是维持蜂巢正常温度的基本方法。

早春和秋季繁殖时应使蜜蜂密集，蜂群放在向阳处，视蜂群强弱和管理方法进行保温处置，重视蜂群的饲喂。天气炎热季节，蜂群置于较阴凉处，但每天应有足够的阳光照射。寒冷的冬季，各地对越冬时中等以下的蜂群（例如，河南1千克蜜蜂以下）须做保温处置，室内越冬，保持越冬室的温度 2～4℃，并视群势大小，掀起覆布一角，以利透气。

在运输蜂群时视路程远近、蜂群群势，采取开门和夜间运蜂措施。蜂群越夏，生产期处于高温季节，应根据蜜源、生产选择巢门朝向，并给蜂群遮阴通风，经常清扫蜂场并洒水，注意给蜂群供水，适当控制蜂王产卵量。生产花粉的脱粉器孔径应适合蜜蜂、蜜源、气候条件。即将进入越冬的蜂群，要安置在背阴处，远离有零星蜜源的地方。

三、蜜蜂与植物

（一）植物对蜜蜂的适应性反应

1. 开花时间　多数植物在白天开花，吸引蜜蜂访问；少数植物在夜间开花流蜜，使习惯晚上活动的蝙蝠、蛾类为其授粉。

2. 花色和味　有些白天开花的植物，花的颜色呈非常鲜艳的纯红色，并且无气味，这正好符合对红色特别敏感而嗅觉不灵的蜂鸟授粉。多数植物花的颜色虽不鲜艳，但能发出诱人的芳香味，这适合嗅觉灵敏的蜜蜂采集。

3. 食物成分　贝克分析了不同传媒植物所分泌花蜜中的氨基酸含量。从表 1-4 可知，由蝇类授粉的植物花蜜氨基酸含量

表 1-4　不同种类花蜜的氨基酸含量（以组氨酸水平表示）

花的类型	品种数目	组氨酸含量（μg/g）
蝇　媒	8	9.25
蝶　媒	41	6.68
鸟　媒	49	5.22
蜂　媒	95	4.76

最高，蝶类次之，鸟媒、蜂类相对较少。蝇类、蝶类以其他方式获得蛋白质的能力小，因此对花蜜中氨基酸依赖性强。鸟类以取

食昆虫等方式得到蛋白质，故对花蜜中氨基酸依赖性较小。蜜蜂可以通过采集花粉来得到所需的蛋白质，所以蜂媒花分泌的花蜜中氨基酸含量也很少。上述现象表明，植物有可能通过控制花蜜中氨基酸含量来选择为其授粉的动物。

4. 花泌蜜量　由蜂鸟授粉的植物，必须分泌足够量的花蜜，以便补充多消耗的能量，否则蜂鸟绝不会光顾这种植物。而且，鸟媒花的蜜腺上方特化成筒状，使蜜蜂口器吸不到花蜜而无法采访该类植物。而由蜜蜂来授粉的植物分泌的花蜜量可以相对少些，这样蜂媒植物可以通过流蜜量来限制蜂鸟为之授粉。

如果在同一地区有几种蜂媒植物同时开花流蜜，那么蜜蜂只会采集那些流蜜量大且符合营养要求的植物，流蜜量小的将被忘记。为了避免这种竞争，植物本能地通过以下几种方式来解决这个难题。每种植物的开花泌蜜期不相同，或在一天当中，一种在早上大流蜜，另一种在下午大流蜜，或其中一种是蜜源，另一种是粉源，达到营养互补和趋利目的。

5. 开花习性　在较低的温度下，蜂媒植物开花泌蜜必须比在较高的温度下提供较多的热量报酬——花蜜，使蜜蜂在一个生活周期中有足够的食物。其途径要么这些植物生长开花时间较集中，要么植物开的花必须挤在一起，只有这两种可能性来补充蜜蜂在低温下多消耗的能量物质。例如，早春由于气温较低，在同一地区，植物开花多数是一大丛、一大丛或几十种植物同时开花，因此人们常用百花盛开来形容春天。又如，在越靠近北方的地区，植物开花越为集中，而且流蜜量大。

（二）蜜蜂对植物的适应性反应

1. 蜜蜂个体结构对植物的适应　蜜蜂周身长满了羽状绒毛，既利于蜜蜂收集蛋白质饲料——花粉，又利于植物授粉。蜜蜂的口器属于有长吻的嚼吸式口器，且上颚发达，有利于吸取植物深花管内的花蜜。后足最发达，胫节两边有长毛，相对环抱，近端部较宽大，形成“花粉篮”，基跗节也宽大，内侧有毛列，两者用于采集和运装花粉。工蜂的前胃演变为蜜囊，可临时贮存花蜜。这些形态结构的特化，都是蜜蜂适应植物进化的结果。

2. 蜜蜂采集食物的生物学适应　据格兰特统计，蜜蜂采集花粉的纯度可达99%。另外，蜜蜂的群居生活使授粉更为有效，它还具有食物贮存特性，可连续不断地为植物授粉，而且不伤花器。

四、蜜蜂的种群

通过对蜜蜂种群动态分析，可以更清楚地了解蜜蜂种群组成特点及发展规律，为科学养蜂提供依据。

（一）蜜蜂种群结构

蜜蜂种群的结构特征主要有年龄组配和性比两个方面。

1. 年龄组配　年龄组配是指在蜜蜂种群内，各年龄组个体（包括蜂子）的百分比。在繁殖期，成年蜂、蛹、幼虫和卵的比值以（9～12）∶4∶2∶1较合理。

2. 性比　蜜蜂性比值是指一群蜂内，雌蜂与雄蜂的比例。理论上讲，在蜜蜂种群内最适性比为雌∶雄＝15∶1，实际上多数蜂群的性比大于这个比例。蜜蜂性比值随季节改变而有所不同，并且在同一季节内，不同蜂群的性比有差异。

研究表明，具有优良蜂王和优质巢脾的蜂群，蜜蜂（工蜂）可以根据蜂群内外的条件，自行调控蜂群内的性比值，不会出现雄蜂泛滥的现象。蜂群内有一定数量的雄蜂，工蜂的采集积极性更高，不割雄蜂蛹的蜂群产蜜量比割雄蜂蛹的蜂群高9.37%～14.04%，对王浆生产、繁殖和分蜂影响不大。所以，除断子治螨和选育雄蜂外，保持群内雌、雄蜜蜂的动态平衡，能提高工蜂育虫和采集的积极性。

（二）蜜蜂种群竞争

蜜蜂种群竞争有种群内竞争和种群间竞争两类。

1. 蜜蜂种群内竞争　蜜蜂种群是一个高度协调的整体，其种群内的竞争属于分摊性竞争。例如，在分蜂或采集时，侦察蜂之间有竞争行为，但竞争是以“和解”的形式来解决的，并朝着有利于种群发展的方向进行。

2. 蜜蜂种群间竞争　又分蜜蜂种间竞争和蜜蜂种内种群间竞争。

（1）蜜蜂种间竞争：在长期的自然进化过程中，不同种蜜蜂已形成栖息地差异、吻长差异、活动时间差异等几种生态位分隔现象。否则，将形成恶性竞争。例如，在饲养意蜂的地区，中蜂处女王分泌的性外激素，不但能吸引中蜂的雄蜂，而且会吸引意蜂的雄蜂。由于意蜂的雄蜂数量多、个体大，在婚飞的过程中会干扰中蜂的雄蜂与处女蜂王交配，致使中蜂处女王交尾成功率仅为16%左右。在蜜源缺乏季节，意蜂往往盗窃中蜂群的食物，使中蜂因缺食而饿死。两者共同促使平原地区的中蜂数量和分布范围急剧下降。这表明蜜蜂种间竞争是毁灭性的生存竞争。

（2）蜜蜂种内群间竞争：盗蜂表现出了蜜蜂种内种群间竞争的特殊性。这种竞争的结果，可以引起弱群消亡，强群得到更多的食物。显然，蜜蜂种内种群间的竞争属于“争夺性”竞争。

五、蜜蜂的分布

在东北及华北等平原地区，主要以养西方蜜蜂为主，在山区有少量的中蜂，而在华南及福建等省的山区，则以中蜂为主。

（一）内在因素

影响蜜蜂品种分布的内因有分蜂性、蜂盗性、飞翔力、采集力及个体和种群抗逆力等，由蜜蜂的遗传性决定。

1. 分蜂性　易分蜂的蜂种，于自然条件下，在小面积内扩散较快，分布较广。如非洲蜜蜂。

2. 蜂盗力　意蜂的盗力比中蜂强，易攻破中蜂种群的守卫圈，进入箱内把蜂蜜和花粉抢走，由此导致中蜂种群内无粮食，迫使其飞逃或全群毁灭。而意蜂则可以占领较大的空间和足够的食物，有利于种群的扩大分布。

3. 飞翔力　飞翔能力强，在单位时间里飞的路程远，则给该品种种群的扩散提供了一个有利条件。

4. 采集性和抗逆力　中蜂善于利用零散蜜源同时抗寒力比西方蜜蜂强，因此，在现有环境下，适合饲养在四季都有少量蜜源植物开花和较冷的山区。西方蜂种采集力强但种群的抗寒力弱，难以利用零散蜜源，适宜平原大宗蜜源和追花夺蜜的饲养方式。

（二）外在因素

1. 气候影响　比如中蜂起源于东南亚热带地区，并适应中国的山区气候。但不适合引种地欧洲寒冷的气候，因此当地引种多次均遭到失败。

另外，蜜蜂种群虽然具有一定的温湿度调节能力，但是极低或极高的温度都会使蜂群死亡，所以在特别寒冷的两极至今还没有蜜蜂的足迹。风对蜜蜂分布的影响，主要是采集活动，在风力大于 6 级的区域，蜜蜂是难以生存的。

2. 地理阻隔　每只工蜂飞行 1 千米需要消耗约 0.5 毫克的蜂蜜，1 只蜜蜂一般能携带 2～4 毫克的蜂蜜。因此，它们仅能飞行 4～8 千米。实际上一个蜜蜂种群连续飞翔的能力有限，因为蜂王消耗的能量更大。这样，遇到海洋、大湖泊、沙漠及连绵的高山时，就会阻碍蜜蜂种群的自然扩散，从而影响蜜蜂品种的分布范围。

在育种工作中，为了防止不同的蜜蜂品系的基因混合（杂交），就可把育种用的蜂场设在一个岛屿上。

3. *生物障碍* 蜜蜂是植食性昆虫，它们靠蜜粉源植物来生存。如果在某一地区，蜜粉源种类非常单一，或花期全部集中在某一段时间，蜜蜂种群在流蜜期内进行突击采集。如果所采食物不够整年饲料消耗，又不进行人工饲喂，蜜蜂种群是不能栖居在这样的地区的。

物种间的生存竞争必然导致在竞争区内物种的改变。比如在欧洲蜜蜂运往澳大利亚后，原产地的无刺小蜂，立即受到欧洲蜜蜂排挤。这样欧洲蜜蜂的分布面积扩大了，而无刺小蜂的分布范围则缩小了。西方蜜蜂对我国中蜂的影响也是如此。另外，捕食动物对蜜蜂分布的影响也很巨大，在胡蜂泛滥成灾的地区，蜂群是无法生存的。

4. *人为因素* 蜜蜂作为一种经济昆虫，人类对它的分布起着重要的作用。据报道，除亚、欧、非三大洲原先就存在蜜蜂外，其他几个洲并没有蜜蜂，现在这些洲饲养的蜜蜂，都是在约10世纪中叶以来，随着人类迁入新大陆相继引入的。我国在20世纪初引入了西方蜜蜂，目前，该蜂种占我国蜜蜂总量的2/3以上。

自然保护区域的划分也影响了蜜蜂的分布。比如在黑龙江为了保护东北黑蜂资源，规定其他品系的蜜蜂不允许进入其育种地区。

人们总是希望自己所饲养的蜜蜂品种生产性能好，这样原来生产性能较低的蜜蜂品种必然被另一个生产性能较好的蜜蜂品种所代替。如在原来东方蜜蜂的饲养地（例如阿富汗及日本），由于认为西方蜜蜂的经济价值高，近年来这些国家的东方蜜蜂几乎被西方蜜蜂代替了。在我国由于西方蜜蜂的引进，蜜蜂品种分布也发生改变，许多平原地区中蜂绝迹。

由于环境的不断绿化，原来无蜜粉源植物的地区也有了许多蜜源植物，使得蜜蜂增加了生活基地。此外，交通的高速发展，邮寄蜂王和生产笼蜂，使蜜蜂品种分布更为广泛，扩散更快。随着集约经营的发展，造成某些地区的植被单一，使蜜蜂的自然种群在这些地区无法自然生存下去。

第四节　蜜蜂的种类

一、蜜蜂属的蜜蜂

（一）分类地位

蜜蜂是为人类制造甜蜜的社会性昆虫，为饲养的最小动物之一。在分类学上属于节肢动物门（Arthropoda）、昆虫纲（Insecta）、膜翅目（Hymenoptera）、细腰亚目（Apocrita）、针尾部（Aculeata）、蜜蜂总科（Apoidea）、蜜蜂科（Apidae）、蜜蜂亚科（Apinae）、蜜蜂属（*Apis*）。

（二）蜜蜂简介

1. 蜜蜂属下的种　蜜蜂属由下列 7 个独立种构成，根据进化程度和酶谱分析，以西方蜜蜂最为高级，东方蜜蜂次之，黑小蜜蜂最低（图 1-59），即沿着从小蜜蜂→大蜜蜂→东方蜜蜂→西方蜜蜂的次序递增。

西方蜜蜂	*Apis mellifera* Linnaeus 1758
小蜜蜂	*A. florea* Fabricius 1787
大蜜蜂	*A. dorsata* Fabricius 1793
东方蜜蜂	*A. cerana* Fabricius 1793
黑小蜜蜂	*A. andreniformis* Smith 1858
黑大蜜蜂	*A. laboriosa* Smith 1871
沙巴蜂	*A. koschevnikovi* Buttel-Reepeen 1906

我国学者匡邦郁把绿努蜂（*Apis nuleunsis* Tinger et Koeniger 1988）、苏拉威西蜂（*Apis nigrocineta* Smith）也列为蜜蜂属中独立的种。

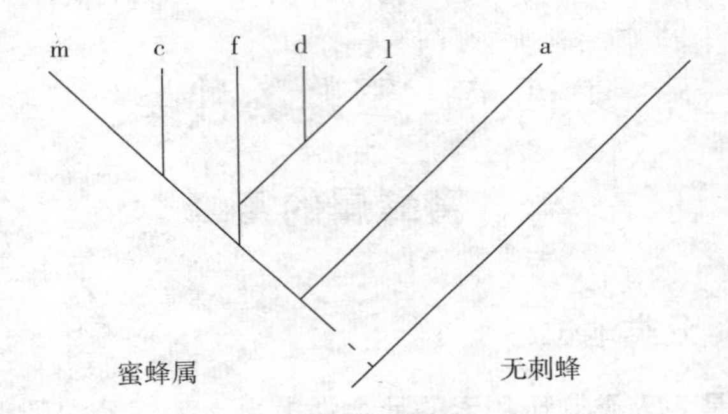

图 1-59 蜜蜂属 6 个种的亲缘关系（酶谱）

蜜蜂属 *Apis* 无刺蜂属 *Trigona*

a. 黑小蜜蜂 *andreniformis* f. 小蜜蜂 *florea* c. 东方蜜蜂 *cerana*

l. 黑大蜜蜂 *laboriosa* d. 大蜜蜂 *dorsata* m. 西方蜜蜂 *mellifera*

（引自 Li S Wetc，1986）

2. 蜜蜂属的特点

（1）社会生活：由形态、生理和职能各不相同的蜂王（母蜂）、雄蜂和工蜂组成群体，生活在同一巢穴中，社会分工明确。蜂王个体较大，卵巢发育良好，专司产卵，无采粉器官。雄蜂专司交配，交配后即死亡。工蜂个体较小，为卵巢发育不完全的雌性蜂，专司筑巢、哺育幼虫、调节巢温和守卫蜂巢，有采集花蜜、花粉等的特殊构造，适于采、酿食粮。

工蜂泌蜡筑造六角形巢房构成巢脾，用于群体生活、贮存饲料、育虫。东方、西方蜜蜂和沙巴蜂营造与地面垂直的数张巢脾的蜂巢穴居；小蜜蜂、黑小蜜蜂、大蜜蜂、黑大蜜蜂营造与地面垂直的单个巢脾的露天蜂巢生活。通过信息素和舞蹈进行个体间的信息交流。

（2）形态特征：身体具几丁质外骨骼，体表密被绒毛，有些绒毛呈羽毛状分支。体躯分头部、胸部、腹部 3 个体段，胸部与腹部由呈细柄状的腹柄连接。胸足 3 对。工蜂后足胫节端部宽大，外侧凹陷，与胫节周边的弯曲长体毛和近中部的 1 根刚毛组成花粉篮，花粉篮、体毛与前足、中足的特殊构造组成适于采集和携带花粉的器官。具膜质翅 2 对，前翅大于后翅；前翅有 1 个前缘室，有 3 个亚前缘室，前缘室顶端等宽、圆形，长几乎达翅角，第二亚缘室上部比下部窄。嚼吸式口器，舌长尖，下唇须前 2 节延长成鞘状，盔节长矛状，适于吮吸花蜜。三型蜂分化明显，雌蜂分化为能产卵的蜂王和不交配的工蜂，产卵器由腹产卵瓣等特化而来。

人们驯化饲养用于生产蜂蜜、蜂王浆、蜂蜡、蜂花粉等蜂产品和授粉的主要是西方蜜蜂和东方蜜蜂。这两种蜂嗅觉灵敏，对光、温度敏感，个体耐热、耐寒性不如野生蜜蜂。有人饲养大蜜蜂并为作物授粉，小蜜蜂、黑小蜜蜂、大蜜蜂、黑大蜜蜂和沙巴蜂种群，人们正尝试饲养用于授粉。大蜜蜂、黑大蜜蜂是砂仁、油菜等植物的重要授粉昆虫。

二、野生蜜蜂种群

（一）黑小蜜蜂

体型小，云南称之为小草蜂。

1. *形态特征*　工蜂体长 7～8 毫米。体色：蜂王和雄蜂黑色，工蜂栗黑色，腹部第 3～6 节背板后缘具白色绒毛带（图 1-60）。

2. *生物学特性*　黑小蜜蜂一般栖息在海拔 1 000 米以下的次生草坡的小乔木上，营单一巢脾的蜂巢，巢脾总面积 177～334 厘米^2，近圆形，上部形成较厚的巢顶，将枝干包裹其内，巢脾中下部为育虫区，上部及两侧贮存蜜粉；三型巢房分化明显，育

图 1－60　黑小蜜蜂

左：蜂王　中：工蜂　右：蜂巢

（引自张中印，《蜜蜂起源与进化》）

虫分蜂与中蜂、意蜂相似。工蜂护脾能力强，性机警凶猛。对温度敏感，每天出勤多在 11～17 时。耐长途、黑暗运输。

3. 分布　云南西南部。

4. 经济价值　猎取蜂蜜时，用烟驱蜂，连脾割下，每群每次可获蜜 0.5 千克，每年视蜜源季节，可采收 2～3 次。黑小蜜蜂体小灵活，是热带经济作物的重要传粉昆虫。

（二）小蜜蜂

1. 形态特征　蜂王腹部第 1 至第 2 节背板、第 3 节背板基半部和第 3 至第 5 节背板端缘为红褐色，其余黑色；工蜂体长 7～8 毫米，体黑色，腹部第 1～2 节背板暗红色，胸部绒毛黄色（图 1－61）。

2. 生物学特性　小蜜蜂栖息在海拔 1 900 米以下、平均气温在 15～22℃的地区。常在草丛或灌木丛中营造单一巢脾的蜂巢，蜂巢离地 20～30 厘米，环境隐蔽。巢脾宽 15～35 厘米、高15～36 厘米、厚 16～19.6 厘米，上部形成近球形的巢顶，将树干包裹其内。三型巢房分化明显，蜂巢中下部为育虫区，雄蜂房在巢脾下部及下部两侧，蜂王台在下缘；上部及两侧贮蜜粉。

子脾面积可达 600 厘米^2，群势可达上万只。有度夏期和越

图 1-61　小蜜蜂

上左：蜂王　上右：工蜂拥　下左：蜂群　下右：蜂巢

（高景林　张中印　摄）

冬期。分蜂期多在 3～4 月，个体发育历期，蜂王 16.5 天，工蜂平均 20.5 天，雄蜂 22.5 天。

小蜜蜂护脾能力强。蜜源丰富时，性温驯；蜜源缺少时，性凶猛。常在平原至山区间往返迁徙，以选择蜜源丰富的地方筑巢。受蜡螟或蚂蚁等敌害侵扰时，常导致弃巢飞逃。气候温暖凉爽季节，小蜜蜂在灌木丛或杂草丛中露天营巢；在暑季到来时，小蜜蜂筑巢于树阴深处或洞穴内；在气温较低时，蜂巢则移至树的南端或洞穴靠外处。在冬季和夏季所筑巢脾的脾面呈东西或南北方向，以增加或减少太阳照射的面积。

耐黑暗、长途运输。

3. 分布　云南境内北纬 26°40′以南的广大地区，以及广西南部的龙州、上思等地。

4. 经济价值　每年每群能猎取蜂蜜 1 千克，可用于授粉。

（三）黑大蜜蜂

蜜蜂属中体型最大的一种，又称为喜马蜜蜂、雪山蜜蜂及岩蜂等。

1. 形态特征　工蜂体长17～20毫米，细长。体黑色，腹部第1～5节背板基部被极密的白色绒毛，第6节背板被黑毛（图1-62）。

图1-62　黑大蜜蜂

左：生境　右：工蜂

（张中印　摄）

2. 生物学特性　栖息在海拔1 000～3 500米，露天筑造单一巢脾的蜂巢，附于悬岩下，离地面10米以上。巢脾长0.8～1.5米、宽0.5～0.95米，基部贮蜜区可厚达100毫米，中下部为育虫区，厚35毫米，雄蜂房与工蜂房无区别。新脾洁白，旧脾黄褐发亮。抗寒性好，个体耐寒力强，护脾力强。黑大蜜蜂常多群在一处筑巢，形成群落。具有季节性迁飞的习性，攻击性强。

3. 分布　分布于喜马拉雅山脉、横断山脉地区和怒江、澜沧江流域，包括我国云南西南部和东南部、西藏南部。

4. 经济价值　每年秋末冬初，每群黑大蜜蜂可猎取蜂蜜20～40千克和大量蜂蜡；同时，大蜜蜂是多种植物的授粉者，是一种经济价值较大的野生蜜蜂资源。

（四）沙巴蜂

1. 形态特征　又称红色蜜蜂，工蜂体为红铜色，腹部第 1 至第 6 节背板基部各有一条宽而鲜明的银白色绒毛带（图 1-63）。雄蜂内阳茎的囊颈腹面有 1 个其他蜜蜂不具有的被有短毛簇的圆锥状突起。

图 1-63　沙巴蜂

（M. Ono 1992）

2. 生物学特性　与东方蜜蜂相似，但雄蜂的飞行时间不同：黑小蜜蜂 11 时 30 分至 14 时，东方蜜蜂 13 时 30 分至 15 时 30 分，沙巴蜂 16 时 30 分至 18 时 15 分，大蜜蜂 17 时 30 分至 18 时 30 分。

3. 分布　沙巴蜂仅生活于加里曼丹岛（属于马来西亚和印度尼西亚）和斯里兰卡。

4. 经济价值　主要为植物授粉，已用椰筒饲养。

（五）大蜜蜂

体型较大，又称排蜂。

1. 形态特征　工蜂体长 16～18 毫米，细长；头、胸黑色，足栗褐色，腹部第1至第2节背板橘黄色，其余褐黄色，第2至第5节背板基部各有1条银白色绒毛带（图1-64）。

图1-64　大蜜蜂

左：生境　右：工蜂

（张中印　摄）

2. 生物学特性　在临近水源地露天筑造单一巢脾的蜂巢，常数群或数十群相邻筑巢，形成群落聚居。在我国云南南部，5～8月大蜜蜂筑巢于高大阔叶树的横干下或悬岩下，离地面10米以上；9月以后，迁往海拔较低的河谷、盆地，在浓密的草丛中营巢越冬。在蜜源丰富和四季温暖的环境下，大蜜蜂也有常年定居一处的。

巢脾长0.5～1.0米，宽0.3～0.7米，基部贮蜜区可厚达100毫米，中下部为育虫区，可达7万个巢房，厚35毫米，王台处于巢脾下缘；雄蜂房与工蜂房无明显区别，在分蜂季节，雄蜂和工蜂的数量比例可达1∶3，抗寒性好，护脾力强，攻击性较强。

3. 分布　中国云南的南部、金沙江河谷和海南岛、广西南部。

4. 经济价值　大蜜蜂是砂仁、向日葵、油菜等经济作物和药材的重要授粉者，国内外已能成功饲养用于授粉，有的还能控制其迁飞。每年每群可获取蜂蜜25～40千克和一批蜂蜡。

三、生产用的蜂种

（一）中华蜜蜂

1. 形态特征　东方蜜蜂体型中等，工蜂体长 9.5～13 毫米，在热带、亚热带其腹部以黄色为主，温带或高寒山区的品种主要为黑色。蜂王体色有黑色和棕色两种；雄蜂体黑色（图 1-65）。

图 1-65　中华蜜蜂

左：中蜂　右：蜂王

（张中印　摄）

2. 生物学特性　野生状态下，蜂群栖息在岩洞、树洞等隐蔽场所，复脾穴居。雄蜂巢房封盖像斗笠，中央的蜡被搬走，形成 1 个小孔，暴露出茧衣，以利透气。群势在 1.5 万～3.5 万只，产卵有规律，饲料消耗少。工蜂采集半径 1～2 千米，飞行敏捷，善避胡蜂捕食。个体耐寒力强，可利用冬季蜜源。工蜂在巢口扇风头向外，把风鼓进蜂巢。中蜂嗅觉灵敏，早出晚归，善于利用分散的小蜜源，每天采集时间比意蜂多 1～3 小时，节省饲料，比较稳产。中蜂能利用南方冬季山茶、桂花等蜜源和早春的蜜源，适应当地山区的环境和蜜源条件。蜜房封盖为干性。

中蜂分蜂性强，多数不易维持大群，常因环境、缺饲料和被病敌危害而举群迁徙。爱咬旧脾，清巢性弱。易迷巢，盗性强。产卵力弱，失王后易出现工蜂产卵。抗大、小蜂螨，抗白垩病和美洲幼虫腐臭病；抗蜡螟能力弱，春秋易感染囊状幼虫病和欧洲幼虫腐臭病。不采胶。

3. 分布　中国。

4. 经济价值　东方蜜蜂是重要的经济昆虫，既可用于专业和业余养蜂生产，又可用于作物授粉。在某些年份，每群蜂产蜜可达 50 千克以上；但王浆的生产能力差。

（二）西方蜜蜂

是进化程度最高的蜂种，已报道的亚种和变种有 30 余种。西方蜜蜂中著名的亚种是欧洲黑蜂（*A. m. mellifera* Linnaeus 1758）、意大利蜂（*A. m. ligustica* Spinola 1806）、卡尼鄂拉蜂（*A. m. carnica* Pollmann 1879）和高加索蜂（*A. m. caucasica* Gorbachev 1916）。其共同特点是：西方蜜蜂体型中等，三型蜂分化显著。体色从黑色至黄色。工蜂体长 12～14 毫米；唇基一色，第 6 腹节背板上无绒毛带。野生状态下，蜂群栖息在岩洞、树洞等隐蔽场所，复脾穴居（图 1-66）。相对于东方蜜蜂而言，雄蜂幼虫巢房封盖凸起，似馒头状。工蜂采集半径 2.5 千米，在巢口扇风头朝内，把蜂巢内的空气抽出来。具采胶性能。

1. 意大利蜂　原产于地中海中部意大利的亚平宁半岛，属黄色蜂种，简称意蜂。最适宜生活在冬季温和、潮湿、较短而夏季炎热、干旱、蜜源植物丰富且流蜜期长的地区。

（1）形态特征：蜂王腹部背板颜色为黄至淡棕色，第 5 至第 6 节可为黑色。雄蜂腹部背板颜色为金黄有黑斑，其毛色淡黄。工蜂体长 12～13 毫米，腹部细长，喙长 6.2～6.7 毫米，腹部背板第 2～5 节黄色，后缘有黑色带；末节黑色，毛色淡黄（图 1-67）。

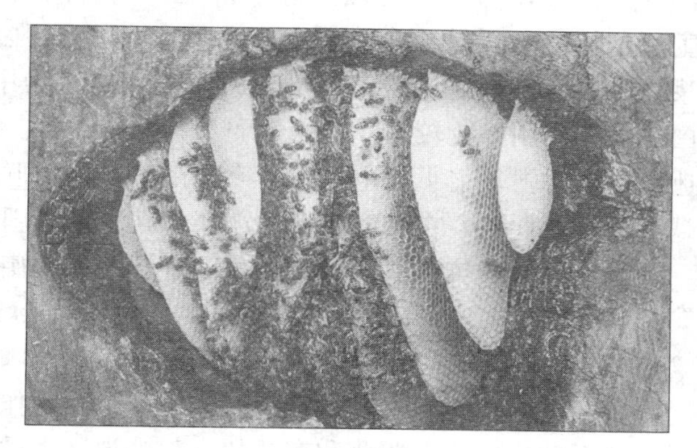

图 1-66　西方蜜蜂野生蜂巢

（引自 Free. J. B.，1987）

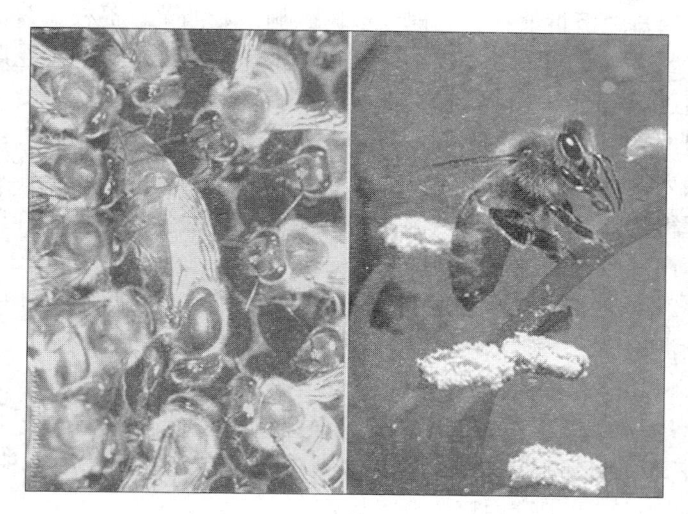

图 1-67　意大利蜂

（引自 www. mondoapi. it 等）

（2）生物学特性：意蜂性情温和，不怕光，提出巢脾时蜜蜂安静。蜂王每昼夜产卵 1 800 粒左右，子脾面积大；春季育虫早，蜂群发展平稳，夏季群势强。善于采集持续时间长的大蜜源，在蜜源条件差时，易出现食物短缺现象。泌蜡力强，造脾快。泌浆能力强，善采集、贮存大量花粉。蜜房封盖为中间型，蜜盖洁白。采集利用蜂胶较多。分蜂性弱，易维持大群。定向力差，易迷巢，盗力强，卫巢力也强。耐寒性一般，以强群的形式越冬，越冬饲料消耗大，在纬度较高的严寒地区越冬较困难。清巢力强，抗巢虫。意蜂抗病力较弱，在我国意蜂常见的疾病有美洲幼虫腐臭病、欧洲幼虫腐臭病、白垩病、孢子虫病、麻痹病等，抗螨力弱。

（3）分布：意蜂在我国养蜂生产中起着十分重要的作用，广泛饲养于长江下游、华北、西北和东北的大部分地区，适于追花夺蜜，突击利用南北四季蜜源。

（4）经济价值：在刺槐、椴树、荆条、油菜、荔枝、紫云英等主要蜜源花期中，一个生产群日采蜜 5 千克以上，一个花期产蜜超过 50 千克；经过选育的优秀品系，一个强群 3 天（1 个产浆周期）生产王浆高达 300 克，年群产浆可达 12 千克以上；使用系列钢木巢门脱粉器生产蜂花粉，在优良的蜜粉源场地，一个管理得法的蜂场，群日产湿花粉高达 2 300 克。另外，意蜂还适合生产蜂胶、蜂蛹虫以及蜂毒等。

2. 欧洲黑蜂　简称黑蜂，原产阿尔卑斯山以西和以北的广大欧洲地区。

（1）形态特征：欧洲黑蜂个体比较大，腹部宽，背板、几丁质呈均一的黑色。雄蜂胸部绒毛深棕色至黑色。工蜂体长 12～15 毫米，腹部粗壮，第 2 至第 3 节有黄棕色斑，胸部绒毛棕色，覆毛长，绒毛带窄而疏。蜂王黑色。

（2）生物学特性：欧洲黑蜂性情凶暴，怕光，开箱检查时易骚动和螫人。蜂王产卵力很强，但蜂群育虫能力不强，春季发展平缓。分蜂性弱，夏、秋季群势强。采集勤奋，节约饲料，善于采集流蜜期长的大蜜源，在蜜源条件差时，较其他蜜蜂勤俭，很少出现饲料短缺问题。泌蜡造脾能力较强，蜜房封盖为干型或中间型。采集利用蜂胶较多。定向力强，不易迷巢，盗力弱，卫巢力弱。耐寒性极强，以强群的形式越冬，越冬饲料消耗小，在纬度较高的严寒地区越冬性强。清巢力一般，易感染幼虫病和遭受巢虫为害，抗孢子虫病和抗甘露蜜中毒的能力强于其他蜂种。

（3）分布：我国暂未引进。

（4）经济价值：欧洲黑蜂可用于蜂蜜的生产，但在春季，采蜜量不如意蜂和卡蜂。欧洲黑蜂和其他蜂种杂交后，虽然表现出较高的生活力和产蜜量，但性情依然凶暴、好螯。

3. 卡尼鄂拉蜂　简称卡蜂，原产于阿尔卑斯山南部和巴尔干半岛北部的多瑙河流域。适宜生活在冬季严寒而漫长、春季短而花期早、夏季不太热的自然环境中。

（1）形态特征：卡蜂的外形和大小与意蜂相似，腹部细长，几丁质为黑色。有些工蜂第2～3腹板有棕色斑或红棕色带，工蜂绒毛灰至棕灰色。蜂王为黑色或深棕色，少数蜂王腹节背板上具有棕色斑或棕红色环带。雄蜂为黑色或灰褐色。

（2）生物学特性：卡蜂性情温和、不怕光，提出巢脾时蜜蜂安静。蜂王产卵力很强，育虫节律变化很大，春季群势发展快。夏季，在气温低于35℃并有较充足的蜜粉源时，卡蜂才能保持大面积子脾；若蜜粉源缺乏或气温长时间高于35℃，则子脾面积明显缩小。秋季，蜂群繁殖下降快，通常不能以强群越冬。善于采集春季和初夏的早期蜜源，能利用零星蜜源，节约饲料，在蜜源条件差时很少发生饥饿现象。泌蜡能力一般，蜜房封盖为干型，蜜盖白色。采集利用蜂胶较少。分蜂性强，不易维持大群。定向力强，不易迷巢，盗性弱。以弱群的形式越冬，在纬度较高的严寒地区越冬性能好。清巢力强，抗螨力弱，抗病力与意蜂相似，但在它的原产地几乎不发生幼虫病。

（3）分布：我国约有10%的蜂群为卡蜂。

（4）经济价值：卡蜂蜂蜜产量高，但泌浆能力差。与意蜂、高蜂等杂交后，其产卵力、采集力和哺育力等都有不同程度的提高。

4. 高加索蜂　简称高蜂，原产于高加索中部的高山谷地。适合生活在冬季不太寒冷、夏季较热、无霜期长、年降雨量较多的环境中。

（1）形态特征：高蜂体形、大小以及毛色与卡蜂相似，几丁质为黑色。灰色高蜂蜂王黑色。雄蜂胸部绒毛为黑色。工蜂通常在第1腹节背板上有棕色斑点，绒毛灰色，体长12～13毫米，喙长6.6～7.3毫米。

（2）生物学特性：高蜂性情温驯，不怕光，提出巢脾时蜜蜂安静。蜂王产卵力较弱，工蜂育虫积极，春季群势发展平稳缓慢，在炎热的夏季可保持较大面积的育虫区。分蜂性弱，能维持较大的群势，常出现蜂王自然交替现象。善于利用较小而持续时间较长的蜜源，能采集深花冠的豆科蜜源。采集勤奋，节省饲料，在蜜源条件差时，不易出现食物短缺现象。泌蜡造脾力一般，爱造赘脾。蜜房封盖为湿型，色暗。采胶性能好，定向力差，易迷巢，盗性强。耐寒性较强，但在纬度较高的严寒地区越冬性能较差。易遭甘露蜜中毒和易感染孢子虫病。清巢力一般。

（3）分布：我国有少量饲养。

（4）经济价值：高蜂在前苏联境内产蜜能力比欧洲黑蜂强，适于为花管较长的植物授粉。高蜂是生产蜂胶最理想的蜂种，与卡蜂、意蜂杂交后，表现出显著的杂种优势。

（三）其他品系

1. 东北黑蜂　为黑蜂、卡蜂血统的杂交类型，集中分布于我国黑龙江省东部的饶河、虎林一带。长期的生产实践证明，东北黑蜂是适应当地气候和蜜源特点的优良品种。

（1）形态特征：东北黑蜂的蜂王有两种类型：一是全部为黑色，另一种是腹部第1至第5节背板有褐色的环纹，两种类型蜂王的绒毛都呈黄褐色。雄蜂体黑色，腹部第1～5节背板后缘都有褐色光泽的边缘，最末节为褐色，其腹端毛很长，胸部背板的绒毛为黄褐色。工蜂也有两种类型：一种是几丁质全部为黑色，另一种是第2至第3腹节背板两侧有较小的黄斑，胸部背板上的绒毛呈黄褐色，两种类型的工蜂，每一腹节都有较宽的黄褐色毛带。工蜂体长12～13毫米，喙长6.0～6.5毫米。

（2）生物学特性：东北黑蜂性情较温和，不怕光，提出巢脾时蜜蜂安静，蜂王照常产卵，较爱蜇人。在适宜的气候和蜜源条件好的情况下蜂王日产卵量950粒左右，且产卵整齐、集中，虫龄次序好。春季育虫早，蜂群发展较快，分蜂性较弱，夏季群势可达14框蜂，8～10个子脾时出现王台。采集力强，善于采集流蜜量大的蜜源，能利用早春和晚秋的零星蜜源，对长花管的蜜源利用较差。饲料消耗较少。泌蜡、造脾力一般，爱造赘脾。蜜房封盖为中间型，蜜盖常一边呈深色（褐色），另一边呈黄白色。少采胶或不采胶。定向力强，不迷巢，盗性较弱。耐寒性强，越冬性能良好。清巢性强。与意蜂相比，较抗幼虫病，易患麻痹病和孢子虫病。

（3）分布：东北黑蜂是黑龙江省养蜂生产中使用的一个主要蜂种，1980年5月黑龙江省政府签发85号文件，将饶河、虎林和宝青三县划为东北黑蜂保护区，并建立监察站，三县现有东北黑蜂原种群3 000群。

（4）经济价值：据报道，东北黑蜂在1977年椴树流蜜期创造了群产蜜500千克以上的高产纪录。另外，东北黑蜂具有稳定的遗传性状，较强的配合力，以及杂种一代适应性强、增产显著等特点，是一个很好的育种素材。

2. 新疆黑蜂　新疆黑蜂原称伊犁黑蜂，是欧洲黑蜂的一个品系。

（1）形态特征：据徐振川等研究，蜂王有纯黑和棕黑两种。雄蜂黑色。原始群的工蜂，几丁质均为棕黑色，绒毛为棕灰色，有少数工蜂腹部的第 2 至第 3 腹节背板两侧有小黄斑，喙长 6.03～6.44 毫米。

（2）生物学特性：伊犁黑蜂怕光，提巢脾检查时蜜蜂不安静，性情凶暴，爱螫人。蜂王每昼夜产卵平均 1 181 粒，最高曾达 2 680 粒，产卵集中成片，虫龄整齐。育虫节律波动大，春季育虫早，夏季群势达 13～15 框蜂，6 框子时便开始筑造王台准备分蜂。采集力强、勤奋，善于利用零星蜜源，出巢早、归巢晚，主要蜜源大流蜜期，在天下小雨、气温较低而同场意蜂已停止飞行的情况下，伊犁黑蜂仍可出巢采集。泌蜡力强，造脾快，喜造赘脾。泌浆能力一般，蜜房封盖为中间型。采集利用蜂胶比意蜂多。耐寒性强，越冬性好。据报道，在伊犁高寒地区，冬季温度－40℃的情况下，具有一定群势的蜂群仍可在室外安全越冬；一群重 1 千克蜜蜂的群势能在越冬室中正常越冬，比卡蜂更耐寒和节省饲料。伊犁黑蜂在早春冰雪还未完全融化、室外气温 8℃左右时，就可采集雪莲花的花粉归巢。伊犁黑蜂抗病力和抗大蜂螨能力强，在新疆的气候条件下，蜂群内还未发现有小蜂螨和蜡螟寄生。

（3）分布：目前，伊犁黑蜂是新疆养蜂生产的重要蜂种，分布于新疆伊犁、塔城、阿勒泰、新源、特克斯、尼勒克、昭苏、巩留、伊宁和布尔津等地。初步调查统计，全伊犁州约有黑蜂 18 000 群，全新疆有黑蜂 25 000 群左右，群众饲养伊犁黑蜂的技术比较落后，许多蜂群仍处于自生自繁状态。1980 年 5 月，新疆维吾尔自治区政府转发了《关于建立“伊犁黑蜂”保护区的报告》，将天山南侧西至霍城县玉台、东至和静县巴伦台列入伊犁黑蜂保护区。

（4）经济价值：长期生产实践证明，伊犁黑蜂是适应新疆气候和蜜源特点的一个优良黑蜂品系，正常年景，群平均产蜜量为 80～100 千克，最高产量超过 250 千克。

3. 浆蜂　为平湖、浙江大学、萧山等地单项选育的王浆高产蜂种，是黄色意蜂的一个地方良种，雄蜂腹末绒毛长而齐。据洪德兴报道，萧山浆蜂群年产浆量达 12 千克，也适合生产蜂花粉。

四、授粉用的蜂种

随着现代农林牧业生产的需要，特别是设施农业的飞速发展，对授粉蜂种提出了不同的要求，蜜蜂属各蜂种（主要为生产用蜂种）已满足不了生产需要，人们所利用的蜜蜂已扩展到了蜜蜂科中除蜜蜂属以外的其他蜂种。

（一）熊蜂属（*Bombus*）

1. 形态特征　熊蜂体粗壮，中型到大型，全身密被黑色、黄色、白色等色泽的长体毛。杂食性，喙长，口器发达，中唇舌较长。后足具花粉篮（图1-68）。

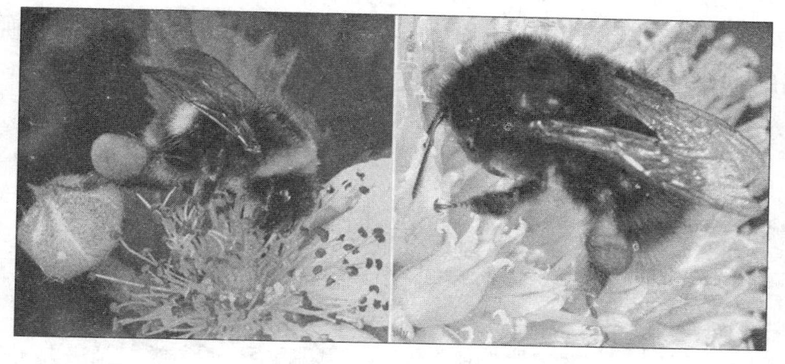

图 1-68　熊　蜂
（引自 Alain Pauly）

2. 生物学特性　进化程度处于独栖蜂到蜜蜂社会性生活的中间阶段。一般在土表筑巢，少数在深层土中筑巢，巢窝零乱。

贮蜜粉巢房与育虫巢房分开，蜜粉巢房呈圆钵状，较大；育虫巢房较小，呈葡萄状，密集成堆。寿命和日采集时间较长，采集力旺盛。

群势数十只到数百只不等，一年1代，当年蜂王越冬。对低温、低光密度适应性强，趋光性差，信息交流系统不如家养的蜜蜂发达，声震大。

3. 利用价值　采蜜量少且蜜质酸劣，其蜜、蜡在当地传统上有药用的习惯。熊蜂是豆科和茄科植物重要且十分有效的授粉者，是温室作物和长花管植物的理想授粉传媒，经熊蜂授粉，温室番茄可增产30%以上。

4. 饲养概况　目前，世界各国人工饲养并用于温室授粉的熊蜂有明亮熊蜂（*B. lucorum*）、红光熊蜂（*B. ingnitus*）等。工厂化繁育熊蜂用于出售授粉已成为荷兰、以色列等国的一个新兴产业。

（二）麦蜂属（Melipona interrupta grandis）

麦蜂群体小，贮蜜巢房较育虫巢房大，前者呈球状或不规则状，后者呈葡萄状或发展成圆柱形，相连成片，片与片从上向下分层排列（图1-69）。

图1-69　麦蜂巢穴

1. 育婴院　2. 育婴房　3. 粮仓　4. 大门　5. 蜂蜡防水层

（引自Camargo，1970）

（三）无刺蜂属（*Trigona*）

1. 形态　小型蜂种，体长 3～10 毫米。

2. 生物学特性　在土表层、墙洞、树洞内等营群体生活，育虫巢房比贮蜜粉巢房小，呈葡萄状或发展成圆柱形，并紧连成片，片与片之间自上而下分层排列；蜜粉房呈球状或不规则（图 1-70）。

图 1-70　无刺蜂

左：采蜜活动　上右：蜂粮　下左：蜜罐　下右：巢门

（引自匡邦郁　黄智勇等）

3. 经济价值　群势较小，有采花粉构造，贮蜜量小且品质酸劣，其蜜蜡在当地传统上作为药用，产品的经济意义不大。是砂仁等植物的授粉昆虫。

4. 饲养概况　处于野生状态。

（四）壁蜂属（*Osmia* spp.）

1. 形态　体型中等。

2. 生物学特性　属切叶蜂科（Megachilidae），为独栖蜂。一年 1 代，成虫越冬，耐低温。喜欢在石缝、土墙孔洞、砖瓦下、芦苇管、纸管内筑巢，可人工收回饲养（图1-71）。成虫工作时间约60天。雌蜂职能是为后代筑巢，采集食料；雄蜂专司交配，雌、雄个体只有性别差异，大小相似。

3. 经济价值　已被人们开发应用于杏、苹果、桃、樱桃、梨等果树授粉的有凹唇壁蜂（*O. excavata* Alfken）、角额壁蜂（*O. cormfrons* R.）、蓝壁蜂（*O. lignaia propingua*）、紫壁蜂（*O. jacoti* Cockerell）、叉壁蜂（*O. pedicornis* Cockerell）、壮壁蜂（*O. taurus* Smith），其中凹唇壁蜂繁殖快、群势大，授粉效果较为明显，试验表明，经该蜂授粉的杏增产69%。

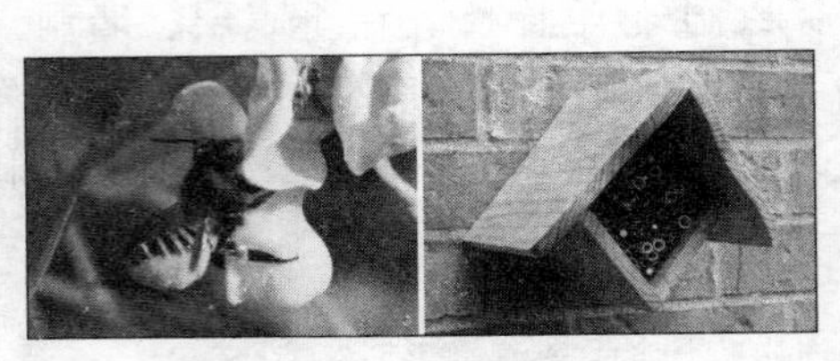

图1-71　壁　蜂
左：采集授粉活动　右：蜂巢
（引自张中印；www. crownbees com）

4. 饲养概况　订单人工饲养。

（五）切叶蜂属（*Megachile* spp.）

1. 形态　体型中到大型，多为黑色，密被长体毛，口器发达，中唇舌长（图1-72）。

2. 生物学特性　1年1～2代，以末龄幼虫越冬，翌年春季化蛹羽化，体型中到大型，多为黑色，密被长绒毛，口器发达，中唇舌长。该属蜂种用上颚切下蔷薇科和豆科植物叶片，并将数个叶片卷成筒状，放在中空植物茎秆或土洞、木洞中筑成巢室，巢室底部填入花粉和花蜜混合

图1-72　切叶蜂
（引自 www. bwars. com；
www. warrenphotographic. co. uk）

物，在其上产卵，顶部再用切下的圆形叶片密封。第二个巢室筑于第一个巢室之上。

3. 经济价值　本属重要授粉昆虫是苜蓿切叶蜂（*Megachile rotundata* F)、淡翅切叶蜂（*M. remota* Smith）和北方切叶蜂(*M. manchuriana* Yasumatsu)。

4. 饲养概况　处于野生状态。

第二章 养蜂与蜜源、蜂具

第一节 蜜源植物的花器

蜜蜂的主要食料来自蜜源植物的花——花蜜腺分泌的花蜜和花药产生的花粉。

一、蜜源花的结构特征

花是植物的生殖器官，是植物果实、种子形成的基础。一朵花由花柄（花梗）、花托、花萼、花冠、雄蕊、雌蕊和蜜腺等部分组成（图 2-1）。

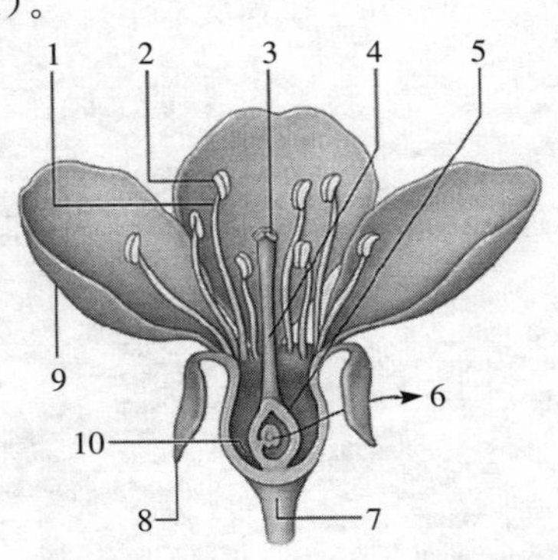

图 2-1 桃花的结构

1. 花丝 2. 花药 3. 柱头 4. 花柱 5. 子房 6. 胚珠 7. 花柄 8. 花萼 9. 花瓣 10. 蜜腺点

（引自 BIOLOGY—*The Unity and Diversity of Life*，EIGHTH EDITION）

二、泌蜜和散粉的机理

（一）花蜜的产生及泌蜜生理

1. *花蜜的产生*　绿色植物光合作用所产生的有机物质，用于建造自身器官以及生命活动过程的消耗，剩余部分积累并贮存于植物某些器官中的薄壁组织中，在开花时，则以花蜜汁的形式通过蜜腺分泌到体外，即花蜜（图2-2）。

图2-2　花蜜的产生——蜜腺（一品红）与分泌的甜汁
（张中印　摄）

2. *花泌蜜生理*　木本植物的花蜜常来自前一年或前一个生长季节所贮存的物质，如椴树；草本植物或者农田作物开花泌蜜所利用的主要是来源于当年生长发育所积累的物质，如二年或多年生草本，也有部分来自前一年所积累的物质。土壤肥沃、水分充足，草本植物或农田作物长势强壮，不疯长，无病虫害，植物开花时有适宜的温度、雨水，则泌蜜丰富，丰收在望。

（二）花粉的产生及散粉生理

1. 花粉的产生　花粉是植物的（雄）性细胞，在花药里生长发育，植物开花时，花粉成熟从花药开裂处散放出来（图 2-3）。

图 2-3　花粉的来源——植物花药散出的花粉粒

（引自 www.gbrownc.on.capollen）

2. 花散粉生理　显花植物在其周期性有性生殖期内，开花散粉是必需的生命过程。花散粉量受植物的生理状况，开花时的温度、湿度影响，还与植物的种类密切相关，如油菜花粉数量多，荔枝、枣、刺槐花粉数量少。

（三）影响泌蜜和散粉的因素

1. 立地环境　植物生长在南向坡地、沟沿比在阴坡、谷底的泌蜜和散粉多，生长在土层厚的比瘠薄土壤上的荆条泌蜜多，荞麦生长在沙壤土上、棉花生长在黑土上，就比生长在其他土壤上开花泌蜜和散粉多。

2. 农业技术　如耕作精细、施肥适当、播种均匀合理，使植物生长健壮，分泌花蜜和散粉就多。据试验，施用磷钾肥能提高花蜜量。赤霉素的使用，使素有河南铁蜜源之称的枣花失去了产量。

3. 花的位置　通常花序下部的比上部的花蜜多、粉多，主枝比侧枝的花也是如此。在养蜂生产中要赶花前期，弃花尾期。

4. 大年、小年　椴树、荔枝、龙眼、枣、乌桕等蜜源都有明显的大小年现象。在正常情况下当年开花多，结果多，植物体内营养消耗多。之后，在无法得到足够的营养补充时，就会造成第二年花少、蜜少、粉也少；而在人类干预下的果树，大小年不太明显。

5. 光照、气温　植物泌蜜和散粉都需要充足的阳光。如采伐空地和山间旷地的蜜源植物比密林中的分泌的花蜜多、散粉也多。适于植物分泌花蜜的温度一般为 15～30℃，当温度低于 10℃时，花蜜分泌就减少或停止。如荔枝泌蜜适宜温度为 16～28℃，超出这个范围将影响荔枝的泌蜜量。

6. 湿度、降雨　适于花蜜分泌的相对空气湿度一般为 60％～80％。荞麦、枣树、椿树等花的蜜腺暴露在外，需要较高的湿度才能泌蜜，湿度越高，泌蜜越多，花粉成熟也是如此；但菊科的蓟类和风毛菊在空气湿度较低的情况下，也能较好地泌蜜和散粉。

花期如遇多雨少晴天，植物泌蜜量减少，不利于蜜蜂出勤，如江南油菜、紫云英，本来蜜粉丰富，但花期恰是多雨季节，往往影响花蜜和花粉的收获量。而昼晴夜雨，则有利于芝麻开花泌蜜。

7. 风　刮 4 级以上西北风，使东北的荞麦花泌蜜减少或停止，花粉也因刮风使蜜蜂难以采集。相反，刮 1～2 级东南风，对东北荞麦花泌蜜散粉都有利。然而，宁夏固原的荞麦，花期内刮东南风，即干热风（当地称“火风”），泌蜜减少，散粉不佳。河南息县、固始地区的紫云英花期，如遇黄风天气，泌蜜散粉就结束。

8. 转基因植物　目前，由于转基因技术的推广，加上赤霉素和杀虫剂的毒害，使原创下我国蜂蜜最高产的棉花，如今无蜜可采。

三、蜜源的分类与调查

（一）蜜源植物的分类

蜜源植物一般是指能为蜜蜂提供花蜜、花粉的植物，也泛指能为蜜蜂提供各种采集物的植物，如胶源植物、蜜露植物、甘露植物、有毒蜜源植物等。

1. 主要蜜源　在养蜂生产中能采到大量商品蜜的称为主要蜜源植物，通常是指数量多、面积大、花期长、泌蜜量大的植物。

2. 辅助蜜源　在这类蜜源植物中能取到商品蜜，但数量没有主要蜜源植物多。有的虽然单产高，但只分布于局部地区。多数时候仅能提供蜜蜂自身生命活动和繁衍后代所需的食物。为蜜蜂提供大量花粉的松、玉米、野皂荚、水稻、栾树以及药材植物黄连、党参、枸杞、薄荷、黄芪等，在本书亦列为此类。

3. 有害蜜源　产生的花蜜或花粉含有毒生物碱或不易消化的多糖类物质，对蜂或人类有毒害作用的植物，例如：藜芦、茶树、雷公藤、昆明山海棠、南烛等。多刺的植物会对蜜蜂造成机械性损伤。

4. 胶源植物　杨柳科、松科、桦木科、柏科和漆树科中的多数种，以及桃、李、杏、向日葵、橡胶树等植物，其芽苞、花苞、枝条和树干的破伤部分，能分泌树脂、胶液并能被蜜蜂采集加工成蜂胶。

5. 甘露/蜜露蜜源　某些植物的嫩枝幼叶或花蕾表皮渗出像露水似的含糖甜液——甘露，被蜜蜂采集加工成蜜（称甘露蜜），如马尾松、南洋楹、银合欢、板栗、香蕉、芭蕉、山楂、锦葵等植物。多见于春夏和秋季晴暖且昼夜温差较大、湿度适宜的天气，福建南平、永安等地每年采集大量的马尾松甘露蜜。

像蚜虫、介壳虫、蝉等昆虫，吸纳甘露，或用口器刺穿某些植物的芽、幼枝嫩叶、花，吸纳汁液后从肛门排出含糖甜物质——蜜露（图 2-4），并酿制成蜜露蜜。蜜露蜜多含有某些蜜蜂不易消化或引起中毒的物质成分，如糊精、低聚糖类、单宁酸、钾盐，甚至抗酶性物质等，所以蜜露蜜不能作蜜蜂饲料。

图 2-4　蜂蜜的来源——黄栌花上分泌的蜜露糖
（张中印　摄）

（二）蜜源植物的调查

1. 种类调查　包括农作物、牧草、绿肥、果树、林木、药材、野生蜜源植物、有害蜜源，对调查的对象需要采集标本或照相。转地饲养应重点调查主要蜜源植物及其花期前后的蜜源，详细记载；定地饲养还要详细了解辅助蜜源植物的概况。

2. 花期调查　调查主要蜜源植物的开花期和流蜜期，以公历的月、日和24节气为准，统一使用“始”“盛期”“末”记载。辅助蜜源以旬为准，开花和流蜜时间以观察点记载的为准，写明观察的地点、海拔高度、阳坡或阴坡等项目。蜜蜂上花采蜜就为泌蜜期，泌蜜盛期必定是百花盛开时。

3. 面积/分布/价值　咨询相关部门，统计栽培蜜源植物（包括农作物、绿肥、牧草、果林、用材林、药材等）在该地区的生长面积和分布情况；向林业等部门了解野生蜜源植物的面积和数量，走访养蜂和蜂业公司，获得在正常年景下此地蜜源的生长量、蜂群数量和蜂产品收购量。

4. 气候因素　调查温度、湿度、雨量、风、光照、冰雹、霜冻等对蜜源植物泌蜜的影响。

5. 生长状况　包括蜜源植物本身的营养、长势、病虫害、年龄、花芽分化等情况以及木本植物泌蜜的大小年等。

（三）蜜源花期的预报

1. 花期预报　在同一个地区相似环境条件下，一种蜜源每年开花的时间大致相同，但由于雨水、气温以及栽培时间等的差异，该种植物在不同的年份，开花时间会提前或错后几天，因此，须对蜜源花期准确预报。

（1）木本或野生蜜源植物的花期：以刺槐为例，其盛花期预报可由下式推算。

$$D = A_1 + (I - A)$$

式中：

D——刺槐盛花期；

I——刺槐盛花期的多年平均日期；

A——早于刺槐盛花期以前的某一物候现象在当年出现的日期；

A_1——某一物候现象的多年平均日期。

（2）栽培作物蜜源植物的花期：可由该作物播种日＋生长发育期以及气候的变化特点进行推算。

2. 泌蜜预测　根据多年放蜂经验、气象、土壤等，预测蜜源花的泌蜜量，以便选择放蜂路线和场地。

第二节　主要蜜粉源植物

一、柑　　橘

1. 形态　柑橘（*Citrus* L.）为芸香科的常绿乔木或灌木类果树，分为柑、橘 、橙 3 类。柑橘花白色，开放时花瓣逐渐向外弯曲。雄蕊20～30 枚，花丝联合成筒状，蜜腺在雌蕊和雄蕊基部之间，呈环状，黄色（图 2－5）。

2. 分布　秦岭、江淮流域及其以南地区。

3. 生长特性　柑橘喜温暖湿润气候。在年平均气温 18～21℃，降水量1 500～2 000 毫米，土质肥沃、湿润，土壤 pH 5.5～6.5 的地区生长良好。

图 2－5　柑　橘

（引自 electrocomm. tripod. com）

4. 花期/泌蜜　多数在 4 月中旬开花。一朵花从花开到凋谢为 8～10 天，泌蜜 3～5 天。群体花期 20 天以上，实际泌蜜期仅 10 天左右。开花泌蜜适温在 17～25℃，相对湿度 75％，树龄 5～10 年。开花后 1～3 天泌蜜最多，花冠反曲时，泌蜜减少或停止。柑橘花期天气晴朗，则蜂蜜产量大，反之则减产。

5. 经济价值　意蜂群在 1 个花期内可取蜜 20 千克左右，中蜂群可取蜜 10 千克左右。柑橘花粉呈黄色，有利于蜂群繁殖。

蜜蜂是柑橘异花授粉的最好媒介，可提高产量 1～3 倍，通常每公顷放蜂 1～2 群，分组分散在果园里的向阳地段。

二、紫花苜蓿

1. 形态　紫花苜蓿（*Medicago sativa* L.）为豆科、多年生栽培牧草（图 2-6）。

图 2-6　紫花苜蓿

（引自 http：//hcs. osu. edu/）

2. 分布　全国约 66.7 万公顷，其中陕西约有 20 万公顷（关中、陕北）；新疆约有 1.33 万公顷（石河子、阿勒泰及阿克苏地区），甘肃约有 8.7 万公顷（平凉、庆阳、定西、天水），山西约有 10.7 万公顷（吕梁地区、运城、临汾、晋中、忻州）。

3. 生长特性　紫花苜蓿喜光照充足、地墒饱满，在排水顺畅、沙质土壤上生长较好，泌蜜多。

4. 花期/泌蜜　山西永济5月上旬始花，陕西、甘肃、宁夏、新疆5～6月始花，内蒙古7～8月始花，花期长达1个月。气温在28～30℃时泌蜜最多。一般泌蜜规律是：株茎直立，花开一片蓝，泌蜜量大；植株疯长，匍匐地面，泌蜜量少或不泌蜜。

5. 经济价值　紫花苜蓿号称“牧草之王”，泌蜜量大，强群采蜜80千克左右。粉少。

三、芝　麻

1. 形态　芝麻（*Sesamum indicum* L.）为胡麻科栽培油料蜜源植物。花朵着生于叶腋内，每个叶腋有花1～3朵（图2-7）。

2. 分布　全国有66.67万公顷，主要产地在黄河及长江中下游。其中河南最多，湖北次之，安徽、江西、河北、山东等省种植面积也较大。四川、江苏都有0.67万公顷以上。

图2-7　芝　麻
（张中印　摄）

3. 生长特性　芝麻适宜于排水通畅、pH7～8、土质疏松、有机质含量丰富的沙质土壤（“潮沙土”或“油沙土”。其宜耕性好，白天晒热之后，晚上还可以回潮，有利于花蜜合成、积累和分泌）上生长，泌蜜多。在黏重、排水不畅或容易板结的土壤上，泌蜜差或不泌蜜。

4. 花期/泌蜜　7～8月开花，花期长达30多天，主茎花先开，分枝花后开。一天中以6～8时开花最盛（占90%）。

芝麻花期若间隔下几场小雨，或夜雨昼晴，能提高芝麻花的泌蜜量。但盛花期连雨渍水3～4天叶片便萎蔫，泌蜜减少或停止；冷风吹袭能使泌蜜中断。在钾、磷肥充足的条件下，花朵多，泌蜜丰富。

5. 经济价值　芝麻集中种植地群产蜜5～30千克，脱粉2～3千克，采浆2～3千克。

四、荞　麦

1. 形态　蓼科栽培作物蜜源。荞麦（*Fagopyrum esculentum* Moench.）花两性，为无限花序。蜜腺着生在花瓣基部、雄蕊之间，有7～13个蜜孔，有单个蜜腺，也有复合蜜腺，似杯状凹陷，聚集着花蜜，泌蜜涌，蜜珠裸露（图2-8）。

图2-8　荞　麦

（引自 http：//www.gudjons.com/）

2. 分布　重要的荞麦蜜源场地在甘肃、陕西北部、宁夏、内蒙古、山西、辽宁西部、江西北部、四川等地。全国播种面积约 200 万公顷，多生长在海拔 4 000 米以上干旱、寒冷的高原山区。

3. 生长特性　在沙质土壤或碱性较轻的土壤上生长势好，泌蜜多，过分贫瘠的土壤，泌蜜减少。

4. 花期/泌蜜　8～10 月开花，花开后 7～10 天进入泌蜜盛期。在正常条件下，泌蜜 20 天以上，气温下降到 13～14℃，则停止泌蜜。陕北荞麦遇刮西南风或白露前 4 天停止泌蜜。

5. 经济价值　荞麦花期长、泌蜜量大，花粉充足，除满足繁殖越冬蜂、采够越冬饲料外，每群能取蜜 20～50 千克和花粉数千克。

五、车 轴 草

1. 形态　头状花序，花冠红色或白色（图 2-9），花红色的又称红三叶（*Trifolium pratense* L.），花白色的又称白三叶（*Trifolium repens* L.）。是豆科多年生花卉和牧草、绿肥作物，城市的夏季主要蜜源。

2. 分布　分布在江苏、江西、浙江、安徽、云南、贵州、湖北、辽宁、吉林、黑龙江等省。

图 2-9　车轴草
（引自黄智勇）

3. 生长特性　耐寒而不抗旱、渍，喜中性、微酸性土壤和温暖湿润气候，适宜生长在温度为 19～25℃、年降水量 800～1 200 毫米的地区，多长在路旁、田边。在荫蔽条件下，叶小花少，终日都有光照则花多。

4. 花期/泌蜜　4～9 月有花开，5～8 月集中泌蜜。气温在 25℃左右泌蜜较多。

5. 经济价值　群采红三叶草蜜约 5 千克，提高红三叶草结籽率 70%。在长白山椴树花期，旷野或路边的白三叶草为蜂群提供花粉。常年每群蜂可采白三叶草蜜 10～20 千克。

六、白刺花

1. 形态　白刺花（*Sophora viciifolia* Hance.）别名狼牙刺、苦刺，为豆科丛生小灌木。蜜腺位于子房周围的花丝基部（图 2-10）。

图 2-10　白刺花

（任再金　摄）

2. 分布　陕西省宝鸡市的凤翔、千阳、陇县、麟游、太白等地，汉中地区的略阳、留坝、勉县、城固等地，咸阳市的永寿，陕北的志丹、延安、甘泉、黄龙等地，还有甘肃省天水地区的两当、徽县等，武都地区的成县、康县等，平凉地区的灵台、华亭等县，以及山西省临汾地区的乡宁、大宁、吉县，晋东南地区的沁水、高平、长子，云南省曲靖地区的嵩明、沾益、宜良、路南、寻甸，昆明市富民、呈贡、安宁等县，楚雄彝族自治州的楚雄、禄劝、禄丰，红河哈尼族彝族自治州的弥勒、开远，德宏傣族景颇族自治州的潞西。

3. 生长特性　白刺花耐寒抗旱，喜生于河谷沙壤土或山区灌木丛中，为黄土高原优良水土保持小灌木之一。在多数省份为优良辅助蜜源，只有陕西、甘肃、山西、云南等省分布集中地区成为主要蜜源。

4. 花期/泌蜜　5 月初开花，5 月底结束，花期近 1 个月，白刺花泌蜜约 20 天，一般由南往北逐渐推迟。在秦岭岭下 5 月初开花，岭顶 6 月初开花。开花 3～4 天后泌蜜多，一天中 9～15 时泌蜜量大。在 25℃左右、湿度大的天气泌蜜多，过分干燥泌蜜少，夜间下雨，次日天晴，风和日暖，泌蜜最佳，如遇霜、冷停止泌蜜。在秦岭南北坡，白刺花末花期，苦皮藤开始泌蜜，引起蜜蜂死亡，蜂场应迅速离开该场地。

5. 经济价值　常年每群蜂可采蜜 20～30 千克，多的可达 40 千克以上。花粉较多，有利于蜂群繁殖和生产蜂王浆。

七、向 日 葵

1. 形态　向日葵（*Helianthus annuus* L.）为菊科，秋季栽培油料蜜源植物（图 2-11）。

2. 分布　黑龙江、辽宁、吉林、内蒙古、山西、陕西等地种植最多。

3. 生长特性　喜温暖，耐干旱，花盘向阳，生长迅速，自花结实率低。

4. 花期/泌蜜　7 月中旬至 8 月中旬开花，主要泌蜜期 20 天以上。泌蜜温度 18～30℃，在花期每隔几天下场雨，泌蜜量增加。若干旱无雨则泌蜜减少或不泌蜜，蜜蜂仅能采集一些花粉。

5. 经济价值　向日葵蜜、粉丰富，一般每群蜂可取蜜

图 2-11　向日葵

（引自 http：//www. xtec. es/）

30～50千克和 5 千克左右的花粉。向日葵蜜源有垮蜂现象。

八、草 木 樨

1. 形态　豆科牧草。分为白香草本樨（*Melilotus albus* Desr.）和黄香草木樨［*Melilotus officinalis*（L.）Desr.］无限花序（图 2-12）。

2. 分布　陕西、内蒙古、辽宁、黑龙江、吉林、河北、甘肃、宁夏、山西、新疆等地。

3. 生长特性　抗逆性强，适应性广，喜温暖、湿润和阳光，较耐旱、耐寒、耐盐碱、耐瘠薄，在中性和碱性土壤中均能正常生长。

4. 花期/泌蜜　6 月中旬至 8 月开花，盛花期 30～40 天。气温在 28℃以上时，泌蜜丰富，花序中、下部的花泌蜜量大。当天气晴朗、气温高时全天泌蜜，上午泌蜜量大于下午。

5. 经济价值　白花草木樨花小而数量大，蜜、粉均丰富。

图 2-12　草木樨

左：黄香草木樨　右：白香草木樨

(引自 www. consult-eco. ndirect. co. uk and www. delawarewildflowers. org)

产蜜量高，较稳产。通常 1 群蜂可采蜜 20～40 千克，丰收年可达 50～60 千克。花期可生产蜂王浆和花粉。

九、刺　　槐

1. 形态　刺槐（*Robinia pseudoacacia* L.）别名洋槐，豆科落叶乔木，高 15～25 米（图 2-13）。

2. 分布　江苏和安徽北部、胶东半岛、华北平原、黄河故道、关中平原、陕西北部、甘肃东部等地。

3. 生长特性　喜光，耐干旱瘠薄土壤，在年降水量 500～900 毫米、湿润肥沃的土壤能很好生长。

4. 花期/泌蜜　刺槐开花，郑州和宝鸡是 4 月下旬至 5 月上旬，北京在5月上旬，江苏、安徽北部和关中平原为5月上中旬，胶东半岛和延安5月中旬至5月下旬，长治为5月中旬，秦岭为5月下旬至6月上旬。

同一地方刺槐开花泌蜜期仅8天左右。在同一地区，平原气温高先开花，山区气温低后开花，海拔越高，花期越延迟，花期常相差1周左右，所以，一年中可转地利用刺槐蜜源2次。

图2-13 刺 槐
（引自《中国蜜蜂学》）

刺槐在土壤湿润、气温高、风力小时泌蜜丰富，适宜泌蜜气温为27℃。生长旺盛的刺槐，开花晚，泌蜜量大。10年树龄的刺槐泌蜜好。阴雨、低温、大风，则泌蜜少或不泌蜜。如遇干热风，能使花朵枯焦，花期缩短。

刺槐花多叶少，呈现一片白色，表明植株强壮，泌蜜多。如花少叶多，远望全树绿中透白，则泌蜜少。

5. 经济价值　刺槐花多蜜多，每群蜂产蜜30千克，多者可达50千克以上。刺槐花粉乳白色，对繁殖蜂群和生产蜂王浆起重要作用。

十、紫云英

1. 形态　紫云英（*Astragalus sinicus* L.）为豆科、春季栽培绿肥和牧草（图2-14）。

2. 分布　原产中国，长在长江中下游流域。河南主要播种在光山、罗山、固始、潢川等县。

3. 生长特性　紫云英喜温暖湿润气候，在 pH 5.5～7.5 和肥沃、爽水的砂质土壤上生长好；不耐碱，忌渍怕旱。多播种在晚稻田里越冬，春季生长迅速，盛花时作绿肥。

图 2-14　紫云英

（引自 aoki2. si. gunma-u. ac. jp）

4. 花期/泌蜜　花期 1 个月，泌蜜期 20 天左右。广东肇庆和广西玉林花期为 1 月下旬至 2 月中旬，浙江 4 月中旬至 5 月上中旬，江西 4 月下旬，湖北江陵 4 月上旬至 5 月初，安徽休宁、歙县一带 3 月下旬至 4 月下旬，河南信阳 4 月中下旬。

紫云英初花期为粉红色，不泌蜜或泌蜜少，当颜色变红时，便进入盛花期，泌蜜多，颜色变为暗红色时表明泌蜜期行将结束。晴天在 8～10 时和12～16 时出现开花泌蜜高峰。

紫云英泌蜜最适宜温度为 25℃，相对湿度为 75%～85%，晴天光照充足则泌蜜多。干旱、缺苗、低温阴雨、遇寒潮袭击以及种植在山区冷水田里，都会减少泌蜜或不泌蜜。在采集当中，如刮黄风、沙风，紫云英不泌蜜，且伴有爬蜂病发生。

5. 经济价值　在我国南部紫云英种植区，通常每群蜂可采蜜 20～30 千克，强群日进蜜量高达 12 千克，产量可达 50 千克以上。

紫云英花粉橘红色，量大，营养丰富，可满足蜂群繁殖、生产王浆和花粉。

十一、荔　枝

1. 形态　荔枝（*Litchi chinensis* Sonn.）为无患子科，乔木（图 2-15）。

2. 分布　主要产地为广东、福建、广西，其次是四川和台湾，全国约有 6.7 万公顷。

3. 生长特性　适宜生长在亚热带温暖湿润、光照充足、空气流通的环境，耐湿抗旱，在土层深厚而肥沃的酸性土壤上生长良好。花芽分化要求 2～10℃低温和雨量小、相对湿度低的条件，超过 19℃则成花困难。

图 2-15　荔　枝
（郑元春　摄）

4. 花期/泌蜜　温暖的年份开花早，开花期集中且缩短；气温低的年份，开花期延迟。雌、雄开花有间歇期，夜晚泌蜜，泌蜜有大小年现象。开花期见表 2-1。

表 2-1　荔枝花期

地区	早、中熟种	晚熟种	备　注
广东	1 月至 3 月	3 月至 4 月	花期 30 天，泌蜜盛期 20 天，品种多的地区花期长达 40～50 天，泌蜜延续 30～40 天
福建	3 月至 4 月上旬	4 月至 5 月中旬	
广西		3 月至 4 月	

荔枝在气温 18～25℃开花多，晴天昼夜温差小、微南风天气、相对湿度 80%以上，泌蜜量大，遇北风或西南风不泌蜜。1

朵花泌蜜2～3天，蜜蜂在7时以后大量上树采蜜，直至傍晚结束。雄花在上午7～10时散粉。

5. 经济价值　荔枝树冠大花多，花期长，泌蜜量大，花期若晴天多，每群蜂可取蜜30～50千克，西方蜜蜂兼生产蜂王浆。

十二、桉　树

泛指桃金娘科桉属（*Eucalyptus* L. Herit）的夏、秋、冬开花的优良蜜源植物，乔木（图2-16）。喜温暖湿润气候，在深厚、肥沃、湿润的中性土壤上生长最好。桉树上有1种像小蜂螨的小寄生虫，在干旱年份危害蜜蜂，使蜂群群势急剧下降。

（一）大叶桉

大叶桉（*Eucalyptus robusta* Smith.）别名沼泽桉，分布于四川、云南、海南、广东、广西、福建、贵州等地。在9月上旬至10月下旬开花，蜜腺位于花托内壁上，呈深黄色。15℃开始泌蜜，19～20℃泌蜜最多，常年每群蜂可采蜜10～30千克。花粉仅够蜂群自身繁殖用。

图2-16　桉　树

（引自www. microscopy-uk. org）

（二）柠檬桉

柠檬桉（*E. citriodora* Hook. f.）树皮光滑，片状脱落，灰白色或淡红灰色。叶有透明腺点，具有强烈的柠檬香味。以广东、广西栽种最多。柠檬桉因地区和年份不同，有的11～12月开花1次，有的7～8月和12月至翌年2月开花2次。冬季花期长、花多，刮西北风或偏北风泌蜜停止，温暖、湿度大的天气泌蜜多。

柠檬桉花期长，蜜、粉丰富，利于蜜蜂秋、春季繁殖。温暖年份，生长集中地每群蜂可产蜜5～10千克。

（三）窿缘桉

窿缘桉（*E. exserta* F. Muell.）别名粗皮细叶桉，树皮暗褐色，粗糙而有纵裂纹，宿存或呈片状脱落。以广东、广西为最多。喜温暖湿润的热带、亚热带气候，要求年平均温度18℃以上和年降水量800～1 500毫米。窿缘桉栽培6年后进入壮年盛花大泌蜜期。开花期海南5～6月、广州6月、福建6～7月，泌蜜盛期20～25天。开花期间气温高，空气湿度在70%以上，泌蜜量大。

窿缘桉花期长，蜜多粉丰富，没有明显大小年现象，产量较稳定，常年每群蜂可取蜜5～10千克。

（四）蓝桉

蓝桉（*E. globulus* Labill.）别名洋草果、灰杨柳，树皮呈片状剥落，叶面蓝绿色，叶背白色。以广东、福建和四川南部较多，多栽在宅院、路旁、河堤两岸等处，常和大叶桉混植，开花结果有大小年之分，各植株间开花也不一致。一般在10月开花，在四川南部凉山米易一带7月就开花泌蜜，泌蜜适宜温度为20～25℃，蜜多但较稀薄，大年每群蜂可采蜜10～20千克，小年可繁殖蜂群和生产蜂王浆。

十三、枣　树

1. 形态　枣树［*Ziziphus jujuba* Mill. var. *inermis*（Bge.）

Rehd.] 为鼠李科，落叶乔木或小乔木（图 2-17）。

2. 分布　河南、山东、河北等省栽种最多，山西、陕西、甘肃次之。江苏、浙江、宁夏、新疆、北京、天津都有培植。

3. 生长特性　枣树寿命长，适应性强，抗干旱，耐严寒，喜湿润，在阳光充足的平原地带和向阳山坡、土层深厚肥沃的环境中生长势强，开花结果多。

图 2-17　枣　花

（张中印；www.southernmatters.com）

4. 花期/泌蜜　在华北平原 5 月中旬至 6 月下旬开花，整个花期 40 天以上，其中泌蜜期 25～35 天。在黄土高原如陕西北部、宁夏北部，开花期比华北平原晚 10～15 天。在枣树品种多的地区，花期长。

枣花泌蜜的最适宜温度为 26～32℃，相对湿度 40%～70%。阴雨和低温天气，泌蜜停止。开花之前下过透雨，生长发育正常，开花期内有适当雨量，空气湿润，则泌蜜丰富。风使枣花泌蜜减少，空气干燥使花蜜很快干掉，蜜蜂采集困难。处在 20～50 年盛果期的枣树泌蜜丰富，7 叶枣树比 6 叶、9 叶的泌蜜好。目前，矮化种枣树发展迅速，当年栽培当年开花结果。

5. 经济价值　一般年份，1 群蜂可采枣花蜜 15～25 千克，最高可达 40 千克。

枣花花粉少，单一的枣花场地，所散花粉不能满足蜜蜂消耗。枣农施农药和赤霉素，会使蜜蜂中毒。

十四、乌　柏

为大戟科乌柏属蜜源植物，其中栽培的乌柏和山区野生的山乌桕均为南方夏季主要蜜源植物。

（一）乌桕

1. 形态　乌桕［*Sapium sebiferum*（L.）Roxb.］别名木蜡树、木梓（图 2-18），乔木。

图 2-18　乌　桕

（引自黄智勇）

2. 分布　长江流域以南各省区。

3. 生长特性　喜温暖湿润气候及肥沃深厚的土壤，在年平均温度 16～19℃、降水量 1 000～1 500 毫米的地区生长良好。多栽植于荒坡地、疏林、田边、路旁和溪畔。

4. 花期/泌蜜　乌桕以 10～30 龄的壮年树、在气温 30℃以上开花泌蜜最多。花期 6 月上旬至 7 月中旬，雄花比雌花先开 1～2 天，雌花泌蜜比雄花丰富。

5. 经济价值　常年每群蜂可取蜜 20～30 千克，丰年可达 50 千克以上。花粉丰富，可满足蜂群繁殖和蜂王浆生产。

（二）山乌桕

1. 形态　山乌桕［*Sapium discolor*（Champ.）Muell.-Arg.］

别名野乌桕、木梓树、红心乌桕，乔木。

2. 分布　生长在江西省的赣州、吉安、宜春、井冈山等地，湖北大悟、应山和红安，贵州的遵义，以及福建、湖南、广东、广西、安徽等地。

3. 生长特性　常生于红壤和黄壤腐殖质较多、含水量较大的向阳山坡和山谷混交林中，在新开掘的山地和新修的道路旁生长尤为迅速。

4. 花期/泌蜜　在江西6月上旬至7月上旬开花，整个花期40天左右，泌蜜盛期20～25天，一天中以上午7～11时、下午15～17时为泌蜜时间。泌蜜最适温度为32～35℃，相对湿度85%以上，在雷雨闷热的天气泌蜜更涌。山乌桕前期的花序长、泌蜜较多，后期的花序短小、泌蜜稀少，且常有第二次开花现象。在开花期间或开花前，如受冷空气侵袭，泌蜜减少或不泌蜜。山乌桕也存在大小年现象，大年丰收，小年歉收，应引起养蜂者注意。

5. 经济价值　山乌桕泌蜜量大，是山区中蜂最重要的蜜源。每群蜂可取蜜40～50千克，丰收年可达60～80千克。山乌桕粉少，前期花粉勉强供蜂群繁殖，后期常有缺粉现象。

十五、枇　杷

1. 形态　枇杷［*Eriobotrya japonica*（Thunb.）Lindl.］为蔷薇科常绿小乔木果树。聚伞圆锥花序顶生，挺直。萼片5枚，花瓣5枚白色，雄蕊多数，蜜腺位于花筒内（图2-19）。

2. 分布　枇杷原产中国，在浙江余杭、黄岩，安徽歙县，江苏吴县，福建莆田、福清、云霄，湖北阳新等，栽培最为集中。

3. 生长特性　喜温暖湿润气候，在排水良好、土层厚、富含腐殖质的中性或微酸性（pH6～7）土壤生长，稍耐寒、阴。

年平均温度在12～15℃、年降水量1 000毫米以上的低山丘陵和平原地区均可栽培。温度低于－3℃时易受冻害。

图2-19 枇 杷

（张中印 摄）

4. 花期/泌蜜 安徽、江苏、浙江11～12月开花，福建11月至翌年1月。花期长达30～35天。在18～22℃、昼夜温差大的南风天气，相对湿度60%～70%泌蜜最多，蜜蜂集中在中午前后采集。刮北风遇寒潮不泌蜜。

5. 经济价值 1群蜂可采蜜5～10千克。枇杷花粉黄色，数量较多，有利于蜂群繁殖。

十六、龙　眼

1. 形态 龙眼［*Euphoria longan*（Lour.）Steud.］又称桂圆，为无患子科常绿乔木，亚热带栽培果树（图2-20）。

2. 分布 海南岛和云南省东南部有野生龙眼，以福建、广东、广西栽种最多，其次为四川和台湾。福建的龙眼集中在东南沿海各县市。

3. 生长特性 龙眼喜土层深厚而肥沃和稍湿润的酸性土壤，喜阳光和温暖气候，遇霜雪易受冻害，但比荔枝耐寒，抗旱力较强，生长迟缓。花芽分化和形成要求冬季有一段时间温度8～14℃，冬季气温高，则来年花少泌蜜差。

4. 花期/泌蜜 海南岛3～4月开花，广东、广西4～5月，福建4月下旬至6月上旬，四川5月中旬至6月上旬。花期长达30～45天，泌蜜期15～20天。

龙眼夜间开花泌蜜，泌蜜适宜温度为24～26℃。晴天夜间

图 2-20　龙眼花

（邱绪莲　摄）

温暖的南风天气，相对湿度 70%～80%，泌蜜量大。花期遇北风、西北风或西南风不泌蜜。

5. 经济价值　龙眼开花泌蜜有明显大小年现象，大年天气正常，每群蜜蜂可采蜜 15～25 千克，丰年可达 50 千克。龙眼花粉少，不能满足蜂群繁殖要求。由于龙眼花期正值南方雨季，是产量高但不稳产的蜜源植物。

十七、胡 枝 子

1. 形态　胡枝子（*Lespedeza bicolor* Turcz.）别名笤条，豆科落叶灌木，高 1～2 米，丛生（图 2-21）。

2. 分布　在东北长白山和兴安岭山区有大面积生长，约有 35 万公顷。

3. 生长特性　长于山坡、荒地、林缘和灌丛中。在温带阔叶林区为栎下灌木层的优势种。

4. 花期/泌蜜　胡枝子盛花期在 7 月中旬至 8 月中旬，2～3 年生者花多蜜多。秋季气温高时开花早，花期长，泌蜜多，泌蜜

图 2-21　胡枝子花

（任再金　摄）

适温 25～28℃。花期阴雨低温常影响泌蜜，花前和花期干旱泌蜜少或不泌蜜。生于阳坡、林缘，特别是火烧迹地上，由于光照强、地温高、土质肥，泌蜜多。

5. 经济价值　一般年份群产蜜 15～25 千克，丰收年 50～60 千克。但胡枝子蜜源不稳产，有的年份蜂群还采不够越冬饲料。胡枝子花粉黄红色，是春秋季繁殖蜂群的优良花粉之一，一般年份强群可采收胡枝子花粉 4～5 千克。

十八、毛叶苕子

1. 形态　毛叶苕子（*Vicia villosa* Roth.）别名长毛野豌豆，豆科牧草、绿肥（图 2-22）。

2. 分布　在江苏、安徽、四川、陕西、甘肃、云南等省栽种多。北方春播，秋天开花，南方冬播，春夏开花。

3. 生长特性　喜土质肥沃、排水良好的土壤。耐寒力强，在-20℃下可以越冬。开花结荚适温为19～24℃。

4. 花期/泌蜜　贵州兴义3月中旬开花，四川成都4月中旬，陕西汉中4月下旬，江苏镇江、安徽蚌埠5月上中旬，山东济宁5月中旬，山西右玉7月上旬。花期20天以上。

图2-22　毛叶苕子
(引自 www.flogaus-faust.de)

24～28℃泌蜜多。前一年下大雪，土壤水分充足，翌年泌蜜好。施氮肥过多、雨水多，则疯长、黄叶、烂叶，开花少，泌蜜差。在生长期或开花期发生蚜虫为害，泌蜜大为减少。若在流蜜期下冰雹，泌蜜结束。

5. 经济价值　每群蜂可取蜜15～40千克。

十九、油　　菜

1. 形态　油菜（*Brassica campestris* L.）属十字花科，是我国主要油料作物。花黄色，雄蕊基部有大小两对蜜腺，圆形，绿色，大的一对泌蜜丰富（图2-23）。

2. 分布　南北均广泛栽培。我国南部热带地区的油菜花期是蜂群春繁的好地方，绵阳、成都、青海、甘肃河西走廊是油菜蜜生产基地。

3. 3～10月播种、收获，一年四季生长，适应我国南北气候。苗期生长慢，抗逆性较差，缺硼土壤上的油菜花而不实现象严重。

4. 花期/泌蜜　秦岭及长江以南地区白菜型花期为1～3月，芥菜及甘蓝型花期为3～4月。华北地区为3～5月，东北及西北部分地区延迟至7～8月。油菜群体花期一般25～30天，如遇阴雨天气，可延长几天，如一直为晴好天气，则缩短几天。盛花期泌蜜最涌，约有15天。泌蜜适宜湿度60%～70%，温度为12～20℃，10℃以下、30℃以上泌蜜量少或不泌蜜。肥沃湿润土壤泌蜜丰富，干燥或贫瘠土壤泌蜜较差。

图2-23　油　菜
(引自 BayImages. net)

5. 经济价值　油菜花期强群可取商品蜜10～30千克，同时生产蜂王浆和蜂花粉。

二十、光叶苕子

1. 形态　光叶苕子（*Vicia cracca* L.）别名广布野豌豆、蓝花苕子，春夏豆科牧草、绿肥。

2. 分布　主要生长在江苏、山东、陕西、云南、贵州、广西和安徽等地。长江中下游地区播种面积约10万公顷。

3. 生长特性　耐寒抗旱。田间、果园、山坡、荒地均可种植。

4. 花期/泌蜜　广西为3月中旬至4月中旬，云南为3月下旬至5月上旬，江苏淮安市、山东、安徽为4月下旬至5月下旬。光叶苕子开花泌蜜期25～30天，最适气温24～28℃。

5. 经济价值　每群蜂常年可取蜜30～40千克，高者可达80千克以上。花粉粒黄色，质优良，对繁殖蜂群和生产蜂王浆、蜂花粉都有利。光叶苕子经蜜蜂授粉，产种量可提高1～3倍。

二十一、荆　　条

1. 形态　荆条［*Vitex negundo* L. var. *heterophylla* (Franch.) Rehd.］为马鞭草科灌木（图2-24）。

2. 分布　主要生长在太行山、燕山、吕梁山、中条山、沂蒙山、秦岭、大巴山、伏牛山、大别山和黄山等山区。华北主要分布在山西南部、北京北部山区、河北承德地区以及内蒙古的鄂尔多斯市和昭乌达盟的一些地区。已成重点蜜源区的有北京郊区、河北承德、山西东南部、辽宁西部和山东沂蒙山区。

图2-24　荆条花
（张中印　摄）

3. 生长特性　荆条抗旱、耐寒和耐瘠薄土壤，适应性强，喜生于低山山谷、山沟坡地、河边、路旁、灌木丛中。

4. 花期/泌蜜　花期6～8月，同一地方群体花期40天左右。泌蜜适温为25～28℃，夜间气温高、湿度大、闷热，次日泌蜜多。山腰、山谷、田边、溪旁土质肥沃、水分充足的地方长势好，泌蜜丰富。在山西，生长在风化煤含氧化钙10%左右土壤上的荆条泌蜜多而稳产。在山东，生长在青石山的荆条花产蜜多，沙石山的产蜜少。2年生以上荆条花序长，花多、蜜多，老龄荆条泌蜜量降低。干旱使荆条的泌蜜减少，下场雨则可生产1～3 次蜜。海拔高的深山区，荆条流蜜差。

5. 经济价值　1个强群取蜜 25～60 千克。荆条场地，如有野皂荚蜜源，可生产野皂荚花粉和蜂王浆。荆条花粉少，加上蜘蛛、壁虎、博落回等天敌和有害蜜源的影响，多数地区采荆条的蜂场，蜂群群势下降。

二十二、橡胶树

1. 形态　橡胶树［*Hevea brasiliensis*（H. B. K.）Muell.-Arg.］为大戟科常绿乔木。叶片基部有 3 个蜜腺（图 2-25），3 个叶片基部有蜜腺。

图 2-25　橡胶林

（任再金　摄）

2. 分布　广西、海南和云南的西双版纳都有橡胶林。

3. 生长特性　生于高温高湿、雨量充沛、土壤肥沃的热带地区，近年已移栽亚热带地区。

4. 花期/泌蜜　三叶橡胶树种植 5～6 年后开花，每年 2 次，

3～4 月为主花期，开花多，泌蜜多。5～7 月第二次开花，少数 8～9 月开花称秋花。开花时花外蜜腺即泌蜜，气温在 23℃以上泌蜜多，早晚泌蜜量大，中午前后泌蜜量小。

5. 经济价值　每群蜂常年可采蜜 10～15 千克。橡胶树花粉少，花期结束时，群势有所下降。

二十三、椴　　树

1. 形态　椴树包括（*Tilia* L.）紫椴（*Tilia amurensis* Rupr.）和糠椴（*Tilia mandschurica* Rupr. et Maxim.）落叶乔木。蜜腺位于花萼基部，呈乳头状，上面有白色丝状毛覆盖（图 2-26）。

2. 分布　以长白山和兴安岭林区最多，形成著名的椴树蜜源场地。吉林省主要分布在延边朝鲜族自治州、通化市、浑江市和吉林市的 17 个县（市），黑龙江省主要分布在伊春、佳木斯、牡丹江等 27 个县（市）。

图 2-26　椴树花叶

（张中印　摄）

3. 生长特性　紫椴为深根性树种，长于土层深厚、土质肥沃的山坡，单生或簇生在杂木林或阔叶混交林中。

4. 花期/泌蜜　紫椴花期 6 月下旬至 7 月中下旬，阳坡先开，阴坡后开，花期持续 20 天以上，泌蜜 15～20 天。在小年、干旱、虫害、开花后期受暴风雨摧残等不利条件下，花期缩短 5～7 天。在天然林中，紫椴 60 年龄开花最盛。

开花即泌蜜、散粉，柱头合拢，泌蜜最多；散粉结束，柱头展开，泌蜜减少。气温 20～25℃、空气湿度 70％时泌蜜旺盛。

紫椴开花泌蜜“大小年”明显，但由于自然条件影响，也有大年不丰收、小年不歉收的情况。每年都有虫害，以小年为甚。开花前常受干旱影响，花期多受阴雨威胁。晚霜可使萌动的花芽或形成的花蕾遭到冻害，开花而不泌蜜。花期暴风骤雨或雨后降温常使泌蜜中断。夜间气温高，清晨泌蜜多。

东北的长白山和兴安岭林区有紫椴分布的地方，常常也有糠椴成片生长，同一地方花期比紫椴推迟 7 天左右，泌蜜期 20 天以上。糠椴与紫椴一样，泌蜜量大，紫椴花后期往往是糠椴大泌蜜时期，再摇上 2～3 次糠椴蜜，是非常理想的椴树场地。

5. 经济价值　泌蜜盛期强群日进蜜量达 15 千克，常年每群蜂可取蜜 20～30 千克，丰年达 50 千克。

二十四、柃

1. 形态　柃（*Eurya* Thunb.）别名野桂花，为山茶科柃属蜜源植物的总称（图 2-27）。乔木。在养蜂生产上价值较大的有格药柃（*E. muricata* Dunn.）、翅柃（*Eurya alata* Kobuski）、细枝柃（*E. loguiana* Dunn.）、短柱柃（*E. brevistyla* Kobuski）、米碎花（*E. chinensis* R. Br.）、微毛柃（*E. hepeclados* L. K. Ling）、四角柃、细齿叶柃（*E. nitida* Korthals）、黑柃等。

2. 分布　柃在长江流域及其以南各省、自治区的广大丘陵和山区生长，为分布区冬/春的主要蜜源，大部分被中蜂所利用，浅山区西方蜜蜂也能采蜜。在湖南、湖北、江西、福建、广东、广西等地一些丘陵地大量生长，是当地优势树种之一，是柃蜜的重要产地。

3. 生长特性　柃喜在酸性或中性土壤和温暖湿润、雨水充足的环境中生长。垂直分布大都在海拔 2 000 米以下，常见于山谷、山坡、灌丛、林缘、路旁、沟边、河岸及林下。

4. 花期/泌蜜　同一种柃有相对稳定的开花期，群体花期10～15天，单株7～10天。不同种的柃交错开花，花期从10月到翌年3月。江西的萍乡、宜春、铜鼓、修水、武宁、万载，湖南的平江、浏阳，湖北的崇阳等地柃的种类多、数量大，开花期长达4个多月，是我国野桂花蜜的重要产区。

图2-27　柃
（尤方东　提供）

雄花先开，蜜蜂积极采粉，中午以后，雌花开，泌蜜丰富，在温暖的晴天，花蜜可布满花冠。柃花泌蜜受气候影响较大，在夜晚凉爽、晨有轻霜、白天无风或微风、天气晴朗、气温15℃以上泌蜜量大。在阴天甚至小雨天，只要气温较高，仍然泌蜜，蜜蜂照样采集。最忌花前过分干旱或开花期低温阴雨。

5. 经济价值　中蜂常年每群蜂产蜜20～30千克，丰年可达50～60千克。

二十五、鹅掌柴

1. 形态　鹅掌柴［*Scheflera octophylla*（Lour.）Harms.］别名八叶五加、鸭脚木，亚热带山区五加科植物，乔木。

2. 分布　主要在福建、台湾、广东、广西、海南、云南生长。

3. 生长特性　喜光和温暖湿润的气候以及土层深厚的酸性

土壤。常见于海拔 100～2 100 米次生常绿阔叶林中、林缘、向阳山坡、山谷、溪边等处。

4. 花期/泌蜜　10 月至翌年 1 月开花。花开 3 期，第一期开花 8～12 天，间歇 6～14 天；第二期开花 12～15 天，间歇 5～12 天后再开花 7～10 天。有些地区花期长达 60～70 天。晴天多、气温高，则间歇期短而花期集中。生长在阳坡的比在阴坡的先开花，壮年树比幼年树先开花。

第一期花泌蜜少、散粉多，但此时南方山区胡蜂危害严重，蜜蜂采集利用差。第二期花蜜多、粉多，进入泌蜜盛期，蜜蜂采集繁忙，蜜源利用率高。泌蜜适温为 18～22℃，中午泌蜜达到高峰。1 朵花开放数天，第二天开始泌蜜，花凋萎时已发育成幼果，在晴暖天气蜜腺仍继续泌蜜 3～6 天。

5. 经济价值　对分布地的中蜂采蜜和壮大群势起重要作用。花蜜浓度高，无明显大小年现象，为稳产高产的冬季优良蜜源植物，常年每群中蜂可采蜜 10～15 千克，丰年可达 20 千克以上。

二十六、棉　花

1. 形态　棉花（*Gossypium hirsutum* L.）为锦葵科秋季栽培蜜源植物（图 2－28）。棉花有 4 种蜜腺，即苞外蜜腺、萼外蜜腺、萼内蜜腺和叶脉蜜腺。

2. 分布　我国种植总面积达 500 万公顷，其中新疆、江苏、湖北、河北、山东、河南常年种植棉花面积均超过 60 万公顷，占全国棉田总面积的 60%。在新疆的吐鲁番、南疆种植的海岛棉比陆地棉泌蜜量大，是著名的棉花蜜源场地。

3. 生长特性　生长在沙质土壤上的棉花泌蜜多，生长在黏质土壤上的泌蜜少或无蜜，生长在山东黑钙土上的泌蜜多，生长在浙江热潮土上棉株长势适中的泌蜜多，黄色或红色土壤上的泌

图 2-28　棉　花

（引自 agfacts. tamu. edu）

蜜少或无蜜，生长在黄沙土壤上特别干旱情况下泌蜜少或无蜜。雨后表土板结，生理机能受阻，停止泌蜜。

棉花栽培期管理得法，水肥条件好，株稀，不疯长，通风透光好，生长势旺，光合作用强，泌蜜多；反之泌蜜少。沿海棉花受台风袭击，泌蜜少或不泌蜜。

棉花泌蜜也受品种影响，海岛棉比陆地棉泌蜜多，岱字棉比木棉泌蜜多，转基因棉几乎无蜜可采。

4. 花期/泌蜜　棉花花期在 7～9 月，泌蜜盛期为 7 月上中旬至 8 月中下旬，长达 40～50 天，整个泌蜜期约 100 天。目前在新疆、安徽、湖北、江西、江苏等地生产棉花蜜。

棉花是喜温作物，泌蜜适温为 35～38℃，在气温高、日照长、温差大的情况下泌蜜多，如新疆吐鲁番种植的海岛棉，常年每群蜂产蜜 100～150 千克，为我国棉花蜜单产最高的地方。

5. 经济价值　一般每群取蜜 40～60 千克，高的（如新疆）可达 100～150 千克。为了更好地利用我国棉花蜜源，目前，应解决好药害、赤霉素和抗虫棉使泌蜜减少的问题。

二十七、党　参

1. 形态　党参［*Codonopsis pilosula*（Franch.）Nannf.］为桔梗科，草本药材蜜源。党参的枕状蜜腺位于子房与杯状花萼组织间的结合处，五角星状，呈白色，略凸起，由花萼内壁部分功能特化的细胞群形成（图 2-29）。

2. 分布　以甘肃、陕西、山西、宁夏种植较多，栽培多的年份能取到商品蜜。

图 2-29　党参花
（引自 www.em. ca）

3. 生长特性　喜温暖、阳光，耐旱，在凉爽气候和肥沃土壤上，于海拔 1 500～2 000 米处的阴坡、草原、灌木丛中都能成片生长。

4. 花期/泌蜜　党参花期从 7 月下旬至 9 月中旬，长达 50 天。在气温 20℃以上，相对湿度 70%以上时泌蜜丰富，多集中于 10～15 时。最忌春旱及霜冻。以 3 年生党参泌蜜好。

5. 经济价值　党参花期长、泌蜜量大，每群蜂产量为 30～40 千克，丰收年高达 50 千克，但泌蜜不稳定。

二十八、密花香薷

1. 形态　密花香薷（*Elsholtzia densa* Benth.）为唇形科香薷属草本蜜源，高 20～60 厘米，茎直立，从基部分枝，四棱具槽，被短毛（图 2-30）。

2. 分布　宁夏南部山区、青海东部、甘肃的河西走廊以及新疆的天山北坡。

3. 生长特性　生长在海拔 1 800～2 100 米的林中、林缘、高山草甸及山坡荒地。

4. 花期/泌蜜　7 月上中旬至 9 月上中旬开花，平地田野比山上先开花。

图 2-30　香　薷

泌蜜盛期在 7 月中旬至 8 月中旬。泌蜜适温为 20℃左右，湿度为 60%～70%。一天中 10～15 时泌蜜最多。花前雨水充足，土壤保持湿润，晴天多，则泌蜜量大。花前雨水多、阴雨低温，则泌蜜少或不泌蜜。旱年适于在阴湿地放蜂，雨水多的年份宜到较干旱的山坡地放蜂。

5. 经济价值　每群蜂可采蜜 20～30 千克，高的可达 50 千克以上。

二十九、野 坝 子

1. 形态　野坝子（*Elsholtzia rugulosa* Hemsl.）别名狗尾巴香，为唇形科多年生灌木状草本蜜源（图 2-31）。

2. 分布　主要在云南、四川西南部、贵州西部生长。

3. 生长特性　生长在阳光充足的草坡、林间、沟谷旁。年降水量 800 毫米以上，雨季开始于 4 月下旬，结束于 10 月中旬的年份，野坝子发苗早、长势好，蜜多，产量高。如果雨季推迟至 6 月，雨量少，则花稀蜜少。

4. 花期/泌蜜　野坝子10月中旬至12月中旬开花，花期40～50天。18℃以上泌蜜多，适合中蜂采集，意蜂也能利用。野坝子开花期正值冬季，开花初期遭霜冻，中后期如遇连续低温，则泌蜜很少。

图2-31　野坝子
（梁诗魁　摄）

5. 经济价值　野坝子花期长、泌蜜丰富，但泌蜜不稳定。常年每群蜂可采蜜20千克左右，并能采足越冬饲料。花粉少，单一野坝子蜜源场地不能满足蜂群繁殖需要，花期结束，群势下降，对蜜蜂安全越冬和早春繁殖有影响，灾年更为突出。

三十、老瓜头

1. 形态　老瓜头（*Cynanchum komarovii* Al. Iljinski）别名牛心朴子，萝藦科夏季荒漠地带草本蜜源植物，是草场沙漠化后优良的固沙植物（图2-32）。

2. 分布　生长在库布齐、毛乌素两大沙漠边缘，开发利用较好的有宁夏盐池、灵武，陕西的榆林地区古长城以北，内蒙古鄂尔多斯市，这些都是有名的老瓜头蜜源场地。

3. 生长特性　生长在沙漠、河边或荒山，垂直分布可达2 000米，耐旱。

4. 花期/泌蜜　5月中旬始花，7月下旬终花，6月份为泌蜜高峰期。

老瓜头泌蜜适温为25～35℃。开花期如遇天阴多雨，泌蜜

图 2-32　老瓜头
（梁诗魁　摄）

减少，下一次透雨，2～3 天不泌蜜。花期每间隔 7～10 天下一次雨，生长旺盛，为丰收年。持续干旱开花前期泌蜜多，花期结束早。

5. 经济价值　一般年景每群蜂可采 50 千克蜂蜜，丰收年约 100 千克。老瓜头蜜与枣花蜜相似。老瓜头场地常缺乏花粉，需要及时补充，以免群势大幅度下降。

第三节　辅助蜜粉源植物

辅助蜜粉源植物多为分布范围小，或较分散，或泌蜜量不大，除个别地区外，不能够生产大宗商品蜜，但对蜂群的繁殖和产浆、脱粉等有重要价值（表 2-2）。

表 2-2　一般蜜粉源植物

科名	种名	俗名	分　布	花期/月	利用价值		备　注
					蜜	粉	
松科	马尾松	松树	淮河及汉水流域以南	3～4		+++	粉
麻黄科	麻黄	草麻黄	东北、西北、华北	5～6		+++	
杨柳科	小叶杨		东北、华北、西北、华东、四川	4～5	+	++	
	旱、垂柳		河北、山东、山西、河南、陕西、安徽、江苏、浙江	3	++	++	
壳斗科	板栗		辽宁、河北、黄河流域及其以南	5～6	++	++	集中栽培地可取蜜
蓼科	水蓼	辣蓼	全国各地	9～10	++	+	
小檗科	小檗	秦岭小檗	陕西、河南及甘肃	5	+	++	
	黄连	三探针、土黄连	云南、四川等	3～4	++	++	集中栽培地可取蜜
十字花科	芝麻菜	芸芥	内蒙古、河北、山西、宁夏、陕西、甘肃、青海、新疆	6～7	+++	+++	宁夏、陕西、山西可取蜜
	蓝花子		云南、贵州、四川	9～10	+++	+	云南可取蜜
蔷薇科	苹果		辽宁、河北、山西、山东、陕西、宁夏、甘肃、河南	4～5	+	+	
	黄刺梅		河南、山西、甘肃、陕西、内蒙古	4～5	+	++	
	悬钩子	牛叠肚	东北、内蒙古、河北、山东	6～7	+	+	
豆科	蚕豆	胡豆	广为栽培	11 中至 3 中	++	+++	跨年蜜源

（续）

科名	种名	俗名	分布	花期/月	利用价值		备注
					蜜	粉	
豆科	苦豆子		内蒙古、陕西、甘肃、宁夏、新疆、山西、河北、河南	5～6	++	+	
	田菁	盐蒿	江苏、浙江、福建、台湾、广东	8～9	++	++	
	槐树		各地普遍栽植	7～8	++	+	
	驴豆	红豆草	西北、华北	6～7	+++	+	集中栽培地可取蜜
	骆驼刺		甘肃、内蒙古、新疆	7～8	++	+	
	沙打旺	直立黄芪	内蒙古、陕西、宁夏、河北、东北、四川、云南	8～9	++	++	
	膜荚黄芪	东北黄芪	东北、华北，甘肃、四川、西藏	8	+	+	
	野皂荚	麻箭杚针	太行山和伏牛山、山西、陕西	5～6	++	+++	
	甘草		西北、华北、东北	5～6	++	+	
苦木科	臭椿		华北、西北、华东	5中至6中	++	++	有些年份取2次蜜
楝科	楝树	苦楝	河北以南，甘肃	3～5	+	+	
大戟科	粗糠柴	香桂树	浙江、福建、台湾、广东、广西、云南、贵州、四川、湖南、湖北	6下至7中	+++	+	集中生长地可取蜜

（续）

科名	种名	俗名	分　布	花期/月	利用价值		备　注
					蜜	粉	
漆树科	漆树		除新疆外遍及全国，与秦岭椴树同时开花	2中至6中	＋＋	＋＋	在秦岭生产混合蜜
	黄栌	黄栌柴	太行山、伏牛山、中条山	5下~6中		＋＋＋	甘露蜜源
	盐肤木	五倍子树	长江流域及其以南	8～9	＋＋	＋	
冬青科	冬青	红冬青	长江流域及其以南、郑州	3～5	＋＋	＋	
杜英科	杜英		广西、广东、江西、福建、台湾、浙江	6	＋＋	＋＋	
锦葵科	槿麻	洋麻、黄红麻	各地均有栽培	5～9	＋	＋＋＋	集中生长地可取蜜
猕猴桃科	猕猴桃		长江流域及其以南	6～7		＋＋＋	粉
山茶科	茶树		长江流域及其以南	10～11	＋＋＋	＋＋＋	脱粉，蜂群易烂子
	油茶		长江流域及其以南丘陵山区	10～12	＋＋＋	＋＋＋	取蜜，但蜂易中毒
柽柳科	柽柳	西湖柳	华北至长江中下游各省	7～8	＋	＋	华北花期
胡颓子科	沙枣	银柳	东北、华北及西北	5～6	＋＋	＋＋	
	牛奶子		长江流域及其以北地区	5～6	＋＋	＋	秦岭花期
桃金娘科	岗松	铁扫把	广西、广东、福建、江西	5～7	＋＋	＋＋	
柳叶菜科	柳兰		东北、华北、西北、西南	7～8	＋＋	＋＋	

（续）

科名	种名	俗名	分　布	花期/月	利用价值		备　注
					蜜	粉	
伞形科	茴香	小茴香	内蒙古托县新营子，山西朔州	6下至7中	+++	+	集中栽培地可取蜜
	芫荽	香菜	各地栽培	4～8	+	+	
	当归	秦归	陕西、甘肃、湖北、四川、云南、贵州	6～7	+	+	
杜鹃花科	杜鹃	映山红	长江流域各省、自治区，东至台湾、西至四川、云南	3～4	++	+	
	越橘	短尾越橘	江西、浙江、福建、湖南、广东、广西、贵州	5～6	+++	+	集中栽培地可取蜜
兰雪科	补血草	中华补血草	辽宁、山东、河北、江苏、福建、广东	9～10	+	++	
柿树科	柿树	柿子	黄河中下游各地及华中山区栽培最多	5	+++	++	集中栽培地可取蜜
龙胆科	龙胆		东北及浙江等地	8	+		
夹竹桃科	大叶白麻		新疆、青海、甘肃，华北、华东、东北	5～8	+++	++	集中生长地可取蜜
旋花科	大花菟丝子		河北、山西、新疆、四川、西藏	7～8	++	+	
紫草科	薇孔草		青海、甘肃、云南、四川、西藏	8～9	+++	+	集中生长地可取蜜
葡萄科	山葡萄		太行山和伏牛山，山西、东北	5月中	+	++	
酢浆草科	铜锤草	红花酢浆草	河南各城市	3～11	++	+++	可取蜜

（续）

科名	种名	俗名	分布	花期/月	利用价值		备注
					蜜	粉	
唇形科	薄荷	留兰香	江苏、浙江、安徽、河北有栽培，新疆有野生	7～8	++	+	集中栽培地可取蜜
	野草香	野苏麻	陕西、河南、安徽、湖北、湖南、广西至西南各省（自治区）	10～11	+++	+	集中栽培地可取蜜
	紫苏	白苏	全国各地栽培	7～8	+++	+	
	熏衣草		新疆、河南、陕西、北京	6～7	+++	++	
	益母草		全国各地	6～9	+++	+	集中生长地可取蜜
	东紫苏		滇中地区、贵州	10～11	++	+	
	米团花		云南、四川	8～9	+++	++	
	百里香	地椒	山东、辽宁、河北、河南、山西	5～6	+++	++	
	鸡骨柴	酒药花	湖北、四川、西藏、云南、贵州、广西	8～9	++	++	
	香薷	山苏子	除青海、新疆外，全国各地	8～9	++	+	云南、贵州可取蜜
	柴荆芥	山苏子、木香薷	河北、河南、山西、陕西、甘肃	8～10	+++	+	河北、山西可取蜜
	牛至	满坡香	新疆、陕西、河南、江南各地	7～8	+++	++	新疆可取到混合蜜
茄科	枸杞		广布全国各省、自治区	5～6	++	++	宁夏可取到蜜
	宁夏枸杞	中宁枸杞	西北和华北	5～9	+++	++	

（续）

科名	种名	俗名	分布	花期/月	利用价值		备注
					蜜	粉	
玄参科	泡桐	兰考泡桐	全国各地，以河南最多	3～4	+++	++	可取到蜜，粉苦
茜草科	水锦树		广东、广西	3～4	++	++	
忍冬科	六道木		河北、山西、辽宁、内蒙古	5～6	+++	+	集中生长地可取蜜
葫芦科	西瓜	红瓜子	分布于全国各地	5～6	++	++	河南开封可取到蜜
	南瓜		全国各地有栽培	7～8	++	++	
	西葫芦		全国各地有栽培	5～7	++	++	
	香瓜		分布于我国南北各地	5～7	++	++	
	冬瓜		全国各地	6～8	++	++	
	丝瓜		全国各地	8～9	+	+++	
菊科	瑞苓草		青海、四川、甘肃、陕西、河南	8～9	+++	+	集中生长地可取蜜
	茵陈蒿	黄蒿	南北各地	8～9		+++	
	大蓟		山东、浙江、江西、福建、广东、湖南、湖北、四川、陕西	6～7	++	+	
	野菊		除新疆外，广布全国各地	9～10	++	++	

（续）

科名	种名	俗名	分布	花期/月	利用价值		备注
					蜜	粉	
禾本科	玉米	玉蜀黍	广泛栽培	6～8		+++	生产花粉
	稻	水稻	广泛栽培	4～9		++	粉
	高粱		东北、华北、西北	6～8		++	
	芒	芭茅	南北各地，海南岛最多	4～6		++	
棕榈科	棕榈	棕榈树	长江以南各省、自治区	3～5		+++	粉
无患子科	栾树		南北各地	6～7	+	++	城市绿化树种，可生产花粉
	全缘叶			8～9	+	++	
	复羽叶			7～9	+	++	
睡莲科	荷花	莲花、莲	籽莲以湖南、湖北、江西等省为主，河南信阳地区的潢川、固始亦多	6～9	+	++	集中栽培地产花粉

注：+++丰富，++中等，+少量。

第四节　有害蜜粉源植物

我国常见的有害蜜粉源植物，有雷公藤、紫金藤、苦皮藤、博落回、藜芦等，除藜芦和博落回外，主要分布于长江流域以南广大山区，多数在春末夏初开花泌蜜，尤其是干旱年份，当其他蜜源植物流蜜不多时，中华蜜蜂或野生的大蜜蜂、小蜜蜂更是喜欢采集有害蜜源植物的花蜜。

蜜蜂采集藜芦后，会出现卵不孵化、幼虫腐烂、成年蜂罹患"黑蜂病"，群势下降，影响产量。人吃了由有害蜜源植物（如雷公藤、紫金藤、博落回）酿造的蜂蜜，会出现口干、口苦、唇舌发麻、恶心呕吐、疲倦无力、头昏、头痛、心慌、胸闷、腹痛、膝反射消失、腰酸痛、肝肿大等症状，有的表现为心动过速或过缓，周身酸痛，便秘、便血，嗜睡等，严重者血压下降，造成心力衰竭而死亡。

有害蜂蜜多呈深琥珀色，或呈黄、绿、蓝、灰色，有不同程度的苦、麻、涩味。放蜂时应尽量避开有害蜜源场地，并调查当地有害蜜源数量、分布、生长、开花泌蜜状况。

一、雷 公 藤

1. *形态*　雷公藤（*Tripterygium wilfordii* Hook. f.）别名黄蜡藤、菜虫药。卫矛科，藤状灌木。小枝棕红色，有 4～6 棱，密生瘤状皮孔，被锈色短毛。单叶互生，卵形，边缘小锯齿状。聚伞圆锥花序，顶生或腋生，被锈毛。花小，黄绿色。蒴果未成熟时紫红色，成熟后茶红色（图 2-33）。

2. *分布*　长江以南各地山区以及华北至东北山区。生于荒山坡及山谷灌木丛中。

3. *花期*　雷公藤夏季开花，湖南南部及广西北部山区在 6

图 2-33　雷公藤

左：花枝　右：叶和果

（引自 www. cdutcm. edu. cn；www. hlsat. com）

月下旬，云南为6月中旬至7月中旬。蜜腺袒露在花盘上，泌蜜较多，如遇干旱年份，其他蜜源泌蜜差，雷公藤仍泌蜜好，因而蜜蜂采集雷公藤花蜜酿造成蜜。雷公藤与紫金藤混生，在野外难以分辨。

4. 异点　蜜呈深琥珀色，味苦带涩味，含有害物质雷公藤碱，人不可食。

二、紫金藤

1. 形态　紫金藤［Tripterygium hypoglaucum (levl.) Hutch］别名大叶青藤、昆明山海棠。卫矛科，藤状灌木。小枝红褐色，具有长圆形小瘤状突起，长有锈褐色绒毛。叶互生，椭圆形或阔卵形，先端渐尖，基部圆或楔形，叶背面有白粉。花小，淡黄色，顶生或腋生，大型圆锥花序。果实具有三翅，膜质，黄褐色。花粉呈白色，多数为椭圆形。

2. 分布　长江以南以及西南各地山区，生于向阳荒坡及疏林间。

3. 花期　云南7月中旬至8月中旬，湖南城步和广西龙胜6～7月份开花，蜜多粉少。

4. 异点　蜜呈深琥珀色，有苦涩味。

三、苦 皮 藤

1. 形态　苦皮藤（*Celastrum angulatus*）别名苦树皮、棱枝南蛇藤、马断肠。卫矛科，藤状灌木。小枝4～6锐棱，具皮孔。单叶互生，叶片革质，矩圆状或近圆形，长9～16厘米、宽6～11厘米。聚伞状圆锥花序顶生，花黄绿色。蒴果黄色，近球形。

2. 分布　在甘肃、陕西常生于山坡丛林及灌木丛中。适应性较强，喜温暖、湿润环境，较耐干旱。在秦岭、陇山南段、乔山和子午岭等山区分布数量较多。

3. 花期　5～6月开花，花期20～30天，比当地主要蜜源白刺花晚15～20天，两种植物开花期首尾相接。

4. 异点　苦皮藤花蜜和花粉有毒，对成年蜂和幼虫都有伤害，尤其雨过天晴，白刺花花期结束，中毒现象更为严重。因此，在白刺花末期应及时将蜂群转移到别的蜜源场地。

四、博 落 回

1. 形态　博落回［*Macleaya cordata*（Willd.）R. Br.］别名号筒杆、野罂粟、黄薄荷。罂粟科，多年生草本。茎圆形，中空，黄绿色并被白粉。叶互生，一般为阔卵形，先端钝，基部呈心脏形，边缘有5～9掌状浅裂，叶面深绿色，叶背密生白粉。圆锥花序，花蕾绿、白色，圆柱状，开放后即脱落（图2-34）。雄蕊多数，灰白色。花粉粒呈灰白色，球形。

图 2-34　博落回

（张中印、徐社教　摄）

2. 分布　博落回在我国淮河以南各省及西北地区、太行山区都有分布，生长在丘陵、低山草地和林缘。

3. 花期　在云南 6 月上旬至 7 月上旬开花散粉，在广西龙胜 6～7 月开花，河南 6 月下旬至 7 月中旬开花。

4. 异点　无蜜，花粉丰富，香味浓郁，为粉源植物。茎汁有剧毒，花粉对幼虫有害。

五、藜　芦

1. 形态　藜芦（*Veratum nigrum* L.）别名大藜芦、山葱、老旱葱。百合科，多年生草本。高约 1 米，上部被白色绒毛，地下宿根多个，肉质。叶互生，基生叶阔卵形，长约 30 厘米、宽 4～10 厘米，先端渐尖，基部狭窄呈鞘状，全缘。圆锥花序顶生，两性花多着生于花序轴上部，雄花常着生于下部，花冠暗紫

图 2-35　藜　芦

（引自 www.218.75.21.60；www.shanhua.org）

色，径 1.3～1.5 厘米（图 2-35）。雄蕊 6 枚，子房圆形。朔果，卵状三角形。

2. 分布　在东北林区的林缘、山坡、草甸成片生长。

3. 花期　6～7 月。

4. 异点　植株含有多种藜芦碱，蜜蜂采集其蜜粉后抽搐、痉挛，有的来不及还巢就死于花下，带回巢的花蜜和花粉还会引起幼蜂和蜂王中毒，群势急剧下降，从而造成椴树蜜减产。因此，必须铲除藜芦，否则，要迁移蜂群到他处。

第五节　基本工具

工具是生产力水平的标志，适当的养蜂设备可以提高生产效率，制造出高质量的产品。养蜂需要饲养、管理和生产等工具，这些工具，可以向商店购买（图 2-36），有些也可以自己制作。

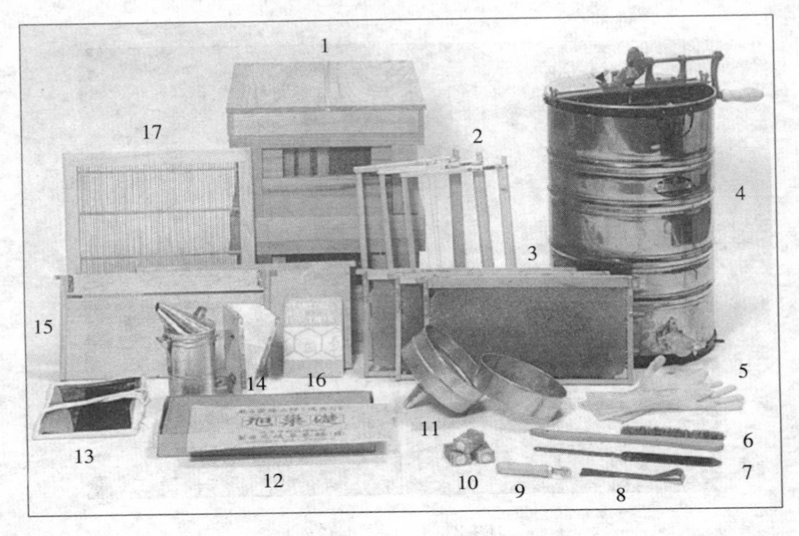

图 2-36　蜂　具

1. 蜂箱　2. 巢框　3. 巢脾　4. 摇蜜机　5. 防护手套　6. 扫蜂帚　7. 割蜜盖刀　8. 起刮刀　9. 齿轮埋线器　10. 王笼　11. 漏斗　12. 巢础　13. 蜂帽　14. 驯蜂发烟器　15. 隔板　16. 养蜂技术　17. 平面隔王板

（引自日本岐阜株式会社）

一、蜂　箱

蜂箱是科学养蜂中供蜜蜂繁衍生息和生产蜂产品的基本用具。按其扩大蜂巢的方式，可分为叠加式蜂箱和横卧式蜂箱两个类型。通过向上叠加继箱扩大蜂巢的称为叠加式蜂箱，如朗氏十框蜂箱；通过横向增加巢脾扩大蜂巢的称为横卧式蜂箱。按适用的蜂种，分为西方蜜蜂蜂箱和中华蜜蜂蜂箱两类。

蜂产品的制造和蜜蜂的生长发育都是蜂群在蜂箱中完成，其成品须符合蜜蜂的生活和人们生产的需要。叠加式蜂箱合乎蜜蜂向上贮蜜的习性，搬运方便，适于专业化和现代化饲养管理，因此，这类蜂箱是养蜂生产中最重要的蜂箱造型。

在我国，制造蜂箱的木材以杉木和红松为宜（河南省也用桐木制做），并充分干燥。设计蜂箱要首先确定蜂路（蜜蜂在蜂箱爬行的通道）（图 2－37）与巢框的大小和多少，具体尺寸见表 2-3，供参考。

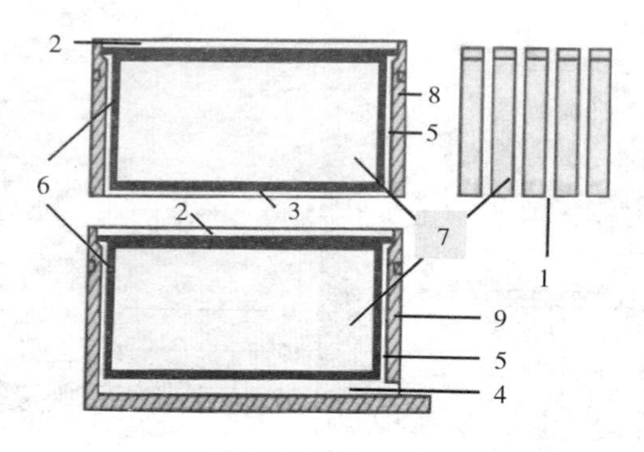

图 2－37　蜂　路

1. 框间蜂路　2. 上蜂路　3. 继箱下蜂路　4. 巢箱下蜂路
5. 前蜂路　6. 后蜂路　7. 巢框　8. 继箱　9. 巢箱
（仿《中国实用养蜂学》）

表 2－3　蜂路与巢脾中心距　　（单位：毫米）

参数 箱型	巢脾中心距	框间蜂路	上蜂路	前后蜂路	继箱下蜂路	巢箱下蜂路
十框标准蜂箱	35	10	8		5	20
十二框方蜂箱	35	12.5	8		5	25
中蜂十框标箱	33	8	8	10	2	20

（一）蜂箱的基本结构

1. 国内用的蜂箱　由巢框、箱体、箱盖、副盖、隔板、巢门板等部件和闸板等附件构成（图 2－38）。

（1）箱盖：在蜂箱的最上层，用于保护蜂巢免遭烈日的曝晒

图 2-38　蜂　箱

左：中国使用的郎氏十框标准蜂箱　右：结构

1. 箱盖　2. 通风窗　3. 盖布　4. 副盖　5. 巢脾　6. 隔板

7. 贮蜜继箱　8. 隔王板　9. 巢箱　10. 小巢门　11. 起落板

（张中印　摄）

和风雨的侵袭，并有助于箱内维持一定的温度和湿度。

（2）副盖：盖在箱体上，使箱体与箱盖之间更加严密，有利于蜂巢保温、保湿和防止蜜蜂出入。铁纱副盖须配备 1 块与其大小相同的布覆盖（图 2-39）。

（3）隔板：形状和大小与巢框基本相同的一块木板，厚度 10 毫米。每个箱体一般配置 1 块，使用时悬挂在箱内巢脾的外侧。既可避免巢脾外露，减少蜂团温湿度的散失，又可防止蜜蜂在箱内多余的空间筑造赘脾（图 2-40）。

（4）闸板：形似隔板，宽度和高度分别与巢箱的内围长度和高度相同。用于把巢箱纵隔成互不相通的两个或更多个区，以便同箱饲养两个或多个蜂群。

图 2-39　蜂箱分解图

1. 箱盖　2. 盖布　3. 铁纱副盖　4. 小巢门　5、6. 巢门档

7. 大巢门　8. 通风窗　9. 起降板

（张中印　摄）

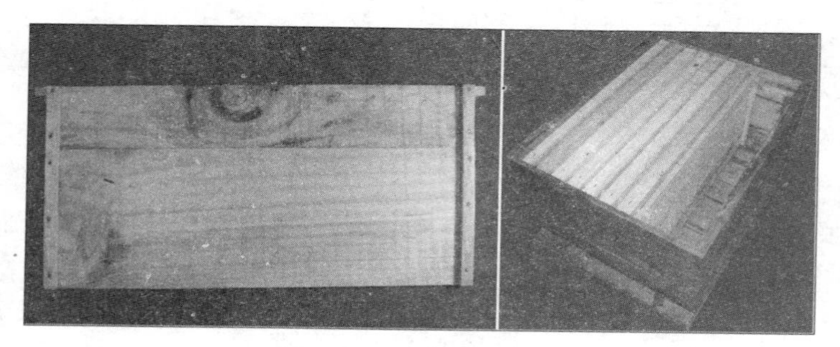

图 2-40　隔板及使用

（张中印　摄）

（5）巢门板：为巢门堵板，具可开关和调节巢口大小的小木块。

（6）巢框：由上梁、侧条和下梁构成，用于固定和保护巢脾，悬挂在框槽上，可水平调动和从上方提出。意蜂巢框上梁腹面中央开一条深 3 毫米、宽 6 毫米的槽——础沟，为巢框承接巢础处（图 2 - 41）。

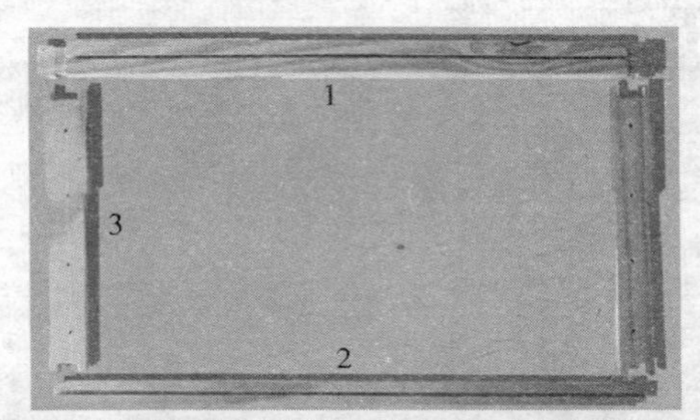

图 2 - 41　巢　框

上：结构　下：成品

1. 上梁　2. 下梁　3. 侧条

（引自 www. beecare. com；www. countryfields. cawoodenframes）

（7）箱底：蜂箱的最底层，一般与巢箱联成整体，用于保护蜂巢（图 2 - 42）。

（8）箱体：包括巢箱和继箱，都由 4 块木板合围而成的长方体，箱板采用 L 形槽拼合，四角开直榫相接合。

巢箱是最下层箱体，供蜜蜂繁殖。继箱上沿开 L 形槽——

承框槽，叠加在巢箱上方，是用于扩大蜂巢的箱体（图2-43、图2-44、图2-45）。继箱的长和宽与巢箱的相同，高度与巢箱相同的为深继箱，与巢箱使用相同的巢框，供蜂群繁殖或贮蜜；高度约为巢箱的1/2的为浅继箱，其巢框也约为巢箱的1/2，用于生产分离蜜、巢蜜或作饲料箱。

图2-42 箱 底

（张中印 摄）

图2-43 箱体1

左：巢箱——带箱底的箱身，在中国用于繁殖

右：继箱——无箱底的箱身，在中国用于贮蜜

（张中印 摄）

2. 国外用的蜂箱　与我国使用的郎氏标准蜂箱大致相同，活动箱底，带箱架，有些在箱盖下加上1个箱顶饲喂器，或在箱底设有通风架和脱粉装置，箱底变化较大。

多变的箱底，可用于生产蜂花粉，清扫杂物，非常方便。箱顶饲喂器通常采用木板或塑料制成，长度和宽度与蜂箱的相同，

图 2-44　承框槽

左：无铁引条的承框槽　右：有铁引条的承框槽

（引自张中印；www.beecare.com）

图 2-45　箱体 2

左：深继箱，在国外作育虫箱　右：线继箱，在国外作贮蜜用

（引自 www.beecare.com）

但高度仅 60～100 毫米，盛糖浆量约10 千克，使用时置于箱体与副盖之间。

（二）生产使用的蜂箱

1. 十框标准箱　又称朗氏十框蜂箱，是饲养西方蜜蜂的标准蜂箱（图 2-46）。符合蜜蜂的生活特性和适应现代养蜂生产的要求，我国普遍使用这种箱型饲养西方蜜蜂。

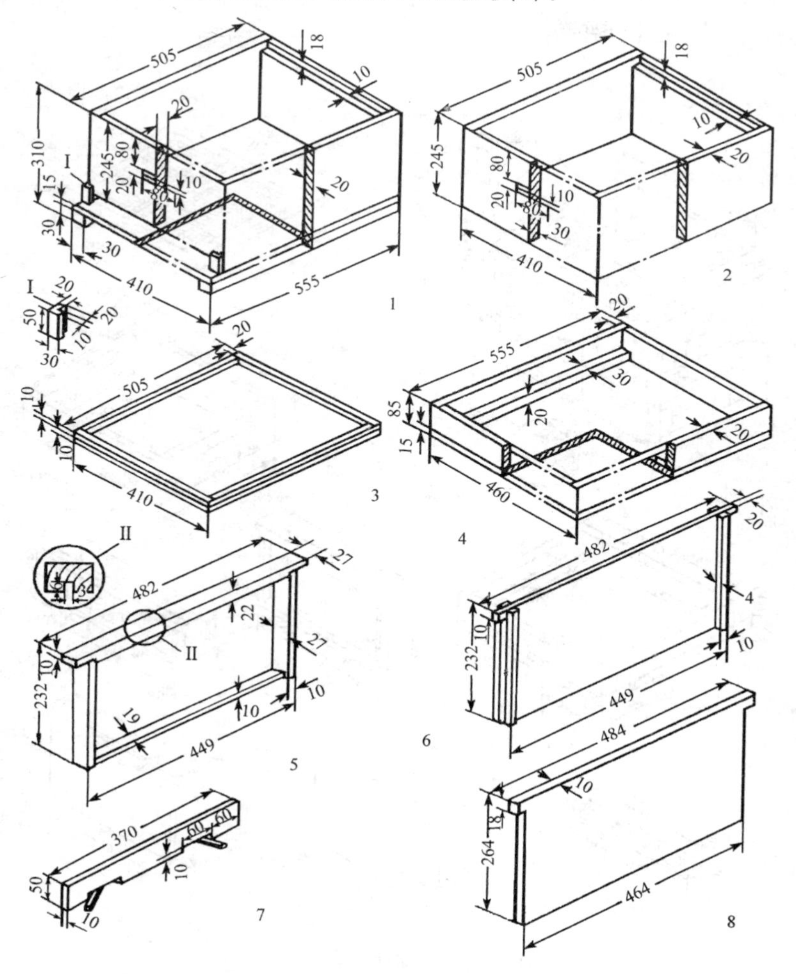

图 2-46　十框标准蜂箱（单位：毫米）

1. 巢箱　2. 继箱　3. 副盖　4. 大盖　5. 巢框　6. 隔板　7. 巢门板　8. 闸板

（引自《中国实用养蜂学》）

2. 中蜂十框标箱　即 GB 3607－83 蜂箱，适合我国中蜂群的饲养（图 2－47）。采用这种蜂箱，早春双群同箱繁殖，采蜜使单王，取蜜用浅继箱。

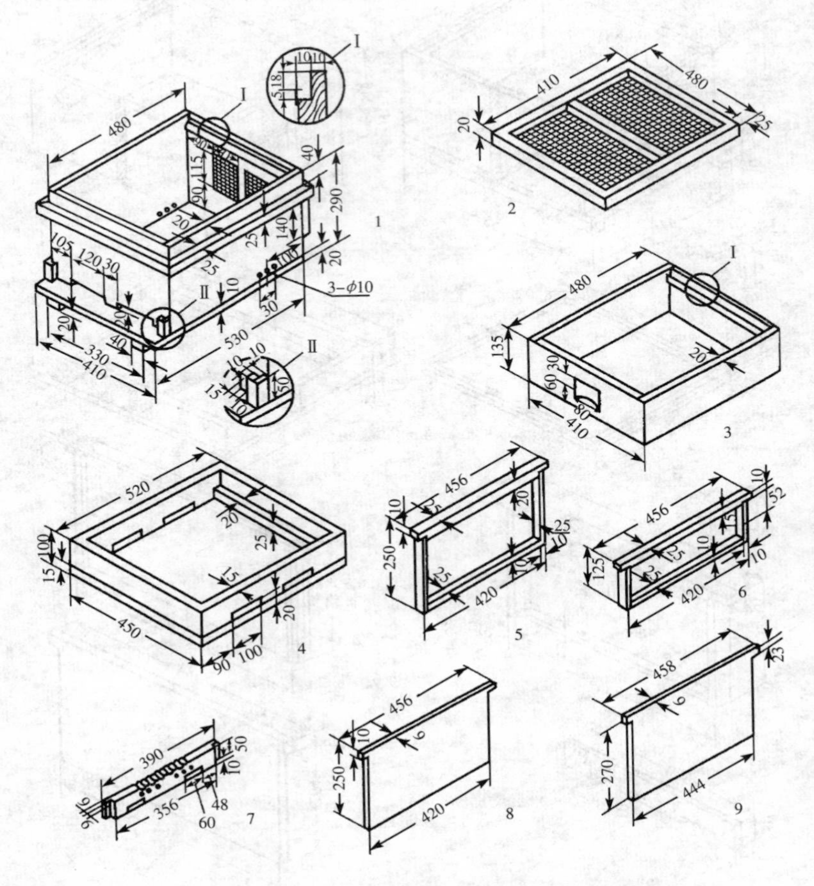

图 2－47　中蜂十框标箱（单位：毫米）
1. 巢箱　2. 副盖　3. 浅继箱　4. 箱盖　5. 巢箱巢框
6. 浅继箱巢框　7. 巢门板　8. 隔板　9. 闸板
（引自《中国实用养蜂学》）

3. 十二框方蜂箱　适合冬季较寒冷的东北和新疆地区使用。箱体方形，采用25～45毫米的木板制造，冬季把巢脾横向排放，有利于蜂群保温御寒（图2-48）。

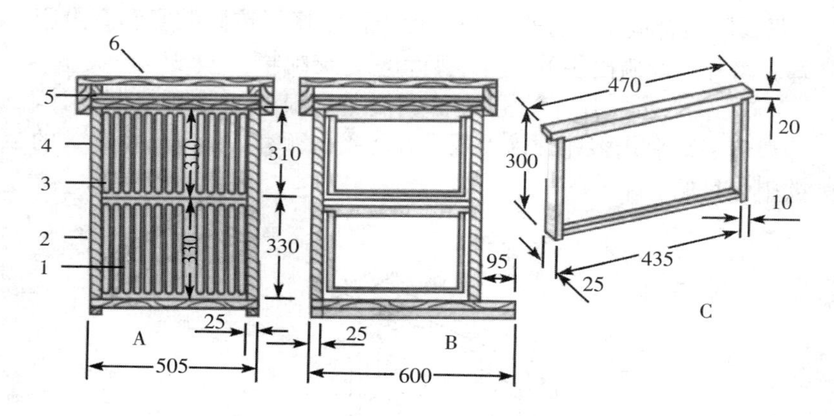

图2-48　十二框方蜂箱

A. 正剖面　B. 侧剖面　C. 巢框

1. 巢框　2. 巢箱　3. 隔板　4. 继箱　5. 副盖　6. 箱盖

（引自江西蜜蜂研究所）

（三）研究和育种蜂箱

1. 观察箱　用于蜂群筑巢、蜂王产卵、舞蹈等研究和教学示范，也可用于宣传和展览。

四框观察箱由箱体、玻璃、木板、底座、巢门及其通道等构成（图2-49）。通道在箱底一侧，与巢门对接，由U形木槽顶面覆盖玻璃板构成，一端为出入通道，端口用1块薄铁片做成闸板控制蜜蜂出入，透过玻璃盖可观察蜜蜂出勤和清理蜂巢等情况；另一端有1个覆盖纱网的喂蜂小区，也由闸板控制蜜蜂的进出取食。由980毫米×510毫米×3毫米的平板玻璃2块，构成箱体相对的两面。木侧板2块，大小与玻璃侧板相同，厚度6毫米，装在玻璃板外作遮蔽光线用。

2. 育种箱　1/2 脾 4 室交配箱（图 2-50），专供有 2 500 只蜜蜂的处女王群栖息。箱体用 3 块闸板隔成 4 个小室，巢门异向开设，每个小室排放 3 张巢脾和 1 块隔板，并有独自的通风道。2 张巢脾组合成 1 张标准巢脾，置于正常蜂群造脾贮蜜和育虫爬蜂。另外，商店出售的还有微型和联合交配箱。

3. 展示箱　用于广告宣传和展览。根据蜂路和巢框设计，外观造型则形式多样，以美观大方能吸引顾客，使其产生相关的欲望为目的。

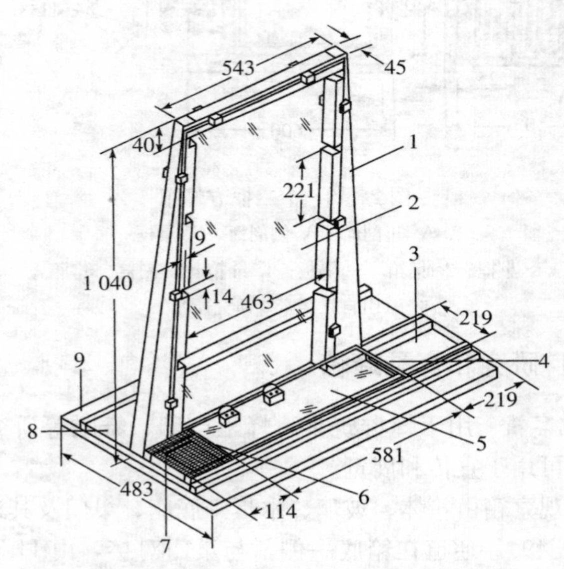

图 2-49　四框观察箱（单位:毫米）

1. 箱体　2. 玻璃　3. 中间通道　4、6. 闸板

5. 延伸通道　7. 饲喂区　8. 底板　9. 底座

（引自 Divison of Agricultural Sciences，

University of California，1980）

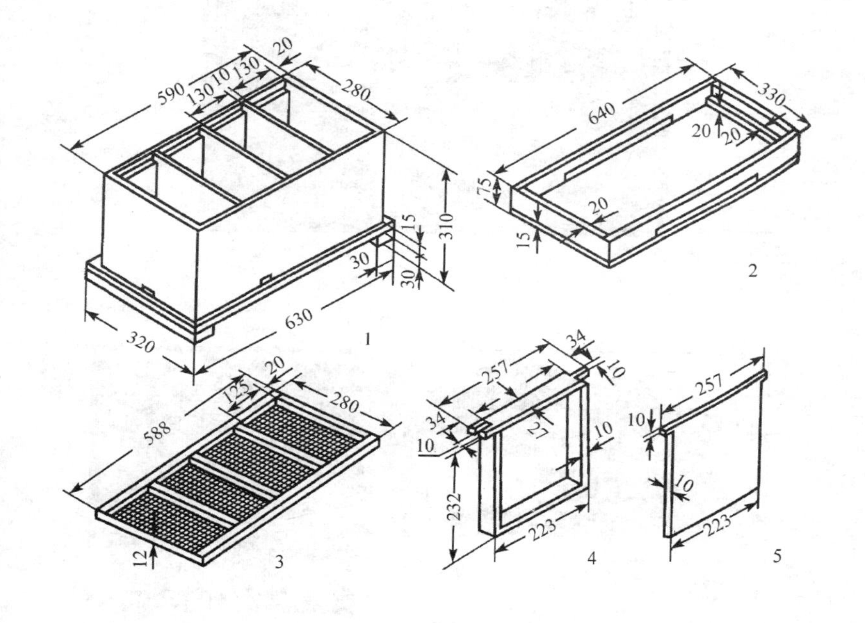

图 2-50 1/4 脾 4 室交配箱（单位：毫米）

1. 箱体 2. 箱盖 3. 副盖 4. 巢框 5. 隔板

（引自《中国实用养蜂学》）

二、巢　　础

（一）巢础

采用蜂蜡或无毒塑料制造的蜜蜂巢房房基（图 2-51），使用时镶嵌在巢框中，工蜂以其为基础分泌蜡液将房壁加高而形成完整的巢脾。巢础可分为意蜂巢础和中蜂巢础、工蜂巢础和雄蜂巢础、巢蜜巢础等。

图 2-51　巢　础

（张中印　摄）

图 2-52　塑料巢脾

（引自 www. beecare. com）

现代养蜂生产中，有些用塑料代替蜡质巢础，或直接制成塑料巢脾代替蜜蜂建造的蜡质巢脾（图 2-52）。

（二）模具

生产蜡质巢础的工具主要有轧片机、轧花机以及熔蜡锅、沾片板、础刀、础板、玻璃板等，目前上市的平面巢础模具，用 ABS 树脂制造，适合养蜂场自行加工巢础（图 2-53）。而一步式全机械化巢础生产工具（图 2-54），在现代专业化巢础加工厂得到广泛应用。

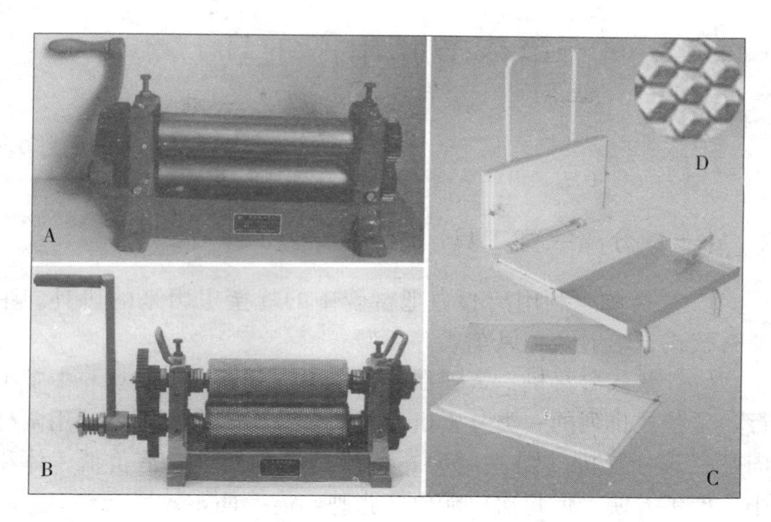

图 2-53 蜂锋牌巢础机

A. 轧片机 B. 自动切边轧花机

C. ABS 树脂平面巢础模具 D. 轧辊花痕迹

（徐万林 摄）

图 2-54 一步式巢础生产机械

（引自 www. etnamiele. it）

第六节　生产工具

一、取蜜器械

（一）分离蜂蜜工具

1. 分离机　利用离心力把蜜脾中的蜂蜜甩出来的机具。主要有弦式、辐射式和风车式等类型。

（1）弦式分蜜机：蜜脾在分蜜机中，脾面和上梁均与中轴平行，呈弦式排列的一类分蜜机。目前，我国多数养蜂者使用两框固定弦式分蜜机（图 2-55），特点是结构简单、造价低、体积小、携带方便，但每次仅能放 2 张脾，需换面，效率低。

图 2-55　分蜜机 1——两框固定弦式分蜜机
1. 桶盖　2. 桶身　3. 框笼　4. 摇柄　5. 传动机构
（张中印　摄）

（2）辐射式分蜜机：多用于专业化大型养蜂场。蜜脾在分蜜机中，脾面与中轴在一个平面上，下梁朝向并平行于中轴，呈车轮的辐条状排列，蜜脾两面的蜂蜜能同时分离出来（图 2-56）。

另外，分离蜂桶或野生蜜蜂的蜂蜜时，常用螺旋榨蜜器榨取。

图 2-56　分蜜机 2——辐射式分蜜机

左：人力辐射式分蜜机　右：电力辐射式分蜜机

（引自 www.legaitaly.com）

2. 脱蜜蜂工具　我国通常采用白色的马尾毛和马鬃毛制成蜂刷（图 2-57），刷落蜜脾、产浆框和育王框上的蜜蜂。

图 2-57　蜂　刷

（张中印　摄）

吹风机是利用高速气流脱除贮蜜继箱中的蜜蜂，由 1.47～4.41 千瓦（2～6 马力）的汽油机或电动机作动力，驱动离心鼓风机产生气流，通过输气管从扁嘴喷出，将支架上继箱里的蜜蜂吹落（图 2-58）。

3. 除蜜盖工具

（1）割蜜盖刀：采用不锈钢制造。我国多使用普通式割蜜刀，长约 250 毫米、宽 35～50 毫米、厚 1～2 毫米，用于切除蜜脾蜡盖。

电热式割蜜刀刀身长约250毫米、宽约50毫米，双刃，重壁结构，内置120～400瓦的电热丝，用于加热刀身至70～80℃（图2-59）。

图2-58　吹蜂机

左：背负式　右：手推式

（引自 www.legaitaly.com）

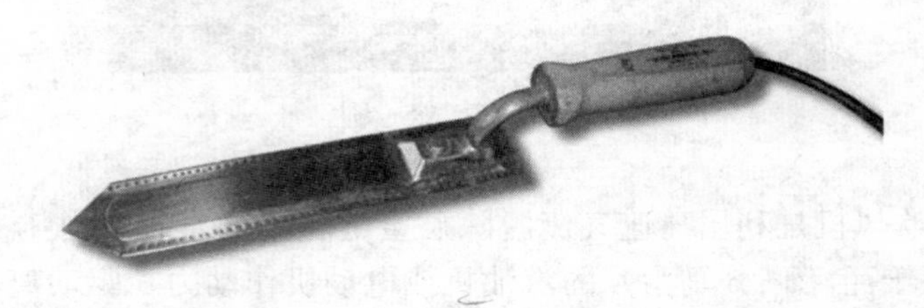

图2-59　电热式割蜜刀

（引自 www.beecare.com）

（2）蜜盖滚刨：由数片长200毫米的刀片组装在一个可转动的圆筒上形成，类似木工刨的滚刀，用电驱动。

此外，专业化大型养蜂场还使用割蜜盖机切除蜜房盖，与辐射式分蜜机结合，工作效率极高。

4. O. A. C. 蜂蜜过滤器系加拿大安大略农业大学设计的一种能连续净化蜂蜜的过滤器。这种过滤器由 1 个外桶、4 个网眼大小不一（20～80 目）的圆柱形过滤网和 1 个器盖构成（图 2-60）。

图 2-60 蜂蜜过滤器

（引自 www.legaitaly.com）

（二）巢蜜生产工具

（1）方形巢蜜有蜂路生产工具：由巢蜜格（图 2-61）、格承架、隔板、弹簧、楔条和浅继箱等部件构成（图 2-62）。

巢蜜格采用木材或塑料制成，大小为 108 毫米×108 毫米×48 毫米。有的巢蜜格侧板和顶板中线开 1 条宽 1～2 毫米的通槽，把巢础插入巢蜜格的槽内即完成上础工作。

格承架采用薄木板制成，用于承放巢蜜格。巢蜜隔板由薄木板或塑料板制成，使用时夹在各排巢蜜格之间，其作用是使蜜蜂在巢蜜格内筑造的巢脾平整。将弹性良好的弯曲钢片作弹簧使用，生产巢蜜时插在最外巢蜜隔板与继箱壁的间隙内，横向挤紧箱内部件。楔条采用木材制成，纵向挤紧各排巢蜜格承架内的巢蜜格。浅继箱的前、后壁下沿分别钉 1 条支撑铁片，用于支撑箱内各部件。

（2）圆形巢蜜生产工具：由巢蜜格、格承架、螺杆和浅继箱等构成（图2-63）。

圆形巢蜜格采用无毒塑料制成，共 36 个，每个巢蜜格由 2

图 2-61/1　方形巢蜜的盒、格

（张中印　摄）

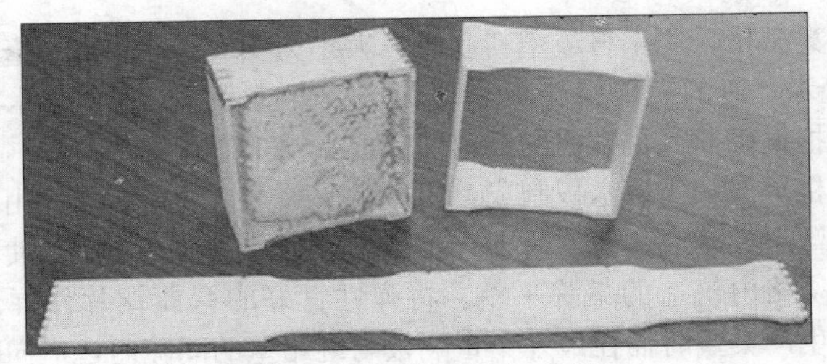

图 2-61/2　方形巢蜜木格结构

（引自 www. beecare. com）

个巢蜜格半环组成。巢蜜格承框采用无毒塑料制成，共 9 副，每副由 2 个半承框组成，生产巢蜜时用于承装巢蜜格半环。螺杆 2 根，采用直径 6 毫米的圆钢制成，长 370 毫米，配有垫片和螺母，用于把巢蜜格承框连成一体。

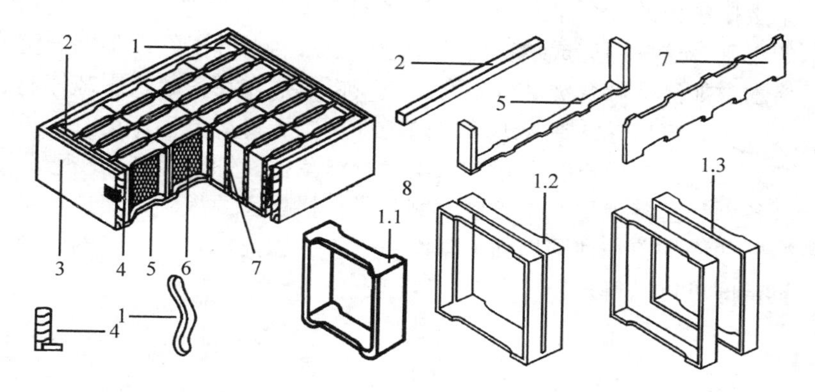

图 2-62 方形巢蜜生产工具分解图

1. 巢蜜格 1.1. 整体巢蜜格 1.2. 半分离巢蜜格 1.3. 全分离巢蜜格
2. 楔条 3. 继箱体 4. 支承铁片 5. 格承架 6. 巢础 7. 隔板

（引自《中国实用养蜂学》）

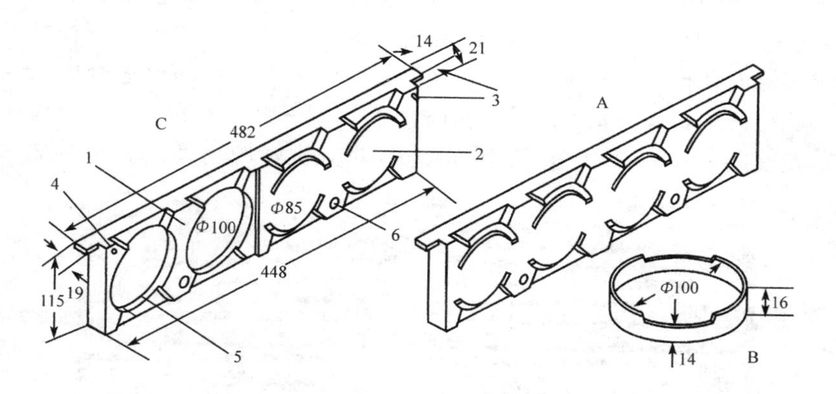

图 2-63 圆形巢蜜生产工具图示和尺寸（单位：毫米）

A. 巢蜜格半环 B. 中间的半承框 C. 最外的半承框
1. 巢蜜格半环 2. 巢蜜半隔板 3. 框间定位销
4. 定位销插孔 5. 巢蜜格定位销 6. 螺杆插孔

（引自《中国实用养蜂学》）

生产巢蜜时，将巢蜜格半环装入巢蜜格半承框，然后在构成巢蜜格承框的2个巢蜜格半承框之间夹1片448毫米×115毫米的巢础。这样即完成承框内的4个巢蜜格的上础工作。各副巢蜜格承框如法上础合拢后，将9副巢蜜格承框靠在一起，用螺杆连成一体，最后悬挂在浅继箱体内，即可置于蜂群上生产巢蜜。巢蜜封盖后，搬回巢蜜继箱，取出巢蜜格承框，卸下螺杆，小心分开各副巢蜜格承框取出巢蜜，割除巢蜜格外面的巢础，然后在巢蜜的两面加盖和在圆周面上整圈封上不干胶商标，所生产的圆形巢蜜即可供销售。

二、脱粉工具

（一）花粉截留器

我国生产上使用的脱粉器械是巢门式的。由蜂花粉截留器（板）和承接蜂花粉的集粉盒组成（图2-64），钢木巢门花粉截留器的孔径一般在4.6～4.9毫米，4.6毫米孔径的仅适合中蜂脱粉使用，4.7毫米孔径的仅适合干旱、花粉团小的季节意蜂脱粉使用，4.8～4.9毫米孔径的适合西方蜜蜂脱粉使用。蜜蜂通

图2-64　钢木巢门花粉截留器
上：正面　下：正面局部
（张中印　摄）

过花粉截留器（板）的孔进巢时，后足两侧携带的花粉团被截留（刮）下来，落入集粉盒中。截留器的脱粉率一般要求在75%左右。

国外较流行平面花粉截留器与巢门花粉截留器结合使用（图2-82）。图2-82/3为巢门花粉截留器，置于巢门，通过转动集粉屉上面的柄，打开或关闭花粉截留装置；图2-80/3为带有底座的平面箱底式花粉截留器。

（二）花粉干燥/消毒箱

由箱体、花粉承受盘、电加热装置、紫外线灯、鼓风机和温度自动控制装置等构成，对蜂花粉进行干燥和消毒灭菌。

三、产浆器械

（一）王台基

采用蜂蜡或无毒塑料制成。

1. 蜂蜡台基　用蘸蜡棒蘸蜡制成，呈圆柱形，底部为半球形，大小依蜂种不同而异，意蜂用的其上口直径为10～12毫米，底部半球形直径9～10毫米。使用时，多个成排粘在育王框或产浆框的台基条上，供移入工蜂幼虫。

2. 塑料台基　产浆用的台基大都采用塑料制成，并且多个台基制成一排形成台基条。目前采用较普遍的台基条有33个台基。产浆台基条具有王台接受率高、产浆量高、可重复利用、使用方便和有利于机械化产浆等特点（图2-65、图2-66）。

3. 蘸蜡棒　用于蘸制蜂蜡台基。采用纹理细致的木料制成，长约100毫米，蘸蜡端呈半球形，规格同台基尺寸（图2-67）。

图 2-65　塑料台基 1

上：双排浆条　下：浆条局部

（张中印　摄）

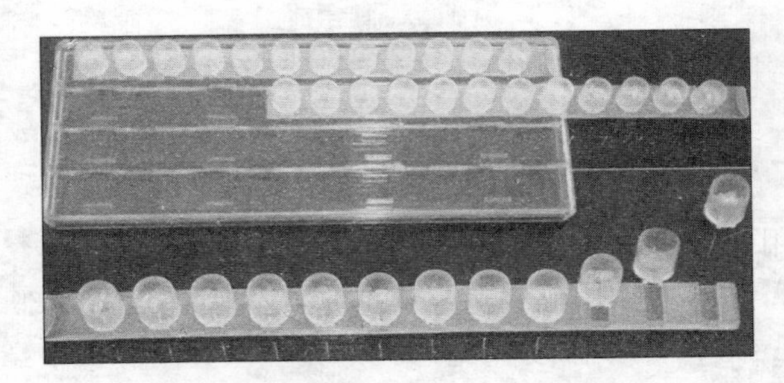

图 2-66　塑料台基 2——带有底座的王台王浆专用台基

（张中印　摄）

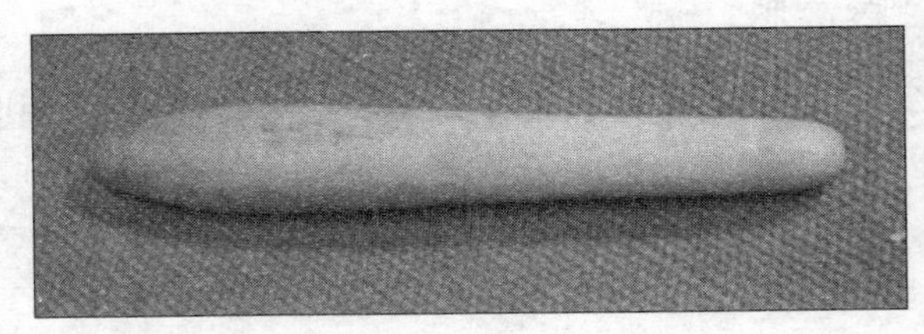

图 2-67　蜡　棒

（张中印　摄）

蘸制台基前，先把蘸蜡棒置于清水中浸泡半天，然后提出甩去水滴，垂直插入温度为70℃的蜡液中，连蘸3～4次，首次插入深度为10毫米，其后逐次减少1毫米。蘸好后放入冷水中冷却片刻，即可脱下台基。

（二）移虫针

把工蜂巢房内的蜜蜂幼虫移入人工台基育王或产浆的工具。常见的是弹性移虫针（图2-68），采用牛角舌片、塑料管、幼虫推杆、弹簧等制成。使用时，将移虫针的牛角舌片沿巢房壁插入房底，连浆带虫提起。将虫转入台基底部中央，再轻压幼虫推杆，把幼虫连浆推移入台基。采用弹性移虫针移虫，无需点浆，操作迅速，王台接受率高。

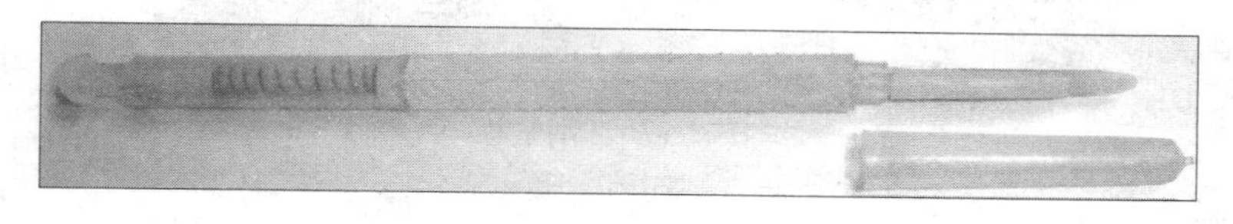

图2-68　移虫笔

（张中印　摄）

（三）产浆框

用于安装人工台基产浆的框架，采用杉木制成。外围尺寸与巢框一致，长梁宽13毫米、厚20毫米；边条宽13毫米、厚10毫米；台基板条宽13毫米、厚8毫米，框内有3～5条台基板条供安装人工台基（图2-69）。

（四）刮浆板

由刮浆舌片和笔柄组装构成（图2-70）。刮浆舌片采用韧性较好的塑料或橡胶片制成，呈平铲状，可更换，刮浆端的宽度与所用台基纵向断面相吻合；笔柄采用硬质塑料制成，呈扁笔状，其长度约100毫米。

图 2-69 王浆框

左：王浆框的构造 右：装上1条王台的王浆框

（张中印 摄）

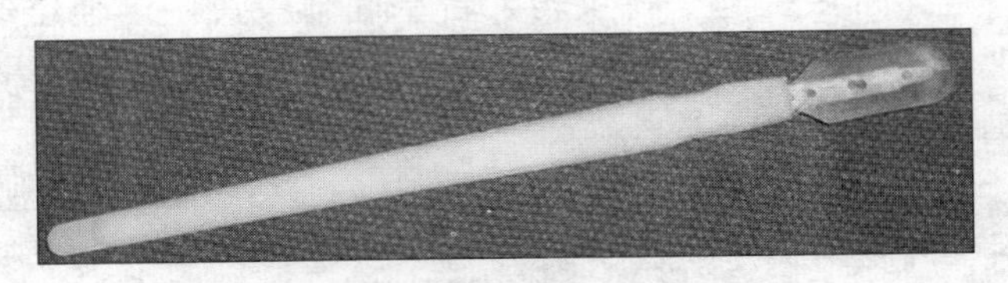

图 2-70 刮浆板

（张中印 摄）

（五）其他产浆用具

1. 削台壁刀 由小纸刀或其他锋利小刀构成，取浆时用于削除加高的王台台壁。

2. 镊子 小不锈钢镊（图 2-71 上），取浆时用于镊除产浆王台中的蜂王幼虫。

3. 王台清理器 由形似刮浆器的金属片构成，有活动套柄可转动，移虫前用于刮除王台内壁的赘蜡（图 2-71 下）。

4. 王浆瓶 用于贮存所产王浆的容器。目前市面上有容量为 250 克、500 克和 1 千克等多种塑料王浆瓶，也可用 5 升塑料壶代替。

平面台基是把塑料王台组装在一个带有底座的塑料板上，以适应批量移虫或免移虫生产蜂王浆的需要。关于蜂王浆的机械化生产工具，在第六章介绍。

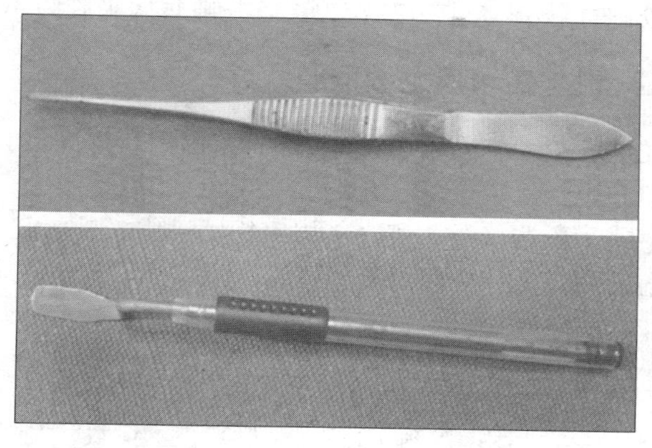

图 2-71

上：镊子　下：王台清理器

（张中印　摄）

四、集胶器具

（一）格栅集胶器

采用多条宽 6～10 毫米、厚 2.5 毫米的板条串联而成。采胶时，将格栅置于巢框与副盖之间或上下箱体之间，也可放在边脾外侧作隔板。每隔 15～20 天采胶 1 次，取胶时可冷冻后震落。

当格栅置于巢框与副盖之间或上下箱体之间，一般每次采胶约 53 克；置于边脾外侧的，一次采胶 17 克。

（二）巢门集胶器

采用细木条或竹片间隔 2.5 毫米装在 1 个与巢门板大小相同的框架内，中间留有巢门而成。它较适于多箱体养蜂的蜂群采胶，于流蜜期、夏季和初秋气温较高时在强群上使用。采胶时，用巢门集胶器取代巢门板，蜜蜂为缩小巢门和填塞缝隙，在其上聚积蜂胶。每隔 12 天取下刮胶 1 次，一般每次采胶约 40 克。

（三）副盖式和尼龙纱取胶

尼龙纱取胶，多采用 40～60 目的无毒塑料尼龙纱，置于副盖下或覆布下。

副盖式采胶器（图 2-72），相邻竹丝间隙 2.5 毫米，一方面可作副盖使用，另一方面可聚集蜂胶。

图 2-72 采胶副盖

（张中印 摄）

五、采毒器具

QF-1 型蜜蜂电子自动取毒器由电网、集毒板和电子振荡电路构成（图2-73）。电网采用塑料栅板电镀而成。集毒板由塑料薄膜、塑料屉框和玻璃板构成。电源电子电路以 3V 直流电（2

节5号电池），通过电子振荡电路间隔输出脉冲电压作为电网的电源，同时由电子延时电路自动控制电网总体工作时间。

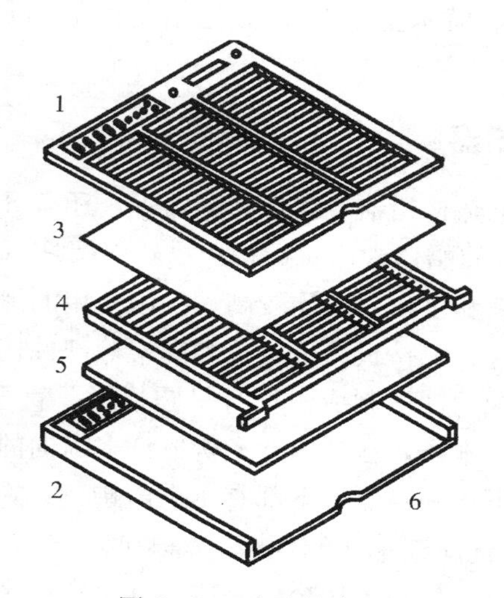

图 2-73　电取蜂毒器

1. 电网　2. 电子电路装置　3. 塑料薄膜　4. 塑料屉框

5. 玻璃板　6. 底板

（引自《中国实用养蜂学》）

六、制蜡工具

目前，蜂蜡采收器具主要有采蜡框和榨蜡器等。

（一）采蜡框

用于生产蜂蜡的框架。一般采用普通巢框改制而成。改制的方法，一是把普通巢框的上梁拆下，在框内上部1/2处钉1横木，并在两侧条上端各钉1铁片作框耳，上梁架放在框耳上；二是在普通巢框内的中部钉上1横木，把巢框分成上下两部分。

采蜡时，横木上方用于采蜡，下方仍可供育虫或贮蜜。根据蜂群和蜜源情况，每群一般可插入 2～5 个采蜡框。每隔 7 天左右割取横木上部的蜂房化蜡，然后将原框插回蜂群再造脾产蜡。

（二）榨蜡器

榨蜡器有电热榨蜡器、螺杆榨蜡器等，还有日光晒蜡器（图 2-74），以螺杆榨蜡器常用。螺杆榨蜡器以螺杆下旋施压榨出蜡液，它的出蜡率和工作效率均较高。我国使用的螺杆榨蜡器由榨蜡桶、施压螺杆、上挤板、下挤板和支架等部件构成。榨蜡桶采用厚度为 2 毫米的铁板制成，桶身呈圆柱形，直径约 350 毫米，内面间隔装置有木条，在桶内壁上构成许多纵向的长槽，以利于榨出的蜡液流下；桶身侧壁下部有 1 个出蜡口。施压螺杆采用直径约 30 毫米的优质圆钢车制而成，榨蜡时用于下旋对蜂蜡原料施压榨蜡。上、下挤板采用金属制成，其上有许多孔或槽，供导出提炼出的蜡液。榨蜡时，下挤板置于桶内底部，上挤板置于蜂蜡原料上方。支架采用金属或坚固的木材制成，用于装置螺杆和榨蜡桶。

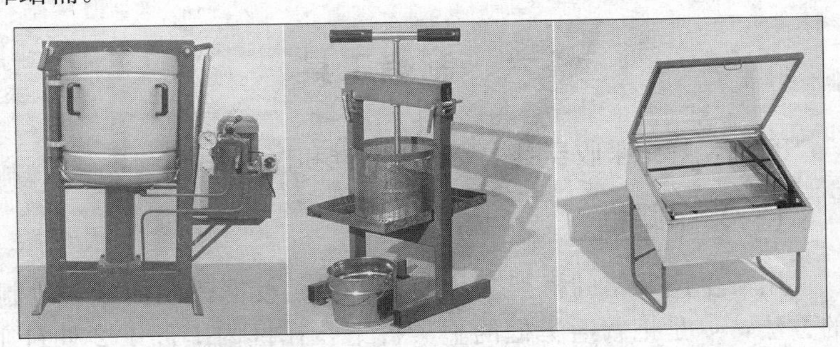

图 2-74　蜂蜡生产工具

左：电热榨蜡器　中：螺杆榨蜡器　右：日光晒蜡器

（引自 www.legaitaly.com.jpg）

第七节　其他工具

一、管理工具

（一）巢脾抓

用不锈钢制造，用于抓起巢脾（图 2－75）。

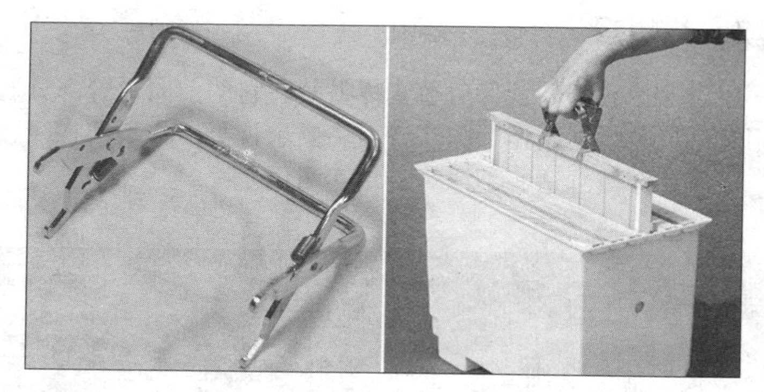

图 2－75　巢脾抓

（引自 www.cannonbee.com；www.legaitaly.com）

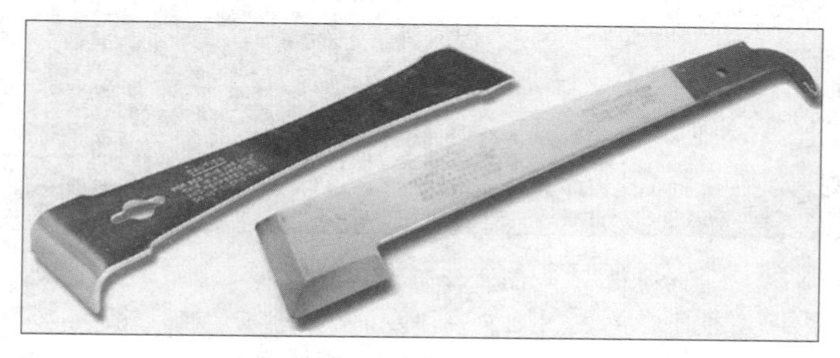

图 2－76　起刮刀

（仿 www.draperbee.com）

（二）起刮刀

采用优质钢锻成，主要用于开箱时撬动副盖、继箱、巢框、隔王板，还可用于刮铲蜂胶、赘脾及箱底污物，起小钉等，是管理蜂群不可缺少的工具（图 2-76）。

二、防护工具

（一）蜂帽

用于保护头部和颈部免遭蜜蜂螫刺。它的前向视野部分通常采用黑色尼龙纱网制作（图 2-77）。要求视野广、不挡视线、轻便、通风、穿戴舒适、不漏蜂、结实耐用。

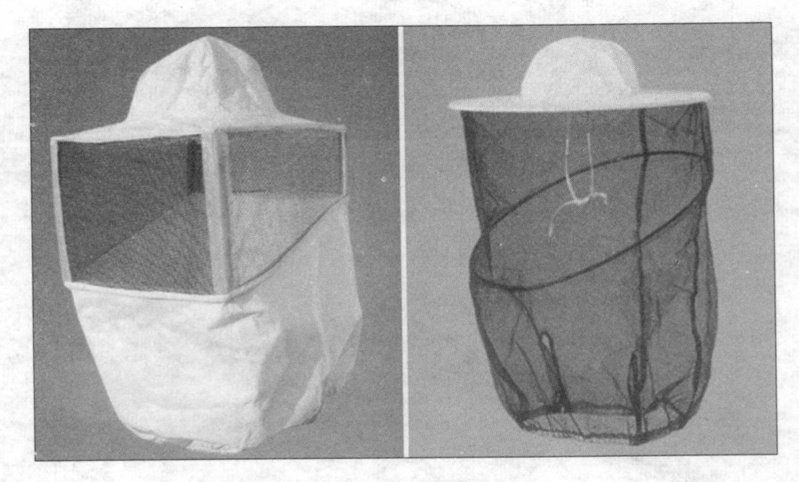

图 2-77　蜂　帽

（引自 www.legaitaly.com）

目前使用的蜂帽主要有圆形和方形的两类。圆形蜂帽大都采用黑色纱网或尼龙网制作，为我国养蜂者普遍采用；方形蜂帽由铝合金或铁纱网制作，多为国外养蜂者采用。

（二）喷烟器

喷烟器是一种发烟镇服蜜蜂的器具。风箱式喷烟器由燃烧炉、炉盖和风箱构成（图 2-78），具有结构简单、造价低、可根据需要掌握烟量等优点，被广泛采用。

图 2-78 喷烟器

（引自 www. draperbee. com；www. legaitaly. com）

喷烟器使用的燃料种类较多，主要有艾草、木屑、松针等。

采用喷烟器镇服蜜蜂时，一般先在蜂箱巢门口轻喷一些烟，把巢门口的守卫蜂赶进蜂箱，稍待片刻后打开箱盖。在开启副盖时，先开一小缝，往里喷一些烟再盖上，1～2 分钟后打开副盖，并朝蜂群再喷烟，就可进行蜂群管理操作。

（三）养蜂服装

1. *防护衣服* 采用白布缝制，有养蜂工作衫和养蜂套服两种。养蜂工作衫的下口和袖口都采用松紧带，以防蜜蜂进入，且常把蜂帽与工作衫设计连在一起，蜂帽不用时垂挂于身后。养蜂套服通常制成衣裤连成一体的形式，前面安纵向长拉链，以便着装。套服的袖口和裤管口都采用松紧带，以防蜜蜂进入（图 2-79）。

图 2-79　养蜂服装

（引自 www.draperbee.com）

2. 防护手套　由质地厚、密的白色帆布缝合制成，长及肘

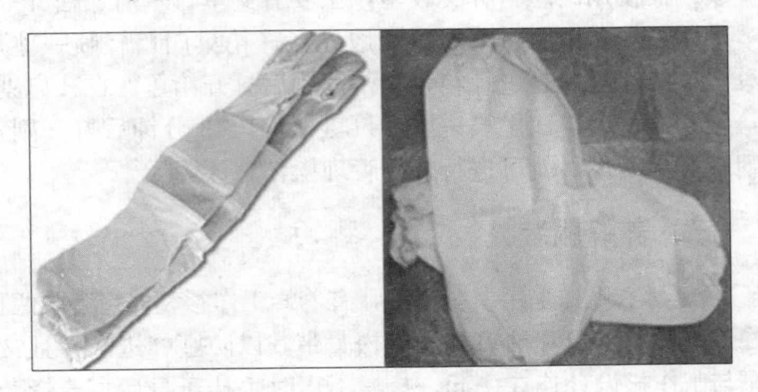

图 2-80　防护手套

左：防护手套　右：两端带橡胶带的袖头，防止蜜蜂顺袖口钻进衣内

（引自 www.draperbee.com）

部，端部沾有橡胶膜或直接用皮革制成，袖口采用能松紧的橡胶带缩小缝隙，用于保护手部（图 2-80）。

三、饲喂工具

用来盛装糖浆、蜂蜜和水，供蜜蜂取食的器具。

（一）巢门喂蜂器

由 1 个容器和 1 个底座组成（图 2-81）。广口瓶可容 0.5～1 千克糖浆，瓶盖上钻有若干直径 1 毫米的小孔供蜂吸食。木底座上部有可倒插广口瓶的圆孔，当瓶子倒装在圆孔内时，瓶口距底座底板约有 10 毫米的距离作为蜜蜂取食通道；木底座的一端呈台阶状，使用时用于插在不同高度的巢门上。

图 2-81　巢门喂蜂器
（张中印　摄）

这种饲喂器通常在晚间插入巢门饲喂蜜蜂或置于箱内饲喂。使用时，把已装满糖浆或水的广口瓶的盖子盖紧，并迅速倒插于底座的圆孔内，然后将木底座的台阶状一端插入巢门，供蜂吸食。

（二）框式喂蜂器

1. 全框式喂蜂器　通常采用胶合板、纤维板或塑料制成，其形状和大小与巢框相仿。器内平放 1 块薄木板或纵放 1 片无毒塑料纱网供蜜蜂取食时攀附，以避免蜜蜂被溺死。全框式饲喂器可容纳糖浆约 2.5 千克，适于大量补助饲喂。使用时，置于巢内紧靠隔板处，或紧靠边脾兼起隔板的作用。

2. 半框式喂蜂器　通常采用木框架和胶合板（或纤维板）

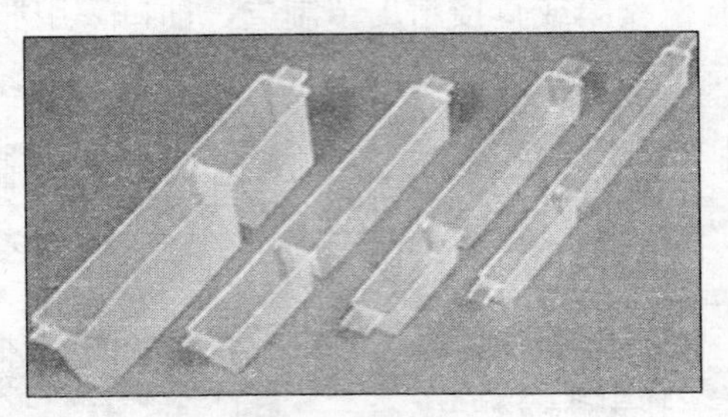

图 2-82　塑料喂蜂盒

（张中印　摄）

制成，形似巢框。其上半部结构与全框式饲喂器相同，下半部与普通巢框相同，可供蜜蜂筑巢育虫或贮蜜。这种饲喂器可容纳糖

图 2-83　箱顶喂蜂器

1. 用法　2. 与之相适应的副盖　3. 加料和观察孔　4. 正面图

4/1. 贮存糖浆槽　4/2. 隔蜂网罩　4/3. 蜜蜂吮吸区

5. 背（下）面图，示蜜蜂通道

（引自 www.draperbee.com）

浆约1千克，适合补助饲喂用。使用时，置于巢内蜂团的任一部位，适于天气寒冷地区和中小蜂群使用。

现在，多用塑料盒（2-82）替代框式喂料器。

（三）箱顶喂蜂器

通常采用木板、纤维板或塑料制成，呈矩形，长度和宽度与箱体相同，但高度仅60～100毫米，盛装糖浆6.8～9升（1.5～2加仑）。内部用可拆卸的隔蜂网罩分成2个区，罩内为蜜蜂摄食区，蜂巢与喂蜂器由通道相连；罩外为贮蜜区（图2-83）。

使用时置于箱体与副盖之间供蜜蜂取食。它具有容量大、有利于蜜蜂取食、饲喂时不必开箱和常年可寄放于蜂箱上等优点，在国外使用较多。

四、限制蜂王工具

（一）隔王板

隔王板是用于限制蜂王在蜂巢内活动区域的栅板。我国采用的隔王板多为平面和立面2种，均由竹制隔王栅片镶嵌在木框架上构成。它使蜂巢隔离为繁殖区和生产区，即育虫区与贮蜜区、

图2-84　平面隔王板

1. 铝合金平面隔王板　2. 竹木平面隔王板

（引自 www.draperbee.com；张中印）

育王和产浆区分开，以便提高产量和质量。

1. 平面隔王板　使用时水平置于上、下两箱体之间，把蜂王限制在育虫箱内繁殖（图 2－84）。

2. 立面隔王板　使用时竖立插于巢箱内，将蜂王限制在巢箱选定的巢脾上产卵繁殖（图 2－85）。

图 2－85　立面隔王板

（引自张中印；www.legaitaly.com）

3. 拼合隔王板　由立面隔王板和局部平面隔王板构成，把蜂王限制在巢箱特定的巢脾上产卵，而巢箱与继箱之间无隔王板阻拦，让工蜂顺畅地通过上下继箱，以提高效率。在养蜂生产上，应用于雄蜂蛹的生产和机械化或程序化的蜂王浆生产（图 2－86）。

图 2－86　拼合隔王板

（张留生　摄）

（二）王笼

秋末、春初断子治螨和换王时，常用来禁闭老王，待新王交尾成功后再除去（图 2-87）。另外，蜂王产卵节制套也应用于养蜂管理。

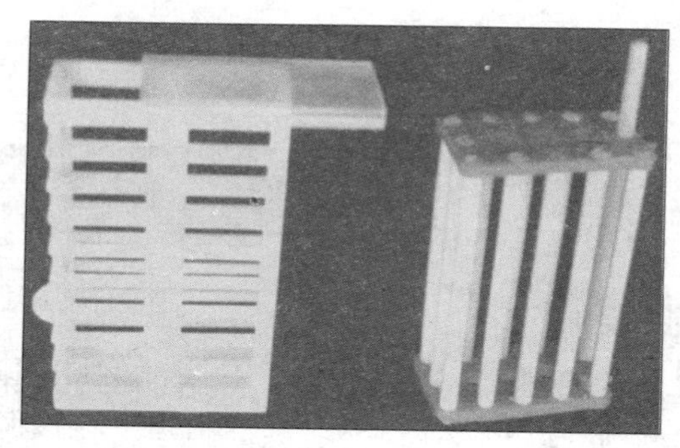

图 2-87　王　笼
（张中印　摄）

五、上础工具

（一）巢础埋线器

在巢框上线后，将框线嵌入蜂蜡巢础中。主要有埋线板和埋线器两类。

1. 埋线板　由 1 块长度和宽度分别略小于巢框的内围宽度和高度、厚度为 10～20 毫米的木质平板，配上两条垫木构成（图 2-88）。埋线时置于框内巢础下面作垫板，并在其上垫一块湿布（或纸），防止蜂蜡与埋线板粘连。

2. 埋线器　用于把框线嵌入蜡质巢础的器具（图 2-89）。

（1）烙铁埋线器：由尖端带凹槽的四棱柱形铜块配上手柄构

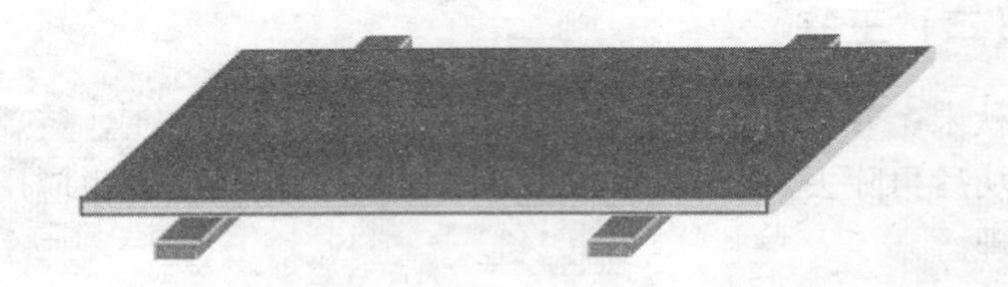

图 2-88　埋线板

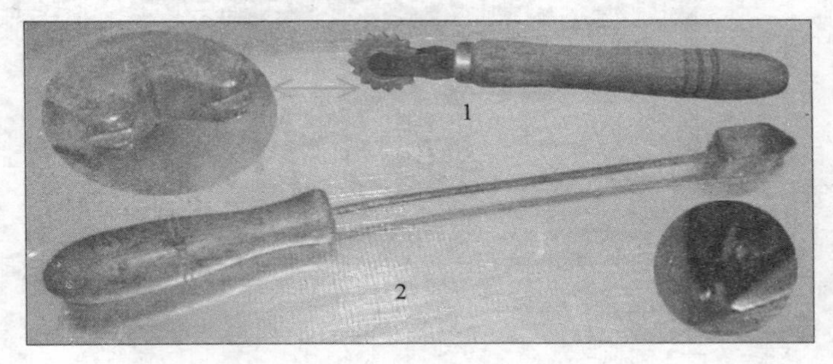

图 2-89　埋线器
1. 齿轮式　2. 烙铁式
（张中印　摄）

成。使用时，把铜块端置于火上加热，然后手持埋线器，将凹槽扣在框线上，轻压并顺框线滑过，使框线下面的础蜡熔化，从而把框线埋入巢础内。

（2）齿轮埋线器：由齿轮配上手柄构成。齿轮通常采用金属制成，齿尖有凹槽。使用时，凹槽卡在框线上，用力下压并沿框线向前滚动，即可把框线压入巢础。

（3）电热埋线器：系利用电流通过框线，使之发热熔化蜂蜡而把框线埋入巢础的器具。DM-1 型电埋线器（图 2-90）的输入电压为 220 伏（50 赫），埋线电压 9 伏，功率 100 瓦，埋线速度为每框 7～8 秒。

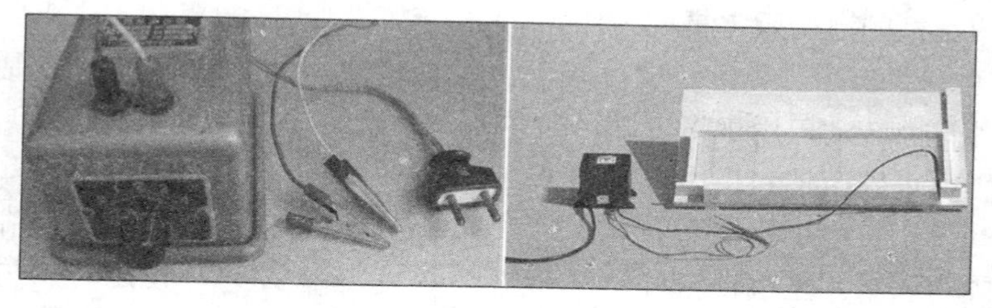

图 2-90 电热埋线器

（引自张中印；www.legaitaly.com）

（二）巢础固定器

用于将巢础固定在巢框上梁腹面或础线上（图 2-91）。

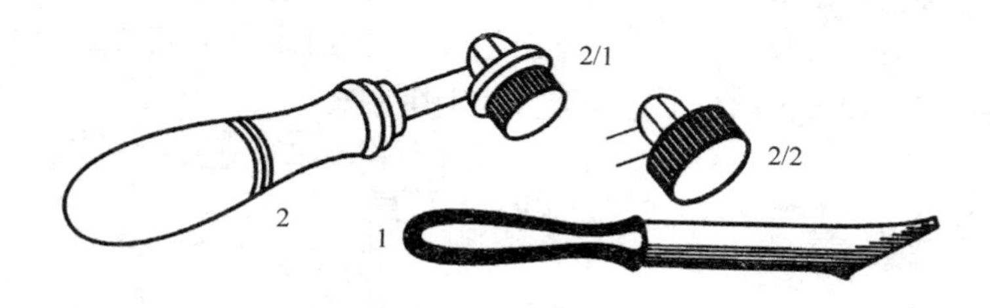

图 2-91 巢础固定器

1. 蜡管 2. 压边器 2/1. 轮 2/2. 巢蜜础轮

（引自《中国实用养蜂学》）

1. 蜡管 由蜡液管配上手柄构成，灌蜡将巢础粘固在巢框上梁。蜡液管直径约 20 毫米、长约 160 毫米，采用不锈钢制成。它的前端呈斜面，尖端有蜡液出口，后端套在手柄上，内部封闭但侧壁有 1 个小通气孔，供控制蜡液流量（图 2-91/1）。

使用时，把蜡管插入熔蜡器中装满蜡液，握住蜡管的手柄，并用大拇指压住蜡液管的小通气孔，然后提起灌蜡。灌蜡时将蜡液管的出蜡口靠在巢框上梁腹面础沟口上，松开大拇指，蜡液即从出蜡口流出，沿着槽口移动灌蜡。整个础沟都灌上蜡液，即完成巢框的灌蜡固定巢础工作。

2. 压边器　由金属压辊配上手柄构成，装置在手柄上的辊可自由转动，用于将巢础压粘在巢框上或巢蜜格础线上。金属压辊由巢础压辊和止边辊轮组成（图 2-91/2），巢础压辊直径 12 毫米，长为 1/2 巢框上梁宽度，辊的周边有细齿，以提高滚压粘固的效果。止边辊轮直径 22 毫米，厚度 1～2 毫米，使用时靠在上梁侧边，以保证巢础的压边准确、整齐。用于巢蜜格上础的压边器无止边辊轮（图 2-91/2）。

使用时，将巢框倒立于桌面上，巢础平放在桌面，并使其侧边覆盖在倒立的巢框上梁腹面，边缘与巢框的侧面平齐。一只手扶住巢框，另一只手持压边器，从近身边的一端起，将压边器的止边辊轮靠在巢框上梁的侧面向下向前滚压，把巢础粘在巢框上梁。然后，扶起另一端的巢础至整个础面与上梁垂直，并位于巢框正中，即可再进行下一步的埋线工作。

六、收捕工具

用于收捕分蜂团，常见的有捕蜂网和荆编收蜂笼和笊篱等。

（一）捕蜂网

1. 铁纱收蜂网　采用金属框架和铁纱制成，形似倒菱形漏斗，上口有活盖，下部有插板，两侧有提耳，收捕高处的分蜂团时可绑在竿上。使用时打开上盖，从下方套住蜂团，再用力振动蜂团附着物，蜂团便落入网内，随即扣盖。抽去网下部的插板，即可把蜂抖入蜂箱。布袋式收蜂网（图 2-92 右）与此类似。

2. 尼龙捕蜂网　由网圈、网袋、网柄三部分组成。网柄由直径 2.6～3 厘米，长为 40 厘米、40 厘米、45 厘米的三节铝合金套管组成，端部有螺丝，用时拉开、旋紧，长可达 110 厘米，不用时互相套叠，长只有 45 厘米，似雨伞柄。网圈用四根直径

0.3厘米、长27.5厘米的弧形镀锌铁丝组成，首尾由铆钉轴相连，可自由转动，最后两端分别焊接与网柄端部相吻合的螺丝钉和能穿过螺丝钉的孔圈，使用时螺丝钉固定在网柄端部的螺丝上。网袋用白色尼龙纱制作，袋长70厘米，袋底略圆，直径5～6厘米，袋口用白布镶在网圈上（图2-92左）。

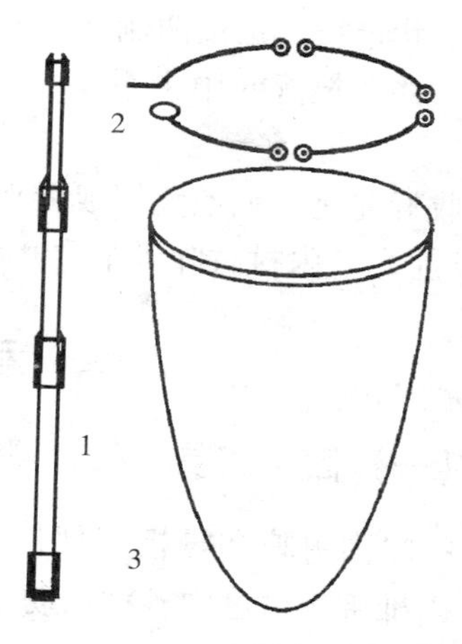

图2-92　收蜂工具1——尼龙收蜂网
（引自张中印）

使用时用网从下向上套住蜂团，轻轻一拉，蜂球便落入网中，顺手把网柄旋转180°，封住网口，提回，收回的蜜蜂要及时放入蜂箱。

图2-93　收捕工具2
左：收蜂笼　右：收蜂笊篱
（张中印　摄）

（二）荆编收蜂笊篱、笼

适合中蜂的收捕。用荆条编成长25厘米左右、宽约15厘米的手掌状笊篱，笊篱两侧略向内卷，中央腹面略凹进，末尾收缩成柄，并在笊篱的中央系上2～3布条，以便蜜蜂攀附（图2-93）。

收蜂笼是用荆条编织成锥形笼子，笼口直径约25厘米、高约30厘米，内衬竹叶等革质叶片或棕丝，锥顶有柄。

七、运蜂工具

（一）固定工具

把箱内巢脾和隔板等部件与箱体、上下箱体间连成牢固整体，以抵御运输途中各种振动，保证蜜蜂安全运输。

1. 巢框的固定

（1）距离卡：用30毫米×15毫米×12毫米的小木块钉上1～2枚小钉构成（图2-94/5）。装钉巢脾时，将距离卡分别插在近巢框侧条处的框间蜂路和巢脾与箱体侧壁（或隔板）的蜂路上，每端1个，然后用力把巢脾和隔板向箱体一侧壁推压挤紧，用长约30毫米的圆钉钉牢（须留出钉头，以便于拆卸）。

（2）框卡条：由不锈钢弹性卡按蜂路大小焊接在钢片上构成（或纯塑料制成），或由距离卡组合而成（图2-94/1、2、4）。卡

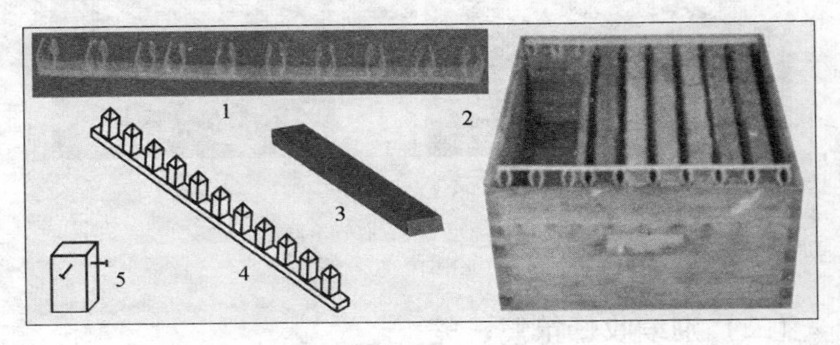

图2-94　巢框固定工具

1. 弹性框卡条　2. 框卡条用法　3. 海绵条　4. 木质框卡条　5. 框卡

条长度与箱体内围宽度相同，宽度为 20 毫米，厚度不超过上蜂路的尺度。装钉巢脾时，将 2 条框卡条分别横向插在巢脾两端近巢框侧条处的框间蜂路中，即完成该箱巢脾的固定工作。

（3）海绵条：采用一种制鞋底的海绵材料制成，长度与蜂箱内宽相同，宽度约 20 毫米，厚度约 15 毫米。每个箱体 2 条，置于框耳上方，巢箱的巢脾靠继箱的重力下压海绵条固定，继箱的巢脾则要通过副盖或箱盖对箱体的压力，挤压海绵条固定。通常与挑绳结合起来使用（图 2－94/3）。

2. 箱体的连接　常见的有插接、钉接和扣接 3 种。

（1）钉接：由 4 条长约 280 毫米、宽 25 毫米、厚 5 毫米的竹片组成，两条竹片为 1 组呈八字形分别钉在蜂箱的前、后壁（或两侧壁），就把上下箱体钉接成一体。

（2）扣接：主要有箱扣式和弹簧式 2 种。

箱扣式由扣钩和搭钩组成（图 2－95 左）。扣钩形如皮箱扣，搭钩呈 L 形。每套蜂箱安装 4 副，2 副一组固定在上下箱体相应的箱壁上，扣钩向上扣入搭钩中，随之扳下即成。

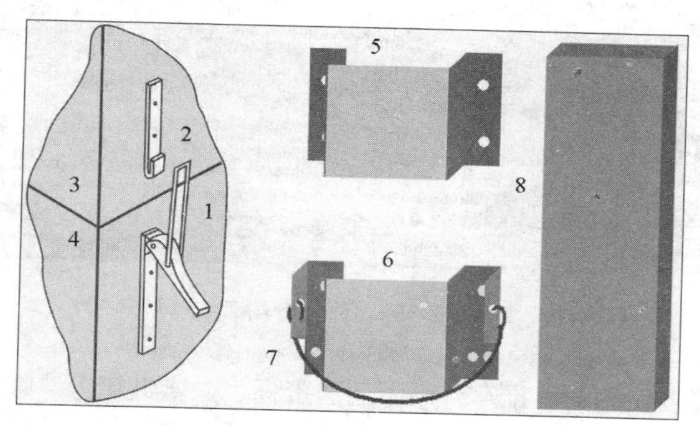

图 2－95　箱体连接工具

左：箱扣式　右：插销式

1. 扣钩　2. “L” 形槽　3、4. 上/下箱体　5、6. 上/下插槽　7. 耳　8. 插销

弹簧式由 4 个弹簧、8 片铁片和 16 只螺丝钉构成。铁片 2 片一组固定在上、下箱体相应的箱壁上。连接箱体时，只要将弹簧搭扣在铁片上外伸的 L 形槽中即可。

(3) 插接：即“子母插槽”连接箱体法（图 2-95 右）。用 1～1.2 毫米厚的白铁做成有耳卡槽，固定在上下箱体左右箱壁相对位置处，继箱的卡槽稍大，巢箱的卡槽稍小，巢箱的卡槽两耳边缘垂直向外伸出，并穿出小孔，固定 1 个便于缚绳的半圆形铁丝。用木条做 1 个下小上大的销子，插上销子，上下箱体即完成连接，捆上绳子，压紧大盖、副盖和巢框，即可挑起装车。

（二）运载工具

华东牌 CS15AF 养蜂专用车，载重 4.5 吨，最高时速 75 千米。驾驶室为双排，可同时乘坐 6～7 人，车厢分为杂物厢和货物厢，车厢四周为全金属固定栏杆式结构，厢底有通气和排水孔。全车厢可装 120～135 个标准继箱蜂群（2-96）。

图 2-96　养蜂专用车
（张中印　摄）

蜂场使用的手推车，用于运送蜜桶、贮蜜继箱等。蜂箱装载机与底座相结合，将成组摆放在底座上的蜂群，装上运输车或从车上卸下来（图 2-97），叉把为两人抬蜂箱的专用工具（图 2-98）。

除本章介绍的养蜂用具外，还有笼蜂生产工具、半机械化蜂王浆生产工具、蜜蜂保护工具等，这些将在以后章节中介绍。

图 2-97　蜂箱装载机

图 2-98　抬蜂箱叉把
(引自 www.dadant.com)

第三章 蜜蜂饲养基础技术

第一节 蜂场的建设

建设养蜂场的主要工作是蜂种的选择、蜂群的获得、蜂场的筹划和蜂场址的遴选等。

一、遴选场址

养蜂场是养蜂员生活和饲养蜜蜂的场所。无论是定地或转地养蜂，都要选一个适宜蜂群和人生活的环境，养蜂场地的好坏，直接关系到养蜂的成败。

（一）定地养蜂场址的遴选

1. 蜜源　在养蜂场地周围 2.5 千米半径内，有 1～2 个比较稳产的主要蜜源和交错不断的辅助蜜源，无有害蜜源。

2. 环境　在山区，场址应选在蜜源所在区的南坡下，平原地带选在蜜源的中心或蜜源北面位置。方圆 200 米内的小气候要适宜，如温度、湿度、光照等，避免选在风口、水口、低洼处，要求背风、向阳，冬暖夏凉，巢门前面开阔，中间有稀疏的树林，背面有挡风墙。水源充足，水质要好，周围环境安静。远离化工厂、糖厂、铁路和有高压线的地方。另外，大气污染的地方（包括污染源的下风向）不得作为放蜂场地。

3. 人、蜂安全　要考虑诸如虫、兽、水、火等对人、蜂造成危险。两蜂场之间应相距 2～3 千米或以上，中华蜜蜂场地要距离意大利蜂场 5 千米以上，忌场后建场。

4. *交通方便* 蜂场应设在车、船能到达的地方，以方便产品、蜂群的运输。

（二）转地放蜂场址的遴选

转地放蜂场地也叫临时场地，是根据放蜂路线、蜜源植物花期确定的（图 3-1）。可分为繁殖、生产、越夏与越冬场地等，总的要求是在蜜蜂活动季节蜜粉源充足、交通便利，蜂场与蜂场之间保持 0.5～3 千米的距离，预防蜜蜂毒害和敌害。

图 3-1 Les rucher 的转地蜂场

越夏场地要有遮阳物或设在凉爽的地方，敌害少，水源好，也可选有丰富蜜粉源的地方；生产场地要求有大面积的蜜源植物开花，蜂群放在蜜源中心或顺风处；繁殖场地要求粉源充足；越冬场地要求干燥、通风。另外，有些以销售蜂产品为主的蜂场，需要环境优美、交通便利和人流量较大的地方建场。

放蜂场地不得选在河床、低洼处。

二、房舍规划

固定养蜂场除要求有办公、生活和仓库设施外，还要有蜂产品生产、蜂产品初级加工和蜜蜂饲养等的建筑。用于蜂产品生产的建筑主要有取蜜、采浆等车间；蜜蜂饲养建筑有巢脾贮存室，在黄河以南地区应建设摆放蜂群用的防雨廊，北方寒冷地区建设越冬室（见第四章）和1米高的挡风墙；蜂产品加工建筑主要有分离蜜的过滤、分装车间，巢蜜的整理、灭虫和包装车间，以及蜂王浆过滤分装车间等。以上建筑物有些可以互用。

流动放蜂，帐篷是养蜂人居住的必需品，蜂产品的生产也常常在其中进行，还兼有贮藏场所的功能。有的帐篷带有三面无篷布墙的遮阳棚。

三、购买蜂群

（一）选择蜂种

目前，我国主要饲养意大利蜂、中华蜜蜂、东北黑蜂、卡尼鄂拉蜂、新疆黑蜂、浙江浆蜂等几个品种。这些蜂种，在我国一定区域或某个季节，都是优良蜂种。一般来讲，应根据不同地区、不同蜜源条件和不同的养蜂目的而有针对性地选用上述蜂种。例如，南方山区多养中华蜜蜂，平原和转地放蜂多选西方蜜蜂或由其培育成的优良品系，东北黑蜂和新疆黑蜂是适应东北和西北气候和蜜源条件的两个优良品系，城市养蜂建议养王浆高产种蜂或中蜂为主。

（二）购买蜂群

获取蜂群的方法有两种：一是购买，二是收捕野生蜜蜂（或分蜂群），但通常以购买蜂群为主，最好是向连年高产、稳产的蜂场购买。初学养蜂者，先购买2～3群蜂，待掌握技术后再扩大规模。

1. 买蜂时间　宜选在蜂群开始繁殖的时候，北方多为春季，南方为早春和秋季，如河南省宜在立春至雨水期间。这一时期，蜜蜂已经排泄，榆、杨、柳、杏等蜜源植物相继开花，可以从春天到秋天采集全年各个蜜源，当年可获取一定数量的蜂产品，年末蜂群数量还可增加，而且该时期购买蜂群有利于确定蜜蜂的数量和质量。

2. *挑选蜂群* 挑选蜂群应在晴暖天气的中午，到蜂场观察，所购蜂群要求蜂多而飞行有力有序，蜂声明显，工蜂健康，有大量花粉带回，巢前无爬蜂等病态，初选后再打开蜂箱进一步挑选。

蜂王颜色新鲜，体大胸宽，腹部秀长丰满，行动稳健，产卵时腹部伸缩灵敏，动作迅速，提脾安稳，产卵不停；工蜂体壮，健康无病，新蜂多，性情温顺，开箱时安静、不扑人、不乱爬，体色一致。子脾面积大，封盖子整齐成片，无花子、无白头蛹等病态（图 3-2；图 3-3）；幼虫色白晶亮饱满。

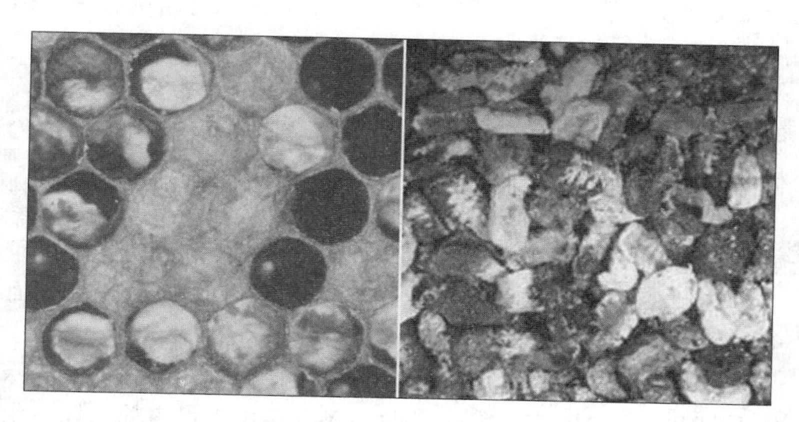

图 3-2 白垩病
（引自黄智勇）

巢脾不发黑，雄蜂房少或无，有一定数量的蜜粉。蜂箱坚固严密，尺寸标准。

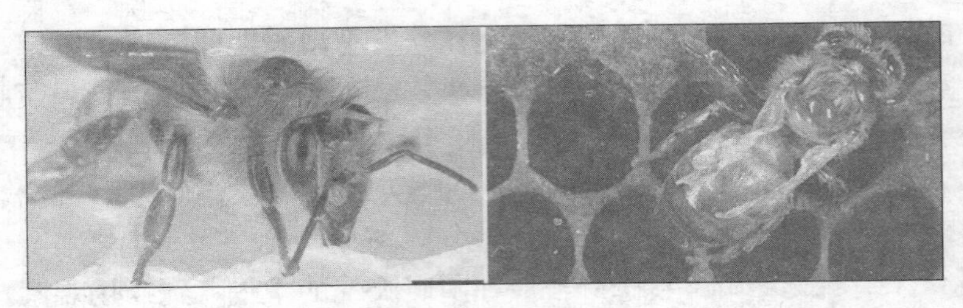

图 3-3 蜂 螨

(引自黄智勇)

所购蜂群，在早春群势不应小于 2 框足蜂，夏秋季节大于 5 框，子脾占总脾数的一半以上。

3. 蜂数的确定与定价　买蜂以群论价，脾是群的基本单位。脾的两面爬满蜜蜂（不重叠、不露脾）为 1 脾蜂，意蜂约 2 400 只，中蜂约 3 000 只。高温季节蜜蜂在脾上较稀疏和蜜源泌蜜时期蜜蜂个体较大，容易多估；而低温季节蜜蜂在脾上较密集和蜜源缺乏时期个体较小，容易少估。20 世纪末，在河南省正常情况下，早春 1 脾蜂 20～40 元，秋季则 10 元左右。

买蜂也以重量计价（如笼蜂），一般是 1 千克意大利蜜蜂约有 10 000 只，占 4 个标准巢框；有中华蜜蜂 12 500 只，占 5 个标准巢框。

在蜜蜂活动季节，子脾的多少与质量也是影响价格的因素之一。

蜂群选好后，应立即包装运输，到达目的地后进行全面管理。

4. 蜂场筹划　根据我国目前生产力水平，1 个人养 45 群蜂较为合适，城市养蜂可养 3～5 群，条件许可也可多养，规模化养蜂应在 300 群以上。定地加小转地可适当多养，在 1 个放蜂场地，一般放蜂 60～100 群。

近些年来，蜂场生产多种蜂产品，可以增加收入，抵御风险。但专业化生产和经营是养蜂发展的趋势，能够扩大生产规模，提高劳动效率和效益（周冰峰，2002）。

四、摆放蜂群

（一）蜂箱的摆放要求

摆放蜂箱前，先把场地清洁干净，蜂箱前低后高，左右平衡（图3-4）。巢门的朝向，以朝南、东南、东开较好，可促进工蜂提早出巢采集；交尾群巢门宜朝西南；脱粉蜂群的巢门，除春天外，其他时间以朝北、朝东、东北更好。巢门不向灯光，还要注意季风风向。秋末及越冬前，华北平原及以南地区的转地蜂场，如条件许可，应使巢门向北。在华北地区，整个冬季巢门都向北的蜂群，应用瓦片等遮蔽巢门，防止冷风直吹蜂巢。

图3-4　蜂箱的摆放
（张中印　摄）

蜂箱垫高离开地面，巢门踏板至地面的空隙用土垫一斜坡相衔接。

（二）蜂群的排列方式

排列蜂群的方式多样，依蜂群数量、场地大小、蜂种和季节等而定，以方便管理、利于生产和不易引起盗蜂为原则。

1. 西方蜜蜂的排列　摆放意大利蜂群，应采取两箱一组并列，也可分组排列，前后箱错开，或一字形排列；一字形各箱紧靠适应于冬季摆放蜂群；在车站、码头或囿于场地，多按圆形或方形排列（图 3－5 至图 3－7）。

图 3－5 蜂群排列 1

左：两箱 1 组依地形摆放 右：两箱 1 组依场地成排背对背（或门对门）摆放

（张中印 摄）

图 3－6 蜂群排列 2

（引自 www.honeybeeworad.com）

图 3－7 蜂群排列 3

左：示放在边角的交配群和遮蔽阳光或雨水的棚架

右：临时放蜂，蜂箱摆放成圆形

（洪德兴、覃荣 摄）

在国外，常见巢门朝向东南西北四个方向的4箱一组的排列方式，蜂箱置于底座上，有利于机械装卸和越冬保暖包装。

交尾群应放在蜂场四周僻静处，蜂路开阔，标志物明显。转地蜂场，若要组织采集群，则蜂箱紧靠；若要平分蜂群，则蜂箱间距要大，留出新分群位置。成排摆放蜂群，每排不宜过长，以防蜂盗。

2. 中蜂群排列方式　中蜂识别巢门方位的能力相对较差，所以，要利用地形、地物分散摆放蜂群，各群巢门尽可能朝不同方向（图3-8）。

图3-8　中蜂依地形摆放
（张中印；《中国蜂业》）

五、迁移蜂群

蜜蜂具有识别蜂巢位置的能力，尽管在一个场地上排列几十群、上百群蜜蜂，它们也能准确地知道自己蜂巢的位置和巢门；只要在它们飞翔范围之内，不管将蜂箱搬到任何地方，在一定的时间内都会有许多蜜蜂返回原来的位置。但由于种种原因，必须将蜂群作短距离移动，这就要采取适当的措施，使蜜蜂移位后很快地识别新位置，而不再返回原址（图3-9）。

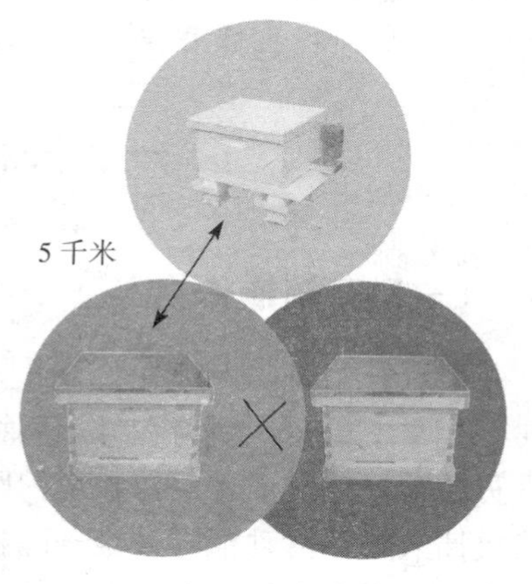

图3-9　蜜蜂飞行范围

1. 直接迁移　在蜜蜂飞

行范围内对蜂群作相当距离的移动或中间有障碍物时，可直接把蜂群迁移到新址，蜂箱放好后，打开通风窗，用青草或纸团轻塞巢门，让蜜蜂慢慢咬去堵塞物后出巢，加强它们对巢位变动的感觉，而重新进行认巢飞翔。同时在原址放几个弱群，每天傍晚将收容的蜜蜂送到新址。适合冬季迁移蜂群。

2. 间接迁移　把蜂群暂时搬到离原蜂场和新址都超过 5 千米以外的地方，过渡饲养月余，再迁到新址。适合蜂场起盗严重时采用。

3. 临时搬迁　如遇洪水、大雨造成较深积水等必须作暂时搬迁时，先将各群的位置绘图做好标记，再把蜂群暂时搬离原地，待洪水退后，及时有序地把蜂箱放好。在搬离期间，可关巢门，也可不关，但应打开通风窗，并在白天不断地向巢门洒水，减少蜜蜂骚动和飞出。

第二节　开箱与检查

检查蜂群是查看和掌握蜂群活动和内部变化，以便采取相应的管理措施，为蜜蜂创造最适宜的生存和发展环境，以及实现养蜂生产计划。检查蜂群有开箱检查和箱外观察两种方式。

一、开箱技术

（一）开箱操作

检查开始时，人站在蜂箱的侧面，尽可能背对光线或上风向，先拿下箱盖，斜倚在蜂箱后箱壁旁，揭开覆布，用起刮刀的直刃撬动副盖取下，反搭在巢门踏板前，然后，将起刮刀的弯刃依次插入蜂路撬动框耳，推开隔板或把隔板取出，用双手拇指和食指紧捏巢框两侧的框耳，将巢脾水平竖直向上提出，置于蜂箱的正上方。先看正对着的一面，再看另一面。检查过程中，需要处理的问题应随手解决，无特别情况，检查结束时应将巢脾恢复原状，或以卵虫脾居中、封盖子脾在虫脾和粉蜜脾之间、蜜脾在外的方式排列蜂巢内的巢脾。如果外界无粉源或粉源不足，应将粉脾调至靠近幼虫脾的地方。恢复蜂路时，巢脾与巢脾之间相距8～10毫米，夏季、秋末断子时期或大流蜜期可适当宽些，弱群和繁殖群可适当窄些，应灵活掌握。最后，推上隔板，盖上副盖、覆布和箱盖，然后记录（图3-10）。

图3-10 开箱操作

左：先看正对着的一面 右：翻转巢脾再看另一面

（引自张中印；www.beecare.com）

在检查满箱群时，先用起刮刀将近隔板第二张两边的巢脾，向外移动几毫米，然后慢慢提出第二张脾，暂时放在继箱或周转箱内，再继续检查。

在检查继箱群时，首先把箱盖反放在箱后，用起刮刀直刃撬动继箱使之与隔王板等松开，然后，搬起继箱，横搁在箱盖上。检查完巢箱后，把继箱加上，再检查继箱。

（二）翻转巢脾

翻转巢脾时，一手向上提巢脾，使框梁与地面垂直，并以上梁为轴转动180°，然后两手放平，使巢脾上梁在下、下梁在上，查看完毕，采用相同的方法翻动巢脾，放回箱内，再提下脾进行查看（图 3－11）。

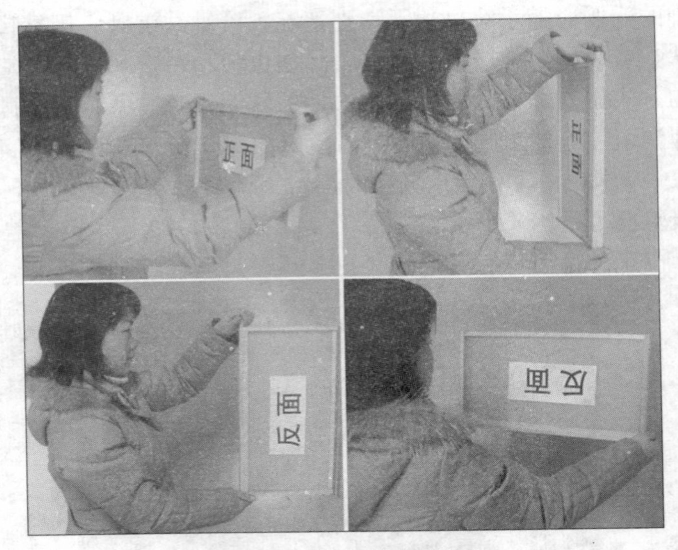

图 3－11　翻转巢脾的方法

（张中印　摄）

在熟练的情况下，或无需仔细地观察卵、小虫情况时可不翻转巢脾，先看面对的一面，然后，将巢脾下缘前伸，头前倾看另一面，看完放回箱内。

（三）注意事项

1. 开箱前　明确目的根据计划和需要才开箱，做好防护措施，并备齐起刮刀等工具和其他需要的物品。

2. 操作时　动作轻、稳、快、准，提脾放脾要直上直下，防止碰撞挤压蜜蜂。若蜂王飞起，应随手把蜜蜂抖落在巢前，盖上箱盖，人退蹲箱侧观察，如果不见蜂王归巢，就及时到邻箱寻找。

3. 时间短　每箱打开时间不宜超过 10 分钟。

二、检查方法

（一）开箱检查

打开蜂箱将巢脾依次提出仔细查看，全面了解蜂群的蜂、子、王、脾、蜜、粉等情况，在分蜂季节，还要注意自然王台和分蜂热现象，这种检查方式称为全面检查。全面检查会使蜂巢温度、湿度变化，影响蜂群正常生活，还易发生盗蜂，又费工费时。

打开蜂箱，仅提出部分巢脾，有针对性地了解蜂群的某些情况，称为局部检查或快速检查。

1. 检查时间　一般在流蜜期始末、分蜂期、越冬前后和防治病虫害时期，选择气温 12℃以上的无风晴朗天气进行。一天当中，流蜜期要避开蜜蜂出勤高峰时；蜜源缺乏季节在早晚蜜蜂不活动时，并在框梁上盖上覆布，勿使糖汁落在箱外；夏天应在早晚，天冷则在中午前后；交尾群应在上午进行；对中蜂宜在午后做全面检查。

2. 检查内容

（1）群势与发展：蜜蜂数量是蜂群的主要质量标志，常用强、中、弱表达（表 3-1）。开箱检查，根据巢脾数量、蜜蜂稀稠估计蜜蜂数量。

表 3-1　群势强弱对照表（供参考）

（单位：框）

蜂　种	时　期	强　群		中等群		弱　群	
		蜂数	子脾数	蜂数	子脾数	蜂数	子脾数
西方蜜蜂	早春繁殖期	＞6	＞4	4～5	＞3	＜3	＜3
	夏季强盛期	＞16	＞10	＞10	＞7	＜10	＜7
	冬前断子期	＞8	—	6～7	—	＜5	—

（续）

蜂 种	时 期	强 群		中等群		弱 群	
		蜂数	子脾数	蜂数	子脾数	蜂数	子脾数
中华蜜蜂（北方型）	早春繁殖期	>3	>2	>2	>1	<1	<1
	夏季强盛期	>10	>6	>5	>3	<5	<3
	冬前断子期	>4	>3	>3	>2	<3	<2

在繁殖季节，巢内的蜂子数量是群势发展的潜力，预测群势应予以考虑。正常情况下，蛹脾占巢脾两面面积2/3以上时，经过12天蛹期发育，可羽化新蜂2脾左右，而12天中，成年蜂因衰老和机械等因素而死亡的约1/3，原有蜂数加上12天后出房新蜂数减老蜂死亡数，便是12天后蜂群成年蜂的数量。

在同一地区，蜂群群势随季节、蜜源的不同而变化，也与蜂种和饲养方式、管理水平、蜂王质量等有密切关系。在预测蜂群发展时，还应因时而异，如在仲春蜂群增殖时期，成年蜂死亡少，而蛹的成蜂率高（95％以上）。养蜂技术好，管理蜂群恰当者，群势可达到10天增加1倍的发展速度。若是夏季，1张蛹脾羽化出的蜜蜂所维持的群势，仅相当于春季的1.5框蜂，秋季更少，1脾蛹仅相当于春季的1框蜂，这是夏秋成年蜜蜂寿命短的缘故。夏秋蜜蜂寿命长短，与蜂群在这一时期的营养、群势和劳动强度等相关。

（2）巢脾：包括子、蜜、粉、空脾和巢础框数。一个重2.5～3千克的称蜜脾，装约一半蜂蜜的叫半蜜脾，花粉装有一半巢房的叫粉脾。供蜂王产卵的巢脾应为黄褐色、脾面平整，雄蜂房少或无，子圈、粉圈、蜜圈分明，在主要流蜜季节要有一定数量的新脾贮蜜。

蜜蜂造脾积极或有赘脾，表明蜂群正常，生长旺盛。

（3）蜂王：繁殖盛期，卵、虫、蛹的比例应为1∶2∶4，若卵、虫达不到上述数量，子脾面积小，幼虫干瘪，说明蜂王产卵量下降或工蜂哺育能力达不到；若无蛹脾，只有卵、虫脾，表明蜂王刚开始产卵；若只有蛹脾，没有卵虫，表明蜂王停产或丢失；打开大盖，发现工蜂振翅乱爬并发出叫声，脾上无卵、虫，是失王现象；脾上有工蜂房封盖似馒头状，显得凌乱，则是工蜂在产卵。

寻找蜂王，应在有空巢房或有新蜂出房的老子脾上寻找，同时兼顾箱壁和箱底。如果没有找到蜂王，但蜜蜂安静，工蜂工作有条不紊，巢房内有卵，无急造王台，说明蜂王健在。若蜂王产卵整齐个大，子脾面积达八成以上，蜂王腹部大，伸缩节律明显，是优良蜂王；若蜂王腹小色暗，产子少、停产或跛行缺翅，或在工蜂房中产雄蜂卵，则该王应淘汰；若卵虫少，有自然王台，蜜蜂怠工或蜂王被工蜂追赶，预示将要分蜂。

（4）蜂、脾关系：揭开副盖，在副盖下隔板外挤满蜜蜂，说明蜂多于脾；若脾上蜂稀，边脾外侧蜂少，隔板和副盖上无蜂，则是蜂少于脾。

高温季节隔板外挤着蜜蜂，巢门口有蜂聚集，而脾上蜂少，说明高温使蜂离脾；继箱里蜂少，巢箱里蜂多，说明外界温度较低。

（5）贮蜜多少：打开箱盖，蜜香扑鼻，各巢脾框梁上有巢白（新蜡），提脾沉重，说明箱内蜜足。若蜜蜂惊慌不安，提脾轻飘且有蜂掉落，说明箱内缺蜜。幼虫干瘪蜷曲、无光泽，有些封盖子房盖被咬，表明蜂群开始拖子。

蜜蜂被螨、巢虫寄生和罹患白垩病、卷翅等疾病的现象，见第七章。

（6）病虫害：健康蜂群的幼虫白色晶亮、饱满，蛹的封盖呈黄褐色，封盖子密集成片。有病幼虫色泽灰白至棕黑色，有腥臭味。

（二）箱外观察

根据蜜蜂的生物学特性和养蜂的实践经验，在蜂场和巢门前观察蜜蜂行为和现象，从而分析和判断蜂群的情况。

1. 群势　在天气晴朗、外界有蜜源时期，工蜂进出巢频繁，蜂声有力；傍晚有大量蜜蜂簇拥在巢门口，说明群强。若工蜂进出稀疏，蜂声轻微，说明群弱。

2. 繁殖（蜂王）　在繁殖期，归巢之蜂带回的花粉多，说明蜂王产卵积极，巢内幼虫较多，繁殖好。若见采集蜂出入懈怠，很少带回花粉，说明繁殖差，可能是蜂王质量差或蜂群出现分蜂热；如有工蜂在巢门附近轻轻摇动双翅，来回爬行、焦急不安，是蜂群无王的表现。若见处女王回巢时尾部带有白色物，证明新王已经交配。

3. 试飞　晴天午后，许多体色新鲜的蜜蜂在蜂箱前上下左右飞翔，头向蜂箱，出出进进，嗡嗡声沉重，这是幼蜂正在试飞认巢（也称“闹巢”）。

4. 泌蜜　采集蜂往返繁忙，回巢蜂腹部饱满沉重，透明发亮，有的蜜蜂未飞到巢门踏板就落在地上，休息一会儿爬进巢门，蜂场上有浓浓的蜜香，表明已进入大泌蜜期。否则，为未流蜜或流蜜很差。如果有盗蜂伺机钻空子进巢，则为蜜源中断的现象。

5. 蜂声　分蜂季节的中午前后，如听到蜂场嗡嗡声大作，必是蜂群正在进行分蜂。在蜜源植物花期，夜晚蜂声通夜大作，则表明蜂群内正在紧张酿蜜。在越冬期，用一根橡皮管，一头插入巢门内，一头插入人耳进行倾听：听到蜂巢内蜂团发出微微的“嗡嗡”声，声音均匀，表明蜂群正常；听到蜂巢内发出“呼呼”声，表明巢内温度较高；听到蜂巢内发出“唰唰”声，说明巢内有点冷；听到蜂巢内声音微弱无力或已听不到声音，轻拍箱壁后没有明显反应，可能是蜂群缺饲料，蜜蜂已饥饿昏迷，或因饲料质量差蜂群群势已经严重下降；听到巢内蜂团乱嗡并伴有“咔咔”的声音，很可能是蜂王死亡或侵入蜂巢内的老鼠正在危害蜂群。轻轻震动蜂箱，巢内若发出“嗡”的一声，随后又安静下来，表明蜂群正常，若在几分钟内蜂群安静不下来，可能是失王或通风不良。越冬期听蜂群的声音，强群声音大，弱群声音小；蜂团在蜂巢前部和下部声音大，在后部和上部声音小。

6. 气味　在箱前闻到有腥臭的气味，表明该群蜂已患幼虫腐臭病。

7. 受闷　生产花粉时，蜜蜂进出巢数量大减，或卸蜂时打开巢门，蜜蜂爬在箱内外不动，说明蜜蜂已经受闷，应及时给蜜蜂通风。在运蜂途中蜜蜂急躁围堵通风窗，并发出嗤嗤声，散发出刺鼻的气味，此时要捅破通风窗，以挽救蜂群。

蜂群遭遇盗蜂、蜂螨和巢虫寄生、毒害和鼠害、下痢、爬蜂、白垩病、饥饿等的箱外表现，见第七章。

三、填表登记

（一）意义

按照计划和生产实际情况定期对蜂群进行检查，记录蜜蜂的周年生活规律，蜂群对各种管理措施的反应，蜜源植物开花泌蜜规律及气候对养蜂的影响等，即蜂群检查记录和蜂场日志。根据蜂场日志和检查记录，推测蜜源开花时间以及该年养蜂场地的天气变化和对蜜源流蜜概况作出判断，制定出当年或 2 年的蜜蜂饲养管理计划、选择育种和蜂场工作程序等，用于指导养蜂生产。这些数据对养好蜜蜂有重要意义，也是编辑计算机程序指导养蜂生产、提高养蜂技术水平的基本数据。

（二）记录内容

填表登记的内容分三部分，其中蜂群检查结束时进行分表和总表的记载，总表记录全场蜂群的情况及各项管理工作，根据它可以了解蜂群在当地环境条件下的发展规律；分表记录个别蜂群在一年中的变化情况、发现的问题及处理方法，它可以帮助了解个别蜂群的消长情况、生产性能等其他特性（表3－2、表3－3、表3－4）。蜂场日志是对养蜂场地的气象、蜜源、蜂群活动、蜂

表3－2　蜂群检查记录总表

场址：　　　　　　　　（单位：框）　　　　　　年　　月　　日

蜂王		群势（框）			饲料		病虫敌害	处置措施
牌号	蜂种	蜂	脾	子	蜜/千克	粉/框		
合计								

表3－3　蜂群检查记录分表

蜂王牌号：　　蜂种：　　代数：　　出生日期：　　产卵日期：

年　　月　　日

项目／日期		群势/框				饲料		病虫敌害	处置方式
月	日	蜂王	蜂	脾	子	蜜/千克	粉/框		

表3－4　蜂场日志

场址：　　　　　　　　场名：　　　　　　　　年　　月

日期	天气			荫处气温（℃）			蜜源植物	蜂群活动	示重群（千克）			工作事项
	上午	下午	夜间	7时	13时	20时			总重	增重	减重	

场管理工作和生产情况的每天记录，以及对示重群的记录。示重群以其重量的增加、减少、不变来表明外界有无蜜源和蜜源的流蜜情况等。

进行蜂群检查记录，首先要给每个蜂群（王）编号做牌，牌号挂在蜂箱前壁，并随蜂王移动。

四、防治蜂蜇

蜇人的蜜蜂是工蜂，在正常情况下它们是不蜇人的。当受到外界某种刺激后，蜜蜂将螫针刺入敌体，螫针连同螫器官一齐与蜂体断裂，在螫器官有节奏的运动下，螫针继续深入射毒。

（一）预防蜂蜇

1. *预防措施* 在养蜂场周围设置障碍物，如栅栏、绳索围绕阻隔，防止无关人员或牲畜进入。在蜂场入口处或明显位置竖立警示牌，以避免事故发生（图 3-12）。

图 3-12 蜂场预防蜂蜇措施

（引自张中印；www.megalink.net）

检查蜂群时，操作人员应讲究卫生，着白色或浅色衣服，勿带异味，勿对蜜蜂喘粗气和大声说话。人要立于箱侧，心平气和，镇静自如，操作准确，不挤压蜜蜂，轻拿轻放，不震动碰撞，尽量缩短开箱时间。忌站在箱前阻挡蜂路和穿戴蜜蜂记恨的黑色毛茸茸的衣裤。

拿下的箱盖置于箱后，副盖、覆布等带蜂的物品放在箱前。

提脾时，手应从蜂箱前后壁向框耳靠近。撬动副盖时，蜜蜂腹部上翘发臭或有唰唰的示威声，则应稍停片刻或喷烟后再检查。

若蜜蜂起飞扑面或绕头盘旋时，应微闭双眼，双手遮住面部

图 3-13　正确处理蜜蜂的围攻

左：穿戴好防护衣帽是必要的　右：逃跑常常是错误的

（引自 www. apis. admin. ch 等）

图 3-14　喷烟，是驯服蜜蜂的有效办法，但会打乱蜂群秩序

（引自 www. beecare. com index）

或头发，稍停片刻，蜜蜂会自动飞走，忌用手乱拍乱打、摇头或丢脾狂奔逃跑（图 3-13）。若蜜蜂爬进袖和裤内，将其捏死；若钻入鼻孔和头发内，就及时压死，钻入耳朵中可压死，也可等其自动退出。在处死蜜蜂的位置，用清水洗掉异味。

对好螫人的蜂群，开箱前准备好喷烟器（或火香、艾草绳等发烟的东西），喷烟驯服蜜蜂后再检查（图 3-14）。

2. *防护措施*　检查蜂群时，操作人员应戴好蜂帽，将袖、裤口扎紧。穿着养蜂工作服装，对蜂产品生产和蜂群的管理工作是非常必要的，尤其是运输蜂群时的装卸工作，对工作人员的保护更是不可缺少。

（二）处理蜂蜇

1. *蜂蜇炎症*　蜂蜇使人疼痛，被蜇部位红肿发痒，影响工作，面部被蜇还影响美观，有些人对蜂蜇过敏，因此，要注意避免和减少蜂蜇。

2. *蜂蜇处置*　被蜜蜂蜇刺后，及时用指甲反向刮掉螫针，或借衣服、箱壁等顺势擦掉螫针，然后用手遮蔽被蜇部位，再到安全地方用清水冲洗。

如果被群蜂围攻，先用双手保护头部，退回屋（棚）中或离开蜂场，等没有蜜蜂围绕再及时清除蜂刺、清洗创伤，视情况进行下一步的治疗工作。

3. *不治自愈*　蜂蜇无辜，应予劝慰，给予蜜水，使受伤者放松精神，介绍蜂蜇的利与害、注意事项，在受伤部位红肿期间勿抓破皮肤，消除受伤人的紧张情绪。多数人初次被蜂蜇，局部迅速出现红肿热痛的急性炎症，尤其是蜇在面部，反应更为严重，一般 3 天后可自愈。

根据医学研究，蜂毒能治疗神经、心脑血管和运动系统疾病，对人体有很大的益处。

4. *防治过敏*　少数人对蜂毒过敏，被蜂蜇后，面红耳赤、恶心呕吐、腹泻肚疼，全身出现斑疹，瘙痒难忍，发烧寒战，甚至发生休克。一般情况下，过敏出现的时间与被蜇时间越短，表现越严重，须及时救治。现场处理措施有：

蜂场常备蜂蜇急救小药箱，内置地塞米松、扑尔敏、复方氨基比林、尼可刹米和肾上腺素注射液，以及扑尔敏片、镊子、酒精、碘酒、注射器等。让患者平卧，解开衣扣，少翻动病人，注意保温。观察被蜇伤处，立即用小镊子紧贴皮表拔除螫针，应急时可用指甲将螫针刮除。若患者头脑清醒，安慰患者，给予茶水，放松精神。在患处用75%酒精擦洗，并用毛巾冷敷。或局部涂碘酒、注射麻黄素以减轻疼痛。

如果患者休克，可在无名指甲外下半寸处放血，并用中指击打涌泉穴，指掐人中，直到清醒为止或送医院。内服扑尔敏、外敷季德胜蛇药片，或注射肾上腺素，对救治蜂毒中毒有效。

对被蜂蜇重伤（过敏和中毒）者，在做上述处理的同时，应做好医院救护准备工作。

第三节　蜂群的调整

一、合并蜂群

（一）合并蜂群的概念

把2群或2群以上的蜜蜂全部或部分合成一个独立的生活群体叫合并蜂群。无王群、蜂王老弱病残而又无储备产卵蜂王可供诱入或替代的蜂群、无法越冬、不利于生产和繁殖的弱群以及育王结束后的小交配群都应及时合并。

蜂群的生活具有相对的独立性，每个蜂群都有自己独特的气味——群味，蜜蜂能凭借灵敏的嗅觉，准确地分辨出自己的同伴或其他群的成员，如果随便将不同群的蜜蜂组合在一起，就会引起相互斗杀。选择合适的时间、环境条件、混淆群味，是成功合并蜂群的关键。

（二）合并蜂群的技术

1. *直接合并法* 先把一群蜂的巢脾放在蜂箱一侧，再把被合并的蜜蜂连脾带蜂放在另一侧，彼此间隔1框距离或以隔板相隔，第二天将巢脾靠拢，整理蜂巢。

2. *间接合并法* 取1张报纸，用小钉扎多个小孔，把有王群的箱盖、副盖取下，将报纸铺盖在巢箱上，上面叠加继箱，然后将无王群的巢脾放在继箱内，盖好蜂箱即可（图3-15）。一般10小时左右，蜜蜂就将报纸咬破，群味自然混合，2天后撤去报纸，整理蜂巢。

图3-15 报纸法合并蜂群
（张中印 摄）

（三）注意事项

直接合并蜂群适合在早春、越冬和刺槐等流蜜涌的花期采用，间接合并蜂群可以在任何时间进行。

合并蜂群的前一天，彻底检查被并群，除去所有王台或品质差的蜂王，把无王群并入有王群。弱群并入强群，若被并群大应分散合并到几个蜂群中去。相邻合并，傍晚进行。

二、调整蜂、子

人为地有目的地分散或加强群势，以便达到安全运输、加快繁殖或集中生产、强群越冬等目的。

(一) 蜂群间的调整

1. 调整工蜂　其管理措施是主副群饲养，在流蜜期到来时，把事先并列在一起的2群蜂，移走1群作为繁殖群，使采集蜂飞回时集中在留下的1群，该群成为生产群（注：该群须有优良蜂王）。

为使小群早日成为生产群，把强群中幼蜂多的巢脾或幼蜂正在出房的封盖子脾提出，轻轻振动几下，使壮、老年蜜蜂飞回原巢，把余下的幼蜂连同巢脾合并到小群中。

2. 调整子脾　正常的蜂群，1只优良蜂王的产卵力可维持8～9框子脾，其中卵、虫、封盖子的比例为1∶2∶4，若子脾失调，可与别的蜂群脱蜂后调换。早春繁殖期，弱群的卵、虫脾调给强群，把达到8～9框子脾的强群正在出房的封盖子脾调给弱群；生产期，把副群的封盖子脾调给强群维持群势；生产结束，再将强群的封盖子脾还补弱群共同发展。转运前，从强群中调出一部分封盖子脾给弱群。从有分蜂热趋势的蜂群中抽出封盖子脾，加入虫卵脾。

在蜂王浆等生产过程中的同群子脾调整，详见第六章。

(二) 蜂群内部调整

1. 生产区与繁殖区的布置　在蜂群中，用隔王板隔成两区，一区有王为繁殖区，一区无王为生产区或群势维持区。

生产蜂群，繁殖区固定在巢箱，放优良巢脾5～8张，供蜂王产卵、贮存花粉使用，如无特殊需要，可长期不调动；视群势大小，生产区放脾4～7张，供贮存蜂蜜或蜂王浆和蜂蛹生产。

供虫蜂群（给蜂王浆生产或雄蜂蛹生产提供幼虫或卵的蜂群），繁殖区仅放1张适合产卵的巢脾（如为移虫用，巢脾应为用过2年以上的褐色巢脾），两边放大子脾，其他巢脾供应食物、维持群势，蜂王产卵12或96小时后调出使用，然后再插入供蜂王产卵的巢脾，并有计划地从大群中调给正羽化出房的子脾，维持供虫群的群势，对食物不足的还要调给蜜脾或饲喂。

2. *上下巢脾的调整* 巢箱与继箱之间的巢脾调换，仅在蜂王浆生产的初期或蜜源较差时期进行。多箱体养蜂除繁殖箱体的调换外，还有浅继箱之间的调换，详见第五章。

三、诱入蜂王

给无王群导入1只蜂王或王台。蜂群能否壮大发展以达到高产稳产的目的，蜂王在蜂群中起着重要作用。一般蜂王的寿命为3～5年，年轻的蜂王产卵多，优质蜂王在第2年产卵量最高。因此，在养蜂生产中经常要更换老、残、病、劣的蜂王，组织新分群、蜂群失王、引进或繁育优良种蜂等，都需要诱入蜂王。

（一）蜂王诱入技术

1. *竹丝笼诱入* 把蜂王装入王笼，用纸把王笼的前后左右四面包裹2～3层，用绳扎紧，打开笼门（抽出侧面的1根竹丝），并将笼门上的纸扎穿数个小孔，在王笼的上部有孔处和笼门的纸上各滴2滴蜜，最后，把王笼挂在诱入群的蜂路中间，3天后取出王笼，恢复蜂路。

2. *邮寄笼诱入* 首先放出笼内工蜂，然后关闭笼门或用炼糖堵塞笼门，再把王笼固定在两个巢脾之间，有铁纱的一面对着蜂路，经2～3天工蜂不再啃咬围困铁

图3-16 导入蜂王

（张中印 摄）

纱并饲喂蜂王时，即可打开笼门，让蜂王自行爬出，或工蜂吃完炼糖，打通笼门，蜂王自动爬出（图3-16）。

3. *幼蜂群诱入（贵重蜂王）* 在强群巢箱上加上铁纱副盖和一个继箱，把蜂群中正在羽化蜜蜂的老子脾数张抖去大部分蜜蜂后放入“继箱”内，按“1”或“2”的方法在子脾之间诱入蜂王，或将新蜂王直接放在巢脾上，就会被幼蜂很快接受，然后把继箱搬到新位置另成一群。

4. *双王群诱王* 在诱王前1天，把“无王区”用覆布等物与其他区完全隔离，呈无王状态，然后诱入同龄蜂王，或同时诱入两只蜂王。

在组织2个小交配群成双王群时，可在巢箱加闸板，左右各放1群，群势发展后，在巢箱、继箱之间加隔王板即可。

5. *多王群诱王* 首先组织幼蜂群，即从多个强群中抽取幼蜂多的巢脾，将蜂抖落在塑料布上，待大龄蜜蜂飞离后，将幼蜂合成1个蜂群。然后把产卵新王除去上颚尖锐部分，再用剪刀剪掉螯刺具齿的端部，最后同时放入幼蜂群中。

多王群能提供大量日龄一致的工蜂幼虫，在机械化、专业化蜂王浆生产和雄蜂蛹的生产中具有应用价值，而对王浆、花粉、蜂胶等生产群提高产量无促进作用。

6. *直接诱蜂王* 蜜源大流蜜期的午后，把被淘汰的蜂王迅速从巢脾抓获，并轻快地把产卵3天后的新蜂王放在该位置，盖好蜂箱即可。

给无王群诱入王台时，把成熟王台从育王框上轻轻割下，不使破坏、震动与倒置，及时将其栽在老脾下角的空处。

（二）注意事项

选择优良蜜源花期的良好天气换王，傍晚诱入，操作谨慎，不急不躁。在诱入蜂王前1天彻底检查蜂群，提出被淘汰的蜂王，除去所有王台。

（三）解救被围蜂王

1. *围王现象* 蜂王不被蜂群接受，许多蜜蜂把蜂王围在一个蜂团内，要将蜂王咬死、闷死或刺死。蜂群具有排他（蜂王和工蜂）性，在诱入蜂王的方法不当或开箱检查时诱入的蜂王惊慌、处女王误入他群或交配后返回时惊慌，都会引起蜜蜂追围蜂王。

蜂王诱入后，3 天内蜜蜂采集正常，有花粉带入，箱底无蜂团，巢前无死蜂，为诱入成功。若蜂群采集突然中止，或听见蜂巢中有“吱吱”叫声，箱底有蜂团，这时应立即开箱救王；若巢前有死蜂王，表明已发生围王现象。

2. *解救方法* 一旦发现蜂王被围，立即将蜂团抓起放入30℃左右的温水中，使蜂团散开。蜂王解围后，仔细观察，若无受伤，采用更安全的方法再次诱入，并同时检查蜂群是否有王台或处女王。若蜂王伤残或死亡，即弃之。若解救出的是别群的蜂王，没有受伤，应找到原群，把蜂脾喷洒蜜水后放回。

3. *注意事项* 解救蜂王不用烟熏，忌用棍拨硬拽。

四、工蜂产卵的处置

（一）产卵现象

工蜂一般不产卵，但在流蜜期结束、有分蜂迹象的有王群、蜂王老弱病残的蜂群，都存在着一定数量的卵巢发育而未产卵的工蜂。在意大利蜂失王 2～3 周后即出现产未受精卵的工蜂，中华蜜蜂在有丰富蜜源的季节失王，常会出现一边改造王台，一边工蜂产卵的现象。

工蜂产卵初期也是 1 房 1 卵，有的还在王台中产卵，不久，在同一巢房内会出现数粒卵。工蜂产卵时，常使其背部或身体的侧面朝下，大半个身体深入巢房，并有一小部分工蜂松散地围在其周围，约1分钟，1粒卵便产在巢房壁上，不久在工蜂房培育成发育不良的雄蜂，与正常蜂群（图3-17）中粗壮威武的雄蜂相比，显得又小又瘦。

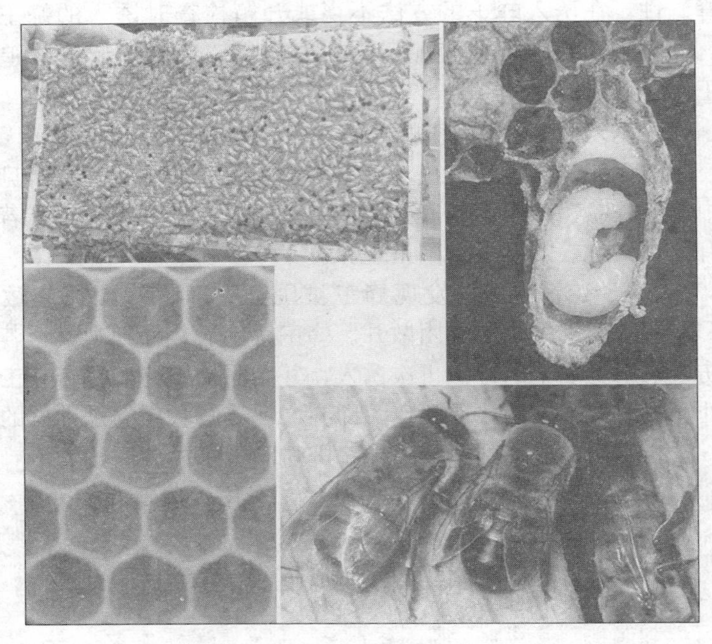

图3-17　正常蜂群

上左：工蜂封盖子整齐有序　上右：王台建在脾下角，食物充足，幼虫又肥又大

下左：蜂王产的卵1房1粒　下右：出生的雄蜂粗壮健康

（引自张中印；黄智勇；www. beeman. se）

工蜂产的卵不成片，没有秩序，一个巢房数粒卵，东倒西歪。产卵工蜂像其他工蜂一样，只是腹部稍长并且发亮，在育出雄蜂后，它要时常逃避正常工蜂的追赶。

群蜂无王，蜂群的生产、造脾、抗逆和守卫能力等大大降低。有产卵工蜂的蜂群更是涣散，没有生气，工蜂辨认不出卵虫的性别，老年蜂也参加哺育活动，经过20余天，育出雄蜂，工蜂性情变得凶暴，色泽灰暗，甚至腹部变黑发亮（图3-18）。

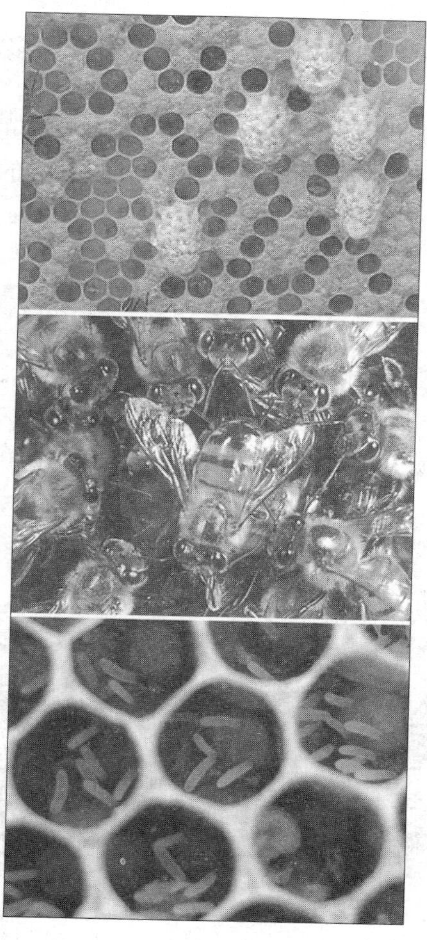

图3-18 没有蜂王的日子里
（引自黄智勇）

（二）工蜂产卵的处理

1. 预防措施　发现蜂群丢失蜂王时，须及时诱入成熟王台或产卵蜂王。

2. 取消户头　如果工蜂产卵群剩余蜜蜂不多，就将蜜蜂抖在地上，搬走蜂箱，任其进入他群，若余蜂较多，须分散合并。

3. 处置蜂巢　对不正常的封盖巢脾割去巢房的 2/3，用摇蜜机甩出虫蛹后再使用或做化蜡处理；已产卵、虫的巢脾，用水浸泡后交还蜂群清理。

第四节　修、贮巢脾

饲养意蜂，每群应备有 15 张巢脾，多箱体养蜂，每群应备有 30 张巢脾，每张巢脾使用时间不应超过 3 年。饲养中蜂，每群要有 8 张巢脾，使用时间不超过 2 年。撤下的巢脾要及时妥善保存。

黑色、雄蜂房多、被蜡螟蛀坏或生霉的巢脾，均不应继续使用，以免影响繁殖和蜂产品质量（图 3-19）。

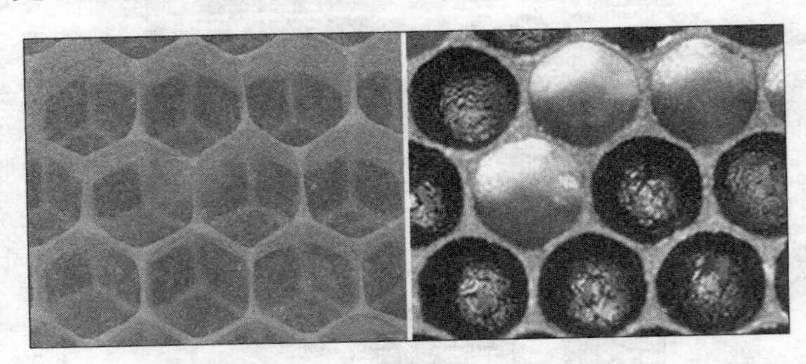

图 3-19　新脾和旧脾

左：新脾巢房大，长出的工蜂体壮，不污染蜂蜜，病虫害也少

右：老脾巢房日久变黑、缩小、变圆，出生的蜜蜂体小，易滋生虫病

（引自张中印　等）

一、修筑巢脾

（一）筑脾条件

蜜蜂造脾需要有较丰富的蜜粉源、一定数量的适龄泌蜡蜂、15℃以上的气温和蜂巢内合适的空间、规格优良的巢础等。从春天箱内出现巢白（白色新蜡）时即可开始修筑巢脾。修筑巢脾可在主要蜜源期进行，也可在辅助蜜源期造成半成品，主要蜜源期完成。

不用无王群、处女王群、有分蜂热或有病的蜂群造脾。

（二）安装巢础

1. 钉框　先用小钉从上梁的上方将上梁和侧条固定，并在侧条上端钉钉加固，最后用钉固定下梁和侧条。用模具和机械固定巢框，可提高效率（图3-20）。钉框须结实、端正，上梁、下梁和侧条须在一个平面上。

2. 打孔　取出巢框，用量眼尺卡住边条，从量眼尺孔上等距离垂直地在边条上钻3～4个小孔。

3. 穿线　按图3-21所示，穿上24～26号铁丝，先将其一头在边条上固定，依次逐道将每根铁丝拉紧，直到使每根铁丝用手弹拨发出清脆之音为止，最后将铁丝的另一头固定。

4. 上础　槽框上梁在下、下梁在上置于桌面。先把巢础的一边插入巢框上梁腹面的槽沟内（图3-22），巢础左右两边距两侧条2～3毫米，上边距下梁5～10毫米，然后用熔蜡壶沿槽沟均匀地浇入少许蜂蜡，或将蜡片在阳光下晒软，捏成豆粒大小，双手各拿1粒，隔着巢础，从两边对着一点用力挤压，使巢础粘在框梁上，自两头到中间等距离黏合5点。

5. 埋线　将巢础框平放在埋线板上，从中间开始，用埋线

图 3-20 钉 框

上：手工钉框 下：机器钉框

(引自 Elbert 1976；www. legaitaly. com)

图 3-21 穿 线

(引自张中印；Winter 1980)

器卡住铁丝滑动或滚动，把每根铁丝埋入巢础中央。埋线时用力要均匀适度，即要把铁丝与巢础粘牢，又要避免压断巢础。

DM-1 电热埋线：在巢础下面垫好埋线板，使框线位于巢础的上面。接通电埋线器电源，将埋线电压的 1 个输出端与框线的 1 端相连，然后一手持 1 根长度略比巢框高度长的小木条轻压上梁和下梁的中部，使框线紧贴础面，一手持埋线电源的另 1 个

图 3-22　上　础

（引自 Winter 1980）

输出端与框线的另一端接通。框线通电变热，6～8 秒（或视具体情况而定）后断开，烧热的框线将部分础蜡熔化并被蜡液封闭黏合（图 3-23）。

图 3-23　固　定

左：电热埋线　右：熔蜡固定

（引自 Winter 1980）

安装的巢础要求平整、牢固，没有断裂、起伏、偏斜的现象，巢础框暂存空箱内备用。

（三）加巢造脾

1. 工蜂巢脾的修筑　中、小群或新分群，巢础框插在粉蜜脾与子脾之间，一次一张（图 3-24）；强群插在子脾中间、边脾或继箱内的位置，一次加一张，加多张时，与原有巢脾间隔放置。巢础框与巢脾间的蜂路应缩小至 5 毫米。

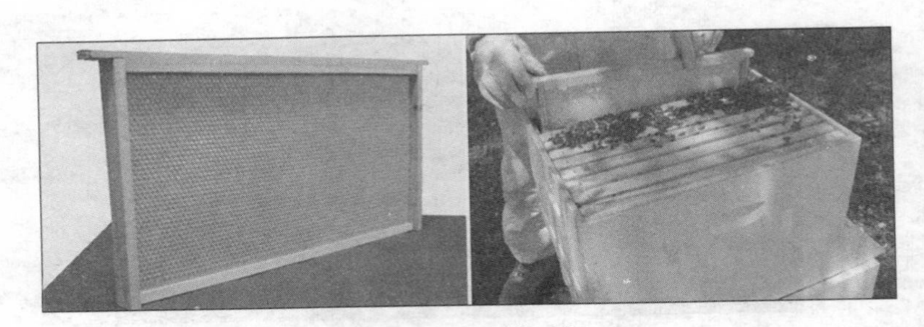

图 3-24　加巢础框

（引自张中印；www.beecare.com）

巢础加进蜂群后，第二天检查，对发生变形、扭曲、坠裂、脱线的巢础，及时抽出淘汰，或加以矫正后将其放入刚产卵的新王群中进行修补（图 3-25）。

图 3-25　修正巢脾

1. 一张合格的新脾　2. 一张扭曲撕裂的新脾
3. 被工蜂啃咬落下的蜡渣，说明巢础含石蜡量太大，这是新脾变形断裂的原因之一，另外础线压断巢础、适龄筑巢蜂少和饲料不足也会使新脾变形　4. 修复

（张中印　摄）

2. 雄蜂巢脾的修造　用雄蜂巢础镶框，在气温较高、蜜源丰富季节加入强群修造；或把旧脾下部的1/3或2/3裁去后，再插入强群中修造。修造好的雄蜂脾，让蜂王产卵，待雄蜂出房后，抽出保存备用。

3. 注意事项　加础造脾宜在傍晚进行，造好的新脾应让蜂王产上卵；连续造脾时，要待巢房修造2/3以上时，再加新巢础框，并从蜂巢中抽出该淘汰的旧脾或还未产上卵的新脾。

造脾蜂群须保持蜂多于脾、饲料充足，在外界蜜源缺乏季节，须给蜂群喂糖。

二、分类保存

主要蜜源花期结束，或自秋末到次年春天，蜂群群势小，须从蜂群中抽出多余的巢脾。抽出的巢脾须妥善保存，防止发霉、积尘、虫蛀、老鼠破坏和盗蜂，贮藏地点要求没有污染，清洁、干燥、严密。

（一）分类与清洁

把抽出的巢脾按全蜜脾、半蜜脾、花粉脾和空脾进行分类，除作饲料脾外，余脾把蜜摇出，返还蜂群，让蜜蜂舐吸干净，然

图3-26　巢脾分类

左：新脾、空脾　右：旧脾、蜜脾

（张中印　摄）

后抽出（图 3-26；图 3-27）。将旧脾和病脾分别化蜡，能利用的巢脾用起刮刀把框梁上的蜡瘤、蜂胶清理干净，削平巢房，分类装入继箱或放进特设的巢脾贮存室。

图 3-27　空　脾

（张中印　摄）

（二）消毒与杀虫

1. 药剂——磷化铝（AlP）特点　磷化铝工业品为灰绿色或灰褐色固体。在空气中易燃，遇火燃烧，遇酸反应，触水会发生爆炸和着火。无气味，干燥条件下稳定，对人畜较安全；吸水分解释放出有电石或大蒜气味的无色磷化氢气体，比空气重，渗透力强，对人有剧毒。

为广谱性熏蒸杀虫、灭鼠剂，对蜡螟、蜂螨都有熏蒸毒杀作用。一般用量 5～8 克/米^3。商品剂型有 65%的磷化铝片剂和 56%的丸剂、粉剂。

2. 熏蒸　用 1 个巢箱和数个继箱，每箱体间隔放脾 10 张，56%磷化铝 1 片用纸盛放，置框梁上，然后叠加垒高，上层继箱加副盖、报纸和大盖，然后用袋状塑料套封，或用纸条粘贴缝隙密封。

3. *注意* 熏蒸在10℃以上进行，密闭时间15天，使用前要通风晾24小时，药物不得与巢脾接触，严禁儿童接触药品。

磷化铝主要用于熏蒸贮藏室中的巢脾和蜂具，也用于巢蜜脾上蜡螟等害虫的防除，一次用药即可达到消灭害虫的目的。

磷化钙（散剂）也可用来熏蒸巢虫，用法和效果与磷化铝相似。

第五节 营养与饲喂

一、营 养

蜜蜂的营养和蜂群群势是影响蜜蜂寿命和培育蜂王质量的关键因素。

（一）食物

1. *幼虫食物* 蜜蜂幼虫的食物都是工蜂供给的。正常情况下，蜜蜂幼虫的饲料是13日龄内的工蜂腺体分泌物和蜂粮等组成。

工蜂和雄蜂幼虫，在2日龄内吃的是工蜂浆，从3日龄开始，吃的是王浆腺分泌物和蜂蜜、花粉的混合物。工蜂浆为王浆腺和上颚腺分泌物的混合物，其比例为1∶4.5，质稀且微现青色（图3-28左）。

蜂王幼虫在生长发育过程中吃的都是蜂王浆（王浆腺和上颚腺分泌物的比例约为1∶1），数量充足，葡萄糖是其食物的主要成分。

受精卵是发育成工蜂还是发育成蜂王，取决于幼虫获得食物的种类、数量。当然，由于巢房不同，工蜂会分别喂给不同的食物。

2. *成蜂食物* 成年蜜蜂的基本食物是蜂蜜或花蜜、花粉、

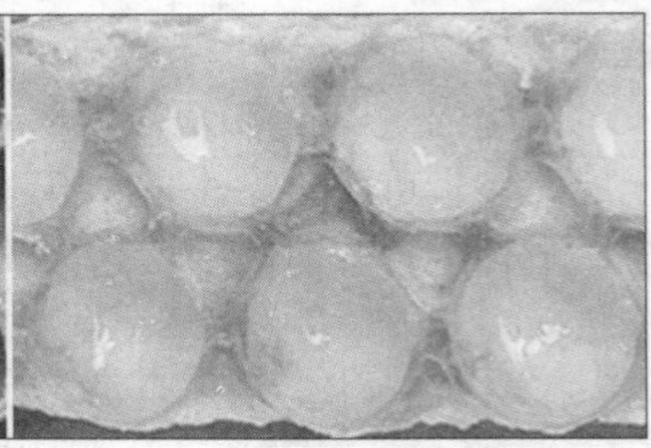

图 3-28 蜜蜂的食物 1——工蜂浆和蜂王浆

左：工蜂浆色青而稀薄，量少

右：蜂王的食物——蜂王浆，浓而量大，米黄色至乳白色

（张中印 摄）

水等（图 3-29）。蜂蜜为蜜蜂提供能源，并可转化为脂肪和糖原，成年蜜蜂靠吃蜂蜜可长期生活。花粉对刚羽化幼蜂的生长发育和王浆腺的发育、腺体工作等必不可少，培育幼虫必须有花粉。水是生命之源，蜜蜂的一切活动都离不开水。另外，成年蜜蜂还需要矿物质和维生素等。

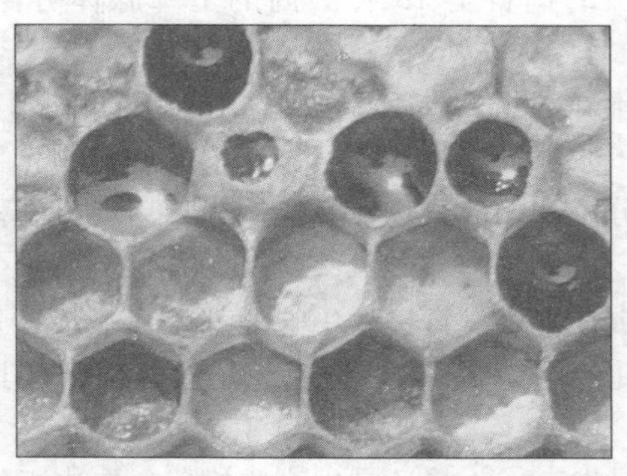

图 3-29 蜜蜂的食物 2——蜂蜜和蜂粮

（雄蜂和工蜂较大幼虫及成虫的食物）

（张中印 摄）

（二）营养

1. 蛋白质　蛋白质是构成生物体的主要物质之一，蜂王浆、蜂蜡、蜂毒的生成，也都需要蛋白质，花粉是蜜蜂所需蛋白质的天然来源。

培育1只蜜蜂，从幼虫到羽化约需145毫克花粉（Haydak，1935），在生活的28天内平均消耗100毫克花粉（Schmidt and Buchmann，1985）。一个蜂群，正常情况下，年消耗花粉25千克以上。

蜜蜂搬到巢房中的花粉，混入上颚腺的分泌物，并经过酿造，表面再被少量蜂蜜覆盖，称蜂粮。蜂粮中含有乳酸菌、酵母菌、假单胞菌等菌群，经过一系列生化反应，花粉丧失萌发能力，变得易被蜜蜂消化吸收并增加了营养价值。据分析，蜂粮中各种营养物质的含量和配比都相对优于蜂花粉，在正常情况下，蜜蜂都不食用新鲜的花粉团。

蜜蜂将摄入的蛋白质消化分解为氨基酸后吸收，在体内合成本身所需的蛋白质，再构成组织器官。工蜂羽化2小时后就开始吃花粉，5日龄消耗花粉量达最高值，机体中蛋白质含量占到15%，同时，营养腺、脂肪体以及体内器官继续发育。工蜂从事采集工作后，它们需要的蛋白质量急剧减少，主要食物为碳水化合物。

生产贮存的花粉，随着贮存时间的延长，对蜜蜂的营养价值逐渐降低，降低的快慢受温度、花粉种类和干燥程度的影响。新鲜花粉对工蜂营养腺的发育最好，贮存1年的花粉只有24%的效果，贮存2年的花粉对腺体的发育完全无效（Haydak，1961）。冷冻贮存3年的花粉添加赖氨酸、精氨酸可恢复其营养价值（Dietz and Haydak，1965）。

用不同植物的花粉饲喂笼蜂，根据它们对蜜蜂王浆腺、卵巢、脂肪体发育和寿命等的影响，将花粉分成4等。对蜜蜂营养价值高的一等花粉有果树、柳树、玉米、板栗、罂粟、梨和三叶草等；二等有榆、杨、蒲公英和向日葵等；三等是椿等壳斗科植物的花粉；四等为松。

在成年蜜蜂的食物中添加蛋白质饲料（如糖浆中加入少量鸡蛋），可延长其寿命。

2. 脂类　蜜蜂从饲料中摄取脂类物质，合成贮备的能源和脂肪，供蜜蜂生长发育和饥饿时用，以及作为细胞膜结构的成分。花粉是蜜蜂所需脂类物质的主要来源。

图 3-30　在没有蜂粮的日子里

左上：1 只蜜蜂在寻觅食物　右上：食物充足发育良好的工蜂幼虫

左下：无蜜仅有蜂粮的蜂群，为了生存，蜜蜂已将襁褓中的宝宝（蜂仔）丢弃，以此度过饥荒　右下：受饥饿煎熬的工蜂，钻进无蜜的巢房，最终在企盼中饿死

（引自 David L. Green 2002；张中印）

3. 糖类　花蜜和蜂蜜是蜜蜂天然食物中碳水化合物的主要

来源（图 3 - 30）。蜜蜂将蜂蜜转化为脂肪和糖原，并为蜜蜂提供能量。一般蜂群 1 年可利用蜂蜜 150～200 千克。

蜜蜂可利用的糖有蔗糖、果糖、葡萄糖、海藻糖、麦芽糖、松三糖等，无花时，像西瓜汁等也能被蜜蜂利用。这些糖中，山梨糖醇加入蔗糖中喂蜂，能使笼蜂的寿命延长（Vogel，1931）。

蜜蜂不能利用的糖有甘露糖、鼠李糖、木糖、阿拉伯糖、棉籽糖、乳糖、半乳糖、糊精、低聚糖。这些糖中，甘露糖让蜜蜂下痢；半乳糖、鼠李糖使蜜蜂寿命缩短（Frisch，1934，1965）；醛糖（C3～C7 单糖的混合物）抑制蜜蜂的生长，能使工蜂死亡。

蜜蜂能够区分甜味和甜味大小，而没有区分有害糖或无害糖的能力。

在无蜂粮的日子里，对蜂群并无益处的辣椒也被蜜蜂食用。

4. 维生素　花粉中含丰富的维生素，有蜜蜂育虫所必需的 7 种维生素 B-复合物（生物素、叶酸、烟酸、泛酸、吡哆醇、核黄素和硫胺素）、肌醇和抗坏血酸（维生素 C）。100 克干物质中，维生素 C 在花粉中的含量为 360～590 毫克、在蜂粮中 68～118 毫克，在蜂粮中烟酸约 100 毫克。其他维生素含量范围为 0.5 毫克/克（生物素）至 20 毫克/克（泛酸）。每克花粉含类胡萝卜素 50～150 微克，它是维生素 A 的前体，花粉中还含有少量的维生素 D、维生素 E，蜜蜂可能合成泛酸、维生素 C、维生素 A。花粉中的维生素含量随着贮存时间的延长而下降。

研究表明，维生素对蜜蜂寿命没有明显影响。用含 2.5 微克/千克维生素 E 糖浆喂蜂，能显著促进工蜂王浆腺的发育，使王浆腺重量在 10～18 日龄段比对照组高 47%～76%，发育盛期至少延长 5 天以上（陈崇羔等，1993）。

Haydak 和 Dietz1965 年发现，对蜂群喂无维生素的酪蛋白或已补充了矿物质的酪蛋白，可使王浆分泌量提高，且外观浓度正常，但幼虫食用后不能生长到 3 日龄以上。表 3 - 5 是蜜蜂食物基本维生素含量。

表 3-5 基本维生素混合物*

（毫克/毫升）

氯化胆碱	烟酸	泛酸钙	氯化硫胺素	核黄素	吡哆醇	叶酸	生物素	肌醇	维生素 B_{12}	抗坏血酸
100.0	36.0	4.0	1.8	3.6	1.0	0.5	0.05	36.0	0.004	500.0

* Haydak and Dietz 1965，1972；Anderson and Dietz 1974。

5. *矿物质和水* 水是生命必需的物质，蜜蜂幼虫约含水77%。蜜蜂从花蜜里获得水，也飞出去采水，蜜蜂的直肠腺对排泄的水能够再吸收。高温季节或大量育虫时期，蜂群需水量大，越冬季节需水量少。1群意蜂在育虫季节，日采水量可达200克以上，这些水除用于蜜蜂的正常生理需要外，还用来调和食物和巢内温湿度。

蜜蜂所需要的矿物质主要来源于花粉、花蜜和水。花粉中含有2.9%～8.3%的矿物质：磷、钾、钙、镁、钠、铁、铜、锰、锌等，能满足蜜蜂对矿物质的需要。蜜蜂直肠腺能吸收溶解在食物残渣中的盐分（氯化钠），并把它贮存起来，有维持体内渗透压的作用。

蜂蜜饲料中如含有过量的矿物质，则对蜜蜂有害。蜂蜜中矿物质含量平均为0.17%，甘露蜜的灰分含量平均为0.73%，故甘露蜜不能作蜜蜂的饲料。加盐喂蜂，加碘的氯化钠不应超过0.1%。

雄蜂成虫的营养，在幼龄期，需要继续食用蛋白质饲料（工蜂喂给蜂王浆、蜂蜜、蜂粮的混合物）才能完成发育；性成熟后，靠蜜糖维持其生命活动。蜂王成虫在繁殖期，工蜂喂给蜂王浆。

（三）消化吸收

蜜蜂对食物的消化、吸收、代谢是在肠道内同时进行的。

花粉被蜜蜂的口器破碎为小块后，通过食管的运动送到蜜囊

（前胃），前胃的4个唇形瓣将它们聚集形成食物团粒，送入中肠（胃），并被围食膜包裹，经过1个多小时通过中肠进入后肠。花粉粒在中肠和后肠发生物理和化学变化，花粉壁变形并松弛，其营养物由萌发孔逐渐流出。蛋白质在蛋白酶、类胰蛋白酶的催化下，分解为氨基酸；脂肪类物质在胆盐汁的作用下，分散形成微小油滴，在酯酶的催化下，将脂肪分解成易于吸收的饱和与不饱和的脂肪酸等物质，氨基酸、甾醇类、脂肪酸等小分子物质透过肠壁，进入血淋巴，然后送入各组织器官进行转化利用。

蜜蜂吸食的花蜜或蔗糖停于口器和蜜囊处，在唾液腺酶（蔗糖酶、淀粉酶）的作用下，将蔗糖转化为果糖和葡萄糖及中间的多糖类物质，在前胃瓣的控制下，糖液进入中肠，由中肠的上皮细胞吸收后，转移到血淋巴，再输送到脂肪体，在酶的作用下，和其他物质合成糖原、海藻糖、蛋白质等。糖原以单个颗粒或聚合体的形式大量存在于脂肪体、飞行肌和小肠中。在需要能量的时候，经过水解和磷酸解，将糖原降解为葡萄糖；海藻糖具有释放葡萄糖、提供飞行所需能量的作用。蜂蜜中的葡萄糖可直接被蜜蜂吸收后转化为能量。蜜蜂吸饱蜜糖后，在适宜的条件下，经过24小时的化学变化，由蜡腺分泌出蜡液。

（四）配合饲料

配合饲料主要指为蜜蜂提供类似花粉成分与营养的人工饲料，其成分全部或部分替代了天然花粉。配合饲料的成分要以一等蜜蜂花粉的成分为依据进行配合，满足蜜蜂对各种营养素的需要，适合蜜蜂食用，卫生、不变质，促进蜂群正常繁殖。

1. 原料与配方

（1）原料：蛋白质类有蜂花粉、蜂蛹粉、蚕蛹粉、蚯蚓粉、纯奶粉、酵母、鸡蛋、豆饼、酪蛋白等；维生素类见本节营养部分；糖类有蔗糖、蜂蜜；矿物质类有磷、钾、钙、镁、钠、铁、铜、锰、锌等，在饲喂糖浆或水时常加入0.1%的食盐；促食剂类有蜂蜜香精、茴香油等。

（2）常用配方：豆饼粉（或花生、芝麻、向日葵等粕粉）15%～30%、花粉 70%～85%，用 2∶1 的浓糖浆或蜜汁混合成饼状。或用酵母粉 2 份＋白糖粉 3 份混合，在巢外让蜜蜂自由采集。在以上 1 千克食料中可添加赖氨酸、蛋氨酸、复合维生素各 1 克以及促食剂等。

2. 评判质量　蜜蜂的配合饲料，通过饲喂蜂群试验，可测定其培育幼虫的数量、质量和蜜蜂的寿命。

（1）糖饲料笼蜂试验：在小纱笼中各装入刚羽化的幼蜂30～100 只，分别将氨基酸、矿物质、维生素加在糖浆中饲喂，定期取蜂分析统计蜜蜂死亡数，以此试验上述物质对蜜蜂寿命、营养腺的发育程度、各体节的含氮量等。

（2）粉饲料网室试验：本试验做 5 个以上重复，连续哺育幼虫 10 周。从多个蜂群提出 2～4 张带蜂幼虫脾，放入远离原箱位置的空蜂箱，待老龄蜂飞走后，将剩下的幼蜂抖入一个空蜂箱内混合，再分为每份 400～500 克的蜜蜂 5 份，分别放在 5 个小箱内，箱内预先放入 1 个蜜脾、1 个空脾，然后分别诱入 1 只新产卵王，最后把各试验群放入 1 个大型网室，将配合饲料装在反放的 1 个箱盖内，任蜜蜂自由采集；或与糖浆混合做成饼状，放在框梁上饲喂。每 12 天用 5 厘米×5 厘米的方格网测定封盖子数，同时检查孵化幼蜂的体质。

（3）粉饲料蜂群试验：在无粉源的季节或地区，选择群势相当的蜂群进行试验，用配合饲料做成饼喂蜂，然后测其效果。

二、饲　　喂

充足优质的饲料是蜜蜂正常生长发育的保证，可使羽化出的蜜蜂健康、寿命长、抗逆力和采集力强，也是蜂王产卵多、蜂群迅速发展的基础。只有保证蜂群有充足的饲料，才能将蜜蜂养成强群夺取高产。所以在蜂巢内饲料不足而外界又缺乏蜜粉源时，要学会适时对蜂群进行饲喂、喂好。喂蜂的饲料主要有蜂蜜或糖浆、花粉或代用品、水、矿物质等。

（一）喂糖

蜂蜜是蜂群的主要饲料，为蜜蜂的最主要的能量来源。

1. 补助饲喂　在外界蜜粉源缺乏而群内又缺饲料的情况下，短时间内（3～4 天）喂给蜂群大量的蜜汁或糖浆，让蜂群贮备足够的饲料，以度过饥荒的日子。

补助饲喂的时间一般在大流蜜期过后、越夏与越冬前、春季繁殖和秋季繁殖越冬蜂前进行，补助饲喂的方法如下。

（1）补加蜜脾：把贮备的蜜脾（早春或越冬期，蜜脾先在30℃下温热 12 小时 ）下方的蜜盖割开一小部分，喷少量温水加在被喂群边脾的位置，抽出多余的巢脾，或直接抽出强群的蜜脾调给弱群（图 3 - 31）。如有饲料箱，可在越冬前返还给蜂群。

（2）喂蜜汁或糖浆：蜜 5 份加水 1 份，加热至 100℃、放凉；或白糖 1 份加水 0.7 份，加热溶化到听见锅响为止，放凉，喂蜂前可在糖浆中加入 0.1%～0.2%的蔗糖酶或 0.1%的酒石酸。在傍晚倒入框式饲喂器或灌入空脾内，置于隔板或边脾外侧喂蜂，也可将糖浆倒入箱顶饲喂器喂蜂（图 3 - 32）。每次喂糖汁 1. 5～3 千克，直到喂足为止。喂越冬饲料时，若蜂箱内干净、不漏液体，也可以将箱的前部垫高，傍晚把糖浆直接从巢门倒入箱内喂蜂。

图 3 - 31　喂蜜脾

（引自 mike jone）

为避免盗蜂，可先喂强群，然后抽蜜脾给小群。

图 3-32　喂　糖

左：用箱顶饲喂器喂蜂　右：用框式饲喂器喂蜂

（引自 www.beecare.com）

用自动饲喂器喂蜂，省工、省时、方便，又不引起盗蜂，它是根据液体浮力和虹吸原理制成的，可自动控制饲喂器内液面的高度（图 3-33）。

注意：不得用蜜露蜜，被金属污染、发酵酸败或不明蜂场的蜂蜜喂蜂，油菜、棉花和向日葵等花种的蜂蜜也不宜用作饲料贮备。补喂越冬饲料应喂足，直到第二年春繁时还有足够的饲料，有利于春季繁殖。

图 3-33　自动饲养器喂蜂

（张留生　摄）

2. 奖励饲喂　在蜂巢内贮蜜较足，但外界蜜源较差，给蜂群连续或隔日喂少量的蜜汁或糖浆，直到外界流蜜为止，以此来促进蜂群的繁殖和王浆、花粉的生产。

奖励饲喂多在早春繁殖巢内贮蜜较充足后、秋繁前越冬饲料喂至八成后或大流蜜期结束、粉足蜜差产浆与脱粉时进行。蜜汁或糖浆的配比同补助饲喂或稍稀一点。每日意大利蜂喂 200～500 克，中华蜜蜂 100～300 克，饲喂的量以满足当天消耗不压缩卵圈为宜。

奖励饲喂的方法有巢门饲喂（瓶式饲喂器）和箱内浅塑料盒饲喂两种。

注意事项：在非生产季节，饲喂糖浆或蜜汁时可以加药防病。例如，加入 0.1%的酒石酸可促进蔗糖转化。在蜜源中断期喂蜂要谨防盗蜂。禁用劣质、掺假、污染的饲料喂蜂。培育适龄采集蜂应在主要蜜源流蜜期开花前 45 天进行。人工育王在组织哺育群或交配群前 3 天开始奖励。早春繁殖时，连续低温超过 4 天可不喂，否则应多喂浓糖浆。

3. 炼糖喂蜂　在邮寄蜂王、运输笼蜂和长途运蜂途中，可给蜜蜂喂炼糖。在配制炼糖时按一定比例加入适量的蛋白质、维生素和微量元素（详见第五章）。

（二）喂水

喂水可保证蜂群正常繁殖，生产季节能提高产量。早春或炎热季节，把水注入浅塑料盒中置于隔板外侧喂蜂，用脱脂棉的一端浸入水中，另一端搭在框梁上。巢门喂水也是一个很好的方法。转运蜂群前从巢门向巢内洒水，供蜜蜂途中饮用。

图 3-34　喂　水

（张中印　摄）

温暖天气，可在蜂场开阔的地方挖一个直径1米的圆坑，铺上塑料布，上放秸秆，注入干净的清水，蜜蜂就会取食（图3-34）。水要清洁卫生，箱内喂水要少喂勤喂，防止变质。早春喂水，可间断进行，喂一次水，3～4天喝完，停2天再喂。

（三）喂花粉或花粉代用品

早春繁殖蜂群，花粉、蜂蜜和蜂群质量同样重要。花粉的饲喂主要在早春繁殖时以及在枣花期等长期缺粉的蜜源花期，早春宜喂花粉脾。

1. 喂花粉脾　把平常贮备的花粉脾，喷上少量稀薄蜜汁或糖水，直接加到蜂巢内供蜜蜂取食。

2. 做花粉脾　把花粉团用水浸润，加入适量熟豆粉和糖粉，充分搅拌均匀，形成松散的细粉粒，用椭圆形的纸板（或木片）遮挡育虫房后，把花粉装进空脾的巢房内，一边装一边轻轻揉压，使其装满填实，然后再用蜜汁淋灌，让蜜汁渗入粉团，用与巢脾一样大小的塑料板或木板，遮盖做好的一面，再用同样方法做另一面，最后加入蜂巢供蜜蜂取食。

3. 喂花粉饼　将花粉闷湿润，加入适量蜜汁或糖浆，充分搅拌均匀，做成饼状或条状，置于蜂巢大幼虫脾的框梁上，上盖一层塑料薄膜，吃完再喂，直到外界粉源够蜜蜂食用为止（图3-35）。

图3-35　喂花粉饼
（张中印　摄）

4. 喂花粉代用品　市售的花粉代用品很多，配方各异，但都以蛋白质为主，适当加入添加剂，以便于取食、利于消化吸收，从而促进生长发育。喂法同上。也可加入适量的水，以及糖粉和蜜汁，再放入翻倒的桶中让蜜蜂自由采集。

给蜂群喂茶花粉有助于预防白垩病的发生，罂粟花粉虽能促进繁殖和抵抗疾病，但它却使蜜蜂寿命缩短，在蜂群没有充足的新鲜花粉采进时停止饲喂，将使蜂王的产卵量急剧下降。早春喂粉须连续，尤其是寒流不断、长期低温时更要注意。

（四）盐、维生素和药物的饲喂

在喂糖浆时，可加入0.1%的碘盐以及维生素C、维生素B、少量胡萝卜汁等，也可放入水中喂，用以弥补白糖水中微量元素等的不足。有病蜂群，药物放在糖浆中饲喂。

第六节　盗蜂与偏集

盗蜂和偏集都是蜜蜂进入另一群的现象。

盗蜂进入别的蜂群或贮蜜场所采集蜂蜜，在蜂群活动季节随时都可能发生，以蜜源缺乏时期和泌蜜突然中止时为甚。盗蜂一般来自本场其他蜂群或邻近蜂场，有时是一群盗一群，或一群盗数群，或数群盗一群，或全场蜂群互盗。盗蜂偷盗的对象首先是弱群、无王群、交配群和病群。

偏集则是工蜂进入别的蜂群生活。

一、盗蜂的预防

（一）盗蜂原因和危害性

1. *原因*　盗蜂的主要起因是外界缺乏蜜源、蜂群群势悬殊、中华蜜蜂与意大利蜂同场饲养或蜂场相距过近、同一蜂场蜂箱摆放过长（大）以及蜂箱巢门过高、箱内饲料不足、管理不善等，另外，喂水和阳光直射巢门等也易引发盗蜂。中华蜜蜂和高加索蜂盗性强。

2. *危害*　盗蜂一旦发生，轻者受害群生活秩序被打乱，蜜蜂变得凶暴；重者受害群的蜂蜜被掠夺一空，工蜂大量伤亡；更严重者，被盗群的蜂王被围杀或举群弃巢飞逃，若各群互盗，全场则有覆灭的危险。另外，作盗群和被盗群的工蜂都有早衰现象，给后来的繁殖等工作造成影响（图 3－36）。

图 3－36　盗　蜂

左：中蜂攻不入意蜂巢穴，选择拦截回巢的意蜂勒索食物

右：1 只中蜂被 2 只巡逻的意蜂抓获，逃脱不了就被杀死，

这是中蜂和意蜂同场饲养，中蜂群势下降的原因之一

（张中印　摄）

3. 识别　盗蜂要抢入蜂巢，守门蜜蜂依靠其嗅觉和群味辨识伙伴和敌人加以抵挡。刚开始，盗蜂在被盗群周围盘旋飞翔，寻缝乱钻，企图进箱，落在巢门口的盗蜂不时起飞，一味“逃避”守卫蜂的“攻击”和“检查”，一旦被对方咬住，双方即开始斗杀，如果抢入巢内，就上脾吸饱蜂蜜，然后匆忙出巢，在被盗群上空盘旋数圈后飞回原群。盗蜂回巢后将信息传递给其他工蜂，遂率众前往被盗群强盗搬蜜。凡是被盗群，箱周围蜜蜂麇集，秩序混乱，互相咬斗，并伴有尖锐叫声，地上蜜蜂抱团撕咬，有爬行的、乱飞的，死亡的蜜蜂足翅残缺不全，腹部勾起。有些弱群的巢门前虽然不见工蜂拼杀，也不见守卫蜂，但蜜蜂突然增多，外界又无花蜜可采，这表明已被盗蜂征服。

蜜蜂作盗的另一种形式是暗盗。当盗蜂降落在被盗群巢门口被守门蜂检查时，就献出一滴蜂蜜给守卫蜂，然后混进巢内盗蜜（或直接闯进箱内），不久，盗蜂就自如地进出被盗群。这种被盗群显得很安静，不易被发现，开箱检查可见巢脾的前半部无蜜，后半部蜜足甚至还有封盖蜜。

在被盗蜂群的巢门前向蜜蜂身上撒些白粉，发现带有白粉的蜜蜂飞入另一蜂群，该群就是作盗群。作盗的蜜蜂多是身体油光发亮的老蜂，它们早出晚归。

（二）预防和制止盗蜂

1. 预防盗蜂

（1）强群食足：选择有丰富、优良蜜源的场地放蜂。常年饲养强群，留足饲料。需要饲喂时，先喂强群后喂弱群，或抽饲料脾给弱群，在繁殖越冬蜂前喂足越冬饲料，饲料尽量选用白糖。蜂场内不长期保留无王群、弱群、病群。

（2）重视蜜、蜡保存：平时做到蜜不露缸、脾不露箱、蜂不露脾，场地上洒落蜜汁应及时用湿布擦干或用泥土盖严，取蜜作业在室内进行，结束后洗净摇蜜机。

（3）减少看蜂时间：开箱看蜂时间不宜太长，盗蜂猖獗季节，尽量不开箱，必须开箱时，趁一早一晚蜜蜂不活动时开箱，并用覆布遮盖暴露的蜂巢。

非流蜜期，要紧缩蜂巢，修补蜂箱，填堵缝隙，缩小巢门，降低巢门高度（6～7 毫米）。蜂箱不染成黄色等招引蜜蜂的颜色。

中华蜜蜂和意大利蜂不同场饲养，对盗性强和守卫能力低的蜂种进行改造。相邻两蜂场应距 2 千米以上，忌场后建场，同一蜂场蜂箱不摆放过长。不用芳香药物防治病虫害。

2. 制止盗蜂

盗蜂发生后，只有在天气下雨或骤然变冷时才能自然止盗，否则，必须采取有效措施积极制止。

（1）保护被盗群：盗蜂初起，立即缩小、降低被盗群的巢门，并用清水冲洗，然后用白色透明塑料布搭住被盗群的前后，直搭到距地面2～3厘米高处。或搬走被盗群，置于隐蔽阴凉处，并冲洗巢门。原处放1个空蜂箱收罗蜜蜂。

（2）处理作盗群：如果采用上述方法还不能制止盗蜂，在一群盗几群的情况下，就将作盗群搬离原址数十米，原位置另放一装有2～3框空脾的巢箱，收罗盗蜂，2天后将原群搬回。如有必要时，傍晚可在场地中燃火，消灭来投的盗蜂。

（3）搬迁蜂场：全场蜂群互相偷抢，一片混乱，应当机立断，将蜂场迁到5千米以外的地方，分散安放，饲养月余再搬回。

二、偏集与利用

归巢蜜蜂误入他群的现象叫迷巢，许多工蜂因迷巢或其他原因飞入某些蜂群，短时间内造成一部分蜂群群势过强，而另一部分蜂群群势过弱，就是偏集。

（一）迷巢与偏集的原因

1. 原因　蜂群排列不合理或蜂场相距过近、蜂箱位置不显著、调换不同颜色的蜂箱、白天给笼蜂过箱、缺饲料、天气突变、受季风或光照的影响等都会引起蜜蜂迷巢。据报道，80％的迷巢蜂是幼蜂。

2. 特点　蜜蜂偏集，一般是下风向向上风向的蜂群偏集（蜜蜂有顶风飞行的习惯，主要受季风影响），但当风力较大时则相反。蜂场后排蜂群的蜜蜂向前排蜂群偏集较多见，两蜂场相近时，蜂路不好的蜜蜂向蜂路好的蜂群（场）偏集（在刺槐林中的场地较常见）。无王群的蜜蜂向有王群偏集，老劣病残蜂王群的蜜蜂向有优良蜂王群偏集。另外，蜜蜂有向蜂王信息素强的地方偏集，或在火车运蜂时向喂蜜的地方聚集的特点。开门运蜂途中，蜜蜂向装在外围的蜂群偏集，利用放蜂车尤为明显。

3. 危害　对幼年蜂和满载花蜜和花粉来投的外勤蜂，一般不会遭到守门蜂的阻拦和攻击。而长途转运刚放出巢的工蜂偏集时常遭到守门蜂攻击，有时还发生围王现象。处女王交配归来以及受惊起飞的产卵蜂王，迷巢误入他群将遭到杀戮。

图 3-37　偏　集

无意中收养了这么多来投的蜂民，好事？蜂国强大了，坏事？不久这些蜂民就要闹分家，另起炉灶，建立一个新的蜜蜂王国

（李东荣　摄）

工蜂偏集，导致一些蜂群的蜂数锐减，失去生产能力，繁殖受到影响；另一些蜂群的蜂数猛增，影响安全运输或正常生活（不久蜂群就会产生分蜂热），给管理带来麻烦（图 3-37）。另外，蜜蜂迷巢（偏集）还容易传播疾病。因此，在养蜂生产中尽力避免蜜蜂迷巢，积极处理好已偏集的蜂群。

（二）偏集的预防与处理

1. 偏集的预防　将蜂群摆放在或靠近有明显标志物的地方，如树木、大石块和建筑物等，让蜜蜂易辨认家门。一字形摆放蜂群，应使蜂箱对着季风方向，或采用不规则形或无重复形摆放蜂群，避开风向。两个蜂场应保持一定距离，严禁把蜂放在别人蜂场的上风向、蜜粉源上首和出入飞行线上。早春繁殖与越冬把蜂箱摆放在向阳处，不要放成顺风的长蛇阵。

长途转运途中临时放蜂，蜂箱应摆成圆形或方形，先在巢门纱窗喷水后再打开巢门，与其他蜂场不宜相距太近，或使两场蜂放的位置在风向同一条线上，蜂路都要开阔。不得随意喂蜜，不使用含信息素物质和芳香物质。落场时，应在巢门喷水后再开巢门，同一排蜂箱同时开巢门。笼蜂过箱在傍晚依次进行。

生产花粉、蜂毒时，对于同一排的蜂群应同时进行，同时结束。

2. 处置偏集蜂　在有蜜粉源季节偏集，把强群和弱群互换箱位；或抽出强群的带蜂巢脾补给弱群（合并）。若蜂王被围，应及时解救。

3. 蜜蜂偏集的利用　根据蜜蜂对蜂巢位置的记忆特点和有向邻箱、附近蜂箱偏集的特性，在组织采蜜群、人工分蜂等环节，采取移动箱位的措施可加以利用（见第四章）。

用汽车开门运蜂，落场时，使蜂多与蜂少的群搭配，利用移位法把偏集来的蜜蜂再偏集过去，以此来平衡群势。

第七节　蜂群的收捕

一、猎取野生蜂

（一）野生蜂习性

野生蜂群多选择在半径1～2千米以内有丰富蜜粉源植物的地方营巢，中蜂采集飞翔的半径约1千米。它们常在向阳的山脚或山腰的树洞、岩洞、土洞中筑巢，树洞是其最理想的营巢场所，既防风避雨又干燥，冬暖夏凉，还有助于固定蜂巢。

中蜂群自然分蜂季节，在江西省多发生在“春分”和“秋分”时节，而在河南省多发生于春末（5月）和秋初季节，这是收捕分蜂团、设置蜂箱诱捕分蜂群的良好时机。而诱捕或猎捕后的蜂巢（箱），应恢复、保留原状，以便更多的分蜂群投住。

（二）收捕分蜂团

第一，当发现蜂群从上空飞过，应跟踪之，待其在树上或岩石等处结团。

第二，准备好蜂箱，内放1张带有少量蜜蜂幼虫的蜜脾，2个装好巢础的巢框，并关上巢门、打开通风窗后放在阴凉处备用。

其余操作技术见“二、收捕分蜂群”。

（三）诱捕野生蜂

1. 诱捕地点　在蜂群自然分蜂季节，选择蜜粉源植物丰富的山林地带，将诱捕箱放置在向阳山腰突出的山岩下（图3-38），周围有灌木丛生长，上面有树木掩映。

图3-38　山坡上诱捕中蜂的蜂箱

（张中印　摄）

2. 诱捕器具　诱捕蜜蜂的主要器具是蜂箱。蜂箱要严密无缝、无特殊气味，干净、勿潮。箱内放3～4个已上有窄条巢础的巢框，用框卡将巢框卡住、钉牢。巢门以高10毫米、宽

20毫米为宜，把蜂箱垫高、垫平，上面压上石块。或把具有蜜蜡气味的旧蜂桶绑在树干上，距离地面3米以上。或将收捕后的蜂巢用石块、树皮、黏土等恢复到自然状态，开1个10～20毫米直径的巢孔，巢穴内留一些巢脾、蜡基，以便分蜂群或迁飞群投居。

3. 检查管理　在分蜂季节，每2～3天（其他时期7～10天）前往查看一次，久雨初晴及时检查。发现有野生蜂群进住蜂箱，待傍晚蜜蜂归巢后，关闭巢门，搬到饲养地点。使用蜂桶诱捕的蜂群，搬到场地后，及早过箱，采用活框饲养。

（四）猎捕野生蜂

1. 猎捕时间　猎捕野生蜂群的时间，一般安排在当地第一个主要蜜源后期至最后一个蜜源开花初期之间，这样，被猎捕的蜂群有一定数量的子脾和群势，有获得恢复、发展的时间。

2. 寻找蜂巢

（1）追踪采蜜蜂：晴暖天气的上午9～11时，在蜜源地点，观察回巢蜂的飞行路线，并循飞行方向跟踪。如果听到蜜蜂飞翔声音长且消失慢，表明蜂巢就在附近。也可将采蜜蜂抓住，用一根10厘米长的细线，一端系上小红布条，将另一端缚在蜜蜂的腰部，然后放飞蜜蜂。蜜蜂拖着布条，飞行缓慢，目标明显，容易跟踪。

（2）观察采水蜂：若在溪边、水田边发现采水蜂，证明蜂巢距此不远，可按上法追踪。

（3）寻找蜂粪便：在植物叶上，若发现有密集的蜜蜂粪便，蜂巢就在附近。

（4）给蜂巢定位：在高地的上风处，将蜂蜜加热（注意防火），或同时在地面点燃一些旧巢脾，使之散发出蜜、蜡香气，引诱蜜蜂，并观察吸饱蜜汁后蜜蜂的返巢路线。同法，在相距25米以外的地方重复上述试验。在两条飞行线相交的地方，即可找到蜂巢的大致位置。

此外，向牧羊、打柴和采药的人了解野生蜂的线索，不失为寻找野生蜂巢的捷径。

3. 捕猎方法　猎捕野生蜂工具，主要有锯、刀、起刮刀、收蜂箱和防护用具等。若蜜蜂在岩石下已造脾，应用烟熏驱蜂进笼，再割脾过箱。

（1）捕猎土洞蜂：戴上蜂帽，挖开洞口，用烟使蜜蜂离脾，在洞内空处结团。依次割脾、裁切、划痕线到巢房底、镶脾、绑牢，放入蜂箱。再用勺或纸筒舀取蜂团（也可以用捕蜂网套取蜂团），倒入蜂箱，待抓回大部分蜜蜂后，将蜂箱巢门靠近洞口，让蜜蜂自行爬入蜂箱（图 3－39）。操作中，要注意寻找、保护蜂王。

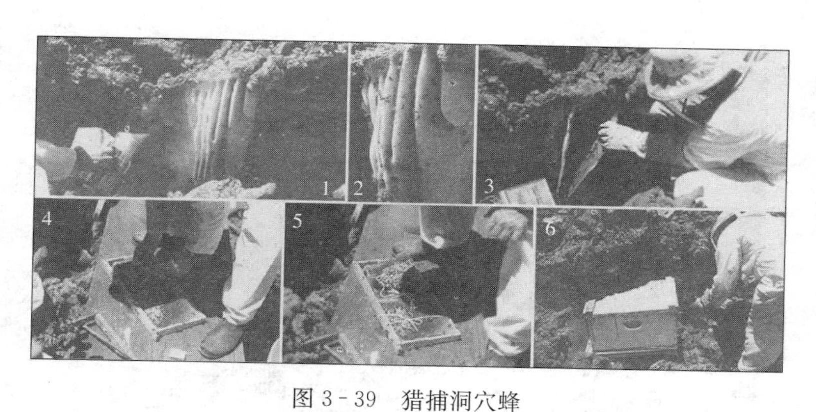

图 3－39　猎捕洞穴蜂

1. 驱离蜜蜂　2. 暴露巢脾　3. 割脾　4、5. 裁切、绑脾　6. 赶蜂进箱

（引自黄智勇）

（2）捕捉岩洞蜂：保留 1 个合适的巢门，用泥堵塞其余洞口。用棉花或布条蘸 50％的石炭酸并塞进蜂巢。然后，使 1 根透明管，一端插入巢口，另一端插入放在洞旁的蜂箱（箱内应放好 1 张带幼虫的蜜脾和 2 个巢础框），用泥封住缝隙。待看到蜂王从管中通过、洞内蜜蜂大都爬出时，将蜂箱搬回，加强管理。

石炭酸对皮肤有腐蚀性，应注意防护。

（3）捕获树洞蜂：把蜂箱支起，巢门与树洞蜂巢门持平或略高，其他操作同“捕捉岩洞蜂”。

二、收捕分蜂群

在蜂群周年生活中，分蜂是其自然繁殖的必然规律。因胡蜂等敌害的侵扰、巢内缺蜜、患病以及蜂盗、风吹日晒、烟熏、强烈震动、恶劣气候等原因，会迫使蜂群弃巢飞逃。蜂群飞出蜂巢后不久便在蜂场附近的树杈或屋檐下结团，2～3小时后便举群飞走。为了避免损失，在蜜蜂结团后飞走前，应抓住时机把蜜蜂收回（图3-40、图3-41）。

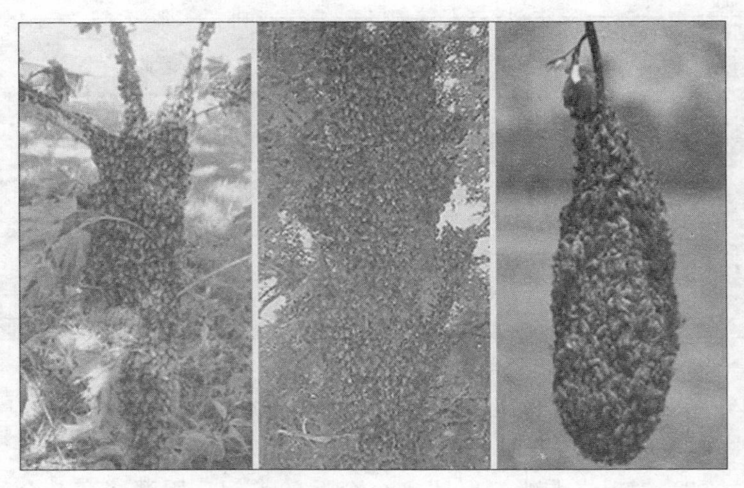

图3-40　收捕形状各异的蜂团

1. 用笼或笊篱收　2. 用铜版纸卷个V形纸筒舀蜂入箱

3. 左手握住蜂团上方的树枝，右手持剪，从左手上方剪断树枝，提回

［引自ct-honey.com；黄智勇；Adult（s）G. Keith Deuce］

图 3-41　收捕低处的分蜂团

1. 结在低处小树枝上的蜂团　2. 把蜂箱置于蜂团下

3. 压低树枝使蜂团接近蜂箱　4. 抖蜂落入蜂箱

（引自黄智勇）

（一）收捕方法

1. 关门　在上午，多数蜂群的工蜂出入正常，采集积极，而个别大群的蜜蜂不积极采集，而是聚集在巢前形成“蜂胡子”，这是分蜂的前兆。若有蜜蜂在蜂箱周围绕飞，接着在蜂场上空盘旋，并发出很大的响声，蜜蜂急躁涌出巢门，这是分蜂已经开始。当蜂群分蜂或飞逃刚开始、蜂王尚未飞离原巢时，应立即关闭巢门或装上巢门脱粉器，不让蜂王出巢，然后打开箱盖，揭去覆布，从铁纱上往巢内洒水，使蜂群安定下来，飞出去的蜜蜂因无王跟随也都纷纷归巢。

图 3-42　收捕高处的分蜂团

（引自 www.draperbee.com）

2. 笊篱收　当大批蜜蜂涌出巢门，蜂王也已飞离，在蜂场上空盘旋，待蜂结团后，将收蜂笊篱下缘接靠蜂团，利用蜜蜂向上的习性，或以蜂刷或淡烟驱蜂，将其赶到笊篱下结团。

3. 网捕　用捕蜂网自下向上套住蜂团拉动，蜂团落入网内，铁纱收蜂网盖上盖提回，若为尼龙捕蜂网，将手柄旋转 180°，封住网口，提回（图 3-42）。收回的蜜蜂要及时放入蜂箱。

4. 剪枝　如果分蜂团结在细小的树枝上，可用枝剪轻轻剪断树枝提回；若蜂团结在粗短的树枝上，可将放好巢脾的蜂箱置于蜂团下方，用力振动树枝，使蜂团振落到箱内。如果蜂团聚集在树干上，此情况下，用勺或纸筒舀蜂不失为一个快捷的办法。

（二）自然分蜂群的处理

1. 原群的处理　首先检查蜂群。若是飞逃，查明原因，从速纠正后把收回的蜂团抖入蜂巢。若是自然分蜂，在非主要蜜源花期，对蜂巢进行调整，抽出多余的巢脾，原群作为交配群，选留 1 个端正、大型、成熟的王台，其余均予毁弃。若原群群势仍较强，可再拆为 2 群，各挑选 1 个王台，蜂巢以闸板隔断，进行同箱饲养，分别巢门交尾。最后缩小巢门，喂足饲料。如果在流蜜期或离主要蜜源开花流蜜时间很短，则按流蜜期分蜂的管理措施进行处理。

2. 分出群的处理　准备 1 个巢箱，摆在选定的位置，从原群抽出 1～2 框卵虫脾，以此为中心，视分出群的大小，在卵虫脾的两旁适当补充空脾或巢础框，依次排在箱内一侧，隔板暂放另一侧，打开纱窗，关闭巢门（意蜂可不关巢门），把蜂团用力震落在箱内空处，立即盖蜂箱，10 分钟后打开巢门，傍晚或第二天观察，若蜜蜂出勤正常，采集蜂带回花粉，则证明蜂王已经上脾，打开蜂箱放好隔板即可，或者推移副盖和隔板，催蜂上脾。蜜蜂上脾后，检查蜂王是否收回，如果蜂王伤残或无王，分出群应合并或导入 1 个产卵蜂王。

第四章 蜜蜂周年管理技术

本章依据全年的养蜂目的和蜜蜂一年四季活动规律，对处于不同阶段的蜂群和具体蜜源等情况下的管理措施（无特殊注明，均以意蜂为例）作了系统阐述，其前后内容相辅相成。所有的技术方法，旨在有计划地促进蜂群的生长和发展，养好蜜蜂，用好蜜蜂，让蜜蜂为人类奉献更多的“剩余价值”，更好地为花儿做传媒。

第一节 繁殖期管理

一、春繁与秋繁

（一）春季繁蜂

1. 选择场地　选择向阳、干燥，有榆、杨、柳等早期蜜源的地方摆放蜂群，蜂群2箱一组或连着放，但不宜过长，前后排间隔不超过3米。蜂路开阔，避开风口，尽量就近在油菜蜜源场地繁殖。另外，水源、水质要好，并保持场地清洁卫生，远离工业区及所排废气的下风向，避开高压电线。在南方多风的地方，蜂群摆放还要求地势不高不低，雨天能排水。在南方蜂群不放置在枯草皮和枯木桩附近，防止白蚁蛀食蜂箱。

巢门一般向南，但在早春晴天多、日照长的地区，巢门朝向东方，如云南省、四川省南部。有些地区巢门则朝向西方，优点是子脾大小头不明显，蜂群易排湿。

2. 促蜂排泄　蜂群进场后，或在越冬室的蜂群搬到场地摆放好后，选择中午气温在10℃以上的晴暖无风天气，10～14时掀起箱盖，使阳光直照覆布，提高巢内温度，若同时喂给蜂群100克50%的糖水，更能促使蜜蜂出巢排泄。促蜂排泄要连续2～3次，从越冬室搬到场地上的蜂群，要连续排泄2天。

在排泄飞翔时，蜂群越大飞出的蜜蜂越多。越冬正常的蜂群，蜜蜂体色鲜艳、腹部较小、飞翔有序、蜂声有力，在较远处排出像线头一样的粪便。因受不良饲料、潮湿等影响罹患下痢病的蜜蜂，体色灰暗、腹部胀大、行动迟缓，在蜂箱附近或箱体上排出玉米粒大小的一片稀薄粪便。如果蜂群丢失蜂王，工蜂会在巢门前惊慌乱爬，久不回巢，蜂团松散。缺少食物的蜂群，巢前拖出大量体小轻飘的死蜂，蜜蜂飞行时间长，箱内嗡嗡声不断。对越冬有问题的蜂群，应及时开箱进行处理。

促蜂排泄的时间，在河南宜选在“立春”前后，即离早期蜜源开花前半个月左右，其他地区定在第一个蜜源出现前的30天合适，对患下痢病的蜂群应提前到20天。在第一次排泄时要用√形勾从巢门掏出死蜂。蜜蜂排泄后若不及时繁殖，应对巢门遮光或关闭蜂王。

3. 调整蜂群、换箱整脾

（1）调整蜂群：蜜蜂排泄飞翔后，及时开箱用王笼把蜂王关起来（与后面治螨结合），吊在蜂团的中央，同时抽出多余的巢脾，使蜂脾相称。而患病（如下痢）蜂群，使蜂多于脾。对无王群、弱群进行合并，淘汰老劣王。对缺蜜的蜂群，在傍晚补给蜜脾。

（2）换箱整脾：治螨后或治螨的同时，可把清扫干净并经过消毒的空箱与原蜂箱调换，换入适合产卵的粉蜜脾。换入的巢脾如为空脾，要用水浸泡24～48小时，用割蜜刀削低巢房口，甩净晾干，然后，将其做成花粉脾，再加入蜂巢。早春繁殖用的巢脾以无雄蜂房的黄褐色巢脾为宜。

4. 繁殖时间　在完成上述工作后，关王的蜂群要及时放王繁殖。如南方转地蜂场在1月中旬、定地蜂场在2月初开始；东北在3月中旬，计划在椴树开花前分蜂的场早一些，不分蜂的场晚些；在河南，蜂群春季繁殖的时间宜在“雨水”前后。提前繁殖应在第一个蜜源开花散粉前的20天开始。

5. 防治蜂螨　抽脾紧蜂后或蜂王刚产卵时（如河南在“雨水”前后），选晴暖天气的午后，对全场蜂群治螨2次。一般用杀螨剂喷脾或用“两罐雾化器”（图4-1）（详见第七章）对箱内空处喷雾，群内有封盖子的须用螨扑防治。在治螨前1天用糖水1千克喂蜂，或用500克糖水连喂2～3次，防治效果更好。春繁开始时治螨，群势小，蜂螨抵抗力弱，治螨省工、效果好。

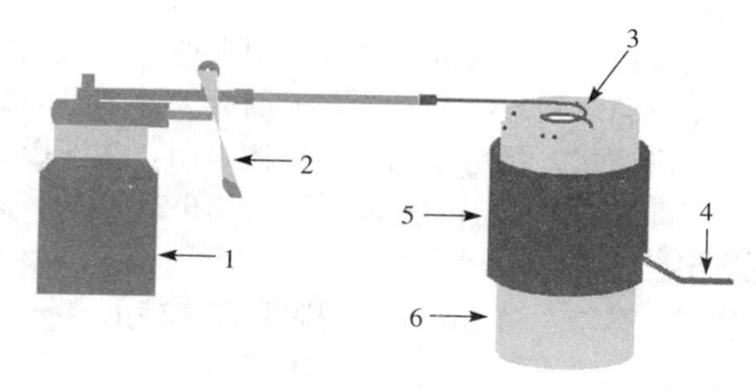

图4-1　两罐雾化器结构

1. 药液罐　2. 动力系统　3. 螺旋加热管　4. 喷头　5. 防风罩　6. 燃烧罐

（张中印　摄）

6. 饲料供应　早春繁殖，尽可能利用贮备的蜜粉脾和自然蜜粉源。

（1）喂糖：如果饲料充足，就喂1∶0.7的糖水，以够吃不产生蜜压卵圈为宜。如果缺食，先补足糖饲料，使每个巢脾上有0.5千克糖蜜，再进行补偿性奖励饲养，以够当天消耗为准。

不喂锈桶盛装的蜂蜜，否则蜜蜂爬出箱外，若处置失当，将会全场覆没。另外，在蜂数不足的情况下，糖饲料必须充足，但用灌糖脾喂蜂的量不宜过大，防止蜂巢温度急剧下降和蜜蜂死亡。有寒流时多喂浓一点的糖浆或加糖脾，以防拖虫和子圈缩小。

用大蒜0.5千克压碎榨汁，加入50千克糖浆中喂蜂，可预防美洲幼虫腐臭病、欧洲幼虫腐臭病、孢子虫病和爬蜂病。早春，若距养蜂生产还有1个月的时间，在糖浆中加入烟曲霉素，或在1 000毫升糖浆中加4毫升食醋，也可预防孢子虫病。

(2) 喂粉：在最早的蜜源植物散粉前20天开始喂粉，到主要粉源植物开花有足够的新鲜花粉进箱时为止。用花粉脾或做粉脾喂，每脾有花粉300～350克。也可把花粉做成饼喂。

早春饲喂茶花粉能抑制蜜蜂白垩病的发生。喂粉须连续，长期低温防缺食。

用购买的蜂花粉喂蜂要进行消毒处理：把5～6个继箱叠在一起，每2个继箱之间放纱盖，纱盖上铺放2厘米厚的蜂花粉，边角不放，以利透气，然后，把整个箱体封闭，在下燃烧硫黄，3～5克/箱，间隔数小时后再熏蒸一次。密闭24小时，晾24小时后即可使用。

(3) 喂水：春季在箱内喂水，用脱脂棉连接水槽与巢脾上梁让蜜蜂取食。每次喂水够3～4天饮用，间断2天再喂，水质要好，水中可加入0.1%的加碘食盐。箱内喂水要么一直喂冷水，要么一直喂温开水，不能冷热相间。

7. 保持温度　尽可能以蜂群自身的能力达到繁殖温度，人为地加强保温，只是一个辅助措施。

(1) 抽脾紧蜂：早春繁殖，每群蜂数在华北、东北和西北要达到3～5足框蜂，华中地区须有2足框以上蜜蜂，否则应组成双群同箱饲养或把更弱的群予以合并。把蜂脾比调整为2.5～1.2∶1，使蜂多于脾同时放宽蜂路。群势越小的蜂群，蜜蜂就越密集。1.5～2.5框蜂放1张脾，2.5～3.5框蜂放2张脾，3.5～

4.5 框蜂放 3 张脾，4.5～5.5 框蜂放 4 张脾（周冰峰，2002），而达到 7 框以上蜜蜂的蜂群，可以蜂脾相称繁殖（图 4-2）。

图 4-2 蜂脾关系

左：蜂少于脾（六成蜂） 右：蜂脾相称

（张中印；叶振生 摄）

早春蜂多脾少有利于提高和维持蜂巢温度和幼虫食物，但对巢脾质量有特别要求。巢脾必须是育过 3～5 代子的优质巢脾，只放 1 张巢脾的蜂群，脾上须有 0.5 千克以上的糖和约 250 克的花粉饲料；放 2 张巢脾的蜂群，其中之一应是粉蜜脾，另 1 张为半蜜脾；放 3 张巢脾的蜂群，1 张为全蜜脾，2 张为粉蜜脾。饲料不够，应及时补充，防止饥饿。

（2）双群同箱：早春 2 群蜂同箱饲养，可达到相互取暖促进繁殖的目的。其做法是：在巢箱中间加闸板，两侧各放 1 群蜜蜂，分别巢门出入。按此春繁，根据河南省浚县种蜂场试验，如果每群有 2 框蜂，到刺槐花期，每群可达 12 框蜂的群势，也就是早春开始繁殖时 1 脾蜂，到刺槐花期可增加 6 倍，增殖效果比较理想。

（3）适当保温处置：对 4 框蜂以上群势的蜂群，不需要特殊保温，只需用覆布盖严上口、副盖上加草帘即可。对于群势较弱的蜂群，用干草围着蜂箱左右箱壁和后箱壁，箱低垫实，或再用干草等物轻填箱内空处，草帘置于副盖上，并留通气孔，以利蜂巢内空气流通。

阴雨天气，蜂箱上盖塑料薄膜，盖后不盖前，防止雨淋，保持蜂巢干燥，有太阳时要拿掉。对蜂群保温处置宜在蜂王产卵10天左右开始，到群势发展到8框蜂左右时为止，其间逐渐撤除内保温物。

（4）调节巢门：早春繁殖，晴暖时开大巢门，低温或早晚缩小巢门。巢门向南的蜂群，刮东北季风开右门，刮西风开左巢门，不顶风开巢门。

8. 扩大蜂巢　原则是（蜂脾关系）沿着开始繁殖时的蜂多于脾→繁殖中期蜂脾相称→繁殖盛期蜂少于脾→生产开始时蜂脾相称的方向发展，前期要稳，新老蜂交替期要压，发展期要快，群势发展到8框足蜂时即可撤保温物上继箱。

（1）加入巢脾：早期加脾要稳，在子脾面积达90%，蜂群有保温、育虫能力和隔板外堆积蜜蜂的情况下，向巢内加入巢脾。春繁中后期，蜜源多、温度高，可3天加1张脾，但蜂脾比不小于0.7：1，争取做到产1粒卵得1只蜂的效果。在群内巢脾数达到5～6框时暂停加脾，使工蜂逐渐密集，为加继箱蓄积力量，或以强补弱，促进小群的发展。

（2）注意事项

①单脾繁殖加脾：单脾开始春繁的蜂群，在第一张子脾封盖时即加第二张脾，注意饲喂。

②蜂少于脾繁殖：早春繁殖时则应增加糖饲料，以调节子圈大小，同时，只有新蜂完全代替了隔年蜜蜂（蜂多于脾）后，才能向蜂群加脾，扩大蜂巢。

③加脾位置要求：加脾于边脾的位置，若采回的蜜粉较多，而蜂数不足时，应加脾在隔板外侧，蜂数够后再调到隔板内侧。连续加脾要求饲料足、保温好、子产到边角。

④巢脾质量要求：开始向蜂巢加育过几代子的黄褐色优质巢脾，外界有蜜粉源时加新脾，大量进粉时加巢础框造脾。

早期、阴雨连绵或饲料不足时加蜜粉脾，蜜多加空脾。老巢脾或巢房加高的巢脾，用清水浸泡 24 小时后，削低巢房甩干水珠后加入，或灌上少量温热的蜜汁和糖浆后再加入；不用水浸泡的巢脾须用磷化铝熏蒸后加入。

⑤封盖糖的处理：繁殖期，如果多数蜂群出现大量的封盖糖，要进行“压蜂”，加脾要稳或缓加脾。

9. 防止空飞　在春季日照长的地区春繁，若外界长期无粉可采，应对蜂群进行遮盖，并注意箱内喂水。

10. 造脾生产　当春季蜂群发展到 6 框蜂时即可生产花粉，预防粉压子圈，同时加础造脾 2 张。发展到 8 框以上，王浆生产也将开始，在蜂数接近满箱暂缓加脾的同时，如果不取浆或脱粉，对个别采蜜多的群要进行蜂蜜生产。生产花粉不得影响繁殖，在大流蜜时停止生产花粉；王浆的生产从此开始，直到全年蜜源结束为止。

养蜂生产，在河南一般从 4 月初开始，长江流域及以南地区在 3 月，东北椴树蜜生产在 7 月。

由于蜂群发展的不平衡，势必影响管理、生产的同步进行。因此，在蜂群达到 9 框足蜂时，要及时把有新蜂出房的老子脾带蜂补给弱群，弱群的卵虫脾调给强群，以达到预防自然分蜂、共同发展的目的，但调子调蜂以不影响蜂群发展和蜂能护子为原则。

（二）春季养王

蜂场每年都要尽早在第一个主要蜜源期更换蜂王。一般说来，新蜂王的获得应向种王场购买良种一代生产用蜂王，但因换王早或其他原因，不能获得较多的一代新蜂王，所需蜂王，将由自己培育。种蜂的获得可以自己选育，也可以购买。

1. 准备雄蜂　选场内经济性状等各方面比较好、体色一致的蜂群或购买的种用群，在早春开始繁殖时即加强其群势，使其在当地第一个主要蜜源花前期（河南在 3 月 20 日前后）即达 10

框蜂的群势，加入雄蜂脾，并用隔王板或蜂王产卵控制器迫使蜂王产雄蜂卵，同时进行奖励饲喂，保持食物充足。培育雄蜂的数量应是所育蜂王数量的50倍以上。培育雄蜂的同时，要割除非父群中的雄蜂蛹，以期达到种用雄蜂在处女王交配时的空中优势。

2. 选择母群　同样选择具有优良性状的蜂群或购买的种用群作母群，并加强群势，当地第一个主要蜜源花中期（河南在4月5日前后）移虫育王，移虫的数量为需要量的130%左右。

3. 哺育王台　将移好虫的育王框置于哺育群中喂养。哺育群要求群势强、经济性状好、没有病虫害，每个育王框养王不超过30个，用优质蜂蜡王台养王。

4. 组织交配群　移虫后第10天，根据王台数量从各蜂群中抽取带蜂的蜜粉脾，分别组成具有2脾蜂的交配群，适合连续追赶蜜源的蜂场应用。

在山东、河南、河北的蜂场，还可以把能在5月上中旬刺槐花期投入生产的蜂群作为交配群，其老蜂王用王笼关起来，放置前箱壁外；需采枣花的蜂群，组成主、副群饲养，将主群作为交配群。

对交配小群和主、副饲养的副群，要加强保温和饲喂。

5. 介绍王台　移虫后第11天给每个交配群导入1个大而端正的王台，导入王台过程中，不震动、不倒置，栽植在中央巢脾的前下角。

6. 蜂王产卵　一般介绍王台10天后新王即交配产卵，在生产群和主群交配的新王自然成为生产群；在交配小群中养成的新王，与原群合并成为生产群。若育王不成，上述地区也应在刺槐开花初期放回老王让其产卵。

在河南省这样育王的好处，一是新王产卵后，正值刺槐开花流蜜，工蜂工作积极，加之巢内工作负担轻，能大幅度地提高刺槐蜜的产量；二是换王蜂群，本年度不会产生分蜂热，从而提高工作效率；三是春季养王，天敌少，气候适宜，成功率高，品质相对较好。还可利用育王换王的机会补治蜂螨。

（三）秋季繁殖

在长江以北地区，秋季须繁殖好适龄越冬蜂，喂足越冬饲料，彻底治螨。在长江以南地区，秋季即要繁殖茶花、桂花、鹅掌柴、野坝子、枇杷等蜜源的采集蜂，还要利用冬季蜜源培育越冬蜂。长江以南的秋季管理，可参照春季蜂群的管理进行。

1. 补充育王、更换老劣王　蜂群进入最后一个蜜源场地（如芝麻、荞麦、田菁、棉花和向日葵等）初期，即着手培育雄蜂，半个月后，移虫育王。若蜜源不足，对哺育群应每天奖励饲喂，直到全部王台封盖为止。移虫后第 9、10 日，把全场蜂王用竹制王笼关闭（当年的新王吊在中间巢脾框耳处，非当年的老蜂王集中贮备在 1 个蜂群中或处理掉），全面检查蜂群，清除王台。调整蜂群，以强补弱或合并小群，使每一群都达到 10 框蜂左右的群势，子脾均等。如果计划次年进行双王同群或双群同箱饲养，则在此时组成双群同箱交配、秋繁。次日，给每个老王群或新分群介绍 1 个王台，新王一般在最后一个主要蜜源花后期交配产卵。

长江以北地区，秋季集中养王多在 8 月份，此时期蜜源丰富，蜂群也正处在第二个自然分蜂期。新王产卵后，更换老劣蜂王，即进入秋季繁殖越冬蜂阶段。

2. 贮备蜜脾、喂越冬底糖　芝麻、荞麦等主要秋季蜜源花中后期，逐步停止蜂蜜和王浆的生产，让蜂群稍作休整，贮备饲料。8 月份，秋玉米大量散粉，会出现粉压卵圈现象，这时应保留粉蜜脾，或积极生产花粉，同时抓紧时机造 2 张脾。

主要蜜源开花后期或流蜜结束，秋季繁殖即开始。若贮备的蜜脾不够越冬用，或不宜作越冬饲料，应在繁殖越冬蜂前 1 周全部清除，结合下面的调整蜂势，换进优质巢脾，并给蜂群喂大量糖浆，直到越冬饲料达八成以上且有2/3以上蜜房封盖为止。

3. 防治蜂螨　结合育王断子，待全部老子脾羽化出房，蜂王刚开始产卵，蜂群内无封盖子时，用杀螨剂治螨2～3次。如果蜂群没有采取囚王断子这些措施，则应在秋季繁殖前2周、1周分别给每个蜂群挂螨扑药2次，每次1～2片。蜂螨的防治技术措施参照第七章。

4. 繁殖适龄越冬蜂　适龄越冬蜂为秋末羽化出房后既没有参加过哺育、采集等工作，又经过了充分排泄飞翔的工蜂。繁殖适龄越冬蜂的时间，应根据当地蜜粉源条件和气候特点来决定。河南省一般在8月下旬至9月上中旬，历时20天左右。

（1）选择场地：选择蜜粉源丰富的地方作为秋季繁殖场所，蜜和粉不能兼顾时，以粉源丰富为主，如秋玉米、葎草、铜锤草等的花粉都很丰富。场地周围水质好、无污染，蜂箱每天应有充足的阳光照射。

（2）调整蜂势：提倡继箱群繁殖。10框以上的继箱群，巢箱放6～7张脾供蜂王产卵，继箱放4～5张脾供贮备越冬饲料，多余的巢脾抽出。

（3）换王、放王：一般情况下，新王交配产卵，适龄越冬蜂的培育也就开始。

新蜂王产卵积极，适合快速繁殖，新蜂王产卵后，及时更换掉老蜂王。如果蜂巢用闸板隔为两区，一边放老蜂王，另一边放新王，共同产卵，可培育更多的适龄蜂，但秋后要除掉老蜂王。如果新蜂王没有育成，在繁殖适龄越冬蜂前5天须把老蜂王放出。

（4）奖励饲喂：每天傍晚用糖浆喂蜂，糖水比例为1：0.7，历时25天左右（越冬子脾全部封盖），并给蜜蜂喂水。糖浆中可加入食醋等预防疾病。奖励结束时，越冬饲料也一并喂好。

（5）注意事项：蜂群繁殖蜂数要足，糖、粉脾放继箱或抽出。如果粉源充足，如有茵陈、葎草和栾树等开花，可适当脱粉。盖好覆布，注意保温，防止盗蜂。

在高寒山区越冬的蜂群，为防寒流早来冻伤蜂子，应早繁殖。

5. 适时断子　繁殖适龄越冬蜂，一般 20 天左右，河南省约在 9 月 20 日前后结束，把蜂王用竹丝王笼关闭，吊于蜂巢前部（中央巢脾前面框耳处），淘汰老劣王。

6. 补足越冬饲料　越冬饲料应包括早春繁殖时所需要的一部分饲料，同时要预防被铁锈污染和混入甘露蜜。越冬饲料应在繁殖越冬蜂前喂 80%，剩余的 20%在奖励喂蜂时补足。1 张装满糖蜜的巢脾，约有糖蜜 2.5 千克。实践证明，1 框越冬蜂平均需要糖饲料，在东北和西北地区 2.5～3.5 千克，华北地区 2～3 千克，转地蜂场 1～1.5 千克（周冰峰，2002），同时须贮存一些蜜脾，以备急用。但断子（关闭蜂王）后，有些蜂群的越冬饲料不足，还需及时补充。在河南省，10 框蜂开始喂，喂好 7 个蜜脾，需白糖 11 千克。而在其以北地区每群蜂饲料在 12～15 千克，每框蜂不少于 2.5 千克。饲喂蜂蜜时，蜜和水的比例为 1∶0.2，置于铝合金锅中加热至沸，冷却至 30℃左右喂蜂。

7. 彻底治螨　适龄越冬蜂全部羽化出房后，喷雾治螨 2 次，治螨后及时把蜂王从王笼中放出。

8. 搬场遮蔽　不论是在外小转地还是在家定地秋繁的蜂场，在喂足越冬饲料后，如果条件允许，都应及时把蜂群搬到阴凉处，巢门转向北方，折叠覆布，放宽蜂路，减少蜜蜂活动。或者将玉米秆放在箱上，对蜂群进行遮阳避光。养蜂场地要避风防潮，注意防火。

二、生产期管理

蜂群经过一段时间的繁殖，由弱群变成生机勃勃的强群，外界温度适宜，蜜源丰富，蜂群的管理任务由繁殖转向生产，同时蜂群也具备了群体繁殖——自然分蜂的基本条件了。这里仅介绍生产蜂蜜过程的蜂群管理，其他产品的生产将在第六章专门讨论。

蜂蜜收成的好坏，主要取决于天气、蜜源和蜂群。根据多年的气象资料（蜂场日志）和养蜂的实践经验对天气大致预测，趋利避害，视蜜源的多寡和价值选择场地。蜂群更是人能控制的，养好蜂，还要用好蜂，才会有好效益。比如，华北地区的刺槐蜜源，定地蜂场采取花前育王断子 7～10 天至流蜜开始时蜂王产卵的措施，尽可能减轻工蜂巢内工作负担，使蜜蜂全力采集刺槐蜜，刺槐花结束后，加强繁殖，到荆条花期又能繁殖成生产蜂群，可以收到较好的效益。东北椴树花期采用这个方法，也得到好收获。而转地蜂场，则需要边生产边繁殖。

因此，蜜源花期要根据天气形势、蜜源特点和养蜂计划等选择蜜源场地，维持强群，保持蜜蜂的工作积极性，以增加蜜、浆、蜡等的产量。

（一）准备生产群

1. 培育适龄采集蜂　个体器官发育到最适合出巢采集的健康工蜂叫适龄采集蜂。在采集活动季节，工蜂的寿命约 28～35 天，并按日龄分工协作，14～21 日龄的工蜂多从事花粉、花蜜、无机盐的采集，在 21～28 日龄时采集力达到高峰。工蜂这种按日龄分工协作的规律，随着群势和蜂巢内、外环境的变化而有差异，各腺体发育及其相关的行为也有明显的改变，所从事的各项工作可提前也可延后。在主要流蜜期，如果巢内只有极少量的蜂子可哺育，5 日龄的工蜂也参加采酿蜂蜜活动；连续生产花粉的蜂群，采粉的工蜂相对就多。

所以，为一个特定蜜源花期培育适龄采集蜂的时间，在流蜜开始前 45 天到流蜜结束前 30 天较为适宜。当然，培育足够量的适龄采集蜂，蜂群要有一定的群势基础，还要兼顾采蜜结束后的繁殖与生产。

在早春，蜂群开始繁殖时距主要蜜源生产期如有8～10周的时间，则蜂群适龄蜂出现的高峰易与流蜜期相吻合；若少于8周，则应加强管理，采取措施组织生产蜂群；若多于12周，往往主要流蜜期未到，蜂群就会产生分蜂热趋势，这时要控制群势的发展，比如强、弱群互换子脾以达到共同发展的目的，或结合养王、分出小群组成主、副群饲养，待流蜜期到来再组成强群生产。如果流蜜期短，后面又没有连续的大蜜源，在流蜜前可结合养王断子，集中力量采蜜；若主要流蜜期较长或与后面的主要蜜源相连，后继蜜源价值又较大，则应为蜂群创造条件，加强繁殖；转地蜂场，要边生产边繁殖，采蜜群势要符合转运要求。

适龄采集蜂的培育可参照春季繁殖进行。

2. 修筑巢脾　在主要蜜源期，蜂群需要有足够的浅色巢脾用于贮蜜，转地蜂群，一个生产蜂群平均要有15张巢脾；定地蜂场，每群要有18张脾，多箱体养蜂则需要更多的巢脾。这些巢脾有1/3要在主要流蜜期前利用辅助蜜源先筑造成半成品，在主要蜜源期完成。

3. 组织采集群　强群是指蜜蜂健康和生产力高的蜂群，不同地区或不同生产要求，强群的标准不一样。在美国、澳大利亚和加拿大等国家，采用多箱体养蜂，群势达到20框蜂为强群，我国多采用深继箱生产蜂蜜，群势达到12～15框即算是强群，而生产蜂花粉时，8～9框蜂就是强群。对产生分蜂热或其他原因造成生产力、抗逆力差的蜂多脾多的蜂群，仅算是大群而已。强群单位群势的产蜜量一般比弱群高出30%～50%（周冰峰，2002）。因此，准确预测群势和蜜源，在主要蜜源植物开花前半个月进行，结合以上管理，尽可能做到新王、强群生产。

全面检查蜂群，对有12框蜂、8～9张子脾的蜂群，在进入主要流蜜期后即可有15框蜂的群势投入生产。如果即繁殖又兼顾生产，巢、继箱之间加上隔王板，上面放4～5张大子脾，下面放 7～8 张优质巢脾供蜂王产卵，巢脾上下相对；如果蜜源植物花期长，且缺花粉，则巢、继箱放脾数相反；植物花期较短，大泌蜜前又断子的蜂群，巢、继箱之间可不加隔王板。

对达不到蜂蜜生产群标准的蜂群，可采取下述补救措施，使其成为 1 个较强的采集群。

（1）调整蜂群：利用封盖子脾、采取合并小群的方法补强生产群。距离开花泌蜜 20 天左右，将副群或大群的封盖子脾调到近满箱的蜂群；距离开花泌蜜 10 天左右，应补充新蜂正在羽化的老子脾。抽出子脾的小群组成双群同箱繁殖，若流蜜期不超过 30 天，则每个小群留下 3 框蜂和 1 张小子脾即可；若流蜜期超过 30 天或有连续蜜源，则小群应保留 5 框蜂为宜，为以后的生产贮备力量。

（2）集中飞翔蜂（主、副群饲养）：落场时，将蜂群分组摆放，主、副群搭配（定地蜂场在繁殖时即做这项工作），以具备新蜂王的较大群作主群，弱群作副群，主要蜜源开花泌蜜后，搬走副群，使外勤蜂投奔到主群，根据群势扩巢。

（3）合并蜂群：距离蜜源开花 15～20 天，把相邻的 2 个或多个中等以下的蜂群，除掉老劣蜂王后合并，使之成为 1 个生产蜂群。或从双王群或双群同箱中提出 1 只蜂王带 1 个小群，原群成为 1 个生产蜂群。

灵活运用“分久必合，合久必分”的原理，对蜂群适时分群或合并，进行繁殖或生产，会产生较好的经济效益。

（4）巢箱、继箱倒置：蜂群群势不强或子脾过多，又以生产蜂蜜为主的蜂群，在流蜜前 10 天，把封盖子脾和适宜贮蜜的巢脾放入巢箱为生产区，蜂王带小子脾放继箱，巢、继箱间加隔王板，流蜜开始，隔王板换成铁纱副盖，继箱下沿开小巢门。这是一个不得已而为之的方法。

4. 酌情控制蜂王产卵　根据蜜源流蜜情况、花期长短和后继蜜源的远近与价值，适当控制蜂王产卵。在流蜜期短的花期

（如刺槐），以生产蜂蜜为主的蜂场，在开始流蜜前 10 天左右，用王笼把蜂王关起来；或结合养王，在流蜜开始前 12 天给每个蜂群介绍 1 个成熟王台，在大流蜜期开始时蜂王产卵（参见“春季养王”）。若蜜源花期较长（25 天以上）或两个蜜源花期衔接，则应前期生产、繁殖并重，在开花后期或后一个蜜源采取限王产卵，也可以结合养王换王的措施限王产卵，以提高产量。在河南省太行山区的荆条花期，适宜采取此种措施。

以生产王浆为主的蜂场，应生产、繁殖两不误。生产蜂花粉的蜂场，应促进蜂群繁殖。

陈盛禄等报道，在幼、青、壮、老蜜蜂比例正常、生物学组成完整、不发生分蜂热的健康蜂群中，蜂子比值是影响蜂群采蜜量的重要因素。式 4-1、4-2、4-3 表示了单位蜜蜂采蜜量与蜂巢内蜂子比值的关系。

在蜂群生物学构成完整的条件下，蜂群的采集能力和蜂（W，工蜂数/千克）、子（B，子脾数/框）比值（X_1）成正相关关系。

$$X_1 = W \div B \qquad (4-1)$$

蜂子比值（x_1）与单位蜜蜂采蜜量（y）之间的关系可用回归方程 4-2 表示。

$$y = 1.426\,2 + 3.280\,5x_1 \qquad (0.3 < x_1 < 3) \qquad (4-2)$$

蜂虫比值（x_2）与单位蜜蜂采蜜量（y）之间的关系可用回归方程 4-3 表示。

$$y = 2.253\,5 + 0.671\,7x_2 \quad (0.5 < x_2 < 7.5) \quad (4-3)$$

（二）管理生产群

1. *管理原则*　植物开花流蜜前发展群势，流蜜开始即组织强群投入生产，流蜜期补充蛹脾维持群势，流蜜期后调整群势，抓紧恢复和增殖工作。在流蜜期间，充分利用强群取蜜、弱群繁殖，新王群取蜜、老王群繁殖，单王群生产、双王群繁殖，繁殖群正出房子脾调给生产蜂群维持群势，适当控制生产蜂群卵虫数量，以此解决生产与繁殖的矛盾。同时，采取措施预防分蜂热，保证蜜蜂处于积极的工作状态。

蜜源流蜜好，以生产为主，兼顾繁殖。如遇花期干旱等造成流蜜不好，蜂群繁殖区脾要少放，蜂数、饲料要足，新脾撤出或靠边搁置。适当安排分蜂，此时脱粉，须进行奖励饲养。

2. 选择场地　根据蜜源、天气、蜂群密度等选择放蜂场地，蜜源要丰富。采蜜群宜放在树阴下，遮阴不宜太过，蜂路开阔。

对不施农药、没有蜜露蜜的蜜源可选在蜜源的中心地带，季风的下风向，如刺槐、荆条、椴树、芝麻等。对施农药或有蜜露蜜的蜜源场地，蜂群摆放在距离蜜源 300 米以外的地方。对缺粉的主要蜜源花期，场地周围应有辅助粉源植物开花，如枣花场地附近有瓜花。中午避免巢门被阳光直射，夏天巢门方向可朝北。水源水质要好，防水淹、山洪冲击。

3. 保持食物充足，维持强群　在流蜜开始以后，把贮满蜜的蜜脾抽出或摇出，作为蜜蜂饲料保存起来，然后，另加巢脾或巢础框让蜜蜂贮蜜，蜜源结束，把贮备的蜜饲料还给蜂群。开花前期，从繁殖群中调出将要羽化的老子脾给生产群，维持生产群有足够的采集蜂。

4. 叠加继箱　当第一个继箱框梁上有巢白时，即可加第二继箱，第二继箱加在第一继箱和巢箱之间，待第二继箱的蜂蜜装至六成、第一继箱有一半以上蜜房封盖，可继续加第三继箱于第二继箱与巢箱之间，第一继箱即可取下摇蜜。不向继箱调子脾，开大巢门，加宽蜂路，掀开覆布，加快蜂蜜成熟。

5. 适时取蜜　原则上，流蜜初期抽取，流蜜盛期若没有足够巢脾贮蜜，待蜜房有 1/3 以上封盖时即可进行蜂蜜生产，流蜜后期要少取多留。在采蜜的同时，重视蜂王浆、虫和胶的生产。

（三）结束生产群

流蜜结束，或因气候等原因流蜜突然中止，应及时调整群势，抽出空脾（新脾老子靠边，蜂出房后抽出，若有新脾小虫脾应放在老子脾中间，防止脱虫），使蜂略多于脾，防治蜂螨。补喂缺蜜蜂群，在粉足取浆时要进行奖励饲喂，根据下一个场地的具体情况繁殖蜂群。在干旱地区繁殖蜂群时要缩小繁殖区。

（四）南方秋、冬生产

在我国长江以南各省自治区，冬季温暖并有蜜源植物开花，是生产冬蜜的时期，只有在1月份蜂群才有短暂的越冬时间。

1. *南方冬季蜜源*　在我国南方冬季开花的植物有油茶、茶树、柃、野坝子、枇杷、鹅掌柴（鸭脚木）等，这些蜜源有些可生产到较多的商品蜜和花粉，有些可促进蜂群的繁殖。而在河南豫西南地区，许多年份在10～11月还能生产到菊花蜂蜜。

2. *蜂群管理*　冬季气温较低，尤其在流蜜后期，昼夜温差大，时有寒流，有时还阴雨连绵，因此，冬蜜期管理应做好以下工作。

（1）选择好场地：在背风向阳干燥的地方摆放蜂群，避开风口。

（2）生产与繁殖并重：冬蜜期要淘汰老劣蜂王，合并弱群，适当密集群势，采取强群生产、强群繁殖，生产与繁殖并重。流蜜前期，选晴天中午取成熟蜜，流蜜中后期，抽取蜜脾，保证蜂群饲料充足和备足越冬、春季繁殖所需饲料。在茶花期，喂糖水脱粉取浆。

（3）奖糖喂粉、适当保温：对弱群进行内保温处置，在恶劣天气要适当喂糖喂粉，促进繁殖，壮大群势，积极防治病、虫、毒害，为越冬做准备。

三、分蜂期管理

春末以后，当中蜂群势发展到4～5框子脾、意大利蜂超过7～8框子脾后，常会发生分蜂。蜂群一旦产生分蜂趋势（热）后，蜂王产卵量显著下降，甚至停产，工蜂怠工。这对群势的发展和蜜粉源的充分利用极为不利，尤其是主要蜜源流蜜期中发生分蜂，分散了群势，会大大影响产量。因此，对于有分蜂趋势的蜂群必须采取措施加以控制和利用。

分蜂受蜂王年龄、体质、遗传性、蜂巢内的环境、地理位置、气候、日照等影响。

（一）分蜂的预防与解除

1. 预防分蜂热　任何有利于蜂群舒适生活的管理措施都有助于预防分蜂。

（1）选用良种，更换老王：同一品种的不同蜂群，分蜂性有强有弱。所以，应选择能维持强群、分蜂性弱的蜂群作为种群，在蜂群发展到后期（幼蜂积累阶段），适时进行人工育王，在主要流蜜期到来前换上新王产卵，再结合相应的管理措施，不但能提高产量，而且换王后的蜂群，当年内不易发生分蜂。

在炎热地区，采取1年每群蜂换2次蜂王的措施，有助于维持强群，提高产量。

（2）繁殖期适当控制群势：在蜂群发展阶段，群势大不利于发挥工蜂的哺育力，而且容易分蜂，所以，应抽调大群的封盖子脾补助弱群，弱群的小子脾调给强群，这样可使全场蜂群同步发展壮大。强、弱群调换大、小子脾，应以不影响蜂群在主要蜜源期生产为原则。

（3）积极生产：蜂群发生分蜂，主要内因之一是劳动力过剩。因此，及时采出成熟蜂蜜，进行王浆、花粉的生产和造脾，加重工蜂工作负担，可有效地抑制分蜂，同时又增加养蜂的收益。

（4）扩巢遮阳：随着群势发展壮大，要适时加脾、上继箱、扩大巢门，有些地区或季节蜂箱巢门可朝北开；天气炎热时要注意采取遮阳、通风、给水降温等措施，给蜂群创造良好的生活环境（图4-3）。

图4-3　蜂群搭盖草苫遮阳

（叶振生　摄）

2. 解除分蜂热　蜂群已发生分蜂趋势，应根据蜂群、蜜源等条件积极进行处理，使其恢复正常工作秩序。

（1）强、弱蜂群互换箱位：在外勤蜂大量出巢之后，把有新蜂王的小群用王笼诱入法先将蜂王保护起来，再把该群与有分蜂热的蜂群互换箱位；第二天，检查蜂群，清除有分蜂热蜂群的王台，给小群调入适量空脾或分蜂热群内的封盖子脾，使之成为一个生产蜂群。

（2）更换蜂王：方法有两种。

①仔细检查已产生分蜂热的蜂群，清除所有王台后把该群搬离原址，在原位置放1个装满空脾的巢箱，从原群中提出带蜂不

带王的所有封盖子脾放在继箱中，加到放满空脾的巢箱上，诱入1只新蜂王或成熟王台。再在这个继箱上盖副盖，上加1个继箱，另开巢门，把原群蜂王和余下的蜜蜂、巢脾放入，在老蜂王产卵一段时间后，杀死老蜂王，撤回副盖合并。

②在蜜源流蜜期，对发生分蜂热的蜂群当即去王和清除所有封盖王台，保留未封盖王台，在第7至第9天检查蜂群，选留1个成熟王台或诱入产卵新王，尽毁其余王台。

（3）剪翅、除台：在自然分蜂的季节里，定期对蜂群进行检查，清除分蜂王台，或对已发生分蜂热蜂群的蜂王剪去其右前翅的2/3（图4-4）。剪翅和清除王台只能暂且不使蜂群发生分蜂和不丢失，要预防和控制分蜂热，应采取综合措施。

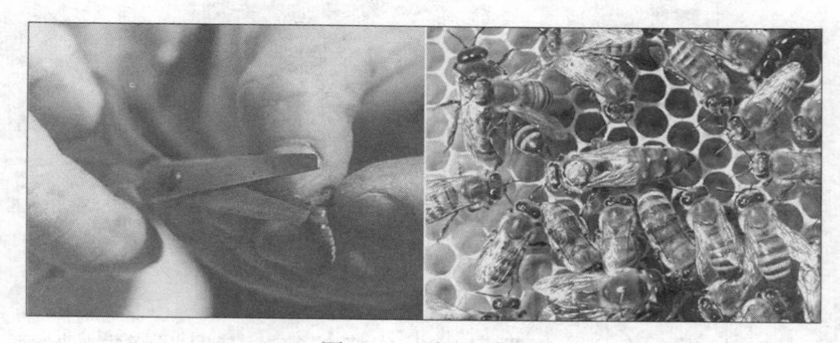

图4-4　蜂王剪翅

（引自 www. beeman. se）

（二）人工分蜂

从1个或几个蜂群中抽出部分蜜蜂和子脾、蜜脾，导入1只蜂王或成熟王台，组成1个新分群。人工分蜂是根据蜜蜂的生物学习性，有计划、有目的地在适宜的时候增加蜂群数量，扩大生产和避免自然分蜂造成损失的一项有效措施。以分蜂扩大规模的蜂场，应早养王、早分蜂。人工分蜂的原则是有助于蜂群繁殖，不影响生产，即分蜂提出的子脾要有助于解除大群的分蜂热，分出群在1个月后要有生产能力或越冬能力。

人工分蜂的时间，因地区和管理目的不同而异，各地根据生产、蜜源、管理目的定出合理的分蜂计划。如河南省在采过刺槐蜜后即可及时分蜂，或在油菜蜜源花期，结合换王进行分蜂。

1. *人工分蜂的方法* 分蜂之前要培育蜂王，在王台封盖9～10天提交配群，蜂王交配产卵10天后介绍给分蜂群。

（1）强群分蜂法：在离主要采蜜期50天左右进行人工分蜂。

①平分法：先将原群蜜蜂的蜂箱从原位向后移出1米，取2个形状和颜色一样的蜂箱，放置在原群巢门的左右，两箱之间留0.3米的空隙，两箱的高低和巢门方向与原群相同，然后把原群内的蜂、卵、虫、蛹和蜜粉脾分为相同的2份，分别放入两箱内，一群用原来的蜂王，另一群在24小时后诱入产卵蜂王。分蜂后，外勤蜂飞回找不到原箱时，会分别投入两箱内；如果蜜蜂有偏集现象，可将蜂多的一群向原箱位移远点，或将蜂少的一群向原箱位移近一点。

这种方法，能使2群都有各龄蜜蜂，各项工作能够正常进行，蜂群繁殖也较快。

②偏分法：从强群中抽出带蜂和子的巢脾3～4张组成小群，如果不带王，则介绍1个成熟王台，成为1个交配群。如果小群带老王，则给原群介绍1只产卵新王或成熟王台。分出群与原群组成主、副群饲养，通过子、蜂的调整，进行群势的转换，以达到预防自然分蜂和提高产值的目的。

新分群的蜜蜂应以幼蜂为主，群势以3脾足蜂为宜，保证饲料充足，第二天介绍给产卵蜂王或成熟王台，王台安装在中间脾的两下角处或脾下缘。

（2）多群分出一群：选择晴朗天气，在蜜蜂出巢采集高峰时候，分别从超过10框蜂和7框子脾的蜂群中，各抽出1～2张带幼蜂的子脾，用报纸合并的方法合并到1只空箱中。提脾要有计划，应使新分群中有大多数封盖子脾，同时要带有少数幼虫和蜜粉脾。

次日将巢脾并拢，调整蜂路，介绍蜂王，即成为一个新分群。

这个方法多用于大流蜜期较近时分蜂。因为是从若干个强群中提蜂、子组织新分群，故不影响原群的繁殖，并有助于预防分蜂热的发生，在主要流蜜期到来时新分群还能壮大起来，达到分蜂促进繁殖和增收的目的。

除上述常用的分蜂方法外，双王群分蜂更为简单。在距主要蜜源开花较近时，按偏分法进行，仅提出两脾带蜂带王、有一定饲料的子脾作为新分群，原箱不动变成1个强群。在距主要蜜源开花50天左右时，按强群平分法进行。

2. *新分蜂群的管理*　新分交配群的位置要明显，新王产卵后要有3框足蜂的群势，不足的要补蜂补子，保持蜂脾相称或蜂略多于脾，各阶段的蜂龄尽可能合理，饲料充足。哺育蜂少的新分群，其小子脾可提到大群哺育。

随着群势的发展，要适时加空脾和加巢础框造脾；对较弱的蜂群，应逐渐、适当地调入封盖子脾或补充幼蜂。若新分蜂群数量多，原群的补助力量不足时，可先集中力量把一部分新分群补强壮大，到大流蜜期到来投入生产；在大流蜜期前还可结合淘汰老劣蜂王，用间接合并的方法加强新分群的群势，使之成为一个生产蜂群。

对新分群要时刻预防盗蜂的发生，秋后防止飞逃。

3. *分蜂原群的处置*　调整蜂群，抽出多余的巢脾给新分群，使分蜂后的原群和新分群蜂脾相称，子蜂数量、比例适合管理需要，饲料充足。

第二节　断子期管理

一、冬季断子期

蜜蜂属于半冬眠昆虫。在冬季，蜜蜂停止巢外活动和产卵育虫，结成蜂团，以贮备的饲料为食，处于半蛰居状态，以适应寒冷的环境。中国北方蜂群的越冬时间长达5～6个月，而南方仅在1月份有短暂的越冬期。

冬季断子期管理的任务就是使蜂群安全越冬，把越冬的损失降低到最低限度。而具备充足优质的饲料、品质优良的新蜂王、一定的群势、健康无病、适宜的蜂巢空间、安静和黑暗的环境和正确的保暖处置，则是蜂群安全越冬的基本条件。

（一）越冬方式和准备

1. *选择越冬场地*　蜂群的越冬场所有两种：一是室外，二是室内。

室外场地要求背风、向阳、干燥、卫生，在一日之内要有足够的阳光照射蜂箱，场所要僻静，周围无震动、声响（如不停的机器轰鸣）。

室内越冬场所要求房屋隔热性能好，空气畅通，温、湿度稳定，黑暗、安静。

2. *布置越冬蜂巢*　越冬用的巢脾一般在来年早春用于繁殖，即要求是保暖性能好（不易传热）的黄褐色至褐色的巢脾，又要求是不影响蜂子发育、新旧大小适宜、脾面平整、无雄蜂房或雄蜂房少的优质巢脾，两者兼顾；如果巢脾上贮存有100克以上的蜂粮更为理想，否则还应贮备一部分花粉脾，越冬用的巢脾在贮备越冬饲料时进行遴选。越冬蜂群势，北方应达到7～8框，最少不能低于3框；长江中下游地区须超过2框以上，群势的调整在繁殖越冬蜂时就要完成。越冬蜂巢的脾间蜂路设置为15毫米左右。越冬蜂巢的布置应在蜜蜂白天尚能活动、而早晚处于结团状态时进行。

蜂数不足5框的蜂群，应双群同箱饲养，布置蜂巢时，把半蜜脾放在闸板的两侧，大蜜脾放在半蜜脾的外侧，这样能使两个蜂群聚集在闸板两侧，结成1个越冬团，有助于相互借温，安全度过寒冬。蜂数多于5框的蜂群，可以单群平箱越冬，布置蜂巢时，中间放半蜜脾，两侧放整蜜脾；若均为整蜜脾，则应放大蜂路，靠边的糖脾要大。

双箱体越冬，上下箱体放置相等的脾数，例如8框蜂的上下箱体各放6张脾，蜂脾相对，上箱体放整蜜脾，下箱体放半蜜脾。

越冬蜂团常靠近巢门附近，随着饲料的消耗，蜂团逐渐向蜂箱后部移动，在个别蜜蜂中午还能飞行时，可再调整一次蜂巢：平箱群可把蜂巢中相对位置的巢脾互相换位并调头，继箱越冬群只需把继箱调头即可，并要放好蜂路。

在布置越冬蜂巢时，较弱的蜂群，要蜂脾相称或蜂略多于脾；强群蜂少于脾，例如，5～6框蜂放6～7张脾，7～8框蜂放8～9张脾，或双箱体越冬，有助于及早结团和蜂团随气温的升降而伸缩。

3. 室外越冬　室外越冬简便易行，投资较少，适合我国广大地区，越冬蜂群受外界天气的变化影响较大。对室外越冬的蜂群，宜在当地早晚结冰、中午冰不化时进行保暖处置（图4-5）。

（1）华北地区：冬季气温高于－20℃的地方，可用干草、秸

图4-5　室外越冬（用草保温处置）

左：越冬团结在蜂巢中央位置　右：越冬团结在靠近巢门位置

（张中印　摄）

秆把蜂箱的两侧、后面和箱底包围、垫实，副盖上盖草帘，箱内空间大应缩小巢门，箱内空间小则放大巢门。

（2）长江以北及黄河流域：中原地区立冬以后，在蜂箱的四周和上部覆以较厚的玉米秆，开大巢门，折叠覆布一角；5～7天后让蜜蜂排泄。在气温达－5℃时去掉覆盖物检查蜂群，撤回食料不好的边脾，换上蜜脾，蜂脾相称。在最后一个蜜源巢向北的蜂群，此时应把巢门调向南。

（3）高寒地区：冬季气温低于－20℃，蜂箱上下、前后和左右都要用草包围覆盖，巢门用∩形桥孔与外界相连，并在御寒物左右和后面砌成∩形围墙。也可堆垛保蜂或开沟放蜂对蜂群保暖进行处置。

①堆垛保蜂：蜂箱集中一起成行堆垛，垛之间留通道，背对背，巢门对通道，以利管理与通气，然后在箱垛上覆盖帐篷或保蜂罩：夜间温度－5～－15℃时，帐篷盖住箱顶，掀起周围帆布；夜间温度－15～－20℃时，放下周围帆布；－20℃以下，四周帆布应盖严，并用重物压牢。在背风处保持篷布能掀起和放下，以便管理，篷布内气温高于－5℃时要进行通风，“立春”后撤垛。

②开沟放蜂：在土质干燥地区，按20群一组挖东西方向的地沟，沟宽约80厘米、深约50厘米、长约10米，沟底铺一层塑料布，其上放草10厘米厚，把蜂箱紧靠挨近北墙置草上，用支撑杆横在地沟上，上覆草帘遮蔽。通过掀、放草帘，调节地沟的温度和湿度，使其保持在0℃左右，并维持沟内的黑暗环境。

4. 室内越冬　在东北、西北等严寒地区，把蜂群放在室内越冬比较安全，可人工调节环境，管理方便，节省饲料。

（1）越冬室：越冬室有地下、半地下和地上3种。越冬室高度约240厘米，宽度有270厘米和500厘米两种，可放两排和四排蜂箱；墙厚30～50厘米，保暖好，温差小，防雨雪，湿度、通风、光线能调，还可加装空调或排风扇（图 4－6）。

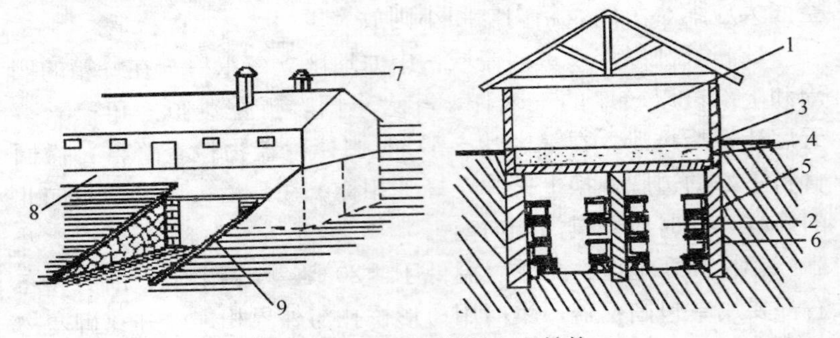

图 4－6　地下双洞越冬室结构

左：越冬室外形　右：侧面结构图

1. 仓库　2. 越冬室　3. 顶板　4. 黏土　5. 石墙

6. 蜂箱　7. 室外通气口　8. 水泥台　9. 越冬室门

（引自葛凤晨，1981）

（2）搬蜂入室：蜂群入室时间一般在水面结冰、阴处冻结不融化时，东北地区 11 月上中旬、西北和华北地区在 11 月底入室，在早春外界中午气温达到 8℃以上时即可出室。中原地区在霜降以后即可入室。蜂群入室初期，要保持室内黑暗、通风，蜂箱开大巢门、折叠覆布，立冬前后，中午温度高时搬出室外进行排泄，检查蜂群，抽出多余巢脾，留足糖脾。

（3）摆放蜂箱：蜂箱在越冬室距墙 20 厘米摆放，搁在 40～50 厘米高的支架上，叠放继箱群 2 层，平箱 3 层，强群在下，弱群在上，成行排列，排与排之间留 80 厘米通道，巢口朝向通道以便于管理。

（4）注意事项：越冬室内应控制温度在－2～4℃，相对湿度 75％～85％。入室初期，白天关闭门窗，夜晚敞开室门和通风窗，以便室温趋于稳定，接近或达到要求。室内过干可洒水增湿，过湿则增加通风排除湿气，或在地面上撒草木灰吸湿，使室内湿度达到要求。蜂群进入越冬室后还要保持室内黑暗和安静。

（二）越冬期蜂群管理

1. *管理方法与安排*　通过箱外观察，或用橡胶管插入巢内后轻拍蜂箱前壁的听测方法来判断蜂群的内部情况，如无异常，不开箱检查。在整个越冬期，要有针对性地对蜂群进行定期检查，发现问题及时解决。

对室内越冬的蜂群，入室初期勤观察，以后 10 天左右入室检查 1 次，气候突变时要及时入室检查，越冬后期 3～5 天入室检查 1 次，对发现的问题及时妥善地解决。

2. *越冬期十防要点*

（1）防鼠：把巢门高度缩小至 7 毫米，使鼠不能进入。如发现巢前有腹无头的死蜂，证明有鼠，应开箱捕捉，并结合药饵毒杀或器具诱捕。

（2）防火：包围的保暖物和蜂箱、巢脾等都是易燃品，要预防小孩引火烧蜂，要求越冬场所远离人多的地方，人不离蜂。

（3）防饿：在箱内喂水，防止因蜜糖结晶而造成蜜蜂饥饿。对缺食的蜂群及时补充饲料：第一，补糖脾。先将糖脾移到 15℃以上的室内暂放 24 小时，然后将箱内多余的空脾移到靠近蜂团的隔板外侧，再将蜜脾置于隔板内靠近蜂团的位置。第二，灌糖脾。先撤出多余巢脾，使蜜蜂密集，再将高浓度的蜂蜜煮沸或以 2 份白糖、1 份水煮沸后冷却至 35～40℃时灌脾，待脾面上不滴蜜时再放入蜂巢。第三，喂炼糖。把做好的炼糖装满饲喂器（形似框式饲喂器，略厚于巢脾，其两面自上而下每隔 2 厘米开一条宽 1 厘米的横向槽沟），暴露在槽沟中的炼糖，一面用蜡纸封盖，靠近蜂团的一面供蜜蜂取食。用纱布包裹炼糖，宜放在蜂团上部的框梁上饲喂。冬季给蜂群补喂饲料期间，越冬室温度须达到 4℃左右，室外越冬的蜂群，应选择白天最高气温在 2℃以上的天气进行。

（4）防闷：蜂群任何时候都需要新鲜空气，无论在室内或在室外越冬的蜂群，都要折叠覆布一角（通气孔），其大小视蜂群强弱而定，室内更要注意空气流通。

定期用√形钩勾出蜂尸和箱内其他杂物。大雪天气，及时清理积雪，防止雪堵巢门或通气孔。

（5）防渴：在冬季比较干燥的地区越冬，应在巢门口或箱内喂水。室内过干也可洒水。

（6）防寒：对蜂群采取适当的保暖措施，如包围御寒物、室内越冬、双群同箱等。越冬期间尽可能不关王，若蜂王被王笼关着，在王笼的正上方多盖两层保暖物，以防寒流和避免蜂团移动而冻死蜂王。越冬室通风窗的正对面约30厘米处用片状物挡上，以防冷风直接吹入或光线直射，并根据温度、湿度高低开关进风或出气孔。

（7）防热：蜂群入室和室外越冬包围御寒物，宁晚勿早，包围御寒物尽可能包外不包内，让蜂群冷一点有助于安全越冬。

室外越冬蜂群，要求蜂团紧而不散，不往外飞蜂，寒冷天气箱内有轻霜而不结冰。在保温处置后，要开大巢门，随着外界气温的连续下降，逐渐缩小巢门，1月份最冷时期可用干草轻塞巢门，随着天气回暖，慢慢扩大巢门。平时要根据天气冷暖变化及时调整巢门，防止热伤或受冻。对有“热象”的蜂群，开大巢门，必要时撤去上部保暖物，待降温后再逐渐恢复。

（8）防震：搬动蜂箱检查缺食与否时动作要轻，蜂场要远离公路、铁路、机房等地方。

（9）防刺激：黑暗的环境对蜂蜜有利。其做法是，巢门口用瓦片等物遮光，或用秸秆围盖蜂箱，这样还有助于蜂群恒温的维持。越冬室也要注意保持室内黑暗。

避免在冬季有零星植物开花的地方作室外越冬场地；越冬后期，要采取降温、关王等办法控制蜂群繁殖；秋末要早断子，早喂越冬饲料，彻底治螨，不使有病群进入越冬。总之，要努力为蜂群安全越冬营造优良的环境。

（10）防盗蜂和丢失

3. 问题蜂群的救治

（1）救治饥饿蜂群：蜂群缺少食物多发生在越冬后期，若发现蜂群缺蜜应及时补进微温的蜜脾，蜜脾要靠近蜂团，将空脾和结晶蜜脾撤出。对饥饿不能活动的蜂群，要搬到温暖（25℃）的室内，用少量温蜜汁喷在蜂体上，待蜜蜂苏醒后，将蜂巢内的空脾或结晶蜜脾换成微温的蜜脾，如果没有蜜脾，可将成熟的蜂蜜煨热灌成椭圆形半蜜脾后喂蜂；或用白糖4份加热蜜1份混合揉成糖饼，放在框梁上喂蜂。蜜蜂救活后再降低温度至6～8℃，待蜜蜂结团后搬回原处。强群多喂，弱群少喂，一次不宜喂太多。

受饥饿的蜂群，尤其是饿昏被救活的蜂群，其蜜蜂寿命会大大缩短。

（2）更换饲料：未封盖蜜糖直接与空气接触会结晶，蜜蜂不能利用。蜜糖吸水会发酵，或被甘露、铁锈等污染，蜜蜂吃了将罹患下痢病。出现这些情况，须及时用优质蜜脾将其置换出来。换脾时，将发酵糖脾移到隔板外让蜂自行爬回蜂团，结晶糖脾可以抖落蜜蜂直接撤走。

（3）救治患病蜂群：如个别蜂群因饲料、疾病、湿度等原因引起蜜蜂严重下痢，可于8℃以上的晴天无风的中午在室外打开大盖、副盖，让蜜蜂排泄。室内越冬的蜂群，可将其移送到15℃左右的室内1～2小时，再搬到20℃以上的塑料大棚内放蜂飞翔，并解决其他问题，排泄完毕，逐渐降温，待蜜蜂重新结团后再入室。如在越冬前期，大批蜂群普遍下痢，并且日趋严重，最好的办法是及时运到南方繁殖。在越冬后期，可以采取更换糖脾、蜂箱等措施，同时，选择晴暖天气进行室外排泄。

另外，室外越冬的蜂群，箱内积有水珠，在晴暖无风天气，打开箱盖让蜜蜂飞翔排泄，并通过晾晒覆布等保暖物和加大上通气孔，来降低箱内湿度，保持蜂巢干燥。室内越冬的蜂群，潮湿轻微时，须加强通风，地面撒草木灰、生石灰等除湿，箱内折叠覆布一角，用纱袋装干草木灰，置于箱内空处，定期更换；潮湿严重时，将蜂箱移送到15℃的室内，与干燥温暖的空箱迅速倒换，并更新或补充糖脾。换完箱后，盖严箱盖，待蜜蜂结团后再返回越冬室。

解救有问题的蜂群只能挽救部分损失，应做好前期工作，预防事故的发生。

（三）南方蜂群的越冬

长江以南地区，冬季气温变化幅度较大，晴天中午10℃以下的气温也常有，有些地方冬季一直有蜜源植物开花流蜜，蜂群越冬时间短。但无论何种原因，都应让蜂群断子越冬45天以上，因此，在这些地方越冬的蜂群要做好以下工作。

1. 关王、断子、防治蜂螨　蜂群在室外越冬或入室越冬之前，把蜂王用竹王笼关起来，强迫蜂群断子45天以上，待蜂巢内无封盖子时治蜂螨，治螨前的1天对蜂群饲喂，效果更显著。

2. 布置越冬蜂巢　越冬蜂巢的布置除要求扩大蜂路外，其他同室外越冬。

3. 饲料　喂足糖饲料，抽出花粉脾。

4. 促蜂排泄　在晴天中午打开箱盖，让太阳晒暖蜂巢促使蜜蜂飞行排泄。

5. 选择越冬场所　在室外进行越冬的蜂群，选择阴凉通风、干燥卫生、周围2千米内无蜜粉源的场地摆放蜂群，并给蜂群喂水。12月中旬，在做好以上工作后，也可把蜂箱紧靠，加宽蜂路，并保持蜂脾相称；然后，用秸秆、草苫或保蜂罩盖严蜂箱，上面再加盖防雨物，使蜂群处于黑暗环境中，但要保持蜂巢内外空气流通。

使蜂安静，还可使用多功能保蜂罩。它由表层的银铂返阳光膜、红色冰丝、炭黑塑料蔽光层和红塑料透明层组成，层层透气、遮挡阳光，并可在上洒水。具有蔽光、保持温度、透气等功能。用于预防和制止盗蜂，保持温度和黑暗，防止空飞，延长蜜蜂寿命，避免农药中毒等管理措施。根据具体情况，决定关蜂和放蜂时间、排泄时间、是否洒水等。在 32℃以上高温期，罩蜂超过 6 小时的，须加强通风（图 4-7）。

图 4-7　保蜂罩

左上：保蜂罩　右上：盖严双排 40 个继箱　左下：折叠后进行管理　右下：放蜂

（李福州　摄）

室内越冬，利用空闲房屋，窗户装遮光挡板，地下设通风孔道，墙上装风扇，起通风、降温和遮光作用，目的是利用黑暗、低温控制蜂群的活动，促进蜂群安静结团。在清洁、干燥、通风、黑暗、空气新鲜和无有害物质的条件下，根据养蜂计划，蜜蜂可在 11 月上中旬和 12 月上旬入室。在傍晚把蜂群搬进越冬室，并绘好每个蜂箱所在室外场地上的位置。入室后，折叠覆布，采取洒水、夜间开门窗、利用电扇等方法使温度保持在 10℃以下，湿度保持在 75%～85%。无子进入越冬室后的蜂群，半月后把蜂箱搬到室外场地上，让阳光晒暖蜂巢，促使蜜蜂排泄飞翔，傍晚搬回。有子进入越冬室的蜂群，在巢门口喂水，入室

3 天后搬到场地，让蜂飞翔排泄，夜晚搬回，4 天后再次放蜂。第二次放蜂后 12 天左右进行第三次放蜂，以后视情况安排蜜蜂飞翔排泄。蜜蜂飞行的天气，要求气温在蜜蜂安全飞行临界温度以上的阴天最好，也可选择寒流到来的前 2 天进行。利用蜜蜂飞翔排泄时间，可进行补喂蜜脾或治螨等工作，但补喂饲料或治螨后应让蜜蜂有 2 天的飞行时间。

如果室内的温度持续升高不下，须及时将蜂群搬运到场地，让蜜蜂飞行，伺机再移送室内。

（四）转地蜂群越冬

在我国北方一些蜂场，于 12 月至次年 1 月中旬把蜂群运往南方繁殖。这些蜂场在越冬时，首先把饲料脾准备好，挤上框卡，钉上纱盖，在副盖上加盖覆布和草帘，蜂箱用秸秆覆盖，尽可能保持黑暗、空气流通、温度稳定，等待时日，随时启运。

二、夏季断子期

7～9 月，在我国广东、浙江、江西、福建等省，天气长期高温，蜜粉源枯竭，敌害猖獗，造成蜜蜂活动减少，难以维持巢内恒定的温湿度，蜂王产卵锐减直至停产，蜜蜂虫蛹发育不良，群势逐日下降。越夏后，蜜蜂群势一般下降 30%～50%。

（一）越夏准备

1. *更换老劣王、培育越夏蜂*　在越夏前 1 个月，养好 1 批蜂王，产卵 10 天后诱入蜂群，培育 1 批健康的越夏适龄蜂。

2. *充足的饲料*　进入越夏前，留足饲料蜜，每框蜂需要 2.5 千克，不足的补喂糖浆，并有计划地贮备一部分蜜脾。

3. *调整蜂群势*　越夏蜂群，中蜂应有 3 框以上的蜜蜂，意蜂要有5框以上的蜜蜂，不足的用强群子脾补够，弱群予以合并。提出多余巢脾，使蜂脾相称。

4. 防病治螨　在早春繁殖初期，将蜂螨寄生率控制在最低限度；在越夏前，还可利用换王断子的机会狠治蜂螨，或分群治螨。蜂场不保留有病群。

（二）越夏管理

1. 选择场地　选择有芝麻、乌桕、玉米、窿椽桉等蜜粉源较充足的地方，或选择海滨、山林和深山区，作为越夏场地，场地须空气流通，水源充足。

2. 通风遮阳、增湿降温　把蜂群摆放在排水良好、阴凉的树下，适当扩大巢门和蜂路，掀起覆布一角，但勿打开蜂箱的通气纱窗；在蜂箱四周洒水降温；在空气干燥时副盖上可放湿草帘。在水源不足或不洁净的地方，树阴下要设置饲水器。蜂箱不得放在阳光直射下的水泥、沙石、砖面上。

3. 防中毒、防干扰、防盗蜂、治螨除虫　越夏期间，减少开箱次数，全面检查应趁每天的早晚进行，避免烟熏、震动。巢门高度以7毫米为宜，宽度按每框蜂15毫米，同时，用药饵、捕打和捣巢的办法遏制胡蜂的危害；捕捉的青蛙、蟾蜍放回远处田间；防蚂蚁攻入蜂箱；经常清除箱底杂物，防止滋生巢虫；利用群内断子或封盖子少的机会，用杀螨剂治螨2次。越夏期间还应防止农药中毒、水淹蜂箱。

4. 断子、繁殖与生产　在越夏期较短的地区，可关王断子，在有蜜源出现后奖励饲养进行繁殖。在越夏期较长的地区，适当限制蜂王产卵量，但要保持巢内有1～2张子脾，2张蜜脾和1张花粉脾，饲料不足须补充蜜粉脾。

在有辅助蜜粉源的放蜂场地，应奖励饲喂，以繁殖为主，兼顾王浆生产。繁殖区不宜放过多的巢脾，蜂数要充足。在有主要蜜源的放蜂场地，无明显的越夏期，按生产期管理。

（三）越夏后管理

蜂群越夏后，蜂王开始产卵，蜂群开始秋繁，这一时间的管理可参照繁殖期管理办法，做好抽脾缩巢、恢复蜂路、喂糖补粉、防止飞逃等工作，为冬蜜生产做准备。

第三节　蜜源期管理

各种蜜源植物的开花季节、花期长短不一，其泌蜜量和散粉量不尽相同，同一种植物生长在不同地区，其泌蜜量和散粉量也有差异，而且各种蜜源也都不是独立存在的，其花前花后或多或少有主要蜜源或辅助蜜源存在。因此，要根据它们的特点和蜂群的具体情况，因蜂、因时、因地制宜，采取适当的管理措施，前后呼应，使全年的养蜂生产管理浑然一体。另外，还要根据多年积累的气象、物候和地理资料，结合当年的天气、放蜂路线，选择好放蜂场地。

一、油菜花期

油菜有白菜型、芥菜型和甘蓝型3种，是我国早春第一个主要蜜源，其蜜、粉丰富，是繁殖蜂群和进行蜂蜜、蜂王浆、蜂花粉生产最好的蜜源植物之一。白菜型油菜花期，蜂群正处于恢复、发展阶段，气候比较寒冷，常有寒流。芥菜型和甘蓝型花期，天气比较稳定，气温较高，是生产的好时机。

（一）主要放蜂地点与场地选择

1. 主要放蜂地点　四川绵阳地区和成都市、青海省的海北洲和海南洲、内蒙古自治区的乌兰察布盟和呼伦贝尔盟是我国油菜蜜生产基地，这些地区油菜蜜源比较稳产。此外，湖北省的武汉市、荆州地区、孝感地区、黄石地区，山西大同，云南的昆明、楚雄、下关，江苏的镇江、苏州地区，安徽的徽州、宣城、安庆、宿县、阜阳、淮北市以及皖中地区，河南南部地区，陕西汉中、安康、宝鸡、咸阳、延安、榆林地区，甘肃的武威、酒泉、定西、平凉，江西中部和北部地区，浙江的浙北平原、绍兴和宁波地区都有大面积的油菜分布。

2. *场地选择与蜂群摆放* 油菜繁殖场地，要求向阳、干燥，附近有水源，水质好，较稳定的小气候，油菜面积大，最好在白菜型、甘蓝型油菜混播的地方摆放蜂群。避免在油菜、小麦田打药和风口地方放蜂。生产场地，要求油菜面积大、流蜜好且稳产、小气候适宜。青海、山西大同、陕西北部、甘肃、宁夏和内蒙古自治区的芥菜型油菜场地，选择地下水位高、土质好、湿润的小盆地最好，涝年去丘陵，注意山洪。

蜂群的巢门一般向南、向东为宜，根据风向、日照开左或右巢门，避开冷风直吹蜂巢。

（二）管理要点

油菜花期，定地蜂场以繁殖为主，生产为辅。前期抓繁殖，中、后期抓繁殖和生产。转地蜂场以生产为主，繁殖为辅。

1. *繁殖场地*

（1）蜂群的群势：长江流域及以南地区，蜂群保暖包装时以2脾足蜂为宜。淮河以北地区以每群3框蜂以上为宜。东北寒冷地区每群应有4框蜂以上。

（2）加脾与保暖：从开始繁殖到更替越冬蜂结束，蜂巢内要保持蜂多于脾。在蜂群上升阶段，新蜂代替了老蜂，及时加空脾逐渐扩大蜂巢，但在中午外界气温达不到18℃以上时，要始终保持蜂脾相称，中午气温达到18℃以上后，可使脾略多于蜂，同时加强蜂群内、外的保暖工作。箱内保暖物要及早撤，外保暖物在蜂数达到8框足蜂后撤掉。

（3）饲料与饲喂：繁殖第一代子时尽可能不喂蜂，蜂巢中有较充足的“角蜜”即可。花粉要充足，每张巢脾上存粉不低于250克。饲喂花粉可加入精氨酸、赖氨酸、维生素E等，以提高其营养价值，直到外界有充足的花粉采进为止。装花粉脾喂蜂比喂糖粉饼好。水和糖浆应在箱内喂，糖的饲喂量以框梁上长期有新蜡为度。

在天气阴雨的情况下，为配合蜂群的保暖和繁殖，应停止加脾，多喂饲料，保持群内饲料充足，但以蜜不压卵圈为度。这就是通常所说的“晴天猛加脾，阴天多喂蜂”。寒流时间长于4天以上者，在箱内饲料充足的前提下可不喂蜂。

如果开始繁殖时蜂少于脾，应以充足的饲料控制子圈大小，在新老蜂完全交替后再加强繁殖。

（4）蜂群的调整：包括蜂、脾和子的调整。早春少查蜂，一般不进行左、右调脾，靠边加脾，逐渐扩大蜂巢，巢中有4～5张脾时停止加脾，待油菜流蜜后，蜜蜂溢出箱外即加上继箱，里面放上2～4张空脾。

（5）预防分蜂热：随着群势的发展，气温逐渐升高和稳定，外界蜜源也丰富起来，巢内贮蜜增多。这时，选择气温高的时候适当取蜜。油菜花粉丰富、品质好，在天气较好而流蜜不好的情况下，抓紧脱粉，一般群势在5框蜂时即可生产，以避免粉压卵圈，同时能有效地预防分蜂热。

（6）培育蜂王：在全场蜂群都达到6框以上的群势时，即可着手培育蜂王，及时更换一批老劣蜂王，或组织新分群、双王群，扩大蜂场规模，增加效益，防止分蜂热的形成。

2. 生产场地　在白菜型油菜花中后期或甘蓝型油菜花期，蜂群群势迅速发展，气温显著升高，这时，按群势增长扩大蜂巢，适时加继箱进行生产。

（1）调整群势进行生产：在油菜开花盛期，利用调蜂、调子方法，先使一部分蜂群具有生产能力。若流蜜好，应以生产蜂蜜和蜂王浆为主；若流蜜不好，但天气较稳定，要抓紧时间生产蜂花粉和蜂王浆，一般生产花粉的群势要求在5框蜂以上，生产蜂王浆的群势要达到8框。前期调强生产蜂群，后期补强繁殖群。

（2）生产与繁殖两不误：生产蜂群要求蜂数足，蜂王有足够的产卵巢房；繁殖群要求蜂脾比不少于0.7：1，饲料充足，保暖好。生产期根据蜜源和天气，做到三狠、三忍（即花前期要狠喂粉、糖，晴天狠加脾，中期狠取蜜；天气不好不加脾，后期取蜜要忍，以不取为好），使达到既有效益，又繁殖了蜜蜂，并为下一个蜜源准备采集蜂。

（3）做好换王工作。

（4）造脾：在油菜花期每群蜂应造脾2～4张，以更换老劣旧脾。

3. 芥菜型油菜蜜源场地　蜂数要足，巢向不对着太阳。在内蒙古的蜂场以繁殖为主，适当进行脱粉或生产蜂王浆。

（三）病虫防治和注意事项

1. 早春蜂群运输　早春往生产场地运蜂，如箱内有未成熟的糖饲料，应考虑开巢门运蜂，饲料要足；强群关门运输要注意巢内饲料不要太多，以在运输途中和落场后够1周食用为宜。

2. 防病、防害，注意安全　油菜花期，要预防蜜蜂大肚病等引起的爬蜂病，把大、小蜂螨控制在最低限度。在云南昆明等地放蜂，还要注意因气候干燥引起的卵不孵化，解决方法是在箱内草苫上洒水。西北地区某些年份要防山洪水淹。贵州等地要防热伤。芥菜型油菜花期生产花粉，防蜂群饥饿。防农药和赤霉素中毒。

3. 及时转地　根据蜜源、天气和放蜂计划，及时转运蜂群，要舍尾赶前。在青海采油菜的蜂场，在8月底一定要退出场地，以防天气突变。

4. 重视喂蜂　油菜场地，在有短期寒流活动时期，要多喂糖，少加脾或不加脾，在有长期寒流时，要炼（冻）蜂，不喂蜂，以保证繁殖。

二、紫云英花期

紫云英花蜜、粉丰富，这个花期转地蜂场群势已经强壮，定地蜂场经过油菜花期的繁殖群势好，是进行蜂蜜、蜂王浆生产的好时期。此花期的主要工作是，前期繁殖与生产并重，中后期以生产为主，兼顾繁殖。

（一）主要放蜂地点与场地选择

1. *主要放蜂地点*　湖北省武汉市、安徽省巢湖地区、湖南、江西、浙江。在河南省信阳地区的固始、罗山、光山等县，紫云英分布面积大，同时兼有较多的油菜蜜源，是早春比较理想的紫云英蜜生产场地。

2. *场地选择与蜂群摆放*　紫云英场地，以生产为主，兼顾繁殖，其场地要求前期紫云英长势好，留种地面积大。遇花期雨水多，场地选择在岗地、丘陵。长期冬旱、早春低温多雨的地方不宜作放蜂场地。在阳光充足、通风好和地势高的地方摆放蜂群，巢门朝向何方均可。

（二）管理要点

1. *扩大蜂巢*　在蜂群满箱后（或子脾达 7 框、飞翔蜂晚间溢出箱外）及时加上继箱，继箱放老子脾于中间，两侧放蜜脾或空脾，巢箱放小子脾和空脾。初加继箱要注意蜂群保暖。

2. *培育蜂王*　在油菜花期没有换王的蜂场，抓紧时间在这一时期培育蜂王，及时更换一批老劣蜂王。或组织新分群、双王群，扩大规模，增加效益，防止分蜂热的形成。

3. *生产兼顾繁殖*　生产蜂群蜂数要足，蜂王有足够的产卵巢房；繁殖群饲料要足，保暖好。生产蜂蜜时，要留存足够的饲料，以防天气变化或久雨不晴饿死蜜蜂。

紫云英花期结束转移场地时，蜂箱内饲料要求与油菜花期后运输蜂群一致，蜂群群势好，长途运蜂应尽量采取开门运蜂措施。

（三）病虫防治和注意事项

这一时期主要是预防小麦施农药中毒。花期若遭遇暴风雨，或遇有寒冷的西北风或干燥的东南风，尤其是黄沙天气刮起或遭遇早晨白雾，为避免爬蜂病或流蜜突然中止蜜蜂起盗，可考虑及早转场，赶赴刺槐场地。

三、荔枝花期

我国荔枝分早熟、中熟和晚熟种，花期长，为连续生产荔枝蜜提供了条件。荔枝早熟种粉较多，蜜较少，适合蜂群繁殖；中、晚熟种蜜多粉少，有助于采蜜产浆。

（一）主要放蜂地点与场地选择

1. 主要放蜂地点　广东省佛山地区、广州市、汕头地区和惠阳地区，福建省晋江、漳州等地区，以及广西玉林地区、四川泸州和内江地区、台湾等都有较大面积的分布。

2. 场地选择与蜂群摆放　荔枝开花有明显的大小年现象，要根据荔枝大小年、气象预报和各地土质、气候条件来选择放蜂场地，同时注意当地对荔枝的施药情况来决定蜂场场址。因荔枝花期西南风和西北风比较多，蜂箱巢门向东较好。

（二）管理要点

1. 组织强群生产　意蜂要有 15 框蜂以上的群势，中蜂要有

6～8 框蜂的群势。同时，生产蜂群还要配置副群进行繁殖，以便随时抽老子脾补给生产蜂群，或生产蜂群的小子脾调入副群。采荔枝蜜源的生产蜂群，其蜂王应是荔枝花前期交配产卵的新王。

2. 生产和繁殖　荔枝流蜜大年，天气好的年景，适当限制蜂王产卵，减少工蜂的巢内工作，集中力量采蜜，生产蜂王浆，防止分蜂热。在天气不好或小年的情况下，及时加脾抓繁殖，为下一个蜜源培育采集蜂。

3. 造脾　荔枝花期每群蜂应造脾 2 张，以更换老劣旧脾。

（三）病虫防治和注意事项

防治蜂螨，预防果农打农药造成蜜蜂中毒。取成熟蜜。

四、刺槐花期

刺槐蜜源花期短，泌蜜量大，缺花粉。刺槐花期无论是定地蜂场还是转地蜂场，群势都已发展壮大，这个花期主要以生产蜂蜜为主，生产蜂王浆为辅，连续追花的蜂场要兼顾繁殖。

（一）主要放蜂地点与场地选择

1. 主要放蜂地点　河南省民权县、卢氏县、中牟县、原阳县、浚县、济源市、许昌、滦川等地区，山东省的临沂、泰安、潍坊地区，河北省石家庄、邢台等地区，山西省长治、安泽、屯留地区，陕西省咸阳、宝鸡地区都是著名的刺槐花期放蜂场地。

2. 场地选择与蜂群摆放　刺槐花期差异比较大，泌蜜量还受小气候、小地形的影响，因此，场地选择必须实地考察。刺槐场地要求树龄在 10～20 年，生长旺盛，气候适宜，背风，每年流蜜较稳定。土质以黄土和黄沙土为宜，尽量避免在当年水淹的刺槐和地势低洼、地下水位较浅的地方放蜂。刺槐泌蜜先花后叶优于先叶后花，紫萼和深绿色萼好于绿萼。

选择林间蜂路开阔地带或树林的南缘处摆放蜂群，交通要便利，以便及时退场奔赴下一个刺槐蜜源场地。场地周围如有瓜花最为理想。巢门一般面向东或东南。

（二）管理要点

1. *组织生产蜂群*　生产蜂群的组织，按生产期蜂群的管理。另外，在刺槐花期到来，未达到生产蜂群要求的蜂群，可临时把蜂王、子脾提到继箱，继箱下开小巢门，巢箱放空脾供贮蜜，巢箱与继箱间由副盖相隔。

2. *花期前适当控王产卵*　在开花前7～10天控制蜂王产卵，或结合育王换王，使在刺槐开花流蜜时，放王或新王产卵，减少群内负担，提高工蜂的采集积极性。

3. *生产*　以生产蜂蜜为主，兼顾生产王浆和繁殖，造1～2张脾可提高刺槐蜜产量。

4. *生产单一花种的优质刺槐蜜*　在刺槐开花流蜜的第二天，把生产蜂群的贮蜜全部摇出来另存。视蜂群和天气、流蜜情况，隔2～3天摇蜜1次，或加继箱贮蜜，最后将蜜摇出。早上取蜜，10时以前结束，这样不会影响蜜蜂的出巢采集，并使蜂蜜的浓度提高。

5. *喂水*　坚持在箱内给蜂群喂水。

6. *及时转场，追花夺蜜*　不同地区，刺槐花期不一，在同一地区，由于海拔高度不同（如平原与山区），花期有早有晚，因此，舍掉上一个刺槐花尾期，及时把蜂场搬到下一个刺槐场地，以提高产量。连续赶花的蜂场，其巢箱运输包装可不撤掉，开门运蜂饲料要足，关门运蜂箱内不宜保留过多的饲料。

7. *防止发生分蜂热*　见本章第一节“繁殖期管理”。

8. *加强繁殖*　花期结束，蜂群较壮，若不追花取蜜，这时可进行分群，做到蜂脾相称，并进行奖励饲喂。但分群的前提是在刺槐花前期培育一批蜂王。

（三）病虫防治和注意事项

1. 防止农药和甘露蜜毒害　刺槐花期蜜蜂中毒主要是小麦、山楂打药。转到山上采刺槐的蜂场，在天气低温多雾的情况下要防止山楂甘露蜜的毒害所引起的“爬蜂病”。

2. 防止饥饿　生产蜂蜜时，该取则取，尽量不留；该喂则喂。在刺槐花期，遇寒流、大风和大雾，刺槐流蜜中止，蜂群常缺饲料；以及在刺槐大流蜜过后，若外界缺乏蜜源，要及时给蜂群补充饲料，促进繁殖，为枣花、荆条准备采集蜂。

3. 防蜂盗和偏集　刺槐场地，蜂场密集，蜂路须开阔，避免蜜蜂偏集造成的损失或麻烦。刺槐花后期，及时缩小巢门，留足饲料。

4. 严禁使杂　有人为因素，也有采集蜂群分别采集所致。

（1）严禁用糖提度（增稠）：与正常蜂蜜对比，提度的蜂蜜色泽稍黄（深），略有焦灼味，入口不爽（清凉），放置月余现黄色。

（2）严禁混杂：含有楝花蜜者，其色泽较苍白（不清凉），有鼠气味，其味不爽口，入口有温嘟嘟的感觉。桐花、白刺花、油菜花蜜混进刺槐蜜中，色泽深，透明度差，不爽口，久置结晶。

五、枣树花期

枣花期天气正值旱季，雨量少，气温高。枣花流蜜期长，花蜜量大、浓稠，但花粉少。枣花蜜中还含生物碱等，加上上述不利因素，枣花后期，蜂群群势下降。

（一）主要放蜂地点与场地选择

1. 放蜂地点　河南省的内黄、新郑、灵宝、中牟、兰考、南阳及其周边地区，河北省的沧州地区，山东省的聊城、德州等地区都是著名的枣花蜜源场地。另外，陕北地区也有大面积的枣树分布，新疆新种植了大量枣树。

2. *场地选择与蜂群摆放* 选择有水源和粉源（如西瓜）的地方或枣林边、山冈处放蜂，树龄适中，生长茂盛，株距稀疏，面积大，历年高产。蜂路开阔，空气流通。天气干旱年份低洼处的枣花泌蜜；雨水多的年份低洼处的枣花不泌蜜或泌蜜少。

蜂群摆放在树阴下，场地要距枣林有 0.25～0.5 千米的距离，蜂群应放高处。

（二）管理要点

1. *保证花粉充足，繁殖好蜂群* 采枣花的蜂场，在刺槐花结束后，要想法让每一个蜂群采集贮存两框粉脾，并繁殖一定数量的采集蜂。枣花中期，如场地周围无其他蜜粉源开花，还应适当喂粉，其方法是把花粉做成粉脾，然后喂蜂，繁殖区要少放脾，枣花结束抓紧繁殖。经常清扫场地及周边环境，一早一晚洒水，防止蜜蜂沾染尘土。

2. *生产与蜂数* 以取蜜为主，保持蜂脾相称或蜂多于脾。

3. *洒水降温，喂水增湿* 在每天的一早一晚向蜂箱和场地上洒水。取蜜时，将取过蜜的巢脾喷上少量水或将空脾灌上干净的水放进蜂巢，或在纱盖草帘上洒水，以补充水分的蒸发。

4. *做好换王工作* 换王的时间应在枣花期前进行。

（三）病虫防治和注意事项

1. *预防中毒* 枣花前期和后期，果农常对枣花施农药，因此，采枣花的蜂群可采取晚进场与早退场的办法来避免农药中毒。与枣树同花期的蒺藜花散出的花粉对蜜蜂有害，蜜蜂采食后会下痢。另外，群众对枣花喷洒赤霉素（即“坐果药”）能造成成年蜜蜂和子的死亡，以及蜂王停产或死亡。

2. 防枣花病　枣花病是气候、蜜源等综合造成的，在管理中要做好防暑降温工作，每天清扫蜂场，洒水增加湿度，还要喂好花粉和进行箱内喂水，预防蜜蜂采食泥沙。

3. 适时治螨　枣花期，蜂群下降，而蜂螨则上升快。枣花后期，群内子脾少，应抓着这个有利时机狠治蜂螨，为花后蜂群繁殖扫清障碍。

4. 防盗蜂，早退场　采枣花的蜂群蜂数要足，后期防蜂盗，晚上取蜜。若枣花流蜜不好，应早退场。

六、荆条花期

荆条花期正值夏季，天气炎热，蜂群群势比较平稳。荆条花泌蜜丰富，花粉基本够用。

（一）主要放蜂地点与场地选择

1. 主要放蜂地点　河南省太行山区、伏牛山区、桐柏山和大别山区，辽宁省，北京市，河北承德、张家口等地区，山东潍坊和烟台等地区，以及山西省的太行山区、吕梁山区、中条山区。湖北省的应山、安陆、随州和大悟。

2. 场地选择与蜂群摆放　选择有水源和粉源（如野皂荚等）的地方放蜂。在温度低的年景选择前山、山边或丘陵地带的荆条场地。在山西和河南，尽量采集开花较早的荆条。另外，根据雨水多少，选择干燥或湿润的地方放蜂，不在海拔高的地方放蜂。蜂群摆放在树阴下，但应让蜂群每天得到一定时间的阳光照射，蜂路开阔，空气流通。

（二）管理要点

1. 生产　花期前若气候适宜可适当奖励，生产野皂荚花粉。花期中，蜂数要足，以取蜜和生产蜂王浆为主，兼顾造脾和繁殖蜂群。

2. 育王　开花前做好换王工作，或花期中育王，花后期更换老劣王。

3. 洒水降温，喂水增湿　每天早、晚向场地上洒水并坚持箱内喂水，扩大蜂路，加强通风，及时取蜜或加贮蜜继箱，防止发生分蜂热。

4. 繁殖　北方地区，促进繁殖，为培育越冬蜂准备哺育蜂，并贮备部分越冬饲料。

（三）病虫防治和注意事项

1. 治螨防病　利用螨扑、杀螨剂或升化硫来防治大、小蜂螨。预防白垩病、爬蜂病。

2. 选场防灾　蜂群不得摆放在水口上，以防山洪冲走蜂箱。遇干旱年，若荆条不流蜜，应给蜂群补充糖、粉饲料，促进繁殖，防止蜜蜂营养代谢病的发生。

3. 预防花粉、蜜露中毒　选择没有或少有博落回的地方放蜂，若有大量博落回花粉被带入蜂巢，应寻找拔除之。如果蜜蜂在黄栌叶上采集大量的蜜露（白糖粒状甜物质），须转移蜂场。

七、芝麻花期

芝麻花期正值夏末秋初，蜂群群势前期比较平稳，后期逐渐下降，大蜂螨寄生率上升快。天气炎热，雨水多。芝麻花蜜、粉丰富。

（一）主要放蜂地点与场地选择

1. 主要放蜂地点　河南省的平舆县、新蔡县、上蔡县等豫东南各县以及南阳市、方城县、邓县等为著名的芝麻蜜源场地，湖北、安徽、江西、河北、山西、四川、江苏等省都有分布。

2. 场地选择与蜂群摆放　选择生长在磷、钾肥充足的芝麻地放蜂。蜂路开阔，空气流通，放置蜂群的地势要高，有稀疏树林遮阳，防止雨水淹蜂箱。蜂箱巢门宜朝东、东北，避阳光直射巢门，忌遮阳太过。

（二）管理要点

1. 生产　以生产蜂王浆、花粉和蜂蜜为主，兼顾造脾和繁殖蜂群。

2. 育王　大流蜜期培育蜂王，为秋季繁殖做准备。

3. 预防分蜂热　趁一早一晚向场地上洒水，扩大蜂路，加强通风，及时取蜜或加贮蜜继箱。在干旱年份或蜂场附近有污水，应在箱内给蜂群喂水。

4. 预防盗蜂　芝麻花后期计划转地的蜂场，应提前转运。遇冷空气或干旱天气，芝麻流蜜中止，要采取措施预防盗蜂的发生。

5. 培育适龄越冬蜂　计划在芝麻花期结束后就地越冬的蜂场，要贮备越冬饲料，促进繁殖，培育越冬蜂。

（三）病虫防治和注意事项

1. 治螨防病　利用螨扑或硫黄加杀螨剂、水来防治大、小蜂螨。也可结合育王断子的机会治螨，用杀螨剂喷雾杀螨 2～3 次，为越冬蜂的繁殖扫除障碍。该花期忌用升华硫治螨。预防卷翅病。

2. 防饥饿、防闷蜂　遇干旱年或水淹年份，芝麻花不流蜜，当地蜂场应给蜂群补充糖饲料，以促进繁殖。脱粉时，应根据蜂种的大小和气候干湿情况，选用合适孔径的脱粉器，严防闷蜂。

3. 运蜂　芝麻花结束转场时，若路途远，须开门运蜂，在当天的 16 时左右装车，装车时给每个蜂群喂水约 0.5 千克，并在车周围点燃麦秆，防止蜜蜂追蜇人畜。关门运蜂饲料不宜过多，落场后再补充糖蜜。

八、椴树花期

椴树花泌蜜量大，其花期气候温暖多雨，大量野生草本植物开花，粉源丰富，蜂群采蜜量大。椴树蜜源有大小年现象。花前如长期干旱、花蕾受－3℃以下冻害或遭虫害而绝产，常因长期阴雨而减产。

（一）主要放蜂地点与场地选择

1. *主要放蜂地点*　东北小兴安岭和长白山区，是著名的椴树蜜源场地。

2. *场地选择与蜂群摆放*　椴树流蜜受小气候影响较大，同一年份常有“五里有丰歉之别”，所以应根据当年天气、往年气候和地形来选择场地，尽量选取在阳坡，场地不宜过挤，不选常受雹灾的地方放蜂。旱年选地势低处放蜂，防洪水冲；雨水多的年份选地势较高的平川或山冈放蜂。蜂群摆放在背风向阳处，宜采用短排或圈形两箱一组摆放。

（二）管理要点

1. *花前管理*　以强群或双王群为基础，进行春季繁殖，饲养强群，单王群进行生产。在椴树花大流蜜期前 18 天扣王，15 天后放王。也可结合养王工作，在椴树大流蜜前断子，减轻工蜂巢内负担，同时在椴树大流蜜时巢内有幼虫，刺激工蜂采集。

2. *组织蜂群*　花前培育采集蜂，一般在 5 月中旬进行。在椴树花期，组织 13 框以上的蜂群生产，并且蜂龄比例合理。弱群繁殖，把生产蜂群的小子脾调给弱群哺育，生产蜂群加入空脾贮蜜，同时加强通风。

3. *早养王*　每年 6 月初培育一批蜂王，用生产蜂群作交配群，使之在椴树花期前期交配产卵。

4. 生产　以生产蜂蜜、蜂王浆为主，多造新脾贮存蜂蜜，预防分蜂热。若椴树流蜜不好，要以生产蜂群的老子脾调给新分群或弱群，使全场蜂群平衡、快速发展。

5. 花后期管理　花期末及时缩小蜂巢，做到蜂脾相称。大群与小群的子脾互调，使群势均衡。在椴树蜜源结束后，计划采葵花的蜂场，要在椴树花期给蜂王创造产卵的条件，促进繁殖。在深山采椴树蜜的蜂场，后期还要适当补充粉脾或饲喂人工花粉。

（三）病虫防治和注意事项

椴树花结束前要留足饲料，治好螨，给培育越冬蜂做好准备。

在椴树蜜源歉收年里，要平衡群势，合并小群，保证蜂多于脾和充足的蜜粉饲料，提供产卵脾，抓蜂群繁殖。

九、棉花花期

棉花花前期泌蜜量较大，后期较少，遇低温不流蜜，近些年来抗虫棉的推广栽培，使棉花泌蜜大为减少。棉花粉较少，花期长。开花期间气温高、敌害多，同时，棉花经常打农药，蜂群群势容易下降。

（一）主要放蜂地点与场地选择

1. 主要放蜂地点　新疆维吾尔自治区以及长江流域和黄河流域之间的地区。

2. 放蜂场地与蜂群的摆放　选择兼有其他蜜粉源植物同时开花的地方放蜂，如甘薯、菜花、瓜花、玉米、芝麻等，在虫害少的地方放置蜂群，减少因施农药所造成的中毒损失。蜂群摆放在树阴和有水源的地方，场地通风好，距棉花地300米，巢门不朝向西。

（二）管理要点

1. *生产* 以生产蜂王浆、蜂蜜为主，兼顾造脾。在新疆棉花场地，以主、副群饲养的方式，维持生产蜂群的群势，集中力量生产。所造新脾，尽可能让蜂王产1～2代子。在花后期，调整主、副群的子脾，加强繁殖。

2. *繁蜂* 在某些地区，蜂数要足，缩小繁殖区，防止爬蜂。更新蜂王，加强繁殖，培育越冬蜂。

（三）病虫防治和注意事项

做好防暑降温工作，防治蜂螨。若棉田虫害大发生，喷药频繁，应及早转移场地。到了棉花后期，将蜂群尽快转移到有辅助蜜粉源的地方进行繁殖。

棉花蜜易结晶，不宜用作越冬饲料，取出棉花蜜后要及时用白糖补足越冬饲料。

十、荞麦花期

（一）主要放蜂地点与场地选择

1. *主要放蜂地点* 陕西省定边、靖边、榆林、子洲、神木、府谷、横山，内蒙古四子王旗、大青山、固阳，以及新疆和甘肃的部分地区。

2. *场地选择与蜂群摆放* 荞麦在黄土含沙量大、磷钾肥含量高、地下水位低、小气候好、光照充足和植株密度适中长势好的地方流蜜较好。

在荞麦花长势好、面积大的地方放蜂，蜂群摆放在树林中和有围墙、土坡等避风处，周围挖排水沟，中午和下午日照不对巢门。

（二）管理要点

在玉米、芸芥花期培育采集蜂，花期到来组成主、副群饲养，生产蜂群要有14框蜂，繁殖群5框蜂，蜂数要足。以蜂蜜、蜂花粉、蜂王浆生产为主，花前中期若天气好狠取蜜。花中后期蜜房封盖不好，是流蜜不好或天气有变化的信号。花后期不造脾，生产蜂蜜，要多留少取，紧缩蜂巢，抽蜜脾贮备饲料，在花期结束前繁殖好越冬蜂。繁殖越冬蜂时新脾封盖子提到继箱。

（三）病虫防治和注意事项

治蜂螨，防治白垩病，预防甘露蜜中毒。防盗蜂。防洪水冲蜂箱，以及在场地周围挖排水沟防水淹蜂箱。

在荞麦花期如遭受连续的西南风（干热风），则泌蜜中止。

十一、向日葵花期

（一）主要放蜂地点与场地选择

1. *主要放蜂地点* 内蒙古河套平原、东北三省、河北、山西、新疆焉耆盆地。

2. *场地选择与蜂群摆放* 向日葵花期在7月中旬至9月上旬。选择土质肥沃、排水好、种植面积集中的地方作为放蜂场地，若选择岗地和平洼地兼有的地方可旱涝保收。蜂群摆放在有稀疏树林的地方，附近水质要好。巢门可朝北方向。

（二）管理要点

1. *花前工作* 开花前要培育采集蜂，开花期临近组织生产蜂群。主群要达到15框蜂以上，副群5框蜂进行繁殖。

2. 适时进场　在蜂群进场前，要实地了解花期前雨水、气温、长势等，若气温高、雨水充足、葵花长势好，即可提前5天进场。在场地近处若无水源，要设饮水设施。防止阳光直射蜂箱。

3. 调整群势　生产蜂群蜂数要足，单王生产蜂群巢箱里放5张脾，其余的放继箱；双王群在流蜜期关1只蜂王，在花后期放王到继箱产卵。新分蜂群要加子脾，增强群势，慎重取蜜，副群以繁殖为主。

4. 生产与繁殖　花前中期进行蜂蜜和王浆的生产；后期抽出多余巢脾，做到蜂脾相称或蜂多于脾，留足饲料，若流蜜突然中止要补喂，加强繁殖。转地蜂场，要根据情况适时迁移。

5. 育王与造脾　花期培育一批蜂王，多造新脾，为培育适龄越冬蜂和组织双王群做准备。

（三）病虫防治和注意事项

干旱年份如发现甘露蜜中毒，立即转场，摇出箱内饲料，另喂给优质蜜糖饲料。防止农药中毒。繁殖越冬蜂前要治螨，新疆地区葵花后期繁殖越冬蜂还要注意蜂群的保暖工作。蜜源结束即进行越冬的蜂群，要合并小群，葵花蜜不宜单独作越冬饲料。

盗蜂严重时要尽快转场。

十二、龙眼花期

（一）主要放蜂地点与场地选择

1. 主要放蜂地点　福建省、广东、广西、台湾、四川。

2. 放蜂场地与蜂群摆放　在荔枝盛花期过后，及时把蜂场运到龙眼场地，蜂群摆放在朝向南风向的树阴下，防雨水，在巢门与地面之间筑一斜坡，以利蜜蜂进巢。

（二）管理要点

1. 组织生产　调整群势，使蜂脾相称或蜂略多于脾，中蜂要求达到6框蜂以上的群势，在进入龙眼场地的前几天，往采蜜群内介绍1个成熟王台。意蜂单王群应达到14框蜂的群势，若达不到要组成双王群加上继箱，利用转场的机会组织采集蜂。

2. 保护虫脾　取蜜时要轻摇，或只取继箱中的蜜脾，避免伤害幼虫，加强通风。每生产1次蜂蜜，视群势抽出多余巢脾，使蜂略多于脾，重视蜂王浆的生产。

3. 育王、繁殖　花中期培养一批蜂王，进行分蜂和繁殖。花后期留足饲料，调整群势，抽出多余巢脾，加强繁殖。

（三）病虫防治和注意事项

防止雨水直灌箱内，防蟾蜍危害。花期结束进行治螨。

十三、柑橘花期

（一）主要放蜂地点与场地选择

1. 主要放蜂地点　四川、湖南的怀化、湖北、广东惠阳、广西、浙江、福建、江西。

2. 场地选择与蜂群摆放　在柑橘品种多、长势好、花蕾多、土质肥沃的地方放蜂。选坐北向南、避风向阳的地方摆放蜂群。

（二）管理要点

1. 花前期　油菜花后期留足饲料，防盗蜂，并培养一批蜂王，在柑橘花期交配。进场时采取主、副群搭配，流蜜前1周，意蜂组织15框蜂以上的强群进行生产，巢箱放5～6张脾。中蜂采用8～10框的群势。生产蜂群的蜂王应是新王（或油菜花后期育王，在柑橘花期交配），群内蜂龄比例合理，利用老王群繁殖。流蜜前奖励饲喂，阴雨天多喂粉。

2. *花中期* 维持强群，适时取蜜采浆、加础造脾，预防分蜂热。根据蜂群的发展，先调副群小子与大群，后调主群大子与小群。天气好且稳定，集中强群突击取蜜；天气差，以繁殖为主。上午取蜜，保证柑橘蜜的纯正和浓度。花前没换王的蜂场花中期要养王。

3. *花后期* 留足饲料，保持蜂脾相称，平衡群势，积极繁殖，为刺槐等后继蜜源准备采集蜂。

（三）病虫防治和注意事项

预防农药中毒。防盗蜂，防流蜜不好蜂群饥饿。提前包装，随时启运。

十四、乌桕花期

（一）主要放蜂地点与场地选择

1. *主要放蜂地点* 浙江、江西南部、福建、湖南、广西、广东、四川、贵州。

2. *场地选择与蜂群摆放* 乌桕花期在5月底即开花流蜜。蜂群摆放在树阴下，巢向朝北较好。

（二）管理要点

组织强群生产，以生产蜂蜜和蜂王浆为主，兼顾造脾。

1. *花前期* 要预防分蜂热，其方法是利用乌桕前一个蜜源养王，早换王，培育采集蜂；或强弱互补子脾，达到同步发展。扩大蜂路，及时扩巢，加强通风。

2. 花中期　适时取蜜，取蜜应在上午 10 时以前完成。加巢础造脾，大量生产王浆，抽出粉脾保存。喂水遮阳。

3. 育王　利用乌桕花前期的蜜源进行育王，发展蜂群，组织双王群或主、副群饲养，利用小群贮备一批蜂王。

4. 追花夺蜜　乌桕花后期如有小叶桉、芝麻等后继蜜源，应及时转场。

（三）病虫防治和注意事项

1. 防病、虫　在乌桕花流蜜前预防欧洲幼虫腐臭病和美洲幼虫腐臭病。在花前期或花后期采用分巢治螨或挂螨扑片治螨。防除胡蜂危害蜂群。

2. 防暑　做好遮阳防暑工作，预防天热晒化巢脾。

十五、柃花期

（一）主要放蜂地点与场地选择

1. 主要放蜂地点　湖北崇阳县、江西、福建、湖南、广西、广东、四川。

2. 场地选择与蜂群摆放　柃蜜源花期在 10 月下旬至翌年 1 月，是一年中最寒冷的季节，昼夜温差大，寒流频繁，气候干燥。柃蜜源多被中蜂利用，选择地形复杂、柃木种类多、数量多、小气候稳定的地方放蜂。蜂群摆放在背风、向阳处，巢门朝向南方。

（二）管理要点

转地蜂场，西蜂以繁殖和贮备越冬饲料为主，中蜂组织采集群，生产以抽取蜂蜜为主，可以生产巢蜜。定地和小转地蜂场，在紫云英、油菜花期养一批王，紫云英花期结束，把蜂群转到春柃和冬柃较多的深山区越夏，并有计划地组成3箱1组或2箱1组的主、副群饲养。白露节前第15～20天奖励饲喂，直到有山花散粉流蜜为止，并以强补弱，繁殖采集蜂。在柃花流蜜时，撤走副群，集中采集蜂到主群，加空脾，适时取蜜。

蜂群保持蜂多于脾，加强保暖，中午经常晒箱，夜间用塑料布盖箱，促进繁殖。

（三）病虫防治和注意事项

预防甘露蜜中毒，防治大肚病和幼虫病。柃蜜源花后期，把蜂场及时转到油菜场地，进行春繁。

十六、老瓜头花期

老瓜头花期在5月20日至7月中旬，花前期缺粉，天气干热、风沙大。低温和干热风会使泌蜜减少。在老瓜头发芽期（5月中旬），如果发现老瓜头的嫩叶、嫩芽发黑，接着枯萎，最后变为墨绿色卷曲的干芽、干叶，即是遭冻害的表现。

（一）主要放蜂地点与场地选择

1. *主要放蜂地点*　宁夏盐池，陕西榆林地区古长城以北，毛乌素沙漠，内蒙古鄂尔多斯市。

2. *场地选择与蜂群摆放*　选择3～5月份降水量多、有辅助粉源、含沙量较小、沙丘交错的地方和土壤湿度较大的河边放蜂。在湖、河边的树林、草滩和山间小盆地，把蜂群摆放在树阴下、草滩上。

春季持续干旱的年份选宁夏、陕西老瓜头场地。在宁夏、陕西采老瓜头花的蜂场，根据花上蜜珠大小和花期雨水情况，在宁夏青铜峡到陕西神木800千米的古长城内外，灵活转地，避开因小气候形成花期多雨的地区。雨水多的年份选内蒙古鄂尔多斯市北部库布齐和毛乌素沙漠老瓜头场地。在毛乌素沙漠区，待大多数花上有蜜珠显现再进场。

（二）管理要点

1. 花前准备　采老瓜头的蜂场，提前培育采集蜂，组织强群和有较好子脾的蜂群进入老瓜头场地，并在前一个蜜源留足饲料。以弱补强，合并弱群，组织单王继箱群进行生产，保持蜂脾相称；换王促产，双王群繁殖。

2. 生产兼顾繁殖　生产蜂群的巢箱一般放4张脾，如果蜂群内花粉较多巢箱多放脾，粉少少放脾。出房子脾调到继箱，巢、继箱之间不相互调脾；当外界花粉增多时，再向巢箱调脾。如果有贮备的花粉，在老瓜头花期可喂粉促进繁殖，为下一个花期准备采集蜂。生产蜂群要采取从副群中抽补封盖子脾的方法，维持强群，防止分蜂热，延长生产期。

在内蒙古鄂尔多斯市库布齐沙漠区老瓜头场地，采取突击取蜜方式，狠抓前、中期的生产。在干旱无水源的场地，箱内要喂水。

3. 调整蜂群　如果进入老瓜头场地的蜂群比较弱，要保持蜂脾相称，可喂粉进行繁殖。采取育王换王或幽闭蜂王等方法控制蜂群育虫量，在蜂群负担轻的情况下突击采蜜。

4. 注意虫害　抓花前中期生产，花后期若虫情严重，立即转场。

（三）病虫防治和注意事项

蜂群断子后治螨。防风沙。有些地区要防山洪冲蜂箱。防缺粉，蜂群中子脾数量要和蜂群采粉、箱内存粉、人工喂粉的量相适应。若蜂群较差，及早转到繁殖场地。

十七、白刺花花期

（一）主要放蜂地点与场地选择

1. *主要放蜂地点* 陕西秦岭山区、铜川，山西安泽、长子县、晋东南、吉县等。白刺花又名狼牙刺，花前期与刺槐花后期相衔接，即5月上旬至6月下旬。

2. *场地选择与蜂群摆放* 选择白刺花面积大、芽期无霜冻、生长旺盛、小气候和生态环境好、山间有马茹、牛奶子等山花的地方放蜂，在牛奶子开花时进场。蜂群摆放在通风向阳处。

（二）管理要点

1. *花前中期* 结合换王断子取蜜，介绍蜂王时，可采用对蜂脾喷洒白酒（50克白酒对100克水）的方法介绍蜂王。在高寒地区采白刺花的蜂场可利用主、副群，组织采集蜂进行生产，实行大群生产，小群繁殖，后期调整蜂群共同发展。

2. *花后期* 应留足饲料，调整群势，促进繁殖，及时把蜂场转到有山花的山上或平原有瓜花的地方繁殖蜂群，为荆条花期培育采集蜂。

（三）病虫防治和注意事项

防止苦树皮花粉中毒，严防味苦的花粉进箱。如发现蜜蜂花粉中毒，要进行脱粉，并及时转场。防治蜂螨。蜂群转场后要注意为蜂群遮阳，水源不好的地方蜂场设喂水池。

十八、枇杷花期

（一）主要放蜂地点与场地选择

1. *主要放蜂地点*　长江中下游及以南地区，如苏州地区、福建莆田涵江、浙江的台州地区都是重要的放蜂场地。

2. *场地选择与蜂群摆放*　枇杷花期一般从 10 月下旬至 12 月中下旬，蜜粉充足。场地应选当年夏季雨水充足，枇杷长势好，背风、向阳、高燥和离蜜源近的地方。蜂箱排列宜朝南或东南向，下午要有充足的阳光，蜂箱底垫一层干草。

（二）管理要点

1. *管理原则*　在枇杷花期，大年以采蜜为主，兼顾繁殖，小年以繁殖为主。有些枇杷场地，其花前期有茶花开花，因此，在前期积极进行茶花粉和蜂王浆的生产，奖励饲喂防止茶花期发生的烂子现象。

2. *繁殖*　在气候正常的情况下，加脾扩巢，促进蜂王产卵，为翌年早春繁殖做准备。

3. *生产*　流蜜盛期，抽摇边脾和封盖子脾上的枇杷蜜。枇杷花后期要留足饲料，摇蜜时应多留少取，防寒潮袭击。

在流蜜中断或花期结束后，调整群势，抽出多余的旧巢脾，保持蜂脾相称，并及时迁到早油菜春繁场地越冬，防止零星枇杷花引蜂飞翔。

（三）病虫防治和注意事项

防治蜂螨和茶花烂子病。花期中勤晒箱内保暖物，防止箱内潮湿。

十九、野坝子花期

野坝子花期在 9 月中旬至 12 月上旬，天气干旱、风大、粉源较缺，昼夜温差大，常有寒流。野坝子花泌蜜有大、小年之分，而且没有一定的规律。若当年春雨早，野坝子发芽早，在3～4 月份雨水适中，雨季结束早，野坝子当年流蜜就会好。

（一）主要放蜂地点与场地选择

1. *主要放蜂地点* 云南楚雄州、大理州，贵州，四川凉山州。

2. *场地选择与蜂群摆放* 选择背风、向阳场地，如雨水充足，选在干燥的地方；如气候干旱，蜂场选在湿润的沟谷旁；若在山区，场地选在山腰。如伴有野紫苏蜜源或蚕豆花期较早的野坝子蜜源场地更好。蜂箱巢门朝东方向。

（二）管理要点

1. *花期前* 野坝子花期前培育一批新王。

2. *花中期* 在流蜜好的情况下，利用强群取蜜，盛期多取，中期抽取，后期不取，留足饲料，抽出空脾，调整群势。小群双群同箱进行繁殖，注意喂粉。

流蜜不好的年份，以繁殖蜜蜂为主，保证巢内蜜粉充足，蜂多于脾，加强保暖，培育越冬蜂。

3. *花后期* 留足饲料，加强保暖，组织一批双王群，繁殖越冬蜂。花期结束，及时把蜂场迁入越冬场地，或采用暗室等方法迫使蜂王停产，或利用寒潮撤除保暖物，迫使蜂群停止育虫。

（三）病虫防治和注意事项

预防下痢病和食物中毒，若蜂群采集甘露蜜，应及时转场，更换饲料。防止偏集，预防盗蜂，防治蜂螨。

二十、橡胶树花期

（一）主要放蜂地点与场地选择

1. *主要放蜂地点* 云南南部的西双版纳、思茅、红河和西部的德宏州，海南岛。

2. *场地选择与蜂群摆放* 橡胶花泌蜜量大，流蜜涌，流蜜期气温高，花后期湿度大。蜂群要摆放在树阴下，地势要高，通风，避免日光直晒。

（二）管理要点

1. *花期前* 繁殖采集蜂，在进入橡胶场地前彻底治螨。

2. *花前中期* 在橡胶花期前期育王，以主群为交配群，在大流蜜期换王。利用主、副群，组织强群生产，采用多箱体贮蜜，减少取蜜次数，提高蜂蜜浓度。加强副群的繁殖，补充花粉，保证蜜粉充足，为生产蜂群补充子脾做好准备。

3. *花后期* 流蜜后期，调整群势，强、弱群子脾互补，让弱群尽快恢复群势。流蜜结束，立即转场到海拔较高地区，利用山花恢复群势。

（三）病虫防治和注意事项

预防烂子病、农药中毒和胡蜂危害。

二十一、野藿香花期

（一）主要放蜂地点与场地选择

1. *主要放蜂地点*　云南东南的八宝、麻栗坡、马关和云南东北的永善、巧家、东川等地，青海海北州，贵州省的关岭、册享，甘肃。

2. *放蜂场地选择*　选择土壤肥沃、长势好的地方放蜂。

（二）管理要点

野藿香（图 4-8）花期为 10 月下旬至 12 月初，是晚秋蜜源，其花期结束后蜂群即进入越冬期。在管理上应做好繁蜂取蜜并重，前期生产蜂蜜，后期抽取蜂蜜，留足饲料。

图 4-8　野藿香
（尤方东　提供）

在歉年或灾年里，箱内留足饲料，合并弱群，保持蜂脾相称，加强保暖，促进繁殖。

在西北海拔 2 500 米的地方，蜂群蜂数要足，8 月中旬扣王，留足饲料或提前喂好越冬饲料。

（三）病虫防治和注意事项

预防大肚病、幼虫病，防治蜂螨。经常翻晒箱内保暖物，预防盗蜂。

二十二、黄芪花期

（一）主要放蜂地点与场地选择

1. *主要放蜂地点*　甘肃的陇南、陇西、天水等地区，以陇南地区的武都县分布最广，米仓山区最为集中；河南西部山区，山西北部，内蒙古固阳县。

2. *放蜂场地与蜂群的摆放*　黄芪（图 4－9）开花期为 6 月下旬至 8 月下旬，种植的黄芪头年不流蜜，第二年开始大流蜜，第三年流蜜最好。连作的黄芪流蜜差。黄芪花前期是炎热的夏季，而后期进入秋季，气温降低，相对湿度升高，有时还有暴雨。蜂场应选在通风、排水好的地方，蜂群摆在路旁的小树林中或有树木的田埂上，巢门口对着宽阔的一面，蜂箱呈月牙形摆放。

图 4－9　黄　芪
（房柱　提供）

（二）管理要点

1. *组织生产蜂群*　在流蜜期前半个月用正出房的子脾补充生产蜂群，流蜜开始后采取集中外勤蜂的方法壮大生产蜂群。生产蜂群的继箱多加空脾，巢箱放 5 张小子脾。

2. *生产*　流蜜盛期采取强、弱互补子脾和换新王等措施维持强群。以生产蜂蜜为主，兼顾生产王浆，积极造脾。黄芪流蜜前期取蜜要狠，后期要稳，早上取蜜。

3. 养王　在黄芪花期养一批王，适时更换老劣王。

4. 繁殖　黄芪流蜜末期，留够蜜粉饲料，促进蜂群繁殖，为下一个蜜源做准备。小群组成双王群进行繁殖。

若黄芪花流蜜不好，应积极繁殖。

（三）病虫防治和注意事项

预防和治疗白垩病、蜂螨。预防因刮大风造成的蜜蜂偏集。防洪水冲蜂箱。

二十三、盐肤木花期

（一）主要放蜂地点与场地选择

1. 主要放蜂地点　盐肤木（*Rhus chinensis* Mill）又称五倍子。花期8月中旬至9月中旬。江南山区，如湖北咸宁以东山区、江西永修山区等。

2. 场地选择与蜂群摆放　选山上杂木多、松杉少和有茶树、地势开阔的向阳缓坡，或运输方便的山间盆地放蜂。蜂箱巢门向南。

（二）管理要点

1. 繁殖　花期前奖励饲喂，使开花时每群有一定数量的小子脾。

2. 调整群势　在花前10天紧脾，做到蜂脾相称，继箱群达到上5脾、下5脾，平箱群抽出较强群势的老子脾补给弱群。

花前期大群以脱粉为主，小群补空脾贮粉，抓紧取浆。大流蜜期开始停止脱粉，贮备饲料。

3. 育王　在五倍子花前期，育一批王，10天后再育一批王。新王产卵后繁殖越冬蜂。或进入茶花蜜源场地后进一步进行秋繁。

（三）病虫防治和注意事项

利用换王断子期治螨。花期养王换王，留足饲料。

二十四、菊花花期

（一）主要放蜂地点与场地选择

1. 主要放蜂地点　湖南、湖北、江西和河南西部山区。菊花（图4-10）9月上旬始花，11月上旬末花。

2. 蜂群摆放　蜂群摆放在背风向阳、交通便利的地方，忌摆放在风口上。

图4-10　菊　花

（引自 Copyright Bruce Marlin 2002）

（二）管理要点

组织有10框蜂左右的蜂群生产蜂蜜和贮存花粉，防止粉压卵圈。各群群势基本平衡，加强保暖，促进繁殖。如当地无野桂花蜜源，在菊花后期要留足越冬饲料，并扣王断子，抽出粉脾，减脾缩巢，促蜂排泄。

在河南采菊花并越冬的蜂群，取蜜时只摇子脾上的蜜，不摇蜜脾，以贮备饲料。小雪来临转场囚王，提出粉脾，待蜜蜂排泄后抽走空脾，撤回保暖物，对巢门遮光。

（三）病虫防治和注意事项

花期结束就进行越冬的蜂场，待子脾出完后治螨。防除胡蜂、蟾蜍等的危害。利用晴暖天气促蜂排泄。

一般年份，养西方蜜蜂的蜂场应放弃该花期。

二十五、胡枝子花期

（一）主要放蜂地点与场地选择

1. *主要放蜂地点* 东北、华北、山东，黑龙江省的小兴安岭和完达山脉的浅山区，是著名的胡枝子花期放蜂场地。

2. *放蜂场地与蜂群摆放* 选择黑土层深厚、土质肥沃、水分充足的地方放蜂，不宜在高山密林、沟深坡陡的地方放蜂。该花期蜜粉丰富，2～3 年生的主条分枝多、枝条长、花序多、花蜜集中、开花早、泌蜜量大。蜂群摆放在通风向阳处。

（二）管理要点

1. *强群生产* 群势要求在 12 框足蜂以上，群势不足，应从副群提老子脾补给生产蜂群，弱群组成双王群进行繁殖。

2. *育王* 在 7 月底育王，控制蜂王产卵，提高蜂蜜产量。在 8 月 15 日前后放王或更换老劣蜂王，利用新王产卵，繁殖越冬蜂。调整蜂群，注意保暖。

（三）病虫防治和注意事项

防治蜂螨。椴树花期结束即进场，抓紧繁殖一批蜂以充实群势。胡枝子流蜜后期，要做好越冬蜂的繁殖工作。

二十六、茶叶花花期

茶叶花（图 4 - 11）是我国南方入秋以后 1 个优良的大宗蜜粉源，利用得好，既能获得蜂王浆和花粉丰收，又抓了秋繁。茶花粉是春繁时期增强蜜蜂体质、预防蜜蜂白垩病的首选饲料，茶花浆 10 - HDA 含量还高于春浆。

图 4 - 11　茶叶花

（仿 www.donews.com；徐社教）

（一）主要放蜂地点与场地选择

浙江杭州、新昌和河南信阳山区栽培集中，茶叶花期 10～12 月。场地要求宽敞，地势平坦，背风。

（二）管理要点

1. 繁殖采集蜂，组织双王群　8 月下旬蜂群提前到达茶花场地，从杂交稻花开始，培育一代子壮大群势。9 月培育一批新蜂王，到 10 月初，除留下优质老王组织双王群外，其余全部换成新王双王群，这样产卵多，蜂势强。

2. 检查蜂群，生产蜂蜜　大流蜜期每 4～5 天检查 1 次，蜜足的应及时抽摇，为防盗蜂，摇蜜须在室内进行。

3. 上下调脾，生产王浆　双王群巢箱保持 7～8 张脾繁殖。继箱出房子脾及时取蜜调入巢箱供产卵，浆框两侧保持有子脾，调节浆框日、夜温差，做好保暖工作，提高王台接受率，使王浆高产、稳产。用 5～7 条 33 孔高产台基条取浆，可取到 11 月中下旬。

积极生产花粉，蜂群进粉量够蜂群消耗即可。

4. 关王停产，休养生息　届时及时关王断子，待幼虫全部封盖后，停止喂糖水，同时停止取浆、脱粉，让蜂群采足花粉，离开茶花场地，供最后一代新蜂的营养消耗，为来年的春繁奠定好基础。

5. *防止茶花蜜烂子病* 喂酸饲料，或每晚用1∶1.2～1.5的糖水0.5～1.5千克，浇在强群框梁上面，迫使每只哺育工蜂都吃到糖浆。在气温正常情况下，茶花期40天，大流蜜30天。若长期高温流蜜很好，必须天天喂，如发现烂子，喂糖水量需增加，在框梁上多浇几次；低温多雨流蜜少时，可少喂。

6. *越冬* 蜂群离开茶花场地后，调入茶花期前贮备的蜜脾，抽出茶花期的饲料，或喂糖浆。保持蜂脾相称。采取暗室越冬，保持蜂群安静和环境凉爽。

（三）病虫防治和注意事项

茶花前（9月中旬）狠治螨，可用螨扑，也可用升华硫每群3～5克刷脾。预防白垩病，防止盗蜂，预防幼虫病。

二十七、紫花苜蓿花期

（一）主要放蜂地点与场地选择

1. *主要放蜂地点* 新疆、内蒙古、陕西、甘肃的通渭、山西、宁夏。

2. *放蜂场地与蜂群摆放* 选择茎秆粗壮、叶色翠绿、无蚜虫和浮尘子等病虫害的紫花苜蓿地放蜂。该蜜粉源粉少蜜多，有辅助蜜源的地方蜂群群势稳定，在离水源近和有辅助蜜源的地方摆放蜂群。

（二）管理要点

取蜜为主，保持蜂、脾相称，注意喂水，对花粉少的场地要人工饲喂花粉，促进繁殖。生产蜂王浆时要喂花粉。

（三）病虫防治和注意事项

花中期注意防治烂子病，注意其他病虫动态，防洪水冲蜂。

二十八、光叶苕子花期

（一）主要放蜂地点与场地选择

1. *主要放蜂地点*　江苏、陕西、云南盘县、贵州省黔西南州、广西。

2. *场地选择与蜂群摆放*　苕子3～5月开花，选择成片的留种苕子场地放蜂，周围有丰富的辅助蜜源。在背风、向阳并有天然屏障的地方摆放蜂群。

（二）管理要点

1. *花前期*　苕子开花前治螨1次，开花即进入场地，利用始花期和辅助蜜源繁殖一批采集蜂。若有寒流，应加强保暖，喂足饲料。

2. *组织生产*　在盛花期前半个月，利用副群中的封盖子脾补充主群，巢箱内的封盖子脾也提到继箱，另加空脾供蜂王产卵。或利用主、副群的飞翔蜂补充主群。或流蜜开始后，把主群的蜂王连脾带幼蜂提出，另组小群繁殖，在原群诱入1个成熟王台。

当蜜装满巢房即可在上午10时以前进行生产。积极生产蜂王浆。苕子流蜜后期，主、副群子脾互调，均衡群势，留足饲料，更换老劣王，为下一个蜜源的生产做准备。

（三）病虫防治和注意事项

预防烂子病，防水冲、防火灾。

二十九、草木樨花期

（一）主要放蜂地点与场地选择

1. *主要放蜂地点*　草木樨花期6月上旬开花，7月下旬终花。西北、华北、东北为主要放蜂地。

2. *场地选择与蜂群摆放*　在山边、路边、河边花多的地方放蜂。蜂群摆放在通风好和遮阳好的树下，远离公路、学校等公共场所，以防蜂蜇人。

（二）管理要点

组织采蜜群应在开花前1周进行，对达不到采蜜群要求的可采取集中老蛹脾和合并弱群的方法来组织。巢箱放3～4张子脾，继箱放老蛹脾和空脾。加础造脾，花期育王。该花期花蜜浓度低、粉足，是繁殖蜂群的好蜜源。

草木樨花后期防盗蜂，做好转场工作。

三十、桉 花 期

（一）主要放蜂地点与场地选择

1. *主要放蜂地点*　广东、广西、云南、四川、福建。

2. *放蜂场地与蜂群摆放*　小叶桉、大叶桉花期在7～10月，昆明开源11～12月。选择阴凉通风的地方摆放蜂群。

（二）管理要点

小叶桉花期，要做好防暑降温工作，在花前繁殖蜂群，花前、中期限王产卵，花后期留足饲料，保持蜂脾相称，治好蜂螨，为越夏或为田菁、大叶桉蜜源繁殖适龄蜂。小叶桉结束后进行越夏的蜂场，应及时将蜂转到越夏场地。

大叶桉蜜源适合中蜂生产。

桉树上有一种小虫，在蜜蜂采集时能附在蜜蜂体上，使蜜蜂寿命缩短，子脾孵化差，群势下降。

三十一、密花香薷花期

（一）主要放蜂地点与场地选择

1. *主要放蜂地点*　宁夏南部山区、青海东部、甘肃的河西走廊、新疆的天山北坡。

2. *场地选择*　密花香薷是油菜后期蜜源，一般就原场地不动。

（二）管理要点

以繁殖越冬蜂为主，蜂数要足，饲料要好。防治蜂螨，预防盗蜂和天气突变。

三十二、党参花期

（一）主要放蜂地点与场地选择

1. *主要放蜂地点*　甘肃陇西、甘谷、临洮和天水等县，山西、陕西、宁夏。

2. *放蜂场地与蜂群的摆放*　党参花期在8月至9月下旬，一般在8月初进场。选择党参面积大、长势好、周围杂花少的场地放蜂。蜂箱摆放在通风向阳处，巢门向南。

（二）管理要点

蜂箱要前低后高，蜂群排列好后即着手党参花粉的生产。生产的同时要兼顾繁殖。生产党参花粉，中午 12 时以后的党参花粉纯度高，在一天之内可分批收集，收获的花粉争取 1 天晒干。

整个花期，蜂数要足或蜂脾相称，根据流蜜情况生产蜂蜜，留足饲料。

防治蜂螨，预防烂子病发生，防止蜜蜂偏集和盗蜂。

三十三、小茴香花期

（一）主要放蜂地点与场地选择

内蒙古托克托县、山西朔州，小茴香花期在 7 月中旬至 8 月上旬。蜂群摆放在通风好的树阴下。

（二）管理要点

蜂数足，以生产蜂蜜、蜂王浆为主，兼顾生产花粉，适时加脾，生产、繁殖两不误，为向日葵等下一个蜜源做好准备。

加脾不宜过快，防止白垩病和烂子病。防水冲蜂箱，雨水多的年份及早转场，严防农药中毒。

三十四、益母草花期

（一）主要放蜂地点与场地选择

1. *主要放蜂地点*　湖南洞庭湖区、长江沿线以及云南等地，在紫云英花尾期开花；分布在山西阳泉地区的平定县、盂县等黄河以北地区的，其花期在 7 月中旬至 9 月上旬，是当地主要蜜源荆条与野菊花之间的重要辅助蜜源。

2. 场地选择与蜂群摆放　益母草花期天气气温高、干燥，蜂群应放在遮阴好、向阳、通风、附近水源充足的地方放蜂，尽可能离蜜源近些。

（二）管理要点

1. 花期前　南方可在紫云英花期育王，北方在荆条花期育王，更换老劣王。抽出强群的封盖子脾补助弱群。

2. 花期中　合并弱群，组织强群进行生产，预防分蜂热。选育良种，培育蜂王。

做好防暑降温工作，适时治螨。

三十五、荷花花期

（一）主要放蜂地点与场地选择

荷花（*Nelumbo nucifera* Gaerth）又称莲花、莲，水生草本植物，在南方花期6～9月，北方花期7～8月。籽（开花结果）莲以湖南、湖北、江西、福建等省为主。洪湖地区种植面积达3 400公顷，野生的有80公顷，主要分布在大沙、大同、里湖、小港、大口、沙口、瞿家湾和螺山等地；河南信阳地区的潢川、固始等县也有大面积栽培。

蜂群摆放在树阴下，通风，放高忌低。

（二）管理要点

1. 花前中期　根据附近地区的辅助蜜源情况，采集的花蜜不够用时，每群每晚奖励饲喂1∶1的糖浆0.5千克，同时生产王浆和花粉，生产的花粉应在3小时内晾干。适时养王、换王和分群。

2. *花后期*　停止生产，蜂稠不宜稀，繁殖好越冬蜂。防治蜂螨，防水淹蜂箱。大雨过后及时退场。

三十六、槿麻花期

（一）主要放蜂地点与场地选择

1. *主要放蜂地点*　全国各地均有栽培，河南主要集中在正阳、潢川、息县等地区，槿麻花期在7～8月。在黄土、黑黏土地上，株高30～50厘米时即开始泌蜜，一般在50～150厘米高时泌蜜丰富，茎、叶、花都有蜜腺泌蜜。高温多雨天气泌蜜多。

2. *场地选择与蜂群摆放*　选在通风、遮阳较好、地势高的地方摆放蜂群，蜂群摆放成圈。如兼有芝麻、玉米等蜜粉源的地方更好，以弥补槿麻花粉的不足。受水淹的槿麻不宜放蜂。

（二）管理要点

以生产蜂蜜为主，蜂数要足，花期大流蜜过后及时退场，培育越冬蜂。预防缺粉，防治蜂螨，防止甘露蜜中毒。

雨水过多或低温的年景最好放弃该花期。防止盗蜂，忌用升华硫治螨。

三十七、泡桐花期

（一）主要放蜂地点与场地选择

1. *主要放蜂地点*　河南省的兰考、睢县、民权、宁陵、杞县、巩义县、荥阳等地。花期3月下旬至5月中旬。

2. 放蜂场地　选择背风、向阳和地势高燥的地方放蜂。避西北风，巢向东、南为宜，定地养蜂以巢向东为好。

（二）管理要点

前期以繁殖为主，后期以生产为主。泡桐花期蜂群繁殖较快，前期以弱补强，中后期以强补弱。边繁殖边造脾，视天气进行蜂蜜生产，在中期生产王浆。为刺槐花期培育采集蜂。泡桐花中后期，缩小繁殖区，加大蜂子比例，同时，要勤取蜜和少取蜜，交替取成熟蜜，留够饲料而又不影响繁殖，防止分蜂热。

南繁返回的蜂场，要做到蜂脾相称，在生产桐花蜜的同时抓紧繁殖，或根据管理目标，决定以繁为主还是以采蜜为主。

风多的年份，应喂爬蜂灵预防爬蜂病。预防小麦田施药造成的蜜蜂中毒。

三十八、苹果花期

（一）主要放蜂地点与场地选择

山东烟台、安徽、陕西、河南西南部和北部、河北全境、山西南部和甘肃等地。苹果花期多集中在3月份。

以授粉和繁殖为目的，进行场地选择，以果园近傍为宜。依地形摆放蜂群或散放。

（二）管理要点

以繁殖或授粉为主，分别参见本章第一节“繁殖期管理”和第五章。

防爬蜂病。注意花尾时期喷施农药，及早退场。

三十九、水锦树花期

（一）主要放蜂地点与场地选择

水锦树在云南、广西、广东的花期为2～4月。选择背风、向阳、离水源近的地方放蜂。蜂群摆放在蜜源的下风向，巢门朝向西南。

（二）管理要点

1. 生产与繁殖　组织继箱群进行蜂蜜生产，在流蜜好的情况下，平箱群可对着巢门加脾贮蜜，气温高放大蜂路。小群以繁殖为主，为大群准备封盖子脾。花后期，大群的封盖子脾返还弱群，促进弱群的发展；弱群的小子脾调给强群。花前期注意保暖，后期逐渐撤去保暖物。

蜂蜜生产要稳，每次取蜜要留够饲料，忌一扫光的取蜜方式。花中、后期，蜂群强壮后进行王浆生产，注意箱内喂水，流蜜后期进行治螨。

2. 育王　在天气稳定后进行育王，更换老劣王。

四十、柳树花期

（一）场地选择

柳树是北方早春蜂群繁殖和培育刺槐、白刺花等采集蜂的辅助蜜源，以黄河滩地种植最多，在3月10日至3月下旬开花，花期15天左右，粉足蜜多，蜜味稍苦。场地选在背风、向阳处，如果附近有油菜和果树更好。

（二）管理要点

柳树花期气温逐渐转暖，第一批新蜂不断出房，蜜蜂的哺育力日渐增强，蜂群要在蜂脾相称的条件下继续加脾扩巢。盛花期可加脾至蜂脾比 1∶0.7，天气和蜜源不好时应缓加。柳树花期要求箱内喂水。

强、弱群互调子脾，达到同步发展的目的。在蜜源好、气温稳定的条件下，抽强群的幼蜂补弱群。预防寒流侵袭，当寒流到来时，夜间可用塑料布覆盖蜂箱，喂足饲料。

为防止粉压卵圈，在不宜加脾的情况下，可在隔板外侧正对巢门处加深色脾，贮存蜜粉。在天气好、泌蜜足的情况下，可安排柳花蜜的生产。

注意防治因饲料、潮湿、温度等引起的大肚病。

第四节　新法养中蜂

中华蜜蜂（*Apis cerana cerana* ）简称中蜂，是东方蜜蜂种下的一个亚种，原产于我国，是西方蜜蜂未引进我国以前，广大人民饲养的唯一的蜜蜂品种。过去普遍采用木桶、竹笼等固定脾蜂窝饲养，毁巢取蜜，产量低，质量差。

近些年来，用蜂桶饲养中蜂在华北山区还较多。把高 50～100 厘米、直径 30～50 厘米的树段镂空，在中间或稍微靠上一些的位置，用 3 厘米的方木条成＋形穿过树段，即成蜂桶。方木下方供造脾繁殖，上方供造脾贮存蜂蜜。蜂桶置于石头平面上或底座（木板）上，巢门留在下方，上口用木板或片石覆盖，并用泥土填补缝隙。在分蜂季节将蜂桶倾斜 30°左右，查看巢脾下部是否产生分蜂王台，如需分蜂，就留下 1 个较好的王台，并预测分蜂时间，等待时机收捕分蜂团；如果不希望分蜂，就除掉王台。根据蜜粉源情况和历年积累的经验，从上部观察蜂蜜的多寡，1年割蜜2～3次，每群年产蜜量5～25千克。除此之外，不再进行其他管理（图4-12）。

图4-12　桶养中蜂
（张中印　摄）

现在采用活框蜂箱科学饲养，不仅使蜂蜜产量和质量提高，而且进行专业饲养，转地采蜜及为农作物授粉。

一、中蜂过箱

（一）过箱准备

1. 蜂箱和工具　准备好中蜂10框标准蜂箱，穿好铁丝的巢框。以及承接巢脾的木板（长500毫米、宽300毫米）、薄竹片、割蜜刀、喷烟器、面网、蜂刷、收蜂笼、细线、硬纸板或塑料瓶等。

2. 过箱的时间　在春季有早期蜜粉源、气温稳定在15℃以上的时候进行。南方的秋季，选择晴暖天气的中午过箱；夏季气温高时，宜在黄昏进行。

3. 对蜂群要求　过箱的蜂群，在华北要有4框以上蜜蜂，华南3框，有一定量的子脾，并将悬挂的蜂桶逐渐转移到便于操作的地方。

（二）过箱操作

中蜂过箱，需要2～3人配合，1人脱蜂割脾，1人装框绑脾，传脾及布置新蜂巢（图4-13）。

图4-13　过　箱
（引自《中国蜂业》）

1. 割脾过箱

（1）翻巢过箱：适合可移动的蜂群过箱，如木桶、竹篓等蜂窝。从下面掀起蜂窝，观察巢脾的建造方位，使巢脾纵向与地面垂直，然后顺势把蜂窝上下翻转，上部在下倒置在原位置。

靠近蜂团的上方置放收蜂笼，然后用木棒从蜂窝下部往上轻轻敲打，促使蜜蜂离脾向上进入蜂笼集结，待巢内蜜蜂全部进入收蜂笼后，将其放在原址，下面稍微垫高，使飞出的蜜蜂回到蜂群。而把蜂窝搬到离原位置约5米的工作台上，打开蜂桶，使全部巢脾暴露。

用右手握割蜜刀沿基部割下巢脾，左手轻托巢脾，放在木板上，进行裁切。先把子脾上储蜜部分切下，再用1个未上铁丝的空巢框做标尺裁切，去老脾、留新脾，去空脾、留子脾，去雄蜂脾、留粉脾。把巢脾切成稍小于巢框内径、基部平直，使其能贴紧巢框上梁的巢脾块，较小的子脾可以2块拼接成1框。然后套入穿好铁丝的巢框，巢脾上端紧贴上梁，顺着巢框上穿过的铁丝，用小刀划痕，深度以接近房底为准，再用小刀把铁丝压入房底。

在巢脾两面适当的部位用竹片夹住，顺着绑两道。再将镶好的巢脾用弧形塑料片从下面托住，用棉纱线把它吊绑在框梁上。绑脾要平整、牢固。

已绑好的巢脾立刻放进蜂箱内，大块的子脾放在中间，拼接的和较小的子脾依次放两边，蜜粉脾放在最外侧。巢脾间保持6～8毫米的蜂路。

排放好巢脾以后，将收蜂笼中的蜜蜂抖落在箱内，盖上箱盖，打开巢门，1～2小时后，打开箱盖观察，若蜂团结在一角，用蜂刷轻拂蜂团，迫蜂上脾。

（2）不翻巢过箱：适合居住在洞穴中、屋檐下的蜂群。首先用木棒轻击蜂巢一侧，或吹烟驱蜂，迫使蜜蜂离开巢脾在空隙处结团，然后割脾、绑脾。最后用木勺或纸筒将蜜蜂舀出，倒入蜂箱绑好的巢脾上，同时找到蜂王，放到蜂箱内的子脾上。过箱操作完成后用泥土封闭原巢门的出入口，并把蜂箱置于入口的地方，收集余蜂。

2. 借脾过箱　收回的蜜蜂倒入已有1～3个中蜂子、粉脾的箱中饲养，把绑好的巢脾分别还给提脾群。

（三）过箱后管理

过箱结束后，收藏好多余的巢脾和蜂蛹，清除桌上或地上残蜜。把巢门缩小，观察工蜂采集活动情况。次日若观察到工蜂积极采集和清除蜡屑，并携带花粉团回巢，表示蜂群已恢复正常。若工蜂出勤少，没有花粉带回，应开箱检查原因进行纠正。

3～4天后，对蜂巢进行整顿，巢脾已粘牢的除去绑线，没有粘牢或下坠的应重新绑好，同时把箱底蜡屑污物清除干净。若发现蜂王丢失，即选留1～2个好王台，或诱入1只蜂王。若发生盗蜂应及时处理。傍晚饲喂，促进蜂群造脾和繁殖。

二、管理要点

饲养中蜂要选用年轻高产的蜂王，质量优良的新巢脾，保持蜂群强壮，注意防治病虫害，尽量少开箱，少打扰蜂群。根据它们的生物学特性，克服缺点，发挥其优良性能。

（一）繁殖期管理

1. 选择场地，摆放蜂群　放中蜂的地方，必须安静、干燥、背风和向阳，有良好的水源。根据地形、地物分散摆放，各群的巢门方向尽量错开。山区利用斜坡置放蜂群，以高、低不同错开各箱巢门。转地放养的蜂群，应以3～4群为1组排列，组距4米左右；但两箱相靠时，其巢门应错开45°以上。

养蜂场地须有一两种大面积、较集中的主要蜜源植物和多种辅助蜜源。中蜂的采集飞翔距离通常在1.5千米内，因此，1个场地以放置20群左右为宜，不超过60群，蜂场之间相距2千米以上。在蜜源单一的地方，可采取短途放养，提高产量。

2. 统一育王换王　利用人工台基在蜂群中培育优质蜂王。人工育王的时间应与当地中蜂自然分蜂时期吻合，如河南在5月份或8月份，培育中蜂王都可以。

（1）选择种群与育王群：选择与母群没有血缘关系的作父群，在人工移虫前20天培育雄蜂。母群与育王群血缘同一，以能维持大群（南方5框以上，北方7框以上）、抗病能力强（如无白头蛹、中蜂囊状幼虫病等）、性情温驯、蜂王产卵力强为主。

工蜂个大吻长，巢房内径＞5毫米，总吻长江南＞5.3毫米、江北＞5.45毫米（周冰峰，2002）。

所选的育王群用隔王板把蜂巢分为育王区和繁殖区，蜂王留在繁殖区内，育王区内放蜜粉脾和幼虫脾，育王区占原巢门的2/3。或者把育王群的蜂王暂时提出，待王台被接受后再放回。

（2）移虫：育王框上安装直径9毫米、深6毫米的人工台基，台与台之间距离10毫米，每框移入24小时内的幼虫15～20条，移虫后立即加入育王区。次日提出育王框，取出台基内的幼虫，再从母群中移入18～24小时的幼虫，培养成蜂王。每框蜂可养王2～3个，一个育王群1次可养10～20个蜂王幼虫。

据报道，先移1日龄的意蜂幼虫并哺育1天，然后提出育王框，拣去幼虫，再移植中蜂种王群中8小时内的幼虫，先在无王的中蜂群哺育1天，然后置于意蜂群培养，王台即将封盖时，再加入中蜂群中培养。用此方法培育的中蜂王，体重增加21.3毫克，产卵量提高26%（周冰峰，2002）。

（3）组织交配群：复式移虫10日后，从强群中提出1～2框蜜粉多的封盖子脾，带蜂放入交配箱，蜂脾相称，第二天介绍1个端正、粗壮的王台（注意不挤压、不倒置）组成交配群。

蜂王交配万一丢失，再补入1个成熟王台，若两次交配都失败，合并该交配群。

3. 双王同箱饲养　采用人工分蜂组成，以母女同箱或姊妹同箱为主。

早春原群发展到4～5框蜂时，在箱中间加闸板，从原群中提出1框封盖子脾、1框蜜粉脾及一框幼蜂放在闸板一侧，开侧巢门诱入成熟王台，新蜂王交配成功后形成新王和老王同箱饲养。2个弱群也应同箱饲养。如果工蜂偏集一群时，改变巢门方向，调整群势。

在流蜜期不宜双王同箱饲养，当群势发展到5个巢脾时应改为单群饲养。

4. 积极造脾，预防疾病　中蜂爱咬老脾，喜造新脾。所以当群势发展时，及时加巢础造脾，扩大蜂巢，选用新脾更换老脾。春夏繁殖期注意预防中蜂囊状幼虫病和欧洲幼虫腐臭病，秋季注意防巢虫及胡蜂的为害。

5. 饲料供应　春季蜂群繁殖，要保持巢内饲料充足，喂蜂的饲料必须是经过煮沸的糖水（1∶0.7）。

（二）生产期管理

饲养中蜂，以生产蜂蜜为主，生产花粉为辅（图4-14）。

图4-14　新法饲养的中蜂（华南地区，年生产蜂蜜40千克左右）
左：蜂群上蜜情况　右：采蜜群势
（罗岳雄　摄）

1. 蜂蜜生产　当有油菜、枣花、荆条、荔枝、乌桕、八叶五加、野坝子、柃、山葡萄等大宗蜜源植物开花流蜜即可进行蜂蜜生产。

采蜜群有蜂6框以上，以新王为宜；春夏控制分蜂热，秋末采蜜注意蜂群保暖；阴雨天多时，及时控制分蜂，蜜源不集中、延续时间长，应多次在室内抽取。

2. 花粉生产　当外界有丰富的蜜粉源，蜂群内有2框以上卵、幼虫脾，群势4框以上，便可进行花粉生产。

采用孔径为4.5毫米的脱粉器，封闭式的集粉盒能预防蜂盗。将脱粉器安置在巢门前，同一排的蜂群应同时安装脱粉器。天气炎热时，强群应去掉脱粉器，避免闷死蜜蜂；外界施农药时，停止脱粉；采蜜群不能脱粉。

每天收集花粉，利用远红外花粉干燥箱干燥或晒干的方法，把花粉干燥至含水8%～12%贮存。

3. 严防盗蜂　若出现大股盗蜂，全场互相起盗，应把全场蜂群的原巢门关闭，另开圆孔巢门；如仍不见效，应立即迁场。

中蜂体格小、力量弱，抗击不过西方蜜蜂，因此，除不宜和西方蜜蜂同场饲养外，中蜂场和西蜂场应相距3千米以上。或采取中蜂能自由出入，而西方蜜蜂不能钻入的圆孔巢门。

4. 自然分蜂和飞逃的控制　采用人工分蜂、换新王，流蜜期采集群与繁殖群互换外勤蜂和子脾，能有效地控制蜂群产生的分蜂热，也可以多造脾，及时取蜜，用增加工蜂工作负担来抑制分蜂热。

及时消除群内的病虫害，防范巢虫、盗蜂、胡蜂、蚂蚁等的为害，避免药物刺激和高温曝晒，补充蜜粉饲料，可以防止蜂群飞逃。

（三）断子期管理

1. 过夏管理　7月底至8月底，野外蜜源缺乏，持续高温，这个时期，蜂群进入度夏期。

（1）调整群势，清除巢虫：合并两框以下的弱群，把各群调整至4～5框群势，同时清除箱内和巢脾上的巢虫。

（2）增补饲料，遮阳防暑：每群保留1～2框半封盖蜜脾。把蜂群搬到树或屋檐下，或搭凉棚遮阳；勤喂水，中午高温时，在蜂箱周围洒水降温，适当开大巢门。具有立体气候的山区，可以把蜂群搬到高山进行过夏。或把蜂群转移到蜜源丰富的地方，避开炎热的夏季。

（3）减少干扰：过夏期间，少开箱检查，以箱外观察为主，若发现工蜂出勤少，应在傍晚开箱检查，根据情况改善箱内条件；垫高蜂箱，捕打胡蜂、蚂蚁，及时控制蜂群产生飞逃动向。

（4）准备秋繁：9月初，在野外出现零星蜜粉源、蜂群开始繁殖时，对全场蜂群进行全面检查，调整群势，清除巢虫，合并弱小蜂群并进行奖励饲喂。10月养王。

蜂群越夏，主要在江苏、浙江以南地区，在长江以北，蜂群没有越夏期，而正是生产季节。

2. 越冬管理　蜂群在冬季平均气温长期处于零度以下时期，群内停止哺育幼虫，蜂群结团，并停止采集活动，这一时期就是蜂群的越冬期。

蜂群越冬时，应选择背风、干燥、安静的地方作为越冬场所，并遮挡阳光，使蜂群安静。

越冬期非特殊原因不开箱，采用箱外观察来掌握蜂群情况，并采取适当措施处理发现的问题。在巢门侧耳细听，若发出轻微的“嗡嗡”声，或敲击箱壁发出“嗡嗡”声并马上静止下来，属正常情况。发现工蜂在巢门口进出抖翅，箱内声音混乱表明可能失王，应在晴暖的中午进行检查，若失王应介绍储备王，或并入其他群。若蜂群喧闹不止，从巢内掏出断头缺翅的死蜂，并有巢脾碎块，可断定为鼠害，应及时驱除，查找鼠洞予以堵塞。如听到箱内骚动声，经久不息，蜂团散开，表明箱内缺蜜，须及时靠蜂团加入蜜脾。缺水时，蜂群出现不安，从巢门掏出结晶蜂蜜，可在巢门喂0.02%的食盐水。

（四）小转地放蜂

中蜂适合定地饲养，也可以小转地放养。转地前，应详细了解转运目的地的蜜源情况、放蜂密度，然后调整转地的蜂群，固定巢脾，关闭巢门和纱窗。

运蜂应在早晨或晚上，保持蜂巢黑暗，巢脾和运行方向一致；途中停留不超过半小时，防止蜂群闷死。

到达新场地后，立即卸车，3～5群为一组，分散摆开而且巢门方向错开；放置好蜂群后，再间隔和分批打开巢门；若打开巢门出现飞逃的蜂群，重新关闭，待晚上再启开巢门；次日蜂群安定后，撤除内外包装，抽出多余的空脾、空框，检查蜂群，对出现坠脾、失王、缺食的蜂群及时处理。

第五章 养蜂技术专题各论

第一节 笼蜂饲养技术

笼蜂是以特制纱笼装运不带巢脾的蜂群。一笼蜂通常包括一定重量的蜜蜂和 1 只产卵蜂王。

购买的笼蜂，在秋季采完蜜后将其杀死，既生产了蜂蜜，又省去了越冬饲料，养蜂人员还有半年空闲可以从事其他职业。用纱笼运输蜂群，节省运费和搬运的劳动力；既可以用卡车长途运输，也可以实行远距离航空快运。笼蜂除了直接作为生产蜂群饲养，调剂南北方蜜源季节差别以外，还可以用来补强北方经过越冬而被削弱了的蜂群，对饲养强群充分利用蜜源有积极作用；作为农业增产的一项措施，可以利用笼蜂给需要虫媒的农作物授粉。

一、饲养基础

（一）建立种蜂场

大型的人工养王场是生产笼蜂的基础。开展笼蜂饲养必须与推广优良蜂种相结合，要求供应的笼蜂蜂王品质好、产卵力强、蜜蜂年青、没有病虫害，使饲养笼蜂者当年获利。所以，在我国南方建立大型养王和蜂种繁殖场，是笼蜂生产的重要条件之一。

一笼蜂一般以 1 只优质产卵蜂王、1.5 千克蜜蜂和 0.5 千克饲料为宜。

（二）蜂具和饲料

生产笼蜂须有蜂笼、抖蜂漏斗以及人工养王用具，购买笼蜂者须有蜂箱、巢脾等饲养蜜蜂的一切用具。饲料有液体的，也有固体的。

1. 笼蜂专用工具　包括蜂笼和装蜂漏斗等。

（1）蜂笼：我国采用的长方形蜂笼，是用厚度为 10 毫米的木板制成，长 440 毫米、高 160 毫米、宽 240 毫米的矩形木框，可装 1.5 千克蜜蜂。根据盛装蜜蜂的多少，增减笼子的宽度。在矩形木框的前后钉 14～18 目的铁纱，笼顶中央开一个直径 100 毫米的圆孔，作为安装饲料罐和装入蜜蜂的口，并配备一块厚 10 毫米、长 120 毫米的方盖；笼底中央相对上口钉一个凹形架，用来支撑饲料罐（图 5－1）。利用铁路、汽车运输的笼蜂，使用液体饲料。饲料罐为圆柱形，罐顶打2～3 个直径 0.8 毫米的孔，装入 1.0 千克左右的糖浆后，将其倒插在凹形架上，从小孔中流出的糖液供蜜蜂在途中食用。

图 5－1　笼蜂箱

航空运输使用炼糖等固体饲料，用铁纱做成直径 95 毫米、高 70 毫米的圆柱形饲料篮盛装。

（2）漏斗：采用镀锌铁皮制成，上部为矩形，下部为漏斗状，在矩形底部装有隔王板，用于将蜜蜂装入蜂笼。使用时，将它插入蜂笼的装蜂口，抖入蜜蜂。隔王板可防止抖入雄蜂。大型漏斗是制成上面的矩形开口比继箱外围面积稍大，可以放入1块隔王板和继箱。

2. 饲料　液体饲料为优质成熟蜂蜜，用饲料罐盛装，适合汽车或火车运输。炼糖既适合陆运，也适合空运。炼糖作为笼蜂的饲料，要求15℃时不干硬，37℃时不流动，保证蜜蜂在运输期间正常食用。

炼糖的制作：炼法做炼糖，湿润地区和干燥地区，糖、水、蜜的比例分别为4∶1∶1和10∶5∶3。将白糖和水充分混合、过滤，42波美度的蜂蜜加热至60℃、过滤。再将糖水加热至112℃时加入蜂蜜，继续加热至118℃，停止加热，冷却至80℃，用木棒按同一方向搅拌，直到呈现乳白色为止。

揉法做炼糖，将白糖3份磨粉过80目*筛，置于盆中，成熟蜂蜜1份加热至40℃后再倒入糖粉中，然后翻转揉揣，直到呈现乳白色，软硬适中、不变形、不粘手为止。

（三）蜜源和技术

1. 蜜源　生产笼蜂的蜂场要设在南方早春蜜源丰富的地方，如油菜、紫云英、荔枝、龙眼等，春季有2～3个月的连续蜜源，以及有夏、秋季蜜源的地方，有利于蜂群的发展。购买笼蜂饲养的地方，全年至少应有1个高产稳产的蜜源供生产，以及笼蜂过箱后至主要蜜源开始泌蜜阶段，有丰富的辅助蜜源供蜂群繁殖。

2. 运输　从蜂装笼到过箱，其间以3～5天为宜。随着铁路的不断提速和高速公路的快速发展，以火车或汽车运输笼蜂更加快捷经济，也便于技术员跟车照料。汽车运输还可以从始发地直达目的地，减少中途装卸的麻烦。

3. 技术　从事生产笼蜂的人员除了具有丰富的养蜂经验以外，需要熟练掌握人工培育蜂王及蜜蜂良种繁育、装笼、运输技

---

* 目：目为非法定计量单位，但生产中仍在使用，故此书中保留使用。

术。购买笼蜂饲养者，要有笼蜂过箱、蜂群快速繁殖等技术。

二、生产计划

（一）签订购销合同

在我国，饲养笼蜂一般集中在每年的3～5月，饲养者需要事先预定，与供应的蜂场签订购销合同，明确货款支付方法、日期以及笼蜂的规格等。内容包括：笼蜂数量、蜜蜂品种、每笼蜜蜂的重量、产卵蜂王数量、交蜂日期、价格、定金、运输方法及其他事项等。购买笼蜂需要多定购5%～10%的蜂王，以便弥补蜂王的意外损失。为了补强削弱了的越冬蜂群，还可以定购不带蜂王的笼蜂（在无王笼蜂运输期间放入笼中1个王台）。

（二）生产笼蜂计划

在我国3月下旬开始从生产蜂群提出第一批笼蜂计算，需在1月初开始进行蜂群繁殖；2月下旬蜂群发展到8～10框蜂，加上继箱；2月底、3月初培育蜂王，第一批新蜂王在3月中旬开始产卵。按照定购笼蜂数量和发货日期，事先做好计划，按计划安排生产。

（三）饲养笼蜂计划

如果每年春季从南方购买笼蜂饲养，采完当地秋季最后的蜜源，就将蜜蜂杀死。需要在有蜜源开花时或开花前半个月将笼蜂运抵目的地，每笼1.5千克蜜蜂，购买蜂王数量为所购蜂群数的110%。在我国如果实行南北笼蜂双向流动，每年5月1日前后将大群笼蜂运到黑龙江，9月份再返回到广西比较适宜。如果购买笼蜂，用来补强越冬蜂群，充分利用当地早期蜜源，在繁殖初期笼蜂就应运到，不购买蜂王。如果利用笼蜂为果树或棚室作物授粉，在果树开花时运到。中国蜜蜂研究所1983年3月底，用30千克笼蜂给砀山梨授粉，除完成当年授粉任务以外，还收到一些梨花蜜，蜜蜂授粉区的梨比果园平均增产15%，1群蜂可节省20多个劳动力。

三、笼蜂的生产与装运

（一）笼蜂的生产

1. 准备　生产笼蜂前，要准备好生产蜂群，做好繁殖前的工作，所使用的蜂具必须消毒后再用，同时准备好蜂笼等运输工具。生产笼蜂的蜂群，必须性能优良、群势强、无病，蜂螨寄生率低。

2. 饲喂　包括喂糖、水和蛋白质饲料。

（1）喂糖：每天傍晚在箱内饲喂1：1糖浆100～150克，一直到2月下旬有蜜粉源时为止。同时喂水。

（2）饲喂花粉：初期可喂花粉糖饼，每次50～100克，5天喂1次。第一代子封盖后，加工花粉脾。按1千克干花粉或花粉代替品加入添加剂36.5克（蛋白酶0.5克、维生素C 1克、酵母粉25克、王浆酒10克）。

3. 治螨防病

（1）创造条件，防病治螨：将蜂群放置在背风向阳的场地，防治蜂螨，消毒蜂箱、巢脾和养蜂用具。按蜂群大小放置带有蜜圈和粉圈的巢脾，3框蜂以下的蜂群放1框，3～6框的中等群放2框，6框蜂以上的强群放3框。箱底先垫10～15厘米厚的干草保暖，2月初再在箱内加保暖物。抗病育种，饲养强群，消毒蜂具，喂优质饲料，预防大肚病（蜜蜂孢子虫病、慢性蜜蜂麻痹病等）。

（2）控制蜜蜂出巢：在寒潮来临前的晴天中午，扩大巢门，在框梁上洒50克稀蜜汁，促使蜜蜂出巢飞翔、排泄。寒潮到来时，缩小巢门，并用木板遮光，阻止蜜蜂出巢。

4. 扩大蜂巢

（1）加脾：1张脾的蜂群，在有60%封盖子时加脾；2～3张脾的蜂群，子圈面积扩大到边缘，就可以根据天气、巢内蜜粉储备、外界蜜粉源情况，加蜜粉脾、半蜜脾或空脾扩大蜂巢。加空脾时，用温蜜汁喷洒巢脾，促使蜜蜂清理巢房，加速蜂王产卵。

（2）快速繁殖：初期气温低，没有或只有少量蜜粉源，时常有寒潮，蜜蜂要密集，加脾宜缓，并可通过子脾调头的办法扩大产卵圈。加脾时最好加人工粉脾。2月立春以后气温上升，平均每脾有七八成蜂即可。这时每隔4～5天可加1～2张脾。蜂群达到10张脾有6～8框子脾时，适当缓加脾，待新蜂大量出房后加继箱，扩大蜂巢。这时蜂群有6～8张子脾，新蜂陆续出房，青幼年蜂多，哺育力强，同时蜜粉源增多，可进一步促进蜂王产卵。

5. 培育蜂王　选择种蜂群、育王群，按计划培养蜂王。3月份的笼蜂王可在前一年秋季培育，日龄不超过6个月。蜂王应符合种性要求、产卵力强，其后代蜜蜂采集力强，分蜂性弱，有较强的抗逆性和抗病力。

在12月底、1月初整理蜂巢时，选择具有品质优良、无病虫害、5框蜂以上的强群作育王群和种用雄蜂群。紧缩蜂巢时，在培育雄蜂群加入1张雄蜂脾。已有雄蜂出房时，着手人工养王。控制种群的蜂王产卵，采用大卵育王。

6. 贮备蜂王　将笼蜂王带数只哺育蜂一并装入王笼中，20个王笼一组，置于有10框蜂的贮王群中，若为有王贮王群，巢、继箱之间用隔王板相隔，王笼置于继箱，有铁纱的一面向下，散放在巢脾上梁中间。或将王笼集中在贮王框架中，再把贮王框架置于贮王群继箱巢脾中间。

（二）笼蜂的装运

1. 装笼操作　装笼使用的工具主要有蜂笼、蜂王邮寄笼、饲料罐或饲料篮、装蜂漏斗、台称、铁钉、钉锤、钳子以及饲料等。

（1）固定蜂王笼：先将蜂王装入蜂王邮寄笼中，在饲料室加上炼糖（也可以不加饲料，笼内也不需要带侍从蜂）。用铁丝将王笼吊在蜂笼装蜂口内一侧的锯缝里，饲料室向下，用小钉固定在顶板上。

图 5-2　装　笼
（引自 www.beecare.com）

（2）称重：把蜂笼放在台秤上，插上漏斗，称出重量。再移筹码至最后重量。

（3）装蜂入笼：打开蜂箱，找到有蜂王的巢脾，放在箱内一边。提出其他青幼年蜂多的巢脾，将蜜蜂抖入漏斗，然后将巢脾放回原箱。依次提脾抖蜂，直到笼内蜜蜂重量稍微超过要求，立

图 5-3　笼　蜂
右：装好笼的蜜蜂　左：贴上标签，固定方盖
（引自 www.beecare.com）

刻抽出漏斗，装上饲料罐，固定方(上)盖(图5-2、图5-3)。

(4) 注意事项：副盖、隔板和边脾上攀附的大多是日龄较大的蜜蜂，不要将它们抖入笼内。

在蜜源缺乏时期装笼，容易发生盗蜂，装笼时间需安排在清晨或者黄昏蜜蜂很少飞翔时。最好用尼龙网制作一个便于移动的纱帐，在纱帐内装蜂。一旦发生盗蜂，立刻停止，等蜜蜂安静后再继续。

在流蜜期装笼要在蜜蜂大量出巢以前进行，以免装笼的蜜蜂蜜囊中装有花蜜，到达目的地以后失重太多。

2. 编号记录　在蜂笼上写上编号。记录每个编号的蜂笼毛重（含蜂笼和装上蜂王的蜂王邮寄笼重量）、饲料罐（篮）重、饲料重量以及装笼日期（表5-1）。

表5-1　笼蜂装笼记录表

装笼日期：　　　　　　　年　　月　　日　　　　　地点：

编号	笼重/克	蜂重/克	饲料/克	备注
1				
2				
3				

3月下旬蜜蜂达到4千克重的蜂群，从3月底到5月上旬，每隔10～15天可提出1笼1.0～1.5千克蜜蜂，平均每个强群可生产3～5群笼蜂。

3. 固定蜂笼　为了使蜂笼通风、散热和便利搬运，将每3～4笼用4根木条或钉连在一起。相邻笼的纱窗相对，间距70毫米，木条钉在蜂笼侧壁的上下两端，一面两根。木条的长度根据蜂笼的长度而定，两头各长出30毫米（图5-4）。

4. 装车运输　卡车运输可以根据天气和温度灵活掌握运输时间，减少途中装卸，要有人押运，既安全方便、运费也较省。用铁路运输随人押运，也很安全。将蜂笼在车厢内叠放整齐，对齐空间，保持蜂笼空气流通，并用绳子捆扎固定，防止互相碰撞。避免阳光暴晒，不能将蜂笼倒放。押运人员应随身携带必要的工具和饲料，沿途指导笼蜂的装卸、安放等工作，发现问题随时解决。在运输途中，每天可少量喂水，查看饲料情况，及时给予补充，在温度低于10℃或下雨时还要把蜂笼盖好。

图5-4 4笼一组，固定蜂笼
（引自 www. draperbee. com）

长距离的航空快运，须采用固体饲料，还要安排好两方面的汽车接送，装上飞机启运后，要立刻通知接蜂单位。

（三）生产笼蜂群的后期管理

蜜蜂取走后，生产笼蜂蜂群的群势大幅下降，须尽快提出多余巢脾，保持蜂脾相称，蜂数不足8框蜂的，撤走继箱，缩小巢门，子脾过多的，应调到强群哺育。总之，将蜂群调整到快速发展的群势，并采取奖励饲喂、更换蜂王等措施，积极恢复和发展群势，以利生产下一批笼蜂。

四、笼蜂过箱与饲养

饲养笼蜂要准备好蜂箱、巢脾、巢框、巢础、饲料以及管理用具，预先做好计划。笼蜂过箱以后需要经过1个月才能恢复到原有蜂数，经过2个多月才能发展强壮。因此，须根据当地的气候和蜜粉源情况确定交蜂日期，在当地最早的蜜粉源植物开花时，或者开花前半个月运到最理想。

（一）过箱

1. 准备工作　预先对蜂箱修补、消毒和清洗干净，陈列在蜂场上。巢门10～15毫米宽、7毫米高，箱底垫30～50毫米厚的干草。准备草帘、蜜脾、白糖、花粉或花粉代用品。1.0千克蜜蜂的笼蜂，每箱放3张脾，其中1张适于产卵的空脾放中间，两侧各放1张蜜粉脾。1.5千克蜜蜂的笼蜂，每箱放4张脾，其中2张空脾放中央，蜜粉脾放两侧。巢脾靠向箱内一侧，按8～10毫米的蜂路摆正。

2. 过箱操作　笼蜂到达时，如果是阴冷无风天气，可以立刻过箱。如果是晴天，气温在10℃以上，就暂缓过箱，将笼蜂置于阴凉通风的地方，向蜂笼喷一些糖浆或蜜汁，使蜜蜂安静。从纱窗观看笼蜂，查明是否有蜜蜂死亡严重的情况及死亡的原因，待到傍晚蜜蜂很少飞翔时再过箱。

在过箱时，首先拆除蜂笼上的固定木条，其次将蜂笼摆放在各自的蜂箱旁边，尽量防止蜜蜂飞翔。其次拆除笼顶的方盖，取出饲料罐；提出蜂王笼，打开出入口，将它夹在两个巢脾之间；开启蜂笼一面的铁纱，将蜂笼放进箱内空的一侧，使启开铁纱的一面向着巢脾。最后盖好蜂箱，蜜蜂会自动爬上巢脾（图5-5）。

如果遇到寒潮、大风天气，也可以在室内过箱。首先将地面清扫干净，关上门窗，安装红色灯光照明，再按上述方法过箱。待天气好转后，傍晚将蜂群搬到蜂场陈列，做好箱外保暖包装。

过箱时严防盗蜂发生。蜜粉脾装在蜂箱内，蜂具不乱放，随时盖好蜂箱，饲料放入严密的容器，洒落地面的立刻清理。

（二）管理

1. 检查　过箱的次日，巡视蜂场，如果发现某群蜜蜂不出巢、有一些蜜蜂在巢门附近爬行、有盗蜂攻击等不正常情况，先

图 5-5　笼蜂过箱操作

上左：将笼蜂置于箱上　上右：打开笼盖，取出饲料盒
中左：提出蜂王，镶嵌在两脾框梁间，有铁纱的一面朝下　中右：将蜂从笼中抖入箱中
下左：笼蜂如与原有蜂群合并，加强群势，须采用间接合并技术措施　下右：盖好箱盖
（引自 http：//www. hive-mind. com/bee/blog；
www. flickr. com）

做个标记，然后开箱快速检查，首先检查不正常的蜂群，加以补救。蜂笼中有剩余蜜蜂的，将它们抖落箱中，用蜂扫扫净。仔细检查，丧失蜂王的，诱入蜂王，或与有王群合并。发生盗蜂的，采取制止措施。蜂王未出笼的，揭开铁纱，让蜂王爬上巢脾。扫出箱底死蜂，将巢脾向中央靠拢。

2. 繁殖　根据当时气温情况进行保暖。傍晚开始奖励饲喂，同时饲喂花粉糖饼或花粉代替品，以刺激蜂王产卵及蜜蜂育虫。饲喂花粉或者以后加人工花粉脾，一直持续到天然花粉够用为止。

笼蜂过箱 1 个月后，新蜂陆续代替笼蜂，就可按一般蜂群管理，加空脾或花粉脾，逐步扩大蜂巢。1.5 千克的笼蜂，2 个月后可培养 4 千克的蜜蜂。在笼蜂过箱以后，如果每隔 1 周补给它 1 框封盖子脾，陆续补 2～3 框，可以加速蜂群的发展。

3. 治螨　抓紧巢内没有封盖子的有利时期防治蜂螨。

五、生产笼蜂的效益

开展笼蜂饲养，不但能充分发挥我国蜜源资源的优势，提高产值，节约开支，降低资源的总支出和蜂群长途运输的损失，还能减少养蜂人员长期在外的游牧生活。

中国蜜蜂研究所在 1982—1985 年共计推广笼蜂 1 023 笼，效果良好。对其中 81 笼进行统计，在 3～7 天的运输期间，蜜蜂的损失（死亡）率为 0.96%～3.88%，比用蜂箱运输蜂群的低。

在四川 1 月份，一个有 2 框蜜蜂的蜂群，在 3～4 月生产、出售 3 千克蜜蜂（2 笼），比同等群势生产蜂群的收入高出 1 倍以上（黄文诚等，1993）。

1983 年，在泸州市郊区，四川省畜牧兽医研究所用 40 群蜂平分为 2 组进行试验，2 月份开始繁殖蜂群，到 5 月底的综合效益，试验组共生产、出售笼蜂 52 群，收入 2 834 元；对照组收入 904 元，两者相比，笼蜂生产比养蜂生产高出 213.50%。

第二节　多箱体养蜂法

多箱体养蜂是全年采用 2～3 个箱体作为蜂群繁殖和贮存饲料，在流蜜期到来时加贮蜜继箱的饲养方法（图 5－6）。在蜂群管理上以箱体为单位，简便省工，能显著提高劳动效率和蜂蜜质量，并且有利于饲养和保持强群。采用多箱体养蜂必须使用活底蜂箱，以便于各个箱体互换位置，必须有大量的巢脾和充足的饲料贮备，开始投资较大。

多箱体养蜂往往与规模化、机械化养蜂结合起来，在一定范围内蜜源丰富并连续的地方设置多个固定放蜂点，配备运输、采蜜等机械设备，采用适合多箱体饲养的意大利蜂，有专门的饲料箱，饲料贮备足，在越冬期有 25～30 千克蜂蜜，其他季节蜂巢内至少保留 15 千克的蜂蜜。以箱体为管理单位，有些规模大的蜂场，则以每个放蜂点为管理单位，对所有蜂群在同一时间内进行同样的管理方式，要求对蜂群、蜂场等有更高的管理技术，保持每个放蜂点的蜜蜂群势基本平衡，发展趋势一致。

图 5-6　多箱体养蜂

（引自 www. agr. state. il. us）

一、繁殖方法

在蜂群繁殖期，蜂群摆放应单箱单列或双箱并列，相邻蜂箱间距 1.5 米左右，排与排之间 5 米左右。转地蜂场，4 箱一组背对背、巢门各异摆放在箱座上，以便于管理和铲车装卸。

早春繁殖多从第一个蜜源开花前 25 天开始，首先用经过消毒清洁的箱底替换正使用的箱底，然后对蜂群进行检查。

（一）蜂群的检查

开箱全面检查，仅在春季蜂群已经恢复采集活动时、转地饲养前后、布置越冬蜂巢时以及个别发生分蜂热的蜂群，进行逐脾的全面检查，然后采取相应的管理措施。

而大型养蜂场进行的全面检查，将繁殖箱的上箱体从后面掀起，向巢脾喷一些烟，从下面查看子脾边缘是否有王台，判断是否发生分蜂热，观察蜂子情况，判断子脾发育和蜂王概况，根据箱体的重量，判断巢内饲料的余缺（图5-7）。

图5-7 检查蜂群

局部检查亦有计划，从繁殖箱的上箱体提出1～2框子脾，根据蜂子的有无和多少，判断蜂王的存在和质量等；或按放蜂点的蜂群数量，抽查10%的蜂群，从而大致判断和了解放蜂点蜂群的蜜、粉和蜂群生长情况。

箱外观察也是多箱体养蜂最常用的方法，根据放蜂点的天气、蜜源和蜂群的户外活动，结合生产经验，判断和猜测蜂群的发展趋势。

（二）定群与饲喂

更换箱底后，经过检查，如果有6～7框蜂的用两个箱体繁殖，下箱体放满半蜜脾，上箱体中间为子脾和半蜜脾，两侧依次放蜜粉脾和全蜜脾。如果蜜蜂不足，应用单箱体繁殖，待蜜蜂满箱后，加第二箱体于第一箱体上。

对糖饲料不足10千克的，应补喂至15千克，花粉不足1框的补充2～3框花粉脾，或者饲喂人工蛋白质饲料，直到有大量花粉采进为止。

（三）调整育虫箱

多箱体蜂群的管理是以箱体为单位进行的。春季蜂王大多在上面箱体产卵，在最早的粉源植物开花 1 个月以后，蜂群由新老蜜蜂交替的恢复阶段进入发展阶段时，上箱体中部的巢脾大部分被蜂子占满，将上箱体与下箱体对调位置，使下面具有空巢脾的箱体调到上面，蜂王自然爬到上面的箱体内产卵。经过 2～3 周，位于上面箱体的巢脾大部分已被蜂子占据，下面箱体的子脾基本上羽化出房，进行第二次上下调动箱体。再经 2～3 周，蜂群发展到 15 框蜂以上，在上下对调箱体后，于两箱体之间加上装满空脾的第三箱体。蜂群有 3 个箱体足够蜂王产卵、蜜蜂栖息和贮存饲料之用。以后还是每隔 2～3 周，对调一次最上面和最下面的箱体，中间箱体不动（图 5-8）。

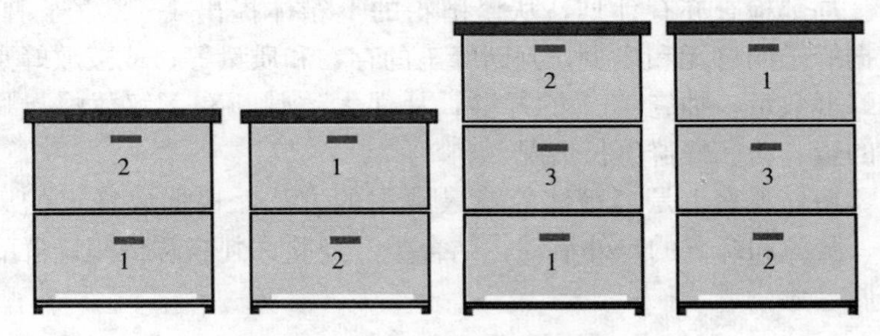

图 5-8　双箱体和三箱体繁殖区调整

（四）换王与分蜂

1. 换王　多箱体养蜂，每年都要在蜂群产生分蜂热之前换王，并常与新蜂王的培育或分蜂同时进行。换王时，在最上层箱体中间放置 2～3 张正羽化或即将羽化的子脾，两侧放蜜粉脾，用木板副盖或覆盖有覆布的铁纱副盖将其与下层箱体隔离，在箱体后壁下沿开一个巢门，即形成交配群（区）。给交配群介绍 1 个成熟王台，待新蜂王产卵后，与下层箱体的蜜蜂合并。这种换王方法简便，蜂群中始终有蜂王产卵，在蜂群没有及时淘汰老蜂王时，新王和老王会相处一段时间，不久老蜂王自然死亡。

多箱体养蜂，蜂王多在上面的繁殖箱体活动。对蜂王的定位一般认为它在上箱体中，没有特殊要求，不开箱确认。

2. 分蜂　单群平分或混合分群也适合多箱体养蜂，单群平分也要求在主要蜜粉源植物开花泌蜜前 45 天进行，否则采取混合分群方法。另外，分蜂应有利于消除或抑制分蜂热的产生。新蜂王的获得，可向种王场购买。

（1）2 个繁殖箱单群平分：原群向左或向右移动 1 个箱位的距离，在另一侧相对位置放活动箱底，将原群的上箱体放到活动箱底上。检查原群，如果无王，介绍 1 个产卵新王，反之，就给另一个蜂群介绍 1 个产卵新王（图 5－9）。

图 5－9　双箱体平分蜂群　　图 5－10　三箱体平分蜂群

（2）3 个繁殖箱单群平分：先将上层 2 个箱体搬开，对下层箱调头。与上同法检查蜂群，先给没有蜂王的蜂巢介绍 1 个产卵新王，盖上木板副盖或在铁纱副盖上盖覆布，再搬上上箱体，并在第二箱体前方（原巢门方向）下沿开 1 个巢门（图 5－10）。

1 周后，蜂群向前移动 1 个箱位。原位置放活动箱底，将副盖上方的 2 个箱体调换位置后搬到上面，巢门方位不变，仍在上箱体下沿，同时给单箱体的新分群加上 1 个继箱。待蜂群恢复正常后，将上箱体的巢门改回到箱底位置。

（3）混合分群：从数个蜂群中提取 5～6 张带蜂的封盖子脾，

放进箱中，再调进3～4框蜜蜂，介绍1个蜂王或成熟王台，最后运往5千米以外的地方，待蜂群恢复正常后，加上1个装有巢脾和巢础框的继箱。

二、生产方法

主要蜜源花期开始前，上下对调箱体，在最上面箱体上加隔王板，上加1个贮蜜用的空脾继箱，待继箱的贮蜜达到80%时，在它下面隔王板之上加第二继箱。往后再加继箱时，仍然加在原有贮蜜继箱的下面（图5-11）。多箱体养蜂用的贮蜜继箱是浅继箱，每箱放8张巢脾，有利于蜂蜜成熟和机械化生产。

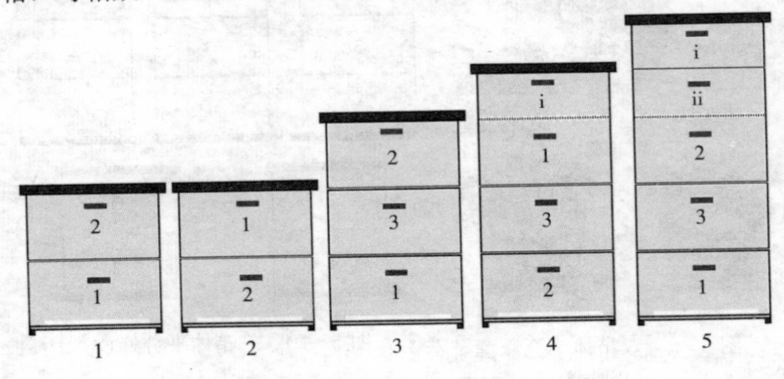

图5-11 生产期调整箱体

1. 双箱体越冬，蜂王开始在第一箱体，逐渐向上移动，早春在第二箱体繁殖 2. 第二箱体和第一箱体对调 3. 第一箱体和第二箱体对调，中间加第三箱体 4. 第一箱体和第二箱体对调，加上隔王板和继箱 5. 第二继箱加在第一继箱下面

如果蜂群采集的花蜜数量较大，每日增重在2千克以上，加继箱时可在继箱里放置4～5个巢础框，巢础框与空脾间隔放置。

在流蜜期快结束时，将贮蜜继箱的蜂蜜一次分离。取过蜜的巢脾和继箱，仍然返还蜂群，让蜜蜂将黏附在巢脾上的余蜜吮吸干净，然后取下贮蜜继箱，将空脾熏蒸，妥善保管。

如果继箱和巢脾不足，可分批取蜜，每群每次只分离 1 个继箱的封盖蜜脾。

三、越冬方法

在蜂群越冬期间，4 箱一组背对背摆放在场地上，以便于保暖处置。

（一）贮备饲料箱

在最后的主要蜜源开花中后期，要适时撤走贮蜜继箱，以便蜂群在育虫箱内贮备足够的越冬饲料，或者预先选择一些巢脾质量好的封盖蜜脾贮藏起来，作为越冬饲料。晚秋准备蜂群越冬时，蜂群需有 7～10 框的蜜蜂，20～25 千克贮备的蜜脾，2～3 框花粉脾。

（二）多箱体越冬

如果采取 2 个箱体越冬的蜂群，在布置蜂巢时，将 70％的蜜脾和全部花粉脾放在上箱体（继箱）里，从两侧到中央依次放整蜜脾、花粉脾、半蜜脾；30％的蜜脾、蜂王和子脾放在下箱体（巢箱）。如果采取 3 个箱体越冬，将 50％的蜜脾和全部花粉脾放在最上面的第三箱体，30％的蜜脾放在中间箱体，20％的蜜脾、蜂王和子脾放在最下面的箱体。随着饲料的消耗，越冬蜂团逐渐向上移动，越冬期蜂团通常处于两个箱体之间。早春，蜂王大多在上箱体内开始产卵，蜂巢位于上箱体。

（三）越冬管理法

多箱体蜂群越冬的管理方法与第四章的基本相同，室外越冬应避风，视气候寒暑进行适当的外保温处置。室内越冬，入室后应控制室温和湿度，保持室内黑暗和通风。

第三节　规模化养蜂法

扩大蜜蜂饲养规模，逐步由手工操作转向机械生产，用科学饲养技术代替直接经验，由小生产向专业化、商业化生产发展，降低单位成本，提高经济效益。

一、规模优势

1. 养蜂规模的形成　养蜂专业户可以不断扩大饲养规模，不断积累资金和经验，经过一段时间的发展，使蜂场具有一定的生产和市场竞争力。

联合是目前我国实现规模化养蜂、发挥集团优势的一个较可行的路子，其方式有：第一，以龙头企业为主，联合养蜂户；第二，以中介组织和服务组织（养蜂协会）为主，联系养蜂户；第三，以养蜂专业户为主，成立养蜂互助合作社。

2. 规模优势的体现　不论以哪种形式联合起来都可以形成规模优势：一是可以解决资金与劳力不足，合理安排放蜂路线和放蜂场地，减少天灾人祸的损失，协助解决法律纠纷等困难；二是有利于实现蜂产品规模化、标准化生产，确保产品质量，提高竞争力；三是有利于推广应用先进饲养技术、使用养蜂机器和通讯设备；四是有利于发挥个人专长，实行专业分工合作；五是有利于将蜂产品直接打入市场，参与市场竞争，减少中间环节，提高效益；六是有利于政府加强对养蜂生产的管理和服务工作。

二、管理模式

1. 统一管理　人事、财物、蜂产品及仓库统一管理。养蜂人员、蜂群、蜂具的调配，放蜂场地、放蜂路线及运输的安排，逐步纳入统一管理。蜂产品统一销售，申请商标，创立品牌。

2. 专业分工　将全部蜂群划分为育王场、蜂蜜生产场、蜂王浆生产场。育王场主要生产蜂王，繁殖蜂群或笼蜂，开展良种选育；蜂蜜生产场主要生产蜂蜜和巢蜜，兼产蜂花粉、蜂蜡、蜂胶、雄蜂蛹等；王浆生产场主要生产蜂王浆，兼产蜂蜜等其他产品。

3. 利用机械　根据生产发展的需要，逐步添置提高工效和质量显著的有吹蜂机、电动分蜜机、运输和装卸蜂群的养蜂专用车、叉车，蜂蜜沉淀和过虑设备，采收王浆的机具，蜂花粉干燥器、除杂和分筛机等。大型箱底脱粉器可以提高蜂花粉质量，减少管理工作。使用电子计算机，通过国际互联网，随时了解国内外蜂产品行情，生产适销对路和合格的蜂产品。

4. 采用塑料制品　与有关单位联系,研制并广泛采用塑料巢础、塑料巢脾、塑料蜂箱、塑料饲喂器等,统一蜂具,降低生产成本。

5. 采用先进技术　组织学习，进行经验交流，开展专题研讨会，采用和创造一整套建立在科学基础上的先进饲养技术。

6. 集中取蜜　在有大面积主要蜜源的地区，定地和小转地的养蜂单位，可以建造采蜜车间、蜜脾脱水室、巢脾熏蒸室以及蜂具、蜂产品仓库，将各个蜂场的蜜脾运到采蜜车间采收。另一种做法是，装备 1 辆流动采蜜车，在车上安装动力分蜜机、吹蜂机、滤蜜机和王浆分离机等，到各养蜂场点采收蜂蜜、蜂王浆、蜂花粉等蜂产品。

7. 现代化越冬室　建造具有空调设备和自动控制通风的蜜蜂越冬室。越冬室内墙壁、地面和天花板贴附泡沫塑料绝缘层，双层门，红色灯光照明。

三、管理措施

1. 饲养管理办法　规模养蜂是增加 1 个人的饲养量，做到 1 人多养。因此，规模化养蜂与多箱体养蜂相结合，简化蜂群管理，生产成熟蜜。

规模养蜂必须坚持常年养强群：强群越冬，强群出窖，强群繁殖，强群分蜂，强群采蜜。蜂场内每一蜂群的群势和发展趋势基本一致，以方便管理，提高工效。

养蜂场必须备有足够的蜂箱和巢脾，养强群，加多继箱，向立体发展。蜂群出窖或蜜蜂试飞后，及时检查，清扫箱底，巢内留足饲料或补足蜜脾，待花开时进行繁殖。

采取原箱脾繁殖，待蜂满箱时，加整个继箱脾，与巢箱组成繁殖区。繁殖区蜂满箱后，及时加浅继箱贮蜜造脾，深继箱与浅继箱之间加隔王板，这样就把繁殖区与生产区分开。

把一次加 1 张脾，改为一次加整箱脾，要及时扩大蜂巢，预防分蜂热，使蜜蜂处于积极的工作状态。在流蜜期，连续加浅继箱贮蜜，一个花期取蜜 1 次。根据流蜜情况，确定加浅继箱的数量，其原则是不影响蜂群繁殖和采集。这样既减少了工作量，又达到了生产成熟蜜的目的。

采用现代化的生产工具，统一生产。分离蜜及时过滤、装桶，生产过后妥善保存养蜂生产用具。

在繁殖期和秋季蜜源结束后越冬前，巢内应贮足饲料，不采用补喂的方法。

越冬蜂群要求强群、新王、饲料足。最后一个蜜源贮足越冬饲料。越冬群势应有 7～8 框足蜂，巢箱利用半蜜脾，浅继箱使用满蜜脾，加到巢箱上，构成一个越冬箱体。最后把蜂群及时搬到能调温调湿的越冬室中。

改变勤检查和割雄蜂的管理方法，按照蜜蜂的生物学特性、蜜源特点和养蜂计划进行管理。平时多做箱外观察，对失王、饥饿、有分蜂热的不正常蜂群，都应及时处理。在统一换王、统一贮备饲料、统一群势等统一管理下，根据季节、气候、蜜源和蜂群在该地区的周年生活规律，有计划地抽检个别蜂群，以了解全场蜂群情况，及时加继箱或进行其他的管理措施。选用良种蜂王、优质巢脾控制蜂群中雄蜂的数量，使蜂群中的性比值合理，这样既节省工时，又有利于蜜蜂种的进化和蜂群采集。

有计划地做好防病工作。第一，饲养强群，给蜂群营造一个适合其生活的小环境，增强抗病力；第二，在非生产期对蜂群使用药物预防，避免发病；第三，在早春蜂王刚产卵时和秋后断子时彻底治螨，繁殖时期挂螨扑，把蜂螨寄生率控制在最低程度。

小转地、少转地，简化转地包装。西方蜜蜂开门运输，东方蜜蜂封闭黑暗运输。

2. *饲养方式* 采用小转地，以充分利用蜂群、蜜源，获得较好的经济效益。若春、夏、秋有三季蜜源的理想场地，可定地饲养，节省人力、物力。在有较理想蜜源的村庄或山区，每隔3千米放养50～60箱蜂，多设几个放蜂点，既可形成定地养蜂的规模，风险小、费用少，效益也较稳定。在蜜源较少的情况下，可定地与小转地相结合，或部分定地、部分小转地饲养，也可形成规模养蜂。

3. *树立品牌* 提高产品质量，讲信誉，重视对外宣传，开辟市场，参与竞争。

第四节 养蜂授粉技术

农业生产实践证明，蜜蜂为果树、油料作物、牧草、绿肥、留种蔬菜、林木等授粉，能有效提高果实和种子的产量和品质，成为农业增产的一项有力措施，日益受到世界各国的重视。

一、国内外蜜蜂授粉概况

（一）国外蜜蜂授粉概况

蜜蜂授粉在西方发达国家被誉为“农业之翼”和“园艺栽培

史上的一场革命”，已发展成为一项产业。

1. 美国　全国400多万群蜜蜂中，每年约有100万群被租用，为上百种农作物授粉。蜜蜂授粉服务的报酬，已成为美国许多养蜂者的一项重要收入。而且，在20世纪70年代国家就规定，因施用农药引起蜜蜂中毒的，必须赔偿，以保护蜜蜂授粉。

2. 俄罗斯　俄罗斯是世界上授粉业较发达的国家之一。早在20世纪30年代，就开展了蜜蜂为农作物授粉技术和提高授粉效率的研究，尤其是后期，使许多人认识到养蜂的最大经济效益是蜜蜂为植物授粉，多数大型国营农场和集体农庄都建有养蜂场，专门用来为农作物授粉。

3. 日本　日本于1955年颁布《日本振兴养蜂法》，明确提出利用蜜蜂为农作物授粉，提高农作物产量，增加收入。1984年，全国出租用于草莓授粉的蜂群有74 300群，用于温室甜瓜授粉的有17 200群，为果树授粉的有20 700群，为其他温室作物授粉的有2 360群。由于邻近蜂场的农场和果园不必花钱租用授粉蜜蜂，实际上用于授粉的蜂群数量更多。目前，日本出租用于授粉的蜂群有10万多群，几乎占全国总蜂群数的一半。

4. 罗马尼亚　以法令形式规定：凡是需要授粉的作物要保证有足够的蜂群授粉，禁止在授粉植物开花期喷洒农药。每当授粉季节，主管部门都会尽量组织动员所有的蜂群为农作物授粉。凡为农作物授粉的蜂群由农业单位免费运输，并付一定报酬。

5. 保加利亚　该国从1966年起，在蜜源利用上实行全国统一分配，做到有计划地转地饲养。国家对蜜蜂为农作物授粉不收运输费，鼓励养蜂者为作物授粉。

另外，波兰、加拿大、法国、意大利、澳大利亚、新西兰、印度等国家，都在积极开展和推广蜜蜂授粉，并取得了可观的经济效益。总之，凡是农业比较发达的国家和地区都比较注重蜜蜂授粉，应用也比较广泛。

（二）国内蜜蜂授粉概况

早在20世纪50年代初，辽宁省大连华侨农场就饲养蜜蜂为果树授粉，获得了明显的经济效益。1960年初，朱德委员长在视察中国蜜蜂研究所后，为该所题词，并给中共中央和毛泽东主席亲笔写信，高度评价养蜂对农业增产的巨大作用，认为利用蜜蜂授粉是农业增产除“八字宪法”以外的又一条重要途径，建议大力发展养蜂事业。

目前，我国绝大部分蜂场还是以收获蜂产品为主要经济收入，专门为农作物授粉的蜂场较少。少数大型农场饲养授粉蜂群，偶尔也会有租蜂授粉的情况。总体而言，我国蜜蜂主要为果树、油菜和一些棚室果、疏授粉，这种现状极大地浪费了资源。

（三）蜜蜂授粉的效益

蜜蜂在采蜜时，也给植物传送了花粉，使农作物、果树、蔬菜等增产。试验表明，蜜蜂授粉可使荔枝增产25%～30%，柑橘增产35%，瓜类增产50%～60%（图5-12），荞麦增产1倍，牧草种子增产1～2倍。由蜜蜂授粉所增产的价值要比蜂产品本身收入高几十倍，因此，蜜蜂被誉为“农业之翼”。

1. 经济效益　关于授粉在农业生产中的作用和价值许多人从不同角度进行了评价。

据Edward（1992）报道，因蜜蜂授粉给美国农业每年创造16亿～57亿美元的价值。根据美国农业部的

图5-12　大田南瓜蜜蜂授粉果实
（引自Bryan H. Smith）

调查报告，1998 年美国用于授粉的蜜蜂有 250 万群，使农作物增产 146 亿美元。1985 年欧共体 12 个国家有蜜蜂 650 万群，为 17 种果树和 12 种蔬菜、牧草授粉，创造的经济价值为2 848亿法郎。法国利用蜜蜂授粉，每年农作物增产的价值约为5 000万法郎，澳大利亚的蜜蜂为农作物授粉每年可增产值 1 亿～2 亿澳元。

我国蜜蜂授粉所产生的经济效益也相当可观。大连市利用蜜蜂为苹果授粉，仅 1976—1978 年 3 年间，就增产苹果 5 万吨，增加收入 1 200 万元，节省劳力 100 万人次。1990 年，全国油菜经过蜜蜂授粉后，增产菜籽 5 万多吨，产值 1 亿元；向日葵由蜜蜂授粉后，增产效果相当于扩大种植面积 20 万公顷，按每公顷 1 500 元的最低收入计，总产值 3 亿多元；全国共有 600 多万公顷棉花，如果其中的一半利用蜜蜂授粉，可增收皮棉 99 万吨，约增值 59.4 亿元；全国油茶 200 万公顷，若有 1/2 由蜜蜂授粉，可多产油茶 10 万吨，价值 2 亿多元。我国农业部在 1993 年不完全统计，仅以上四大宗作物的授粉增产效益就已超过 60 亿元人民币，是养蜂直接收入的 6～7 倍。如果将经济林木、瓜果等蜜蜂授粉收入计算在内，我国养蜂业实现的社会效益至少是养蜂收入的10～15 倍。

近几年来，我国油菜籽连年大丰收，根据农业部的调查显示，放蜂授粉是获得增产的重要原因之一。表 5-2 是国内利用蜜蜂为果树和作物授粉增产的效益，表 5-3 是国外利用蜜蜂授粉创造的价值。

2. *社会和生态效益*　利用蜜蜂为农作物授粉，是一项不扩大耕地面积、不增加生产投资的重要增产措施。在目前世界人口增长速度过快，粮食问题较为突出的现实下，利用蜜蜂授粉来提高粮食产量，是解决或缓解粮食短缺的可行措施。同时，山区蜜源丰富，无污染，开展养蜂是解决山区、林区失地农民生活和劳动对象的切实可行措施之一。

表 5-2　国内蜜蜂授粉结果

作物名称	增产效果（%）	试　验　单　位
苕　子	700	中国蜜蜂研究所
苹　果	220	大连市国营第一农场
柑　橘	30.1～40.9	浙江大学
大　豆	92	黑龙江省拜泉县三道镇乡
紫云英	62	浙江省鄞县姜山公社
棉　花	38	中国蜜蜂研究所
柳　橙	35	西南农学院
向日葵	34	中国蜜蜂研究所；黑龙江省牡丹江农科所
荞　麦	25～64	
香　梨	32.8	新疆巴州种蜂场
油　菜	19～37	中国蜜蜂研究所；浙江大学

表 5-3　国外蜜蜂授粉结果

作物名称	增产（%）	试验国家	作物名称	增产（%）	试验国家
洋　葱	800～1 000	罗马尼亚	黄　瓜	76	美　国
醋　栗	700	美　国	野豌豆	74～229	美　国
巴旦杏	600	美　国	红苜蓿	52	匈牙利
紫花苜蓿	300～400	美　国	荞　麦	43～60	前苏联
甜　瓜	200～500	匈、苏、美	老年苹果树	43～52	前苏联
阿拉斯加苜蓿	200～400	美　国	青年苹果树	32～40	前苏联
樱　桃	200～400	德国、美国	亚　麻	23	前苏联
梨	200～300	保加利亚	向日葵	20～64	加拿大
苹　果	209	匈牙利	棉　花	18～41	美　国
树　莓	200	瑞　典	野草莓	15～20	英　国
西　瓜	170	美　国	大　豆	14～15	美　国
梨	107	意大利	油　菜	12～15	德　国
律草属苜蓿	100	捷克、美国	芜　菁	10～15	德　国

蜜蜂授粉是农业可持续发展的一个关键环节，也是生态农业的一个组成部分，具有显著的生态效益。蜜蜂授粉完全是在不破坏资源、不造成污染的情况下，充分利用来自植物的再生资源，延长大农业的生态链。蜜蜂授粉在保持物种的多样性，维护生态

平衡方面起到巨大作用，养蜂可作为我国山区退耕还林过程中原住农民的生产资料和生活来源。它通过促进植物物种的繁荣和稳定，间接影响动物的生存。另外，蜜蜂授粉在保持水土、改造沙漠等生态工程上，也有重大贡献。

（四）适合蜜蜂授粉的植物

1. 瓜果类　苹果、梨、猕猴桃、油桃、柑橘、荔枝、龙眼、李、樱桃、草莓、西瓜、甜瓜、黄瓜、南瓜、西葫芦等；
2. 牧草类　苜蓿、三叶草等；
3. 油料作物　向日葵、油菜、油茶、花生、棕榈、芝麻等；
4. 种用蔬菜　葱、甘蓝、胡萝卜、芥菜、芜菁等；
5. 大田作物　荞麦、棉花等；
6. 药用植物　砂仁、豆蔻、天麻、咖啡等。

二、蜜蜂与授粉植物关系

（一）相互适应

1. 植物的传粉方式　花开放后花药裂开，成熟的花粉粒借助媒介传到雌蕊柱头上的过程，称为传粉或授粉。传粉是受精的前提。植物有两种传粉方式，一种是自花传粉，如水稻、小麦、棉花、豆类、柑橘、桃、枇杷、番茄等都是自花传粉植物，最典型的自花传粉为闭花受精，如豌豆、大麦和花生植株下部的花；另一种是异花传粉，为植物界最普遍的传粉方式，可发生在同一株植物的各花之间，也可发生在同一品种或同种内的不同品种植株之间，如玉米、油菜、向日葵、梨、苹果、瓜类等，都是异花传粉植物。

异花传粉比自花传粉优越。异花传粉植物有较强的生活力和适应性，其植株强壮，开花多，结实率高，抗逆性也较强。它们通过单性花、雌雄蕊异熟、雌雄蕊异长（仅相同长短的雄蕊与雌蕊之间的传粉才受精）和自花不孕来避免自花受精。连续长期的自花传粉对植物是有害的，例如，小麦是自花传粉的植物，如果长期连续自花传粉，30～40 年后会逐渐衰退而失去栽培价值。同样，大豆在连续 10～15 年的自花传粉后，也会产生这种现象。

2. 植物的传粉媒介　植物进行异花传粉，必须依靠风和昆虫、水（水生植物）、鸟等外力为媒介，才能把花粉传布到其他花的柱头上。

（1）风媒：约有 10％的被子植物和大部分禾本科植物的花粉是靠风力作为传粉媒介的，这种花称风媒花。风媒花小而花朵多，多密集成柔荑花序、穗状花序等；花被小或退化，不具鲜艳的颜色；无蜜腺和香气；花药产生的花粉粒数量多，花粉粒一般细小质轻，表面光滑、干燥而不黏，适于风播远飘；风媒花的花柱较长，柱头膨大呈羽状，长出花外，增加接受花粉粒的机会；有的木本风媒花植物的花常聚集成柔荑花序，细长下垂可随风飘荡而散出花粉，如杨树；有的有细长花丝和丁字花药，易为风吹摆动散出花粉，如水稻等；有的是先开花后长叶，如桦树等。

但是，有少数风媒花植物，如板栗、栎、栲树等，其花被内侧雄蕊基部由表皮转化为分泌组织，它们不仅有花粉而且能分泌花蜜供蜜蜂采集。而蜜蜂为了获得足够的蛋白质，也到玉米、水稻等没有花蜜的禾本科植物花上活动。

（2）虫媒：据克希勒 1911 年的统计，在欧洲植物区系中，80％的被子植物是由昆虫传粉的。昆虫具有个体小、数量多、善运动等特点，授粉效率远远高于其他动物媒介，而虫媒植物只需产生少量、黏重的花粉粒，分泌一定数量的花蜜作为授粉昆虫能量，就可以诱导昆虫访问，并保证充分授粉。这些昆虫往返于花丛中，或到花上采食花粉或花蜜，或在花中产卵，或以花朵作为栖息场所，在活动过程中不可避免地与花药接触，使虫体黏附花粉，当昆虫飞向别的花朵时，也将携带的花粉粒洒向雌蕊柱头。

(3) 其他：植物除借风力和昆虫作传粉媒介外，水生被子植物中的金鱼藻、黑藻等都是借水力来传粉；头部长着长喙的蜂鸟，在摄取花蜜时把花粉传播。

3. 虫媒植物的适应　虫媒植物通过付给传媒者报酬——花蜜和花粉等吸引昆虫，并以付出报酬的多少、花的结构等来选择传媒者。

(1) 香气：虫媒花散发特殊的气味以吸引昆虫。不同植物产生的气味不同，所以趋附的昆虫种类也不一样，有喜芳香的，也有爱恶臭的。

(2) 颜色：虫媒花色彩鲜艳。一般白天开放的花多为黄、蓝、紫、白（能反射紫外线）等颜色，而夜间开放的多是纯白色，只被在夜间活动的蛾类识别，花色的这些特点，均有助于引诱合适的昆虫帮助传粉。

(3) 能量物质：虫媒花多能产花蜜。蜜腺分布在花的各个部位，或发展成特殊的器官。

花蜜暴露于外的，往往由甲虫、蝇和短吻的蜂类、蛾类所趋向；花蜜深藏于花冠之内的，多为长吻的蝶类和蛾类所吸取。

(4) 花粉特性：虫媒花的花粉粒一般比风媒花的大，有黏性；花粉外壁粗糙，多有刺突；花药裂开时不被风吹散，而是黏在花药上；这使昆虫在访花采蜜时容易接触并黏附于体表。雌蕊的柱头多分泌黏液，花粉与之接触即被黏住。虫媒花粉粒所含的蛋白质、糖类等营养物质比较丰富，是授粉昆虫的优良食料。

(5) 花的结构：花的大小、结构和蜜腺的位置等，都与媒介昆虫的大小、体型、结构和行为密切相关。深花冠植物的花蜜，只有被有长吻的蝶类、蛾类或蜂鸟吮吸，蜜蜂的努力则是徒劳的。

鼠尾草花最适合于蜜蜂传粉。鼠尾草属唇形科植物，它的花萼、花冠都合生成管状，但5片花瓣的上部却分裂成唇形，有2片合成头盔状的上唇，另3片联合形成下唇，呈水平方向伸出。

上唇的下面有 2 枚雄蕊和 1 个花柱，雄蕊结构像一个活动的杠杆系统，它的药隔延长成杠杆的柄，上臂长，顶端有 2 个发达的花粉囊；下臂短，花粉囊不发达，发展成薄片状。雄蕊的薄片状下臂同位于花冠管的喉部，遮住花冠管的入口。当蜜蜂进入花冠深处吸蜜时，先要停留在下唇上，然后用头部推动薄片，才能进入花内、吸取花蜜，由于杠杆的原理，当薄片向内推动时，上部的长臂向下弯曲，使顶端的花药降落到蜜蜂的背部，花粉也就散落在蜜蜂背上。花初开，鼠尾草的花柱较短，到花粉成熟散落以后，花柱开始伸长，柱头正好达到蜜蜂背部的位置，等到带有花粉的蜜蜂再次进入这朵花中采蜜时，背上的花粉正好涂抹在弯下的柱头上，完成传粉作用，真可谓“天作之合”（图 5－13）。

图 5－13　蜜蜂与鼠尾草的合作

（引自《微观世界》）

（6）植物能量的付出：虫媒植物总是尽量付出较少的营养和能量，获得充分的授粉效果，但所付出的营养既要保证授粉者的生活，又要使授粉者不停地为每朵花传粉。虫媒植物和授粉昆虫在长期的协同进化过程中，最终达到了授粉和取食的平衡。有一种短吻的大熊蜂能刺穿红三叶草的花冠吸取花蜜，却不能帮助其授粉，由于花蜜量的损失，迫使长吻大熊蜂不得不采访更多的红三叶草以获得足够的能量，从而使红三叶草又得到充分的授粉。关于植物能量付出的生物学详见第一章。

此外，虫媒花植物的分布、开花季节、开花时间等也跟昆虫在自然界中的分布和活动规律有着密切的关系，体现了动物和植物之间的相互联系和相互影响。

总之，经过长期的自然选择，被子植物产生了鲜艳的花色，给授粉者提供醒目的标志；有些花还散发出芳香的气味来吸引授粉者；最主要的是花瓣或花蕊的基部还分泌出香甜而又营养丰富的花蜜以飨来访者。植物花的进化趋势，总是适应于吸引授粉者对自身的访问，从而带来异株的花粉。

4. *昆虫对植物的适应*　昆虫在长期的进化过程中，面对生存竞争，一部分昆虫的生态位朝着从植物花朵中寻觅食物，最终产生了专门取食花粉和花蜜的蜜蜂。蜜蜂的身体结构、生活特性等，对传媒对象非常有利。

据纳斯 1899 年记载，在 395 种植物上所捕获的 838 种传粉昆虫中，膜翅目占 43.7%，蜜蜂总科的昆虫又占膜翅目总数的 55.7%。王海蓉 1981 年报道，给向日葵授粉的昆虫中，蜜蜂属占到 85%；Boyle1978—1980 年观察结果，为苹果花授粉的昆虫中，蜜蜂占 63.3%；Ganive1981 年报道，为苏联新西伯利亚黄香草木樨授粉的昆虫中，蜜蜂占 90%以上。

（二）授粉优势

蜜蜂的社会性群体生活，具有很强的适应性，分布广，从北极到赤道，蜜蜂遍及地球上所有的农业区，由此奠定了蜜蜂是农作物的基本授粉昆虫的地位。

1. *形态结构* 蜜蜂的口器为嚼吸式，吸食花蜜并可暂时贮存于蜜囊（前胃）中，后足特化为携粉足以存放携带花粉，周身密布分枝叉的绒毛，对黏附花粉极为有利等，在一次采集中可连续访花上百朵乃至数百朵。

据计算，1 只蜜蜂周身所携带的花粉，可达 500 万粒之多。虽然采集蜂认真地梳集身体上所黏附的花粉粒，但每只蜂体所黏附的花粉粒，仍可达 1 万～2.5 万粒，远远超过其他任何昆虫（图 5-14）。当蜜蜂从这朵花飞到另一朵花上采集时，授粉工作便随之完成。

图 5-14 蜜蜂体上的花粉

2. *生活习性*

（1）运动快速：意蜂载重飞行的速度为 20～24 千米/时，在离巢 2.5 千米的范围内活动，领地面积在 12 公顷左右。

（2）信息传递：蜜蜂在访花时会在花上留下特有的气味，并能保持一段时间，告知其他蜜蜂个体该花近期已被光顾；蜜蜂还能利用舞蹈表达所发现蜜粉源的量、质、距离以及方位等，带领伙伴共同采访，大大提高了群体访花传粉的效率。

（3）专食花蜜和花粉：蜜蜂在长期的进化过程中，形成了专以花粉和花蜜为食的特性，这就使蜜蜂的户外活动和能量消耗都在花上进行。据观察，1 只蜜蜂每次采粉，约访梨花 84 朵或蒲公英 100 朵，历时 6～10 分钟，猎取花粉 12～29 毫克，每日采粉6～8次。观察13 000蜂次，在粉蜜俱有的花上，其中25%的蜜蜂只采集花粉，58%的仅吮吸花蜜，17%的粉蜜兼收。

（4）群居性：蜜蜂的群居特性，使其在春天具有其他昆虫不可替代的授粉地位。

（5）采集专一性：蜜蜂在一次采集飞行中，只采集同一种植物的花粉和花蜜。并且持续在整个花期，这种特性，对于保持植物物种的稳定性是非常重要的。同时，在某一段时间内，一群蜜蜂的绝大多数个体具有采访相同植物花的特性，所以蜜蜂的授粉作用，准确、高效，更具有商业价值，比其他昆虫更为有利。

（6）食物贮存性：蜜蜂有临时贮藏花蜜用的蜜囊、装载花粉归巢的花粉篮。蜂巢更是贮存蜂蜜、花粉的大仓库，其容量可达50千克以上。这些条件，可促使蜜蜂长期不知厌倦地从事采集工作，不停地为植物传粉，给花儿做红娘。据计算，蜜蜂酿造1千克蜂蜜，大约要飞行五六万只次，而一群蜜蜂，每年所生产的蜂蜜（包括蜜蜂本身消耗的）不下100千克。可见，其访花数目将达数亿以上。

3. 可被控制

（1）可运移：蜜蜂日出而作、日落而息，现代养蜂，可以安全地把蜂群运送到5千米以外任何需要的地方去授粉、采蜜，并保证授粉的有效性，蜜蜂也能适应这种追花夺蜜的生产习惯。

（2）可训练：利用蜜蜂的条件反应，用需要授粉植物花朵浸泡的糖浆喂蜂，可以引导其为该种植物授粉。这对泌蜜量小、花器和气味处于劣势的植物非常有利，尤其是在有其他开花植物竞争授粉昆虫时显得更为重要。例如，利用蜜蜂为萝卜种授粉，在附近又有油菜或泡桐开花时，就必须对蜜蜂加以训练，诱导其为萝卜授粉，否则，授粉将会失败。

（3）授粉范围广：适于蜜蜂授粉的作物种类多，绝大多数的虫媒作物都依赖蜜蜂授粉。蜜蜂属昆虫可充分为豆科、蔷薇科、十字花科、葫芦科、蓼科、睡莲科、芸香科、无患子科、锦葵科、山茶科、猕猴桃科、桃金娘科、柿树科、鼠李科、旋花科等虫媒作物授粉，利用蜜蜂为风媒作物水稻授粉，可提高产量。

另外，利用蜜蜂授粉还有不伤花器、高效的特点。

4. 成本低廉　利用蜜蜂授粉能取得明显的经济效益，而投入成本却相当低廉。1985 年美国利用蜜蜂授粉获得 3.16 亿美元的净利润，而授粉总费用为 4 070 万～5 090 万美元，效益与支出比为 3.16 亿美元÷4 070 万美元＝7.8 美元，也就是说，花上 1 美元租用蜜蜂授粉就可以产生 7.8 美元的效益。据统计，美国每年有 200 万群蜜蜂被租用为农作物授粉，平均每群的租金为 20 美元。

蜜蜂为油菜、紫云英、荔枝、龙眼、柑橘等授粉，还能收获到可观的蜂产品。在我国 20 世纪末，蜜蜂被租用于授粉的报酬，在棚室的约 50 元，大田的更少，绝大多数得益于蜜蜂授粉的农场并不付给养蜂者任何报酬。

蜜蜂对各种作物授粉产生的效益，可采用 Willard S. Robinson 建议的公式（5-1）计算。

$$V_{hb} = V_x D_x P \quad 而\ D_x = (Y_o - Y_c)/Y_o \qquad (5-1)$$

式中：

V_x——每年蜜蜂为作物授粉而产生的价值；

D_x——作物对昆虫授粉者的依赖性；

P——作物有效授粉昆虫中蜜蜂所占的比例；

Y_o——开放授粉区作物的产量或罩网有蜂区作物的产量；

Y_c——无昆虫小区的产量。

（三）授粉趋势

现代农业和畜牧业向机械化、集约化和化学化发展，环境的恶化、食物的短缺和巢穴的丢失，野生授粉昆虫急剧下降，直至使原本具有授粉能力的昆虫丧失授粉价值，而能够为人类提供甜美蜂蜜而受到保护的蜜蜂，在授粉昆虫中显出更加突出和优越的地位，成为现代大农业不可缺少的组成部分。例如，美国的农业发展表明，农场规模越大，对蜜蜂的需求也越大，在过去的10年里，美国授粉蜂群的需求量持续增长了18.6%。

三、蜜蜂授粉优质、高产的机理

蜜蜂授粉促进作物高产优质，主要是通过充分授精、输送营养和提高坐果率来实现的。

1. *授精充分，增加坐果*　蜜蜂授粉可大量增加柱头上的花粉粒，提高受精率，从而促进花粉萌发和花粉管生长，刺激加快营养输送。例如，玉米利用蜜蜂授粉，能克服果穗顶部缺粒现象，提高产量8%～10%。蜜蜂为向日葵授粉，能提高结实率和含油量。1952年春，龚一飞教授在福建农学院蔬菜留种菜圃上试验，蜜蜂授粉组的4株供试花菜共收种子207.5克，套笼组的4株只收47.2克；在4个被套笼的甘蓝植株上，没有发现一个发育健全的种荚，其中绝大多数开花后，子房随即凋萎，极少数的子房可以长大，但仍是空荚。让蜜蜂自由授粉的对照株，每株都结出丰满的种荚。蜜蜂授粉对于虫媒花植物的种子和果实产量的影响，由此可见一斑。

对蜜蜂授粉的柑橘和棉花用^{32}P、^{14}C示踪观察发现，蜜蜂采访花朵后，植株加强了向花和幼果的营养物质输送，减少了因营养不足引起的落花落果现象，激发了植株（酶）的活力。

2. *营养丰富，提高品质*　龚一飞教授曾在福州魁岐农场，用蜜蜂做胜利油菜（*Brassica napella* Chaix）大田授粉对比试验。试验结果：隔绝虫媒区的种子产量和出油率分别为套笼放蜂区的30.65%和86.94%。表明蜜蜂授粉不但可以显著提高油菜种子的产量及出油率，而且对后代生活力也有显著的影响，组织蜜蜂授粉是保证油菜籽高产的重要措施之一。浙江大学的试验表明，蜜蜂授粉区比无蜂授粉区油菜籽增产 37.4%，有效果荚多 28.5%，千粒重增长 4.4%，出油率提高 10%。中国蜜蜂研究所试验证明，有蜂区比无蜂区的棉花结铃率提高 39%左右，皮棉产量平均增加 38%，而且有蜂区的棉花纤维有光泽、质地好，棉绒长度增加 8.6%。

以上事实证明，利用蜜蜂在品种内或品种间、混栽或间种的情况下，完成异花授粉或杂交授粉，具有极大的价值。

四、大田和棚室授粉技术

不同的种植条件有不同的授粉方法，不同作物所要求的授粉措施也各不相同，得当的技术措施是获得满意授粉效果的前提。

（一）大田授粉

1. 配备蜂群　大田授粉所需蜂群的数量，取决于蜂群的群势、授粉作物的面积及分布、花的数量、花期及长势等。根据实践经验，如果授粉植物是 500 亩* 以上连片分布的，那么一个 15 框蜂的强群可承担的授粉面积大致如表5-4所列。

表 5-4　15 框蜂/群有效授粉面积　（单位：亩）

作物名称	向日葵	棉花	紫云英	瓜类	草木樨	苕子	牧草	荞麦	油菜	果树
面积	10～15	10～15	4～5	7～10	3～4	4～5	4～5	4～6	4～6	5～6

在早春，由于蜂群正处于增殖阶段，群势较弱，所以应适当减少承担的面积；如果作物分布较零星、分散，也应适当增加蜂群数。

2. 进场时间　对蜜蜂竞争力强的植物，如荔枝、龙眼、向日葵等泌蜜丰富，可提前 2 天把蜜蜂运到场地；对蜜蜂竞争力弱

* 亩为非法定计量单位，15 亩=1 公顷。

的，须待花开一定数量后再进场，如梨树花开25%时把蜂群运到场地；紫花苜蓿花开10%运进一半的授粉群，7天后运进另一半；而甜樱桃、向日葵、杏等则花开就应把蜂群运去。

图5-15 蜜蜂为大田苹果授粉
（张中印 摄）

3. 布置蜂群 蜜蜂飞行范围虽然很大，但距离作物越近，授粉也就越充分，飞行时能量的消耗也越少。因此，如果授粉作物面积不大，蜂群布置在作物地块的任何一边；如果面积在700亩以上，或地块长达2千米以上，则应将蜂群布置在地块的中央或两端，使蜜蜂从蜂箱飞到作物田的任何一部分，最远不要超过500米。另外，授粉蜂群以10～20群为一组，分组摆放，并使相邻组的蜜蜂采集范围相互重叠（图5-15）。

4. 管理蜂群 在采集的花蜜不够消耗时，应奖励饲喂，促进繁殖，花粉丰富须及时脱粉，蜜足取蜜，预防分蜂热，防止农药毒害。

5. 训练蜜蜂 对蜜蜂不爱采访某种作物的习性，或为了加强蜜蜂对某种授粉作物采集的专一性，在初花期到花末期，每天用浸泡过花瓣的糖浆饲喂蜂群。花香糖浆的制法：先在沸水中溶入相等重量的白糖，待糖浆冷却到20～25℃时，倒入预先放有花瓣的容器里，密封浸渍4小时，然后进行饲喂，每群每次喂100～150克。第一次饲喂宜在晚上进行，第二天早晨蜜蜂出巢前，再喂一次。以后每天早晨喂一次。也可以在糖浆中加入香精油喂蜂。

美国梅耶D.F.制备的蜜蜂授粉诱引剂，含有信息素等物质，在空中喷洒，可提高苹果、樱桃、梨和李的坐果率6%、

15%、44%和88%。国外人工合成的臭腺物质已经商品化。

（二）棚室授粉

据全国农业技术推广中心统计，1997年我国已成为世界上蔬菜保护地种植面积最大的国家，共有84万公顷，园艺设施面积占全国蔬菜播种面积的7.5%，其中，温室面积达14.815万公顷，塑料大棚有69.185万公顷，为了育种和商业上的需要，蜜蜂被广泛地用来为棚室里的作物授粉。

1. *授粉蜂群* 在蜂群进入温室或网室之前，应先把它们隔离2～3天，让蜜蜂清除体上的外来花粉，避免引起杂交。花初开时就能进场。

授粉蜂群群势要达到5～8脾蜂，群内有大量的幼蜂和封盖子。蜂巢内始终保持充足的蜂蜜和适量的花粉，促进蜂群繁殖。

2. *授粉蜂群的配置* 在温室授粉，每一群蜂可承担300～500米^{2}面积；给网室内的作物授粉，蜂群的群势可以小些。给保护地作物授粉时，蜂群可以放在靠近作物但不过热的地方，也可以摆在室外，巢门通向室内。此外，保护地内要有供水装置，以便蜜蜂采水。

（三）温室油桃（河南）蜜蜂授粉技术实例

1. *授粉措施* 一个温室（1 000米^2）由2群蜜蜂完成授粉，2月1日进棚，2月11日出棚；在授粉期间，通过炕道加温、放风，利用阳光辐射等措施，把温室内的温度控制在12～24℃，相对湿度60%～70%。

2. *蜂群管理*

（1）调整蜂群：蜜蜂进棚前7天调整蜂群，每群保留3张脾，多余巢脾抽出另存。冬季关王的蜂群要放出蜂王产卵。

（2）防治蜂螨：在蜂王产卵3天后进棚前，选择晴天午后，用杀螨剂治螨2次，治螨前一天用糖水喂蜂。

（3）放蜂时间：在温室油桃花开 10%后，于傍晚把蜂群运进。入室后有1～2 天的阴雨天气可减少蜜蜂撞棚，否则应用草帘适当遮光。

（4）安置蜂群：蜂群放置在东西两头的 1/4 处靠近北墙的位置，蜂箱距火道 1 米以外，箱前相对开阔，在 12 米^2 内没有树枝隔挡，并尽可能靠近标志物明显处（或在蜂箱上空悬挂一个有色纸盒）放置，蜂箱用支架架高 1～1.5 米，巢向南，便于蜜蜂寻找。不为蜂群进行任何保温处置，同时还要把蜂巢小巢门调到最大（小巢门全部放开，每一个小巢门总宽约 6～8 厘米），掀起覆布一角透气（图 5-16）。

图 5-16　蜜蜂为棚室油桃授粉

（张中印　摄）

（5）给蜂喂水：蜂箱放好 20 分钟后打开巢门，揭开箱盖，靠隔板外侧放蜜、水饲喂盒一个，加入干净的凉开水，用脱脂棉条，一头浸入水中，一头搭挂在蜂巢中间的框梁上，每天给蜂群在箱内喂水 50～100 克。

（6）训练蜜蜂，促进繁殖：进棚后的次日，在 8 时以前卷起温室草帘，给蜂群喂浸花糖水，并在中午 12 时前后，在巢门前抖出部分蜜蜂，让其认巢。糖水配制：白糖与水 1∶0.7 配比，搅拌熔化（不需煮化），并取适量的油桃花浸泡 12 小时。以后每天按原来时间卷放草帘，傍晚喂蜂 100～200 克糖水，直到授粉结束为止。

（7）放风防害：在授粉期间，改温室顶部开缝放风为温室下部南北交错开缝放风，放风时间推迟到下午 2 时以后；严禁施撒任何药物，花前施药，只有在药效期过后，蜂群才能进棚授粉。

（8）授粉结果：授粉结束，检查蜂群，蜂脾比基本相当（3 脾，约 7 000 只蜂），蜜蜂损失率 30%（从蜂王产卵到授粉结束），工蜂色泽正常，蜂王产卵整齐，幼虫光泽晶亮，发育良好，封盖子成片饱满，花粉充足，巢脾边角有封盖蜜。实践证实，按照上述管理技术措施，较有效地解决了蜜蜂撞棚和因放风飞出棚外一去不返的问题，同时预防了白垩病、爬蜂病、热伤等疾病的发生。

油桃产量比温室人工授粉的提高 66.7%，比大田人工授粉的提高 45.5%，而效益分别提高 68.1%和 238.3%。达到既繁殖蜂群，又提高产量和效益的目的。

五、提高授粉效果的措施

（一）影响蜜蜂授粉的因素

1. 天气　只有在温暖晴朗的天气，蜜蜂授粉活动才能有效、迅速地进行。在气温低于 16℃或高于 40℃时，蜜蜂的出勤显著减少，寒冷有云的天气和雷阵雨，也影响蜜蜂的飞行和授粉作用。

恶劣的天气，对植物也会造成损害。晚霜会冻坏花器；0～

4℃的低温会延缓花粉的萌发和花粉管的生长，导致授精失败；天气炎热、刮风，会使柱头过于干燥，影响花粉的黏附和萌发；长期阴雨，又会阻碍雄蕊散粉。

2. 蜂群　蜂群内能够外出采集粉、蜜的青壮年蜂越多，授粉的效率就越高。一个蜂群的蜂数，可变化于几百到几万只之间，采集蜂的数量决定着授粉效果。配备足够的授粉蜂群，是保证授粉效果的重要因素；授粉蜂群在授粉区内的摆放方式，对授粉效果也有一定影响。另外，蜂群幼虫多，蜜蜂采粉也多。

利用笼蜂授粉，在没有幼虫的时期授粉效果差，一次性使用的无王群授粉仅能保持1周左右的授粉效果。

在低温季节，中蜂比意蜂授粉更好。

3. 作物

（1）散粉、泌蜜量：不同植物的散粉、泌蜜量有很大差异，有的粉、蜜俱佳，有的蜜多粉少，有的粉多蜜少，有的蜜、粉均贫乏。泌蜜、散粉的量直接决定蜜蜂访花的积极性，从而影响到授粉效果。一般来说，花粉较多，有利于授粉，泌蜜量较大的作物，只要花粉不是非常贫乏，也能取得较为满意的授粉效果；但蜜、粉均贫乏的植物，利用蜜蜂授粉就不会有好的效果。

（2）粉、蜜适口性：有的作物如棉花、水稻等的花粉较粗糙，蜜蜂不采集或很少采集。Furgala（1958）观察到，喜爱含有蔗糖、葡萄糖和果糖平衡成分花蜜的草木樨的蜜蜂，比喜爱含有蔗糖占优势的紫花苜蓿或红三叶草的蜜蜂更多。一般情况下，在花蜜含糖量8%以上时，蜜蜂才开始采集；若外界蜜源丰富，则往往要等到含糖量达15%以上时才去采集。

（3）营养：蜜蜂授粉后，坐果率提高，须对授粉作物加强管理，如疏花疏果、施肥浇水等。如果水肥跟不上，大量果子将因营养不良而夭折，从而体现不出蜜蜂授粉增产的效果。

4. 农药　在作物花期喷洒农药，会使大量授粉蜜蜂中毒死亡，甚至造成全群覆灭。同时，植物花器也会受到农药的毒害，影响正常的授粉和受精，果树花子房数减少，花粉萌发率降低，加上因授粉不足降低产量，从而使双方都造成巨大损失。

5. 同类竞争　如果同一地区有其他植物与目标授粉作物同期开花，就会分散授粉蜜蜂的力量，特别是当这种同期开花植物对蜜蜂的吸引力比授粉目标作物更大时，影响会更严重，使授粉对象得不到或仅得到不充分的授粉。例如，在有油菜、桐树开花时给留种萝卜授粉即是如此。

另外，在生产实践中，一些蜜多粉少的作物，其周围同期开花的粉源植物对授粉昆虫的生长发育有利，它们和目标授粉作物对蜜蜂是营养互补的，三者是互惠关系。

（二）提高授粉效果的对策

1. 备足蜂群　为了避免恶劣气候的影响，必须正确地间种授粉树和准备充足的蜂群。这样，就可以最大限度地利用哪怕只有几个小时的适宜天气进行授粉，以获得较好的效果。

2. 选择蜂种　早春开花作物的授粉工作可以利用中蜂来完成。南斯拉夫的角壁蜂适应为早春温度低时开花的苹果授粉；美国从日本引入的角额壁蜂具有发生早、抗低温的特点，用于为苹果授粉效果很好。

Parker（1986）报道，*Osmia sanrafaelae* Parker 对三叶草的授粉效果优于蜜蜂。Willmer 等 1994 年研究发现，熊蜂对草莓的授粉比蜜蜂优越。美国找到了适合为向日葵授粉的向日葵蜂（*Melissodes agilis*）和一种切叶蜂（*Eumegachile pugnata*），开发利用后使向日葵的种植面积由 1970 年的 22.2 万公顷扩大到 400 万公顷。为夏季瓜类授粉的一种瓜蜂（*Peponapis prinosa*），其传粉速度比意蜂快，种群又大，喜访雄花，授粉效果极好。为苹果和扁桃授粉的一种壁蜂（*Osmia lignaria propinqua*）在美国起到了很好的授粉作用。

3. 分组放蜂　把具有一定群势和较多卵虫的授粉蜂群，以组为单位放置，使各组间的蜜蜂交错飞行和频繁改变采集路线，更有利于进行异花授粉。

4. 训练蜜蜂，奖励饲喂　利用蜜蜂的条件反射，坚持用浸泡过某种花香的糖浆训练蜜蜂，引诱它们到需要传粉的作物上进行授粉工作。还可以于巢内喷洒与授粉活动有关的蜜蜂信息素，以提高蜜蜂的采粉积极性，或喷在目标作物上以吸引蜜蜂来为该作物授粉。

5. 选择温室材料　据报道，在聚乙烯温室里，蜜蜂能够圆满地完成授粉任务；但在玻璃纤维的温室里，却不理想。尤其是现在为了预防作物的真菌病，农民采用一些能滤去紫外线的塑料薄膜作为温室材料，这就给蜜蜂授粉带来新的问题——因为蜜蜂是依靠紫外线来进行定位的。所以，要根据授粉需要选择适当的温室材料。

6. 预防药害　为确保蜜蜂安全授粉，花前预防用药，花期中不施药，花后打药。平时喷药不得污染水源。对于经常施用农药的作物，蜂群宜安置在离该作物 50 米以外的地方，以减轻药害。另外，花上黏附的赤霉素，即妨碍蜜蜂采蜜，又对整个蜂群有害。

7. 作物管理　给果树授粉，对提供花粉的果树应均匀栽培，另外还要加强田间管理，做到植株稠密相宜，花果数量适中，水肥、光照充足等。

8. 协同授粉　Chagnon 等（1993）用西方蜜蜂和印度蜂对草莓的授粉研究发现，如果以授粉昆虫的数量和访花速率来衡量，西方蜜蜂的授粉效率高于印度蜂，而当授粉昆虫较少时，西方蜜蜂喜爱采集植株顶端的花，印度蜂则对植株下部的花有较好的授粉作用，两者在草莓授粉中起相互补充作用。在苜蓿和一些作物的授粉中，也观察到蜜蜂和其他野生授粉昆虫的协同授粉作用。对有些作物，需要两种或两种以上的昆虫完成授粉工作（图 5-17）。

图 5-17　昆虫为金银花授粉
左：蜜蜂在早上 10 时以前和下午 17 时以后采集金银花的花粉
右：熊蜂则在 10 时～17 时之间采集金银花的花蜜
（张中印　摄）

第五节　人工育王技术

蜂王是正常蜂群中唯一产卵的雌性蜂，是蜂群种性的载体，并以其释放的蜂王物质来控制群体，维持蜂群积极有序的生活，优良的蜂王是养蜂优质高产的基本要素之一。生产实践证明，依靠蜂群自然更新蜂王，从时间、数量和质量上已不能满足现代养蜂生产的需要。在意大利、澳大利亚、美国和罗马尼亚等养蜂业发达的国家，都有专门的养王场，向生产蜂场提供大量优质的生产用蜂王。我国绝大多数养蜂场的生产用蜂王，几乎都是养蜂员采用人工方法培养成的，一般每年更换 1 次，少数更换 2 次。

一、人工育王的基本理论

人工育王能及时更换老劣蜂王，有效地预防分蜂热的产生，提高产量，还可定向培育抗病、优质高产的品种，改良低劣品质，做到有计划、有目标地进行养蜂生产。例如，由于浆蜂种的培育，使我国蜂王浆单产提高5～10倍，全国王浆产量由20世纪70年代的500吨迅速提高到目前的4 000吨以上。因此，学一点育王知识，掌握育王技术，提高育王质量，对养好蜜蜂很有必要。

（一）人工育王原理

1. 蜂群培育蜂王特性　通常蜂群只允许1个蜂王存在，在繁殖阶段后期准备分蜂期间才大量培育蜂王。此外，当蜂王衰老、残疾或丢失时，蜂群也会培育蜂王。

2. 蜂王和工蜂的分化　蜂王和工蜂均由受精卵发育而成，产在王台和工蜂巢房的卵和初孵化的小幼虫完全一样，吃的都是王浆。3天后，工蜂巢房中的幼虫被改喂蜂粮和蜂蜜的混合物，以后发育成具有工作能力的工蜂，而在王台中的幼虫，则始终供给蜂王浆，将来发育成生殖器官完整的蜂王。若对工蜂房中的幼虫也始终喂养蜂王浆，它也能长成蜂王，蜂群中的改造王台证明了这一事实。

所以，在人工育王中保证育王群强盛，巢穴内蜜粉充足，并在蜂巢中用隔王栅隔离出无王区，给蜂群创造出培养新蜂王欲望的环境。然后，仿造自然王台，用蜂蜡做成王台基，并将工蜂房中3日龄内的小幼虫移住，再置于有更新蜂王欲望的蜂群——育王群，辅之必要的管理措施，就能培育出蜂王。

（二）人工育王条件

1. 蜜粉源丰富　自然条件下，蜂群大量培育蜂王都是在蜜粉源丰富的时期，历时约30天。因此，人工育王从开始到结束应有30天左右的连续蜜粉源。如果外界蜜粉源不足，连续奖励饲喂对培育优质蜂王必不可少。

2. 适宜的气候　蜂王和雄蜂的生长发育，以及飞翔交配都需要温暖而稳定的气候。人工育王最好选在20～30℃、无寒流、酷暑和连续阴雨的季节进行。

3. *适龄的雄蜂* 雄蜂的青春期在羽化后12～27天，蜂王在羽化5天以后能进行交配，多发生在8～9天。在人工育王实践中，见到种用雄蜂出房时移虫育王较为合适，1只处女蜂王需要50只以上的雄蜂才能保证充分受精。

4. *强壮育王群* 健康和强壮的蜂群，巢穴内环境稳定，食物充足，各龄工蜂比例合理，能培育出大量的优质蜂王。因此，在春季应在全场蜂群平均群势超过6框蜂以后，再组织强群培育蜂王。

5. *优良的蜂种* 蜂群的优良性状具有一定的遗传力，通过生产实践，有目的地选择生产性能好、抗逆力强的蜂群培育种用雄蜂或移虫育王，能使该性状得到保留，提高新王的品质。良种可以自己培育，也可以引进种蜂。

（三）引种、选种、保种

1. *引种* 将国内外的优良蜜蜂品种、品系或类型引入本地，经严格考察后，对适应当地的良种进行推广。如意蜂和卡蜂引入我国后，在很多地区直接用于养蜂生产或作为育种素材，是提高产量的重要措施。

（1）引种方法：可采用引（买）进蜂群、蜂王、卵、虫、精液等方式。蜜蜂引种多以引进蜂王为主，诱入蜂群50天后，其子代工蜂基本取代了原群工蜂，就可以对该蜂种进行考察、鉴定。对引进的蜂种建立档案，包括蜂种名称、原产地、引种地、引种方式、引进数量、收到日期、蜂种处理措施、主要特点和经济性状等。在观察鉴定期间，应对引进的蜂种隔离，预防蜂病的传播和不良基因的扩散。

养蜂场从种王场购买的父母代蜂王有纯种，也有单交种、三交种或双交种，可作种用。繁殖的下一代直接投入生产，不宜再作种用。

（2）注意事项：第一，引种目的明确。如果是直接利用，应明确蜂种的生物学特性和生产性能对引入地有何突出优点。若是间接利用，则应明确所需要引入蜂种的哪些突出性状。第二，防止蜂病传入。不从疫区引种，对引进的蜂种，应进行严格的隔离饲养观察，密切注意有无新的病敌害发生。一旦发现应立即报告动植物检疫机关，及时销毁，做无害化处理。第三，引种的数量。种王场先少量引种，经初步鉴定后，对有价值的蜂种应继续引进，使之形成一定规模的种群。原则上，引进的种群数量越多越好，至少应达20群。引种时尽可能从同品种的不同种蜂场引入，以增加该蜂种的基因种类。生产蜂场可从种王场引进一到数只蜂王，然后进行育王。第四，蜂种的适应。蜜蜂的优良性状在一定的蜜源、气候等环境条件下才能充分表现，引种地和原产地气候应相似。

2. 选种　将具有某些优良性状的蜂群作为种群，通过人工育王的方法保留和强化这些性状。目前在我国养蜂生产中，多采取个体选择和家系内选择的方式，在蜂场中选出种用群生产蜂王，而在种王场还使用家系和合并选择的方法进行育种。

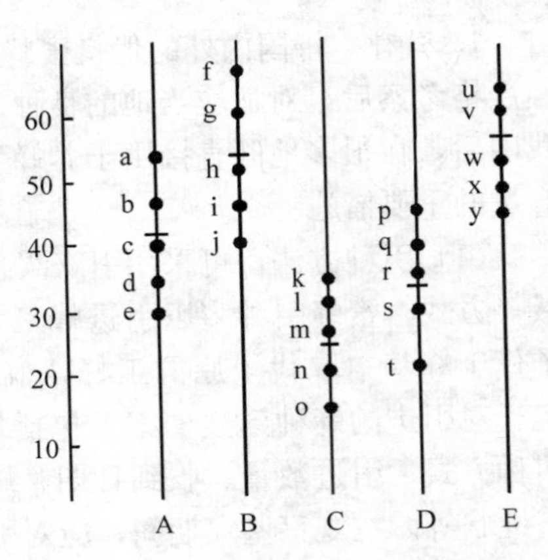

图5-18　5个家系蜂群的性状分布

●：个体性状值；　—：家系性状平均值

（引自邵瑞宜1995）

例如，在图5-18中，5个家系的a、b、c…x、y25群蜂中，选出10群作为种用群，用家系内选择是a、b、f、g、k、l、p、q、u、v，用个体选择是f、u、v、g、a、h、w、x、b、i，用

家系选择是 f、g、h、i、j、u、v、w、x、y。

（1）个体选择：在一定数量的蜂群中，将某一性状表现最好的蜂群保留下来，作为种群培育处女王和种用雄蜂。在子代蜂群中继续选择，使这一性状不断加强，就可能选育出该性状突出的良种。浙江浆蜂就是采用这种方法选育出来的蜂王浆高产蜂种。个体选择适用于遗传力高的性状选择。

（2）家系选择：由一个种群中培育的蜂王为一个家系，根据家系的平均性状值的高低为依据，保留平均性状值最高的家系，淘汰其他所有家系。它适合于遗传力低的性状（如蜂王初生重等）、家系大和极少由共同环境造成的家系间差异等情况的选择。

（3）家系内选择：从每个家系中选出超过该家系性状表型平均值的蜂群作为种用群，适用于家系间表型相关较大、而性状遗传力很低的情况。这种选择方法还可以减少近交的机会。

（4）合并选择：对家系平均值和个体性状表型值给予不同的加权，合并成一个选择指数，即合并选择指数。根据合并选择指数，从总体上选择较好的种用群。

$$I = P + \{(r_A - r) \div (1 - r_A)\} \times \{n \div [1 + (n-1) \times r]\} \times P_f \tag{5-2}$$

式中：

I ——合并选择指数；

P ——个体性状表型值；

r_A——家系内遗传相关（全同胞 $r_A = 0.5$，半同胞 $r_A = 0.25$）；

r ——家系内表型相关（可用组内相关法求得）

n ——家系内个体数。

P_f——家系个体表型值的平均值。

3. 保种　用人工的方法保持蜂种的种性不变，也就是保持蜂种基因库中的基因频率不变。既要有效地防止种外基因的渗入，又要防止蜂种基因库中的基因丢失。为防种外基因的渗入，可采用人工授精和隔离的方法进行近交。

蜜蜂保种过程中为减少基因的丢失，就必须尽可能大地保持种群组蜂群数量。种群组内等位基因的数量越多，则种群组内基因丢失的几率越小。计算机模拟计算表明，种群组内幼虫平均成活率降为85%时所需要闭锁育种的世代为：种群组由25群蜜蜂组成，需要10代以后；种群组35群时，需要20代以后；种群组50群时需要40代以后。

在不同地区、从不同蜂场挑选相同蜂种性状优良的蜂群，组成种群组，种群组内采取隔离随机自然交配、混合精液人工授精和顶交3种方法为蜂王授精，按母女顶替法或择优选留法，选择保留优良蜂王作为种群保存。

（四）育种方式

1. 选择育种　对蜜蜂基因突变和基因重组所产生的变异，通过选择和繁育，将有利于养蜂生产的变异保存并扩大，并使之稳定地遗传，形成新种。它包括三方面的工作，一是发现有益的性状变异；二是通过系统选育繁殖的方法，严格控制交配，扩大含这些基因性状的蜂群数量；三是连续选育，使这些优良性状得以稳定遗传。蜜蜂的选择育种可分个体选育和集团选育两种方法。

（1）个体选育：把发生有益性状变异的蜂群作为种用父群和母群，通过人工授精或隔离等手段，严格控制交配，培育出一批后代蜂群，对后代蜂群进行系统考察测定，区分变异性质。如果后代蜂群中仍出现这些变异性状，可再继续选择变异性状突出的蜂群作为种用群，扩大培养，经若干代种群达到一定数量后，就可能将这些变异性状保留下来，形成具有某些独特优良性状的蜜蜂新品种。否则，就中断此项工作。

（2）集团选育：经过系统考察和鉴定，选择具有相同类型有益变异性状的蜂群作为种用群，分母群组和父群组，培育处女蜂王和雄蜂，采取人工授精或自然隔离交配的措施，对处女蜂王授精。然后选择具有相同变异性状的子代蜂群，继续分母群和父群进行繁殖。经过若干代的集团选育，使这类变异性状在后代蜂群中不断地巩固和加强。这类性状的蜂群繁殖到一定数量，并能够稳定遗传后，即形成一个蜜蜂新品种。

2. 杂交育种　组织 2 个或 2 个以上的蜜蜂品种（或品系）进行交配，扩大蜜蜂的遗传变异（图 5-19），并对具有优良性状的杂种进行选择和繁殖，使后代有益的杂种基因得到纯合和遗传。蜜蜂杂交子代的生活力、群势、生产性能等方面往往超过双亲，以种性纯的母本和父本作为育种素材，不同的杂交组合表现多不相同。

图 5-19　基因突变形成的白眼雄蜂
（张中印　摄）

与选择育种相比，蜜蜂杂交育种对蜂群的性状改良幅度大，但杂交后代性状的稳定较困难。

（1）杂种优势利用：蜂群的经济性状是由蜂王和工蜂共同表现的，蜂王主要表现在产卵力和控制分蜂能力，工蜂则主要表现在哺育力、采集力和抗逆力等方面。蜜蜂性状多由一对或数对相应的等位基因控制，纯种蜜蜂的等位基因多为同质的，使得有些隐性基因控制的性状得以表现。杂种蜂群的等位基因多为异质的，有益的显性基因可以抑制有害的隐性基因。通过优良显性基因间的互补作用和蜂群中杂合子频率的增加，从整体上抑制或削弱不良隐性基因的作用，在杂种蜂群中体现出蜜蜂的抗逆力、繁殖力和生产力得到提高。有时杂交会产生对种群有益的性状，例如，分蜂性强有利于蜜蜂种群的繁荣和扩展，蜜蜂盗性强则体现了蜜蜂在优胜劣汰的竞争中获得生存的能力，有时还会出现经济性状差的现象，但这些对人是不利的。一般而言，杂种蜜蜂优势多于“劣势”。蜜蜂杂种优势的获得，首先要对杂交亲本进行选优提纯和选择合适的杂交组合，以及选择表现杂交优势的环境。

（2）杂交组合形式：蜜蜂杂交组合通常有单交、双交、三交、回交和混交等几种形式。

①单交：用一个品种的纯种处女王与另一个品种的纯种雄蜂交配，产生单交王。由单交王产生的雄蜂，是与蜂王同一品种的纯种，产生的工蜂或子代蜂王是具有双亲基因的第一代杂种。由第一代杂种工蜂和单交王组成单交种蜂群，因蜂王和雄蜂均为纯种，它们不具杂种优势，但工蜂是杂种一代，具有杂种优势。

②三交：用一个单交种蜂群培育的处女王与一个不含单交种血缘的纯种雄蜂交配，产生三交王，但其蜂王本身仍是单交种，后代雄蜂与母亲蜂王一样，也为单交种，而工蜂和子代蜂王为含有三个蜂种血统的三交种。三交种群中蜂王和工蜂均为杂种，均能表现杂种优势，所以三交后代所表现的总体优势比单交种好。

③双交：一个单交种培育的处女王与另一个单交种培育的雄蜂交配称为双交。双交后的蜂王所组成的蜂群，蜂王仍为单交种，含有两个种的基因，产生的雄蜂与蜂王一样也是单交种；子代工蜂和蜂王含有 4 个蜂种的基因，为双交种。由双交种工蜂组成的蜂群为双交群，能产生较大的杂种优势。

④回交：采用单交种处女王与父代雄蜂或单交种雄蜂与母代处女王杂交称回交，其子代称回交种。回交育种的目的是增加杂种中某一亲本的遗传成分，改善后代蜂群性状。

⑤混交：一个蜂种的处女王同时与几个蜂种的雄蜂交配称为混交。由混交蜂王发展的蜂群称为混交群。如果处女王和雄蜂均为不同品种的纯种，其混交群中的蜂王和雄蜂仍为纯种，工蜂和子代蜂王则为不同的单交种蜜蜂。

（3）蜜蜂杂种特点：蜜蜂以蜂群为单位，杂交种的经济性状主要通过蜂王和工蜂共同表现，两者的表现又不完全相同。在单交种群中，仅工蜂体现出杂种优势；三交和双交种群，其亲本蜂王和子代工蜂均能表现杂种优势。而种性过于混杂会产生杂种性状的分离和退化，杂种的性状分离多从第二代开始。

选择保留杂种后代，须建立在对杂种蜂群的经济性能考察、鉴定和评价的基础上，包括亲本、组合、系统、蜂群号、蜂箱号、形态指标、生物学指标（蜂王产卵力、哺育力、分蜂性、盗性、温驯性）、生产性能指标（抗病敌能力、抗逆力、蜂蜜生产力、蜂王浆生产力等）。在杂种的性状基本纯化稳定后，应有计划地扩大繁殖，进一步选择，增加其种群数量，通过良种推广，扩大饲养范围。

（4）育种方法：经过杂交、选择纯化和繁殖种群培育新的蜂种，新蜂种育成后，可以采用闭锁繁育的手段，进行蜂种的保存和繁育。

3. *近交育种*　用亲缘关系很近或较近的处女王和雄蜂交配，以纯化蜜蜂种性，是蜜蜂育种最基本的方法之一，也是培养杂交蜂种的基础。只有种性较纯的蜂种之间杂交才可产生明显的杂种优势。但是，累代的高度近交，将导致蜂种的退化，甚至将会产生50%的二倍体雄蜂，使近交系的蜂群生活力严重下降，有的维持自身生活都困难，所以近交系蜂群不能直接用于生产。培育遗传性状稳定、纯度高的近交系和有效保存近交系蜂群是近交育种的关键。

蜜蜂的近交形式有母子交配、父女交配、兄妹交配、表兄妹交配、姨甥交配、舅甥交配等。母子交配、父女交配需要人工授精技术支持。

（五）育种档案

蜜蜂系谱数据库，是育种工作的依据，它包括形态鉴定记录、种王情况记录、经济性状记录、种群鉴定汇总表等数字表格。

1. 经济性状表　分别见表5-5、表5-6、表5-7。

表5-5　越冬、越夏性能

种王编号/　　　　蜂群编号/

越冬性能								越夏性能							
外界环境			群势变化				消耗饲料（千克）	外界环境			群势变化				消耗饲料（千克）
最低气温（℃）	平均气温（℃）	越冬方式	越冬时间（天）	越冬时群势	越冬后群势	蜂群下降率（%）		最高气温（℃）	平均气温（℃）	蜜源概况	越夏时间（天）	越夏时群势	越夏后群势	蜂群下降率（%）	

表5-6　产卵量、子脾发育

种王编号/　　　　蜂群编号/

测定日期												
卵、虫数												
封盖子数												

表5-7　蜂群生产能力

种王编号/　　　　蜂群编号/

日期 项目										
蜂蜜（千克） 蜂王浆（千克） 蜂花粉（千克） 蜂胶（千克） 蜂蜡（千克） 其他（千克）										

2. 生物学特性表　见表5-8、表5-9。

表 5-8　生物学特性（一）

种王编号/　　　　　　　　　　　　　　　　　　　　蜂群编号/

群势增长			分蜂性			抗病能力								其他					
开始时蜂量	结束时蜂量	群势增长(%)	维持群势(框)	分蜂次数	分蜂率(%)	美洲幼虫病	欧洲幼虫病	囊状幼虫病	白垩病	巢虫	蜂螨	孢子虫病	麻痹病	温驯性	定向性	盗性	防卫性能	采胶习性	蜜房封盖类型

表 5-9　生物学特性（二）

种王编号/　　　　　　　　　　　　　　　　　　　　蜂群编号/

样品序号	吻长(毫米)	胸部背板绒毛颜色	第3、4背板长(毫米)			肘脉指数			跗节指数			绒毛指数		
			3	4	3+4	a	b	a/b	L	W	W/L	T	R	T/R
1														
2														
3														
…														
50														
$\bar{X}$														
S														

3. 种蜂王系谱表　见表 5-10。

表 5-10　蜂王种系表

种王编号/　　　　　　　　　　　　　　　　　　　　蜂群编号/

编号	祖系	代次	父本		母本		育王场地	育王蜜源	移虫方式	移虫日期	出房日期	授精日期	授精方式	产卵日期	体色	毛色
			编号	品种	编号	品种										

4. 种群鉴定总表　见表5-11。

表5-11　种蜂鉴定总表

形态特征	蜂王	体色				
	雄蜂	体色			肘脉指数	
	工蜂	体色			肘脉指数	
		吻长			跗节指数	
					3、4背板总长	
	子代性能			与亲代比	子代性能	与亲代比
经济性状	有效产卵量/百粒	日平均			抗病虫能力　美洲幼虫病	
		日最高			欧洲幼虫病	
		总计			囊状幼虫病	
	群势增长率/%				白垩病	
	采集能力	主要蜜源	、		巢虫	
		辅助蜜源			蜂螨	
	越冬下降率/%				麻痹病	
	越夏下降率/%				孢子虫病	
	子代性能			与亲代比	子代性能	与亲代比
生物学特性	温驯性				采胶习性	
	定向性				蜜房封盖	
	防卫性				工蜂寿命	
	盗蜂性				其　他	
	子代性能			与亲代比	子代性能	与亲代比
生产力（千克）	蜂　蜜			%	蜂　胶	%
	蜂王浆			%	蜂　蜡	%
	蜂花粉			%	其　他	%
评价						

5. 形态鉴定　在蜜蜂的形态鉴定中，主要有肘脉指数，吻长，工蜂绒毛带，第三、第四腹部背板长度和跗节指数等。

二、育王计划和选择种王

（一）育王计划

1. 育王时间　根据生产实践，一年中第一次大批育王时间应与所在地第一个主要蜜源泌蜜期相吻合，例如，在河南省养蜂（或放蜂），采取油菜花盛期育王，末期把越冬蜂王更换，蜂群在刺槐开花时新王产子。而最后一次集中育王应与防治蜂螨和培养越冬蜂相结合，可选在最后一个主要蜜源前期，泌蜜盛期组织交配蜂群，花期结束，新王产卵，防治蜂螨后开始繁殖越冬蜂。有些地区秋季主要蜜源花期结束早，也可利用辅助蜜源育王。其他时间保持蜂场总群数5%的养王（交配）群，坚持不间断育王，及时更换劣质蜂王或分蜂。

在确定了每年的用王时间后，依据蜂王生长发育历期和交配产卵时间，安排移虫时间。如果分批育王，应重复利用交配群。培育雄蜂前1～3天选择和组织种用父群，在移虫前15～30天培育雄蜂，在移虫前9～11天选择和组织种用母群，移虫前3～4天培育育王用的幼虫，移虫后12～24小时复移，在蜂王羽化前2天组织交配群，蜂王羽化前1天分配王台，第12天蜂王羽化，羽化后8～9天交配，交配2～3天产卵，产卵2～3天后提用新蜂王。例如，蜂场在4月底和5月初需要80只新王，应在2月初选择父群，3月中旬培育雄蜂，3月25日选择母群，3月28日在母群中加入有200～300个空巢房并适合移虫的巢脾，让蜂王产卵，3月30日组织3～4个哺育群，3月31日移虫，4月1日复移，4月10日组织交配群，4月11日分配王台，4月25日前后提交蜂王。

移虫的数量，根据需要更换蜂王的数量而定，一般为需要量的120%。在第一次移虫后的第3、12天再分别移虫，数量为前次移虫数的10%和50%，以替补第一次丢失的和没交配成功的处女王。

2. 育王记录　人工育王是一项很重要的工作，应将育王过程和采取的措施详细记录存档（表5-12），以提高育王质量和备查。

表 5-12 人工育王记录表

父系			母系		育王群			移虫						交配群				完成日期
品种	蜂王编号	育雄日期	品种	蜂王编号	品种	群号	组织日期	移虫方式	日期	时刻	移虫数	接受数	封盖日期	组织日期	分配台数	出台数	新王数	

(二) 选择种王

蜜蜂的性状受父本和母本的影响，育王之前选择父群培育雄蜂，遴选母群培育良种幼虫，挑拣正常的强群哺育蜂王幼虫，三者同等重要。

1. 父群的选择和雄蜂的培育

(1) 父群的选择：将繁殖快、分蜂性弱、抗逆力强、盗性差、温驯、采集力强和生产性能突出的蜂群，挑选出来培育种用雄蜂。父群的挑选应侧重于蜂群采集力和生产性能，一般需要考察1年以上，选出的父群数量视育种或蜂场规模而定，一般以购进的种王群或蜂群数量的10%为宜，培养出80倍以上于处女王数量的健康适龄雄蜂。父、母群的选择参照本节“人工育王的基本理论部分进行”。

(2) 雄蜂的培育：意蜂13框蜂以上的健康（无病无螨）良种父群是产生和获得良种雄蜂基础，巢内外充足的粉蜜饲料和适宜的气候是培育优质雄蜂的必要条件，另外，将工蜂巢础和雄蜂巢础各半，分别镶嵌在巢框的上部和下部，筑造新的育王专用雄蜂脾，用隔王栅或蜂王产卵控制器迫使蜂王于计划的时间内在雄蜂房产卵，保证种用雄蜂的数量和质量。或在蜂多于脾、不用隔板，让蜜蜂造赘脾培育雄蜂。

(3) 父群的管理：巢内蜜蜂稠密，蜂脾比不低于1.2∶1，适当放宽雄蜂脾两侧的蜂路。保持蜂群饲料充足，在蜂王产雄蜂卵开始奖励饲喂，直到育王工作结束。在早春培育雄蜂，还要适当对蜂群做保暖处置。

（4）雄蜂的保存：当繁殖季节结束，外界蜜粉源缺少时，蜂群将驱赶雄蜂。如果继续育王，可用无王群保存种用雄蜂。正常情况下，一个无王群可保存种用雄蜂 1 500～2 000 只，多则无益。

2. *母群的选择和幼虫的获得*

（1）母群的选择：通过周年的生产实践，全面考察母群种性和生产性能，侧重于繁殖力强、分蜂性弱、能维持强群以及具有稳定特征和最突出的生产性能。

（2）母群的组织：蜂群应有充足的蜜粉饲料和良好的保暖措施。在移虫前 8～10 天，用隔王栅将蜂王限制在巢箱的中部，在此区内摆放 2 张面积大的幼虫脾和 1 张粉蜜脾，在复移虫前 4 天，将其中 1 张无王的虫脾抽出，换进 1 张适合产卵和移虫的黄褐色巢脾，供蜂王产卵。

3. *哺育群的选择和组织管理*

（1）选择哺育群：挑选有 13 框蜂以上的高产、健康的强群，各型和各龄蜜蜂比例合理，巢内蜜粉充足。父群和母群均可作为哺育群利用，但不宜选用无王群和有分蜂热的蜂群。

（2）组织哺育群：在移虫前 1～2 天，先用隔王栅将蜂巢隔成 2 区，一区为供蜂王产卵的繁殖区；另一区为育王区，育王框置于育王区中间，两侧分别放小幼虫脾、大子脾和蜜粉脾。在做上述工作的同时，除去自然王台。

（3）管理哺育群：哺育群以适当蜂多于脾为宜，在组织后的第 7～9 天检查，除去育王区中的所有改造王台。每天傍晚喂 0.5 千克的糖浆，直喂到王台全部封盖。在低温季节育王，应做好保暖工作；高温季节育王则需遮阳降温。

哺育群在放入育王框后除了必要的检查（如在移虫 6～12 小时检查接受率）外，少开箱，不得将育王框随意提出或震动育王框。

在提出育王框割移王台时，可在原处再插入新移虫的育王框，并从巢箱调出幼虫脾置于其侧，继续养王。

三、人工育王的基本技术

（一）操作

1. 蘸制蜡台基　人工育王宜用蜡台基。在蘸制蜡台基之前，先将蜡棒置于冷水中浸泡半小时。选用蜜盖蜡放入熔蜡罐中（罐中可事先加少量水）加热，待蜂蜡完全熔化后，将熔蜡罐置于约75℃的热水中保温，除去浮沫。然后，将蜡棒垂直浸入蜡液10毫米处，立即提出，稍停片刻再浸入蜡液中，如此2～3次，浸入的深度一次比一次浅。最后把蜡棒插入冷水中，提起，用左手食、拇二指压、旋，将蜡台基卸下，放在碗中备用。

2. 粘装蜡台基　取1根筷子，端部与右手食指挟持蜡台基，并使蜡台基端部蘸些蜡液，垂直地粘在台基条上，每条10个为宜。蜡台基应粘结牢固，以震动育王框不脱落为准。

3. 修补蜡台基　将粘装好蜡台基的育王框，置于哺育群中3～4小时，让工蜂修整蜡台基以近似自然台基，即可提出备用。

4. 移虫　移虫在晴暖无风的天气进行，场所清洁卫生，气温20～30℃、相对湿度75%～80%。如果空气干燥，可在地面洒温水。移虫时须避免阳光直射幼虫。

准备工作就绪，从母群中提出虫脾，左手提握框耳，轻轻抖动，使蜜蜂跌落箱中，再用蜂扫扫落余蜂于巢门前。虫脾平放在承脾木盒中，使光线照到脾面上，再将育王框置其上，转动待移虫的台基条，使其蜡台基口向上斜外，其他台基条的蜡台基口朝向下梁。

选择巢房底部王浆充足、有光泽、孵化12～18小时的幼虫，将移虫针的舌端沿工蜂巢房壁插入房底，从王浆底部越过幼虫，顺房口提出移虫针，带回幼虫，将移虫针端部送至蜡台基底部，推动推杆，移虫舌将幼虫推向蜡台基的底部，退出移虫针。

在移虫时移虫针沿巢房壁插入，直顺巢房插进提出，不挤碰幼虫，并保持其始终浮在蜂王浆上的状态。

如果采用复式移虫的方法，复移前1天从一般健康蜂群中移适龄幼虫，并放到育王群中哺育，第2天取出，用消毒和清洗过的镊子夹出王台中的幼虫，不得损坏王浆状态，随即将种群的小幼虫移到王台中原来幼虫的位置，移虫结束，立即将育王框（图5-20）放进哺育群中。

图5-20 养王框

（引自黄智勇）

（二）交配群的组织和管理

1. 交配群的组织

（1）原蜂群作交配群：多数与治螨、生产蜂蜜时的断子措施相结合，须在介绍王台的前1天下午提出原蜂王，第2天介绍王台。在分区管理中，用闸板把巢箱分隔为较大的繁殖区，以及较小的、巢门开在侧面的处女王交配区，并用覆布盖在框梁上，与繁殖区隔绝。在交配区放1框粉蜜脾和1框老子脾，蜂数2脾，第2天介绍王台。

(2) 标准箱改交配群：在介绍王台前1天的午后进行，蜂巢用闸板隔成4区，覆布置于副盖下方，每区相互隔断，放2张标准巢脾，东西南北分别方向开巢门。从强群中提取所需要的子、粉、蜜脾和工蜂，除去自然王台后分配到各专门的交配区中，并多分配一些幼蜂，使蜂多于脾。这个方法适合处女王就地交配。如果有专门的交配场所，采取以下方法：在介绍王台前1天的午后，从各强群中抽出所需要的成熟封盖子脾、粉蜜脾和工蜂，混合组成有10框蜂的无王群，在当晚或第二天清晨，随同育王群（或成熟王台）一起运往5千米以外的交配场。蜂群运到后，先在巢门和纱盖上喷水，待蜜蜂安定后打开巢门，拆除包装，及时将蜜蜂按计划分别置于已排列好的交配箱中，介绍王台。

(3) 专门的交配箱群：在生产场地提供蜜蜂，在专门的交配场地使用。先在育王移虫前10～12天筑造相应的巢脾，并产上卵和贮存饲料，饲料和子各占一半巢房，然后在介绍王台的前1天傍晚或当天组织好交配群。届时，两人配合，一人从箱中提出巢脾，小心拆开，带蜂分配给每个交配箱子脾和饲料脾各1框，如果蜂数不足，从原群提取蜜蜂补充。另一人介绍王台，并包装蜂群。全部组织完毕，关闭巢门，运到交配场。

在组织交配群时严禁将蜂王随蜂、脾调入交配群。组成的交配群或交配区，各日龄的蜜蜂比例合理，有一定数量的子脾和充足的蜜粉饲料，专门的交配群应有蜜蜂1 000只以上，以5 000只为适宜。

2. *介绍王台和放置交配群*　移虫后第10、第11天为介绍王台时间，两人配合，从哺育群提出育王框，不抖蜂，必要时用蜂刷扫落框上的蜜蜂。一人用薄刀片紧靠王台条面割下王台，一人将王台镶嵌在蜂巢中间巢脾下角空隙处，或置于中间两脾蜂路的框梁间。在整个操作过程中，始终保持王台垂直向下状态，防止冻伤、震动、倒置或侧放。

交配场地应开阔，远离繁殖群和生产群。根据地形地物摆放交配群，相邻间隔 2 米以上，并使巢门朝不同的方向。如果场地较大，交配群也可单箱整齐排列，箱距和行距分别为 3 米和 5 米。在蜂箱壁上贴上黄、绿、蓝、紫等颜色，或在专用交配箱四壁涂上不同的颜色（图 5-21），帮助蜜蜂和处女王辨认，交配箱附近的单株小灌木和单株大草等，都能作为交配箱的自然标记。

图 5-21　育王场

（薛运波　摄）

3. 交配群的管理

（1）检查：介绍王台前开箱检查交配群中有无王台、蜂王；3 天后检查处女蜂王羽化情况和质量；处女蜂王羽化后 6～10 天，在上午 10 时前或下午 17 时以后，检查交配和丢失与否，羽化后 12～13 天检查新王产卵与否，若气候、蜜源、雄蜂等条件都正常，应将还未产卵或产卵不正常的蜂王淘汰。

（2）用王：用标准蜂箱作专门的交配群，在新蜂王产满巢脾，或专用交配箱群新王已产卵时，及时捉出交付生产蜂群或繁殖蜂群。

新王产卵 8～9 天利用，被提交后，交配群可在调整补充后，再介绍王台重复使用，否则应及时合并。

（3）管理：巢门以能容 1～2 只蜜蜂同时进出即可。新王产卵后，在巢门加隔王栅片，阻止其他蜂王错投和预防蜂群逃跑。严防盗蜂，气温较低对交配群进行保暖处置，高温季节做好通风遮蔽工作，傍晚对交配群奖励饲喂都可促使处女蜂王提早交配。对交配群的管理措施应详细记录，见表5-13。

表5-13　交配群记录卡

组织日期	群势			父系	母系	诱台日期	羽化日期	交配日期	产卵日期	蜂王编号	提用日期	备注
	蜜蜂	子脾	脾数									

育王结束后，标准蜂箱中的交配群可采用合并或补充蜂和子脾的方法，使其成为正常的繁殖群。专门交配箱群，将巢脾拼装到标准巢脾（框），置于正常蜂群边脾外侧，待蜂子全部羽化和贮蜜被吸食完后，提出妥善保存。

四、育王质量和提用蜂王

（一）质量标准

人工培育蜂王的质量优劣，除种群的种性外，还与母群所提供的卵虫质量、处女蜂王的初生重以及育王的环境条件密切相关。优质蜂王产卵量大、控制分蜂的能力强；从外观判断，一般认为优质蜂王体大匀称、颜色鲜亮、行动稳健、发育良好无异常。

1. 体重与蜂王质量的关系　生产实践和科学试验证实，初生重大的蜂王，卵巢管数量就多，交配和产卵时间也早，产卵多、封盖子面积大，介绍时容易被蜂群接受。这与养蜂员通常选用个体大的蜂王相一致。因此，蜂王初生重是判断新蜂王优劣的重要依据之一。在育王过程中，留下个大端正的王台介绍给交配群，去掉个小和有异常的王台，对未来蜂王进行初选，在处女王羽化后，按比例留下体重较大者，去掉体小者，对提高蜂王质量有重要价值。

不同蜂种的蜂王体重不同，塔兰诺夫将灰色高加索蜜蜂蜂王初生重合格标准定为 180 毫克以上。周冰峰等认为春季培育的意大利蜜蜂蜂王初生重 220 毫克的为合格，超过 250 毫克的为优质；卡尼鄂拉蜜蜂蜂王初生重 180 毫克为合格。中蜂蜂王的初生重标准初定为：北京中蜂 175 毫克，福建中蜂 170 毫克。

2. 蜂卵与蜂王质量的关系　据文献报道，大的蜂王卵培育成的蜂王质量优秀。蜂王产的卵大小（重量）与蜂王产卵力成负相关，即蜂王产卵速度越慢，产下的卵相对就越重。因此，采用控制蜂王产卵量的技术措施，可获得较大的蜂王卵；另外，年轻蜂王产的卵相比老蜂王产的卵大。用较大的蜂王卵培育的蜂王初生重大，卵巢管数量多，交配成功率高，产卵量大，形成的蜜蜂群势强，采蜜量高。

3. 环境与蜂王质量的关系　在人工育王过程中，所移幼虫的日龄、状态、饲料、同批育王的数量、人工台基的状况、哺育群是否存在封盖王台以及哺育群内的状态等，也都直接或间接地影响到人工育王的质量。

魏费尔和沃克研究发现，人工培育的蜂王，其初生重、卵巢管数量、受精囊直径等随着所移幼虫的日龄增加而减少，进入受精囊中的精子数量也降低，而被自然交替的几率提高，反之亦然。造成不同日龄培育出的蜂王质量差异的原因，可能是随着日龄增大，工蜂和蜂王幼虫的食物成分的差别越来越大。因此，采用移虫育王法，移入台基中的工蜂小幼虫应光泽晶亮，虫龄不超过 12 小时为宜。

前苏联养蜂家塔兰诺夫和中国蜜蜂研究所的陈世璧等研究发现，移虫前台基中点入 1 小滴蜂蜜或采取复式移虫的措施，培育出的蜂王，初生重最大、最稳定。这个事实说明，注入王台中 1 滴蜂蜜，有利于工蜂对蜂王幼虫的哺育和刺激蜂王幼虫的取食量，而复式移虫可使二次移入的种王幼虫的食物更合乎蜂王生长发育的要求。

陈世璧等报道，每个哺育群哺育蜂王幼虫的量越少，新蜂王的初生重就越大。一个12～15框蜂的哺育群，一次以培育20～30个王台为宜。而经过3小时左右修补后的王台，移入幼虫时可提早被接受，初生重也较大。

在蜂多、封盖子多、卵虫少的哺育群中培育的蜂王质量较好，但在育王群没有提出育王框的情况下，不宜再加第二个育王框养王。

此外，在外界蜜源丰富、气候温暖适宜的条件下，培育的蜂王更优秀。

（二）提交蜂王

生产蜂场培育的蜂王，根据观察和经验，在新王产卵3天后就可介绍给大群，更新老王。但通常的做法是经过10～20天左右的考察，只有产卵、采集、哺育正常的蜂群中的新王才被采用和销售，并从中选优，淘汰劣势种群的蜂王。

五、蜂王的人工授精技术

用人工授精仪等器械将雄蜂精子注入蜂王的侧输卵管中，最终使精子进入蜂王受精囊的技术。蜜蜂人工授精技术是蜜蜂纯种选育、近交系培育、杂交组配和蜜蜂遗传学研究等方面的重要手段。

（一）仪器设备

育种场授精车间，必须具备水电、操作台、蒸馏水器、离心机、电光分析天平、体视显微镜（图5-22）、生物显微镜、微量注射器、酸度计、紫外线灭菌灯、高压灭菌锅、血球计数板、计数器、雄蜂笼、酒精灯、酒精喷灯、电炉、二氧化碳（CO_2）钢瓶、乳胶管、气体洗瓶、常用玻璃器皿等通用设备，以及蜂王人工授精仪、镊子、背钩、腹钩、探针、固定管等专用设备和加工这些附件的工具等。

1. 人工授精仪　由底座、蜂王固定器、三向导轨以及背钩、腹钩的操纵杆、固定柱等组成。授精仪附件有背钩、腹钩、阴道探针等。这些附件可用直径为 0.8～1.0 毫米的不锈钢丝加工制成（图 5-23）。

2. 精液注射器　国外普遍使用的是麦肯森隔膜式注射器，由螺杆、针筒、顶针、接头、橡胶膜片、授精针头等组成。针筒用有机玻璃制成，螺杆、顶针等均由不锈钢制造。授精针头的针尖外径不超过 0.3 毫米，内径不小于 0.17 毫米。我国使用的 CH-1 型微量注射器用透明有机玻璃加工制成，针头内贮精量为 10～12 微升，针头外标刻度，每刻度示 1 微升。

图 5-22　体视显微镜
（张中印　摄）

图 5-23　蜜蜂人工授精仪

3. 蜂王麻醉系统　由 3 升二氧化碳气体钢瓶、气体减压表、气体洗瓶、蜂王麻醉室、诱王管等组成。在钢瓶口安装一个减压表，CO_2 经气体减压表由导管通入气体洗瓶，除掉 CO_2 气体中所含的氯化氢等有害杂质后，再由导管将气体导入蜂王麻醉室。

气体洗瓶除了净化气体外，还可以用于观察气体的流量。蜂王麻醉室多用有机玻璃制作，由1个固定管和1个通气活塞组成，通气活塞一端与 CO_2 气体导管连接。

CO_2 的作用主要是麻醉蜂王，使蜂王在人工授精操作时保持安静；此外，CO_2 还能够抑制蜂王的发情反应，促进授精后的蜂王提早产卵。

4. *雄蜂飞翔笼*　是捕捉种用雄蜂、并在笼中排泄和取精时用的木制铁纱笼，笼体用方木做成330毫米×280毫米×250毫米的矩形框架，两侧及后面钉铁纱，其余3面钉纤维板，正面纤维板的正中开一直径100毫米的孔，供抓捕雄蜂，平时遮蔽，防止雄蜂逃逸。

（二）生理液的制备

蜜蜂人工授精生理液既作为器具、器皿冲洗液，又作为蜜蜂精液的稀释液。使用双蒸馏水或三蒸馏水定容配制，装瓶后灭菌，最后置于冰箱冷藏保存。生理液配方如下。

1. *基辅生理液*　2-羟基柠檬酸三钠2.43克，碳酸氢钠0.21克，磺胺0.30克，D-葡萄糖0.30克，氯化钾0.04克，蒸馏水100毫升。pH8.4，灭菌温度≤90℃。

2. *氯化钠生理液*　氯化钠1.6克，氯化钾0.2克，葡萄糖0.6克。用双重蒸馏水定容至200毫升，并调整pH至7.5，装瓶后115.6℃灭菌15分钟。

（三）采集雄蜂精液

1. *捕捉雄蜂*　雄蜂出房时，用不同颜色的丙酮胶点在胸部背板作标记，准确标注不同出房日期和来源于不同父群种性（系）的雄蜂。

育种场只有一个品系的父群，且不进行近交育种时，可不进行种用雄蜂的标记。性成熟的雄蜂腹部环节收缩较紧、较硬，行动敏捷，可在边脾、隔板、箱壁等处捉取。捕捉时间选在 8～11 时和 16～17 时为宜。也可在晴天午后守在巢门口抓捕归来的雄蜂。

归巢的雄蜂多已排泄，否则，将雄蜂装入飞翔笼后，放在室内，用 60～100 瓦白炽灯照明 15～20 分钟，即可完成排泄。

2. 促蜂排精　用左手拇指和食指捏住雄蜂的头部和胸部，使其腹面朝向拇指。再用右手拇指或食指按压其腹部背面 1～3 节背板，并略向腹部末端推挤，当翻出阳茎射精孔排出土黄色的精液时，停止挤压，并移到体视显微镜下。

3. 采集精液　采精前将注射器或毛细管灭菌，并用生理液清洗 3 次，先吸入 1 小滴生理液，再吸入 1 个小气泡，以隔离精液和生理液。然后将注射器固定在蜜蜂人工授精仪上，使土黄色精液接触注射器的针头后，稍拉开，使雄蜂的阳茎球与针头间以拉出很短的一小条精丝相连。最后，转动手柄吸取精液，1 只雄蜂约能采集 1 微升，在采集下一只雄蜂时，将针管内精液推出一部分，使其与将被采集的精液表面相接触，再转动手柄（图 5-24）。吸

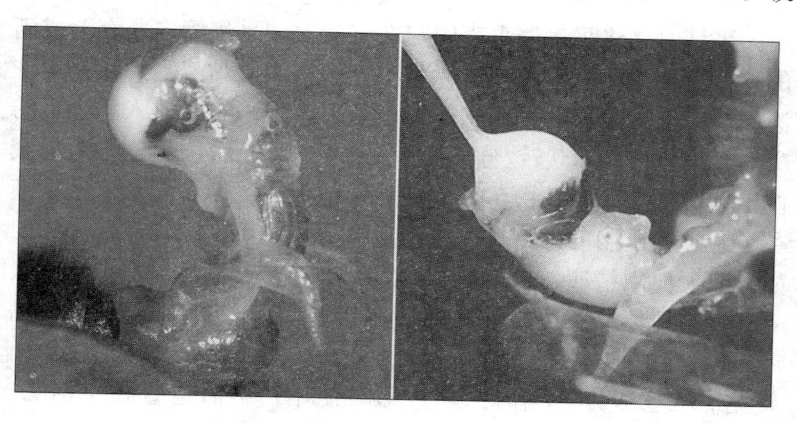

图 5-24　取　精

左：排精　右：吸取精液

（引自 www.beeman.se；www.invasive.org）

取精液后，在针头的末端再吸入1个小气泡和1小滴生理液，封住针头的末端，防止精液在注入蜂王阴道前干燥和被细菌污染，确保精子的活力。凡是与人手或与雄蜂体接触过的精液均不宜再用。

4. *漂洗精液*　漂洗精液的主要工具是雄蜂精液采集器，由玻璃漏斗、聚乙烯接管、精液采集管三部分组成（图5-25）。玻璃漏斗长73毫米，阔口一端外径为10毫米、内径8毫米，末端外径4毫米、内径1.8毫米；聚乙烯接管长15毫米，外径4毫米，内径2.5毫米；精液采集管外径4毫米，内径1.8毫米，底部封口。

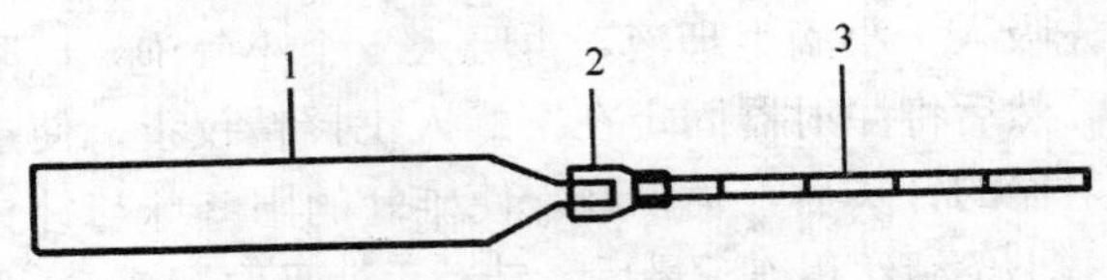

图5-25　雄蜂精液采集器

1. 玻璃漏斗　2. 聚乙烯接管　3. 精液采集管

（引自薛运波2000）

采精时，将采集器垂直固定在支架上，采集管内装有七成满的稀释液，用消过毒的玻璃棒将雄蜂的精液及黏液刮到稀释漂洗液中，一次可以采集数十只雄蜂。然后，将采集器放入离心机的离心管内，以2 500转/分离心10分钟。离心后，无色的稀释液位于精液的上面，乳白色的黏液处于精液的下面，浅灰色的精液在二者中间。用刀片将聚乙烯接管切断，使采集管与漏斗分开。如果当天使用精液，将采集管的封闭端切开，用注射器把精液吸入或注入授精针头。离心分离后如果在常温下贮存2天以上，需将采集管的开口端在酒精灯火焰上封闭。

5. *检查活力*　当时采精，即时使用，不需检查精子活力。如果利用贮存的精液为蜂王授精，或在外界蜜粉源不足的季节采精，在人工授精前就必须进行精子活力检查。精子活力的检查有两种方法，一是估测法，二是血球计数器法。

检查方法（估测法）：取精液1微升，置于凹玻片上，用稀释液20倍稀释，盖上盖玻片，置于400倍显微镜、在27～32℃的气温下，进行精子活力观察。精子呈圆周或直线快速运动，说明精子的活力较强；如果运动速度较缓慢，有40%以上的精子不活动（不包括打转和尾部摆动的精子），说明精子活力不强，该精液不宜再用。

（四）授精操作

蜜蜂人工授精操作包括选择处女王、麻醉处女王、打开螫针腔、注射精液等步骤。在人工授精前，彻底清扫和冲洗授精室，然后用3%苯酚水溶液对地面和操作台表面进行消毒，再用紫外灯照射30分钟，对室内空间消毒。凡金属制成的器具，如探针、背钩、腹钩等均应高温灭菌。注射针头、注射器、橡胶管、毛细贮精管、蜂王麻醉室等不耐高温的塑料或有机玻璃等材料制成的器具，可先用75%的医用酒精初步消毒后，再分别经过3～4次的生理盐水和含有0.25%硫酸双氢链霉素溶液冲洗。注射针头和蜂王麻醉室在连续为5～6只蜂王授精后，就需更换一套。当天工作结束，如果第二天还要进行授精操作，可将塑料和有机玻璃材料的器具，经无菌水清洗数次后，浸泡在3%～6%的次氯酸钠溶液中，第二天经生理盐水和稀释液冲洗后便可继续使用。

1. *选择处女王* 处女王日龄在羽化后8～10天，体大健壮，一般要求人工授精蜂王的初生重，意蜂为220毫克以上，中华蜜蜂180毫克以上。

蜂王出台前将王台置于贮王框中，在蜂王出台时用分析天平或扭力天平称重，将合格蜂王及时诱入核群，并在巢门安装隔王栅片，防止蜂王飞出。新王羽化第二天根据经验，检查蜂王质量，淘汰劣质蜂王。

2. *麻醉蜂王* 用右手拇指和食指捉住蜂王双翅，左手持诱王管，使蜂王的头部对准诱王管口，诱导蜂王进入诱王管。待蜂王进入诱王管后，立即使固定管口与诱王管口对接。当蜂王退到固定管后，将 CO_2 的通气活塞插入固定管中，塞入的深度以能使蜂王腹部末端伸出固定管 3～4 个腹节为宜。将装有蜂王的固定管安放在授精仪上，开启 CO_2 钢瓶阀门，从洗瓶判断 CO_2 的流量。通过调节阀门，控制在 300 个/分气泡为宜。一般经 30 秒左右，蜂王昏迷。

3. 打开螫针腔　蜂王麻醉后，腹部末端的背板和腹板会稍微张开。在显微镜下，用腹钩钩住蜂王末端腹板，移动腹钩操纵杆，将其稍向左边拉开。在探针的配合下使背钩端部的三角铲伸至螫针鞘的基部，钩住蜂王腹末端背板。同时移动背钩和腹钩的操纵杆，将蜂王腹部末端的背板和腹板拉开 5～6 毫米。在操作中应保持背钩、蜂王阴道口、腹钩在一条直线上。调整体视显微镜视野，可清晰地看到蜂王的螫针腔，阴道口被拉向腹背方向，在螫针腔中呈 V 形，几乎露出阴道褶瓣（图 5-26）。

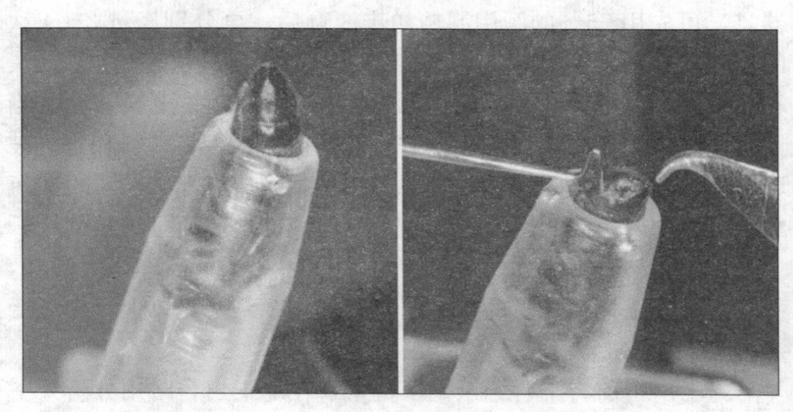

图 5-26　麻醉处女王（左），打开螫针腔（右）

（引自 www.aulaapicolazuqueca.com）

4. 进针注射　调整蜂王，使蜂王的纵轴线与注射器的纵轴平行，将注射器针头端部的生理液和小气泡排出，调节授精仪的三向导轨螺旋，使注射器针头对准蜂王的阴道口。将阴道探针沿阴道口的腹背一侧慢慢插入阴道 1.2～1.5 毫米，探针略微钩起后再轻轻将阴道褶瓣压向腹面一侧，使阴道口扩大。将注射针头沿着探针的右侧插入阴道 1.5～1.7 毫米，退出探针。旋动注射器活塞，把 4～6 微升的精液注入蜂王体内（图 5－27）。注射 10 数秒钟后，关闭 CO_2 阀门，退出注射器，松开并取下背钩和腹钩，从固定管中退出蜂王。在蜂王苏醒前，对蜂王进行剪翅处理，以防蜂王可能发生的自然交配，同时在蜂王的胸部背板做标记。蜂王苏醒后，放回原核群。

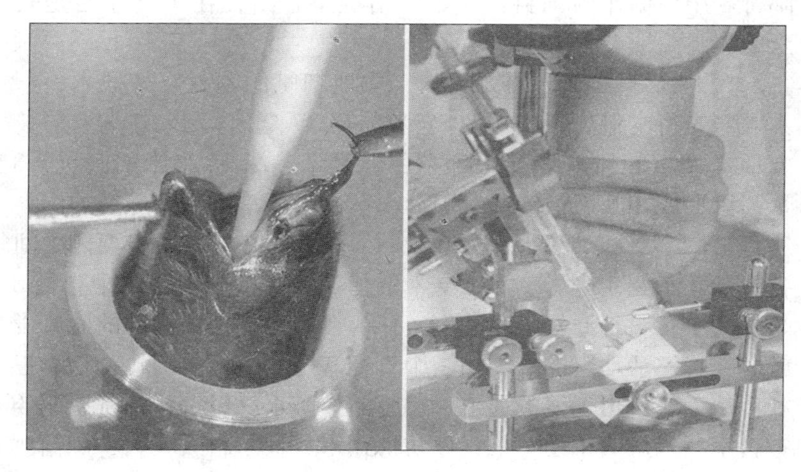

图 5－27　进针、注射
（引自 www. beesman. com）

人工授精蜂王可在数天内进行小剂量精液的重复注射，如此操作可增加人工授精蜂王体内受精囊中的精子数量。

5. *人工授精蜂王的管理*　是指蜂王人工授精结束后，到蜂王开始产卵前这一阶段的管理。首先将苏醒后的蜂王放回原核群时应防止围王，一旦围王应立即解救。人工授精蜂王的核群巢门应用隔王栅片阻隔，预防人工授精蜂王飞出和其他群蜂王误入。小核群的工蜂数量应适当密集，以维持群内的正常温度，有利于提高精子从侧输卵管向受精囊中的转移率。为人工授精王提供良好的生活条件。

六、蜂王的管理和邮寄法

（一）邮寄蜂王

通过购买和交换引进蜂王，通常采用把蜂王装入邮寄王笼里邮寄，用炼糖作为饲料，在正常情况下，路程在 1 周左右是安全的。

1. 邮寄王笼　选用无异味、质地细腻的木材，如椴木、杉木等，先将木料加工成长 80 毫米、宽 35 毫米、厚 18 毫米的长方形木块，在木块上钻 3 个直径 25 毫米、深 15 毫米的圆坑，3 个圆坑形成相互连通的 3 个圆形小室。第一小室为装炼糖的饲料室，第二小室和第三小室为蜂王的活动室。在邮寄王笼两侧中间各横开 1 条宽 4 毫米、深 2 毫米的槽沟，在槽沟中钻几个直径 3 毫米的小孔，直通蜂王活动室，作为在邮寄过程中辅助的通风设施。在蜂王活动室的一端钻一个直径 9～10 毫米的圆孔，是蜂王和侍从工蜂进出王笼的通道。用蜂蜡作防水材料，将邮寄王笼的饲料室放入熔蜡中浸一下，以防炼糖水分被木料吸收。将炼糖放入邮寄王笼的饲料室中，上面覆盖一层无毒塑料薄膜，防止炼糖吸湿或干燥。将铁纱盖在 3 个小室上，用订书机钉牢（图 5-28）。

2. 配制炼糖　除第一节介绍的外，还可将白糖置于 50～60℃的干燥箱中烘 2～3 小时，粉碎后过 80 目筛。蜂蜜隔水加热至 60℃，自然冷却至 38℃。按 1 份蜂蜜＋3 份糖粉的比例，将糖粉加入蜂蜜中，搅拌均匀，用手揉和，直到蜂蜜和糖粉揉至软硬适度、不粘手为止。如果在搅拌过程中加入 5%的新鲜蜂王浆，可提高蜂王在邮寄途中的生活力。做好的炼糖装在大口密封容器中避光存放。

3. 邮寄蜂王　将蜂王从活动室一端的圆孔放入笼内，同时从小幼虫脾上捕捉10只哺育蜂一同装入。将蜂王邮寄笼的进出圆孔用蜡屑等物封闭，填好蜂王卡片后，置于打有小孔的牛皮纸袋中，糊严密封袋口，用特快专递寄出。

图 5-28　无水蜂王邮寄法
（张中印　摄）

（二）管理蜂王

接到蜂王后，首先组织幼蜂群，打开笼门，放走侍从工蜂后，再向接收蜂群介绍蜂王，详见第三章。

对蜂王的管理，一是极力避免蜂王的丢失和损伤；二是根据管理计划，促进或控制蜂王的产卵量。

人工育王，须订出计划，认真选择种王群，精心组合。采取控制种王产卵的措施以获得较大卵虫，保持育王蜂群的食物充足，坚持奖励饲养，少量分批育王，以期获得较大初生重的处女王和随时淘汰劣势种群。

第六节　转地放蜂技术

一、调查蜜源选择场地

根据养蜂计划，确定一年之中采几个蜜源，并按开花先后以放蜂路线贯穿起来，其效果关系到养蜂的成败。

（一）放蜂路线

1. 长途转运路线　长途转地放蜂，一般从春到秋，从南向北逐渐赶花采蜜，最后再一次南返。

（1）西线：早春先把蜂群运到云南的玉溪和吴贡、广东的湛江以及广西的玉林和南宁等地区繁殖。在云南应注意蜂群中的小蜂螨动态，一经发现要干净彻底根除；注意保持蜂巢内一定的温度，勿使干燥（因开远、罗平、楚雄、下关等地春天风大）。待到2月底，在楚雄、下关或昆明附近繁殖的蜂场应走四川成都采油菜花。当地油菜花期结束以后，再到陕西汉中地区采油菜花，然后赴蔡家坡、岐山、扶风等地采刺槐花。如果在陕西境内转地放蜂，可到太白稍作休整繁殖，待盐池等地的老瓜头、地椒花开，再转到盐池场地，然后再到定边、延安一带去采荞麦花和芸芥花。陕西刺槐花期结束以后也可以转往西北，如甘肃油菜、青海油菜、新疆棉花等也是几个比较连贯的好蜜源。

从陕西进入宁夏的青铜峡或内蒙古的鄂尔多斯高原，采集老瓜头、沙枣、地椒、紫花苜蓿、芸芥等蜜源。7月中旬，在宁夏的蜂场可到盐池、同心，甘肃东部的环县，陕西的定边、靖边等地采荞麦，或到宁夏中卫至内蒙古监河之间采集向日葵。在内蒙古的蜂场，老瓜头花期结束后到包头等河套地区采集向日葵，再到固阳地区采集荞麦。

5月中旬，从陕西的扶风、绛帐、眉县采完油菜进入新疆，在石河子、奎屯采集沙枣、苜蓿、草木樨、棉花、向日葵花，或在5月中旬到乌鲁木齐、阿克苏等地采集油菜花。7月中旬到吐鲁番、鄯善、阿克苏、喀什等地采集棉花、向日葵等。

8～9月主要蜜源结束，蜂群在当地越半冬或立即南返。

每到一地都应时刻注意农民打农药，并采取防范措施。

（2）中线：在广东、广西、贵州、江西、湖南、湖北等省进行春季繁殖和生产的蜂场，在当地油菜等花期结束以后可直接北上河南采油菜花、紫云英、刺槐花等。然后再北上河北、山西，那里的刺槐花正含苞待放等着养蜂人，而且山上的荆条花也即将要流蜜。荆条花期结束以后可到山西太原，那里有大面积的向日葵和荞麦相继开花。

山西的刺槐花期结束以后，可直接去内蒙古赶老瓜头，结束后转至呼和浩特市托县一带采茴香花和向日葵花。

在河北采刺槐花的蜂场，可在北京附近采荆条花，也可去东北采椴树花，每逢椴树的大年，天气又适宜，收获也相当可观。也可到内蒙古的集宁、四子王旗和山西的大同采百里香、芸芥花，并在当地采油菜花。

在河南刺槐花期结束以后，若不北上，可稍作休整，然后在新郑、内黄、灵宝、南阳等地采枣花，或在辉县、焦作等地采荆条花，最后，折返到驻马店采芝麻花。

（3）东线：在福建、浙江、上海等地春繁以后可到苏北、安徽采油菜花和紫云英花，再到山东境内采刺槐花，山东的枣树蜜源也很丰富，而后走烟台直赴旅顺、大连，那里的红荆条也是很好的蜜源，每年一度的椴树花期不能错过，黑龙江的林口、吉林的东丰还有大面积的胡枝子蜜源。

不论走哪条路线，都要注意调查研究，往往在上个蜜源没有结束之前，就要派人到下一个场地去实地考察，切莫犯经验主义。虽然蜜源情况每年有一定的规律，但随着农业结构的变化、每年气候的差异，也会有所变化，三条放蜂路线也可穿插着进行放蜂，要灵活运用。

2. 短途转地放蜂　在本省或邻近地区，用汽车运输到第二天中午之前能到达的地方放蜂，也是提高养蜂效益的一个很好方法。一般从平原到山区，再回到农作区。

（二）落实场地

1. 调查蜜源　主要调查蜜源种类、分布、面积、长势、花期、利用价值、耕作制度、病虫轻重、周围有无有害蜜源、前后放蜂地点花期是否衔接、气候（光照、降水、风力风向、温度、湿度、灾害性气候）；其次是蜜源场地蜂场的数量、蜜蜂品种以及当地的风俗民情，农药和大气污染、水质、交通等。

若同一地方同一时期有两个以上主要蜜源开花流蜜，应根据蜜源、气候、生产、销售等情况，选择最优蜜源场地。

2. 落实场地　选定蜜源后，再遴选搁蜂场地，注意场地地势高低，凡是在人口密集、水道或风口上的地方，都不宜搁蜂。

一般情况下，应选择两个以上场地，以应付运输中因堵车、雨水、错过花期等原因造成的被动局面。放蜂场地选定后，应征求有关单位认可，并填写放蜂卡或签订协议，即完成落实场地的任务。

二、处置蜂群准备物质

（一）蜂群准备

1. 调蜂　在转运前，对全场蜂群进行全面检查。一般情况下，一个继箱群放蜂不超过 14 脾，上 7 下 7，封盖子 3～4 框，多余子脾和蜜蜂，可采取强弱互换箱位或抽出正出房的封盖子脾调给弱群的措施，削弱群势；平箱群每群不超过8 个脾，否则应加临时继箱。总之，在蜂巢内要留有一定的空间，防止热伤蜂群。

群势大致平衡后，继箱群巢箱放子脾，卵虫脾居中，粉蜜脾依次靠外，继箱放老封盖子脾。平箱群的巢脾顺序不变。巢、继箱内的巢脾全向箱内一侧或中间靠拢。

2. 饲料　每框蜂有贮蜜 0.5 千克左右。长途转运不足 0.5 千克的要提前补充，另外还要有一定量的粉脾。

3. *包装蜂群*　运输蜂群，须固定巢脾与继箱，防止巢脾碰撞压死蜜蜂，装车、卸车方便。这项工作在启运前1～2天完成。

（1）固定巢脾：以牢固、卫生、方便为准。

①框卡或弹性框卡条固定：在每条框间蜂路的两端各楔入一个框卡，并把巢脾向箱壁一侧推紧，再用寸钉把最外侧的隔板固定在框槽上（图5-29、图5-30）。

图5-29　固定巢脾

（仿 www.beecare.com index）

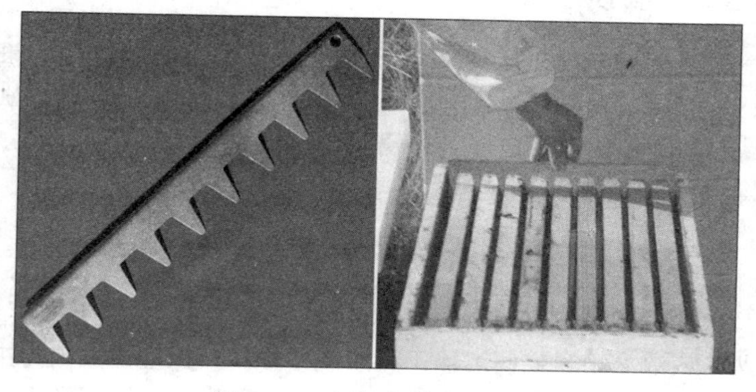

图5-30　用框卡条固定巢脾

（引自 www.countryfields.com；www.dadant.com）

②铁钉固定：在蜂箱前、后壁上对准巢框的侧条等距离打上一排铁钉，钉子略向上翘，穿过箱壁钉住巢脾侧条。

③海绵压条：用特殊材料制成的具有弹（韧）性的海绵条，置于框耳上方，高出箱口1～3毫米，盖上副盖、大盖，以压力使其压紧巢脾不松动。用时与挑绳相结合。

（2）连接箱体：用绳索或铁钉等把上下箱体及箱盖连成

一体。

①用竹片钉：用两端钻有小孔、长约300毫米、宽约25毫米、厚5毫米的竹片，或长和宽同上、厚10毫米的木条，在巢箱和继箱前、后或左、右两面，按“八”字形钉住，最后用直径10毫米粗的绳子“十”字形捆绑，以便挑卸。

②用连箱扣：在蜂箱左右两面用四对连箱扣或弹簧进行连接。铁纱副盖也用铁钉固定在巢箱或继箱上，最后收起覆布。

③挑绳捆扎：用海绵压条压好巢脾后，紧绳器置于大盖上，先挂短绳，将卡砣卡在卡座的涵口内，再挂长绳，调整松紧，把紧绳器的杠反转180度，即达到箱体联结和紧卡的目的，随时可以挑运。

（二）物质准备

启运前根据计划，应准备好足够数量的巢箱、继箱、巢脾（或巢础框）、饲料等蜂群管理必需品和全部生活用品，并分别装箱或桶。在偏僻地区放蜂，还需要备一些常用救急药品，另外，放蜂证件、手续等要齐全。

（三）拼车定车

根据蜂群多少，选择大小合适的运输工具，装不够一车的，应两家或数家结合，使运输工具满载不亏车，但应以安全为主。

一般情况下，5吨加长东风牌汽车，可装150件（指1个十框标准继箱群或1个蜂蜜桶或2个十框标准平箱群），一节50～60吨的火车皮，可装450件。要求运输工具未装过农药、性能良好。

确定运蜂汽车的吨位和车种后，还要有保险（如人身、车、货物险等），并签订用车协议，明确义务、租金、责任，否则不租用。火车运蜂，要提前填写用车计划，看好摆蜂货位，检查车厢卫生，蜂群白天到货场等候并装物，傍晚装蜂。运蜂前要办好放蜂证和蜜蜂检疫证。

三、途中管理安全运输

（一）适时启运

应根据蜜源花期、蜂群、计划、季节、气候适时启运蜂群，以有助于生产和繁殖。在主要蜜源花期首尾相连时，应舍尾赶前，即舍弃前一蜜源的尾期，赶赴新蜜源的始花期。

运输蜂群的时间，应避免处女王出房前或交尾期运蜂，忌在蜜蜂采集兴奋期和刚采过毒时转场。

（二）装车、船

1. 巢门管理　关巢门运蜂时，打开箱体所有通风纱窗，收起覆布，然后在傍晚大部分蜜蜂进巢后关闭巢门。若巢门外边有许多蜜蜂，可用喷烟或喷水的方法驱赶蜜蜂进巢。每年1月份，许多北方蜂场赶赴南方油菜场地，繁殖蜜蜂，弱群折叠覆布一角，强群应取出覆布等覆盖物。关门运蜂适合各种运输工具，但多应用于冬末南繁时期，低温阴雨天气以及距离数百千米以内（即一夜就能运到）的运蜂。

开巢门运蜂时，必须是蜂群强壮，子脾多，饲料充足，开大巢门，在天黑前（半下午）即可装车，装车时每群喂水1千克左右，傍晚运蜂。丢掉一部分外勤蜂，并在蜂车周围点燃秸秆，预防蜜蜂蜇人。

运输中蜂，巢门和通风窗都应关闭，但应掀开覆布一角，留下蜜蜂透气的出气孔，保持蜂巢黑暗。

2. 装车、船　常用的运输工具是汽车、火车，装蜂前应认真检查，清扫运输车辆，凡是装过农药而未彻底洗涮消毒的不能装运蜜蜂，肮脏的要清洗干净。

(1) 装汽车：装车高度不超过 7 个单箱体或 4 个继箱群，箱体紧靠，强群在外，弱群在里，强群放上层，弱群放下层。关门运蜂，巢门一律向前，不朝后，前装蜂群，后装蜂具和行李，并留出乘运人员的位置，一般不用拖车装蜂。装好后，蜂箱用粗绳固定。开门运蜂，蜂箱横摆，巢门向两侧。

汽车方便、速度快、通风好，既适合中短距离运蜂，也能开门长途运蜂。

(2) 装火车：蜂箱横摆，各箱靠拢排成 3 个直列，每列高不超过 6 个单箱，中间留通道供人行走，巢门对着通道。强群装在通风处，弱群装在边角，蜂具等装在车厢前部。冷天装蜂或冷藏车运蜂不留通道。

火车运蜂装得多、速度快、运费低，适合远程运输。

(3) 装船：舱面装蜂，舱内装物。大型船只装蜂，蜂箱紧靠横摆，每列码成 2～3 件高，巢门朝前（背靠背横摆成列的蜂箱，中间压“花”，巢门向外），中间留通道，船头摆强群，船尾放弱群，强群摆边上，弱群放中间，尽可能避开机舱的热源和震动。小型船只装蜂，蜂箱靠紧竖摆，每列一层，巢门向岸。蜂箱摆好后，用绳索将其固定在舱面上。

因船运速度慢，气温不能太高，不得超载。多个蜂场同一艘船运输，应按顺序由前至后排列，不得混装。

有些地区用马车短途运蜂，须关闭巢门，中间蜂箱直摆，巢门朝前，靠近辕马的蜂箱巢门朝后，两侧的蜂箱横摆，巢门向外。高不超过 3 层，先装车后套马。

（三）途中管理

1. 汽车运蜂　关闭巢门利用汽车运蜂，最好距离在 300 千米左右，傍晚装车，夜间行驶，黎明前到达，天亮时卸蜂，可不喂水，途中不停车，到达场地，蜂群卸下摆到位置上时取下大盖，待全部摆上场地，及时开启巢门，盖上覆布、大盖。若需白天行驶，避免白天休息，争取午前到达，以减少行程时间和避免因蜜蜂骚动而闷死蜜蜂。遇白天运蜂堵车应绕行，其他意外不能行车应当机立断卸车放蜂，傍晚再装运。

如汽车运输距离很长，应考虑开门运蜂，运输途中放弃一部分老蜂。黑暗和连续轻微震动有助于蜜蜂稳定。

2. 火车运蜂

（1）开巢门：火车运蜂，在火车开动后视运送时间长短、蜂群强弱可开巢门1～2天，放走老蜂，然后关闭巢门。开门期间应勤喷水，也可白天关、晚上开。

（2）临时放蜂：装车前或卸车后若在车站、码头滞留，要临时放蜂，应注意防止蜜蜂偏集，可把蜂箱进行圆形或方形排列，两蜂场距离要远些，注意风向，一旦发生偏集要及时处理。

（3）降温：经常在箱壁上和通道洒水。

（4）喂水、喂糖：在早晚用喷雾器对准通风窗喷水，喂水要勤喂少喂。缺食蜂群，应在夜晚补喂白糖，同时洒些清水。火车途中停开，要连续对蜂群喷水。

（5）在火车上经常巡视：发现工蜂咬铁纱，并发出吱吱的叫声，散发一种特殊的气味，应立即打开巢门或捣破铁纱放出部分蜜蜂。若发现巢脾松动，要用铁钉钉牢，同时打开巢门。

用马车运蜂，无论何种原因，一旦马惊，应立刻砍断绳索，使马和车脱离。马车运蜂到达目的地后，先卸马再卸蜂。用船运蜂与火车运蜂相似。

3. 注意事项　运输途中，严禁携带易燃易爆和有害物品，不得吸烟生火。注意装车不超高，押运人员乘坐位置安全，按照规定进行运输途中作业，防止意外事故发生。

8～9月份从北方往南方运蜂，途中可临时放蜂，装蜂车可开巢门，也可开关结合；11月份至翌年1月份运蜂，提前做好蜂群包装，途中不放蜂、不洒水、关巢门，视蜂群大小折叠覆布一角或收起；较低温度运蜂，避免剧烈震动，关巢门，途中不喂蜂、不放蜂、不洒水，卸下蜂群，等蜜蜂安静或傍晚再开巢门。

（四）卸蜂管理

蜂群转运到目的地后，尽快卸下蜂群并摆放在相应的位置，摆妥后，向巢门喷水（勿向纱盖喷水），待蜜蜂安静后，即可打开巢门。如果蜂群不动，有闷死危险，则应立刻打开大盖、副盖，撬开巢门。次日撤除箱内外包装，进行全面检查管理。无王群应及时诱入蜂王或合并，蜂群缺蜜应马上补喂，并根据需要调整群势。

中蜂群转场时，要在夜间运蜂，防震动，白天运输须遮阳、避光，到达目的地后，若是中午，应稍停片刻或向箱内先喷水，待蜜蜂安静后再打开巢门。

四、利用汽车运输西方蜜蜂实例

在汽车长途运输西方蜜蜂的过程中，开大巢门是保持蜂巢通风、温度适当所必需的，黑暗和轻微的震动对蜜蜂保持安静十分有用，充足的优质饲料和饮用水，是蜂群正常繁殖的首要条件，适当的停车放蜂或在特殊情况下临时卸车放蜂是必要的。

1. 安全运输前的准备

（1）蜂车的选用：运输蜜蜂的汽车，必须车况良好，干净无毒，车的大小（吨位）和车厢大小与所运蜂量、蜂箱装车方法（巢门朝前装或横向两侧装）相适应。不宜选大吨位的汽车运蜂，吨位越大，震动越强烈，对蜂群越不利。不用拖斗车运蜂，虽然连续的轻微震动对蜜蜂保持安静有利，但强烈的震动，会造成巢脾断裂或框卡松动，有时还会甩脱蜜蜂于箱底，从而造成蜜蜂的死亡和骚动。蜂车启程后尽量走高速公路，在条件许可的情况下，可与车主签订运蜂合同，明确各方义务和责任。

（2）饲料和饲水：运输蜂群，箱内应有充足的成熟饲料，忌稀蜜运蜂，饲料的多少，以在落下场后不应发生蜂群饥饿为最低限度。饲料不足，应提前3天补充。

在装车前2小时，给每个蜂群喂水脾1张，并固定。或在装车前或装车时从巢门向箱底打（喷）水2～3次，蜂箱盖或四周洒水降温，这样在装车时或在第二天10时以前到达目的地卸车，蜂群稳定，丢蜂少，少蜇人。经过12小时到达的运输里程，每群喷水300克左右，但以够运输途中饮用为原则。

（3）蜂群的固定：

①包装蜂群：使用海绵压条固定巢框，或用铁钉、框卡等固定。如果需要在汽车开动前2小时给每个蜂群添加1张水脾，供蜜蜂途中饮用，然后用绳索捆扎，并连接上下箱体。

②连接箱体：使用海绵压条固定巢框的蜂箱，不用绳索捆扎的，必须使用挑绳条卡连接上下箱体，压紧大盖、副盖和巢框。

用“子母插槽”连接箱体的方法：用1～1.2毫米厚的铁皮做成的有耳卡槽，固定在上下箱体左右箱壁相对位置处，继箱的卡槽稍大，巢箱的卡槽稍小，巢箱的卡槽两耳边缘垂直向外伸出，并穿小孔，固定1个便于缚绳的半圆形铁环，然后有木条做1个插销，插销下小上大，插上销子，上下箱体即完成连接，捆上挑绳，压紧大盖、副盖和巢框，即可挑起装车（图5-31）。

（4）开巢门运蜂：任何时间转移蜂群都可应用，尤其适合繁殖期运蜂。开门运蜂，必须把巢门档取下，即开大巢门。

①装车时间：白天下午适合装车，但需要避开傍晚蜜蜂收工回巢高峰期。特殊情况晚上也可以装车，但必须对蜂群喷洒消特灵（十二氯异脲酸钠粉）或其他能使蜜蜂在0.5小时内不出巢活动的药剂，以便于装车。

②装蜂准备：准备好防蜂蜇的衣帽，如蜂帽、防蜇工作服、手套等，供装卸人员穿戴，束好袖口和裤口。装车的所用工人，自备带腰的胶鞋，预防蜂蜇。装车时在蜂车附近，燃烧秸秆，产生烟雾，使蜜蜂不致追蜇人畜。另外，养蜂用具、生活用品事先

打包，以便装车。

③装车操作：装车以 4 个人配合为宜，1 人喷水（洒水），2 人挑蜂，1 人在车上摆放蜂箱。每个装车人员均应穿戴好防蜂蜇衣帽、胶鞋，挑箱上车。无通道蜂车：先装蜂群，巢门朝前，箱箱紧靠，后装杂物。汽车开动，使风从车最前排蜂箱的通风窗灌进，从最后排的通风窗涌出。最后用绳索挨箱横绑竖捆，刹紧蜂箱。无通道蜂车，也可前装杂物，后装蜂群，蜂箱横装（阴雨低温天气或从温度高的地区向温度低的地区运蜂可顺装——巢门向前）。

有通道蜂车使用较宽车厢汽车，因其车厢较宽，可横装 4 个蜂箱，两边的巢门横向朝外，中间的两列蜂箱巢门朝里相对，并留有通道，通道下宽上窄，上层靠紧。通道中间用棍棒支撑（如不用木棒支撑，须用绳索经过通道捆扎），用绳固定。装车时先关闭巢门，蜂箱装上车并捆绑牢固后，再向巢门洒水，打开巢门，立即开车。

对于横装蜂箱，必须用钉子固定好巢框。

2. 安全运输途中管理

（1）启运：蜂车装好后，在傍晚蜜蜂都上车后再开车启运。黑暗有利于蜜蜂安静，因此，蜂车应尽量在夜晚行驶，第二天午前到达，并及时卸蜂。

（2）停车、放蜂：如果白天在运输途中遇堵车等原因，蜂车停住，应把蜂车开离公路，停在树阴处，待傍晚蜜蜂都飞回蜂车后再走。蜂车中间留通道的，及时从巢门向箱底喷（打）水。如果蜂车不能驶离公路，就要临时卸车放蜂，蜂箱排放在公路边上，巢门向外（背对公路），傍晚再装车运输。

如果在第二天午前不能到达场地的蜂车，应在上午 10 时以前把蜂车停在通风的树阴下，停车放蜂，傍晚再继续前进。

临时放蜂或蜂车停住，应对巢门洒水，否则其附近须有干净的水源，或在蜂车附近设喂水池。

（3）卸蜂：到达目的地，蜂车停稳，即可解绳卸车，或对巢门边喷水边卸车，尽快把蜂群安置到位。若在上午10时以前卸车，蜜蜂比较安静，少蜇人。卸车工人亦要穿戴好防蜂蜇衣帽、胶鞋，燃烧秸秆驯服蜜蜂，使之安静，防止蜂蜇人或影响交通。

如果运输途中停过车，蜜蜂偏集到装在周边的蜂箱里，在卸车时，须有目的地3群一组，中间放中等群势的蜂群，两边各放1个蜂多的蜂群和蜂少的蜂群，第二天，把左右两边的蜂群互换箱位。

3. 结果评价　在养蜂生产中，对单王群和双王群（巢箱中间由隔王板或闸板隔离）的汽车运输，采取上述技术措施，保证了蜜蜂在运输途中不会闷死，不影响蜜蜂卵虫蛹的发育，并且蜂王产卵正常，群势下降不明显。实践证明，在炎热的夏季，用汽车远距离开门运蜂更加安全，与关门运蜂相比，可使产值增加30%左右，工蜂体色鲜艳，寿命正常。而关门运蜂，工作蜂寿命缩短1/3。

通过观察，开门运蜂对多王群（5只蜂王）有影响，主要是幼虫会损（丢）失1/3～1/2，但在落场后，蜂王很快正常产卵，蜂子发育正常。

五、转地蜂群加强管理

转地放蜂，在主要蜜源花期，既要维持强群优势，提高蜂蜜和王浆产量，又要想法适时培育采集蜂，为后续蜜源的生产培养后备力量。

（一）繁殖计划

春季是转地放蜂最重要的繁殖时期，1～3月一般在云南、广东、福建、贵州、湖北、四川、湖南、江西、浙江等省开始繁殖。这个阶段的管理，前期主要是培养蜜蜂，壮大蜂群，后期投入生产。之后的放蜂时间，一般生产与繁殖兼顾，边生产边繁殖。

转地放蜂，蜜源连续，蜂群一直处在高度紧张的工作状态，工蜂和蜂王衰老快，除保持蜂群饲料充足、蜂脾相称来延长工蜂的寿命外，每年最好能在春季和夏末更换蜂王，以保证繁殖更多的蜜蜂。

（二）生产计划

转地放蜂，须根据当时蜜源特点、天气、蜂群状况和后续蜜源价值，综合考察，决定该蜜源花期是以生产为主兼顾繁殖、或以繁殖为主兼顾生产、或生产与繁殖并举。

一般来说，在花期较长的蜜源，进场时巢箱空脾宜少，且以卵虫脾和新脾为主，适当控制蜂王产卵，及时从副群抽调正出房的子脾补充维持群势。流蜜期中，加 1 张空脾供蜂王产卵。蜜源后期，巢箱放 7～8 张脾，促进蜂王产卵，少取蜜，多留饲料。

如果几个蜜源花期相连接，须边生产边繁殖。在整个生产期中，应重视王浆和花粉生产。

（三）越冬、治螨

长途转地放蜂，在北方采完最后一个蜜源时，留（喂）足饲料，繁殖一批蜜蜂后断子治螨，做好运输包装，在当地越半冬，到 11～12 月再转到南方饲养。或者在 8 月底转到南方采茶花，然后越冬 45 天后，再转到油菜场地繁殖。

第六章 蜂产品生产新技术

第一节 蜂蜜的生产

20 世纪 90 年代，我国每年生产蜂蜜 20 万吨左右。目前，我国生产蜂蜜每年约 40 万吨，内销和外贸分别占 40%和 60%。现代养蜂，生产蜂蜜的方法有分离蜜和巢蜜两种。

一、分离蜂蜜

分离蜜的生产是利用分蜜机的离心力，把贮存在巢房里的蜂蜜甩出来，并用容器承接收集。

（一）生产准备

1. *工具消毒* 主要生产工具有分蜜机（换面式摇蜜机、辐射式分蜜机）、割蜜刀、蜂扫、滤蜜器、吹蜂机、割蜜盖机等。使用前用清水冲洗干净，必要时消毒处理（高温消毒或 4%高锰酸钾溶液等浸泡，之后，用清水冲洗、晾干备用），蜂场及周围环境要清扫洒水，保持清洁卫生。

2. *采收时间* 巢内出现巢白（巢房加高现象），贮蜜房有 1/3 封盖，在早上 6～10 时取蜜，外界温度应不低于 14℃。

（二）操作规程

包括脱蜂、切割蜜盖、分离蜂蜜、还脾等 4 个步骤。一般要求 3 人合作：1 人提脾脱蜂，1 人摇蜜，另 1 人传递巢脾和割蜜盖。

1. 脱蜂　把附着在蜜脾上的蜜蜂脱离蜜脾，其方法有抖蜂和吹蜂机脱蜂等。

（1）抖蜂：人站在蜂箱一侧，打开大盖，把贮蜜继箱搬下，放在仰置的箱盖上，并在巢箱上放一侧带空脾的继箱；然后推开贮蜜继箱的隔板，腾出空位，再依次提出巢脾，两手握框耳，对准新放继箱内空处、蜂巢正上方，依靠手腕的力量，上下迅速抖动 2～3 下，使蜜蜂掉落在继箱空处，蜜脾上剩余少量蜜蜂用蜂扫扫落，抖完蜂的蜜脾置于搬运箱内，继箱内的蜜脾全部抖完后搬到分离蜂蜜的地方（图 6-1 左）。当蜂扫沾蜜发黏时，将其浸入水盆中涮一下，水甩净后再用。

图 6-1　脱　蜂

左：抖蜂　右：吹风机脱蜂

（引自 www.beeman.se）

抖蜂时根据用力大小和快速抖动次数，有硬抖和软抖之分。抖脾脱蜂，要注意保持平稳，不碰撞箱壁和挤压蜜蜂。

（2）吹风机脱蜂：将贮蜜继箱放在吹风机的铁架上，使喷嘴朝向蜂路吹风，将蜜蜂吹落到蜂箱的巢门前（图 6-1 右）。贮蜜继箱的蜜蜂被吹净后，立即搬走，再处理其他群。

2. 切割蜜盖　蜂蜜分离前要割除蜜房的封盖。左手握着蜜脾的一个框耳，另一个框耳放在割蜜盖架上（“井”字形木架）或其他支撑点上，右手持刀紧贴房盖从下向上顺势徐徐拉动，割去房盖，割去一面，翻转蜜脾再割另一面，割完后送入分蜜机里进行分离（图 6-2）。割下的蜜盖和流下的蜂蜜，用干净的容器（盆）承接起来，最后滤出蜡渣，滤下的蜂蜜作蜜蜂饲料或酿造蜜酒、蜜醋。

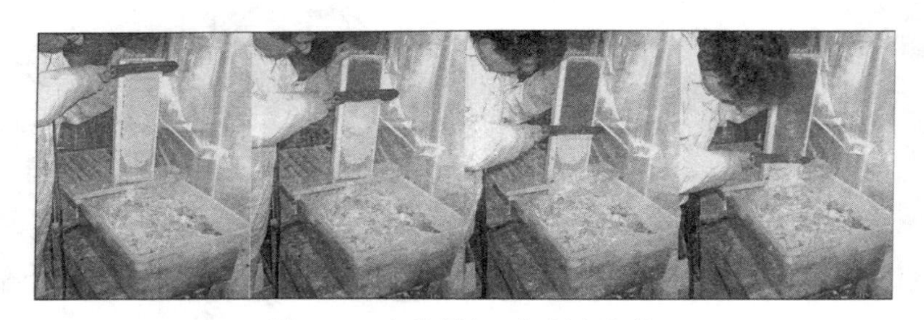

图 6-2 电热割蜜刀切割蜜房盖

（引自 http：//www.megalink.net/～northgro/images/myphotos.htm）

为提高切割效率，可采用蒸汽或电热割蜜刀从上向下切割，大型养蜂场可用电动割蜜盖机（图 6-3）。

图 6-3 电动切蜜盖机切割蜜房盖

（引自 http-beeman.se）

3. 分离蜂蜜 割完盖后把蜜脾置于分蜜机的框笼里，两蜜脾重量大致相等，转动摇把，由慢到快，再由快到慢，逐渐停转，甩净一面后换面或交叉换脾，再甩净另一面。遇有贮蜜多的新脾，先分离出一面的一半蜂蜜，甩净另一面后，再甩净初始的一面（图 6-4）。在摇蜜时，放脾提脾要保持垂直平行，避免损坏巢房；摇蜜的速度以甩净蜂蜜而不甩动虫蛹和巢脾破裂为准。

图 6-4 分离蜂蜜 1——手工摇蜜和过滤

（引自 www.legaitaly.com）

在大型蜂场可设置取蜜车间或流动取蜜车，配备辐射式自动蜂蜜分离机、电动切蜜盖机、过滤机及蜜泵等，以提高劳动效率。辐射式自动蜂蜜分离机在分离蜂蜜过程中，开始时转速低，其后转速随着蜜脾上蜂蜜被甩出而逐渐自动加快，约 5 分钟后可将蜜脾上约 3/4 的蜂蜜分离出来，然后再以 250～350 转/分的速度将蜜脾中残留的蜂蜜分离出来（图 6-5）。具有工效高、巢脾不易损坏和有利于分离较高浓度蜂蜜的特点。

4. 还脾　取完蜜的空脾，清除蜡瘤、削平巢房口后，立即返还蜂群。

采收平箱群的蜂蜜，首先把要摇取的蜜脾提到运转箱内，把有王脾和余下的巢脾按管理要求排好，再抖“蜜脾”上的蜜蜂于巢箱中，随抖蜂随取蜜、还脾。

（三）贮存

分离出的蜂蜜，在放入缸或大口桶内时进行过滤，1 天后撇去泡沫等上浮的杂质，然后将纯净蜂蜜装入包装桶内，每桶盛装

图 6-5　分离蜂蜜 2——机械取蜜

（引自 http：//www. hive-mind. com/bee/blog）

75 或 100 千克，贴上标签，注明蜂蜜的品种、浓度、生产日期、生产者、生产地点等，最后封紧桶口。贮存于通风、干燥、清洁、气温低于 20℃ 的仓库中，按品种、浓度进行分等、分级，分别堆放；不露天存放。在运输时，蜜桶叠好、捆牢，尽量避免日晒雨淋，缩短运输时间。

（四）提高质量和产量的措施

1. 提高蜂蜜产量的措施　要做到“蜜源充足流蜜好，强群新王幼虫少，脾足箱富管理巧”。详见第四章。

2. 提高蜂蜜质量的措施　除严格按操作规程取蜜外，还要做好以下工作。

（1）饲养强群，选择良好天气上午 10 时以前进行生产，取成熟蜂蜜，新取蜂蜜浓度不低于 40 波美度①，蜂蜜浓度以波美浓度计或手持糖量计度量（图 6 - 6）。

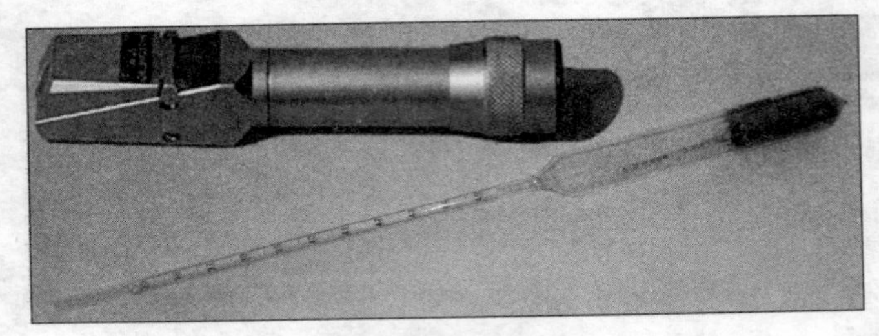

图 6 - 6　糖度计-波美浓度计、糖量计

上：手持糖量计　下：波美浓度计

（引自张中印，www. legaitaly. com）

（2）生产单一花种的蜂蜜，严禁混杂与人为掺假。在主要流蜜期流蜜 2 天后，进行全场性的清脾，把蜂巢内原有存蜜全部分离出来，单独存放。

（3）严禁污染：花期不施药，生产期开始前 30 天对蜂群停用药。不用老脾取蜜，防扬尘与飞虫，远离空气、水源污染的地方放蜂，不使幼虫体液混入蜂蜜，不用水洗割蜜刀，提倡用无污染分蜜机取蜜。盛蜜的容器要求用干净、卫生的专用容器，如果是铁桶，食品漆内皮必须完整无损。

（4）注意卫生：通常，蜂产品是作为食品、保健品甚至作为药品直接进入市场，并被直接食用，在人们心目中具有崇高的价值。质量、品质和卫生始终贯穿于生产前的准备、生产过程和贮存包装各个环节。生产者必须身体健康，讲究卫生和公德，不使蜂蜜有任何的污染。

---

① 波美度为非法定计量单位，但生产中常用，故书中仍保留。波美浓度计由表头、表杆组成，表杆指示浓度从上向下为 35～45 波美度。工作温度 20℃，液态蜂蜜，表面无浮沫，垂直插入蜜中，自由下沉 15 分钟，水平读取弯月下面数值。

二、生产巢蜜

蜜蜂把花蜜酿造成熟贮满蜜房、泌蜡封盖并直接作为商品被人食用的脾蜜叫巢蜜。生产上有整脾巢蜜、切块巢蜜、格子巢蜜、盒装巢蜜等巢蜜品种（图 6－7）。

图 6－7　整脾巢蜜
（引自 www. aircrafter. org）

整脾巢蜜是用 10 框深继箱或巢蜜继箱生产的整张封盖蜜脾；切块巢蜜是将整脾巢蜜根据需要切成圆形、方形、六角形等形状后再进行包装的脾蜜；格子巢蜜是引导蜜蜂在巢蜜格内造脾酿造的脾蜜，从蜂箱取出后外套盒子进行包装即可上市；盒装巢蜜是引导蜜蜂在巢蜜盒内造脾酿造的脾蜜，从蜂箱取出盖上盒盖出售。下面以盒（格）巢蜜生产为例，介绍巢蜜生产的一般方法。

（一）生产原理

蜜蜂把花蜜贮藏在蜂房中，经过充分酿造成熟，贮满蜜房后即泌蜡封盖保存。同时，蜜蜂有向蜂巢上部贮蜜的习惯。根据蜜蜂的这一生物学特性和人的消费需要，制成各种巢蜜格和巢蜜盒，引导蜜蜂在其上造脾贮蜜，直至封盖，然后包装待售。

（二）生产条件

1. 蜜源　生产巢蜜要求有丰富的优良蜜源，花期长、流蜜量大，蜂蜜味香不易结晶，如刺槐、紫云英、荆条、椴树、荔枝、柑橘、枣树等蜜源花期都可生产巢蜜。也可利用荞麦等生产有特殊价值的巢蜜。

2. 蜂群　中蜂和意蜂都可用来生产巢蜜。生产巢蜜的蜂群群势要求在 12 框蜂以上，健康无病，并具有优良的新蜂王。

3. 环境　选择空气新鲜、通风遮阳和水源良好、蜜源丰富、远离污染的地方建立蜂场，在厂房里组装巢蜜盒（格），对采收到的巢蜜进行杀虫灭菌、除湿、包装等各项工作。蜂场周围胶源植物少或无，气温在 15～35℃为宜。一切操作严格按照工艺流程和食品卫生要求去做。

4. 设备　生产巢蜜的专门设备见第二章。另外，我国生产盒、格巢蜜的工具还有巢蜜格、巢蜜盒、切础模具、上础垫板等。

（1）巢蜜盒：100 型（克）矩形巢蜜盒的长×宽×底高为 100 毫米×70 毫米×15 毫米（全盒高 25 毫米），十框标准巢框可组装 24 只，巢蜜继箱巢框装 12 只。40 型（克）六角形巢蜜盒的边长×底高为 30 毫米×18 毫米（全盒高 25 毫米），一个标准巢框装 64 个，巢蜜继箱巢框装 30 只。

（2）巢蜜格：由外盒内格两部分组成。500 型（克）巢蜜格外盒的外围尺寸长×宽×高为 140 毫米×100 毫米×45 毫米，巢蜜格长×宽×高为 135 毫米×95 毫米×30 毫米，四角蜂路高 5 毫米。每一个标准巢框可装 6 盒，巢蜜继箱每框可装 3 盒。

（3）盒子础板：根据每框镶嵌巢蜜盒数量、大小，刻制比巢蜜盒内围尺寸小 1 毫米、比高再高 0.5 毫米的木块，每块外包棉纱布，包好后的尺寸比巢蜜盒内围尺寸稍小一点，与格子础板相似。

（4）切础模具：用木板做成矩形木盒，内宽与巢蜜格内长度相同，长度是巢蜜格内宽度的倍数。在木盒的两块长壁上，按巢蜜格内围宽度预先锯成宽为 1 毫米的缝隙。使用时，把巢础成叠装入盒内，用切础刀沿 1 毫米的相对缝隙切下（图 6 - 8）。

图 6 - 8　用模具切割巢础

（引自 Killion 1975）

（5）格子础板：用纹理缜密的木板制成比巢蜜格内围尺寸小 2 毫米、高度略大于巢蜜格高度 1/2 的木质垫板（图 6 - 9）。

图 6 - 9　格子础板

左：格子巢板　右：置于础板上的巢蜜格和巢础

（引自 Killion 1975）

（6）巢蜜巢础：用纯净蜜盖蜂蜡轧制的超薄型巢础。

（三）生产方法

生产巢蜜包括修筑巢蜜脾、组织生产群、管理生产群、采收与包装，其他巢蜜的生产，提高巢蜜产量和质量的措施。

1. 修造巢蜜脾

（1）组盒（格）成框：把巢蜜盒（或格）组合在巢蜜框架内，或置于“T”“L”形托架上即可。巢蜜框架大小与巢蜜盒（格）配套，上梁宽为30～32毫米，长、高与标准巢框相似，一般内径尺寸为长420毫米、高200毫米、宽30毫米，以100型（克）巢蜜盒为例：先将巢蜜框架平置在桌上，把24只巢蜜盒每两个盒底上下反向摆在巢框内，再用24号铁丝沿巢蜜盒间缝隙竖捆两道，涂蜡待产（图6-10、图6-11）。

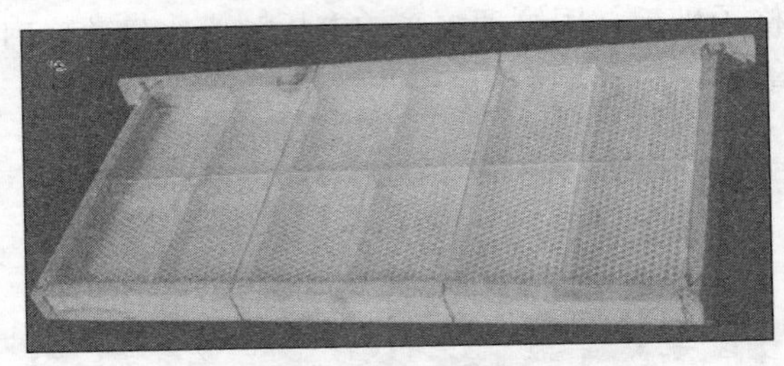

图6-10 组盒成框

（孙士尧 摄）

（2）涂蜡和镶础

①盒底涂蜡：首先将优良纯净的蜜盖蜡加开水熔化，然后把盒子础板在被水熔化的蜂蜡里蘸一下，再放到巢蜜盒内按一下，整框巢蜜盒就涂好蜂蜡备用。为了生产的需要，涂蜡尽量薄少。

②格内镶础：先把巢蜜格套在格子础板上，再把切好的巢础置于巢蜜格中，用熔化的蜡液沿巢蜜格巢础座线将巢础粘固，或用巢蜜础轮沿巢础边缘和巢蜜格巢础座线滚动，使巢础与座线粘合。

如果是三面开槽口的巢蜜格，则4个连在一起，将1张大巢础同时从槽口插入，再装进框架或置于托架上，即完成上础工作。

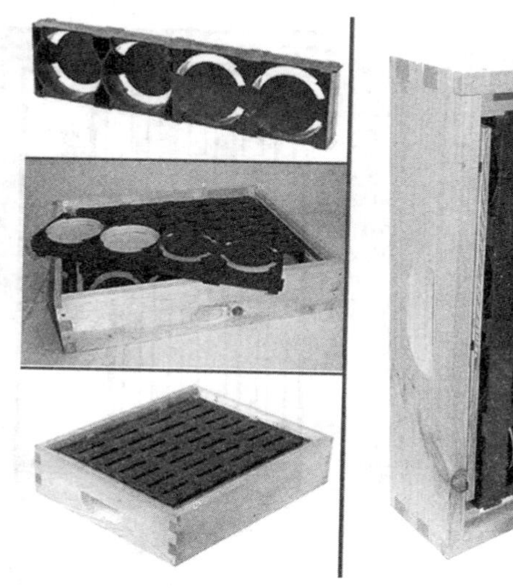

图 6-11　圆形巢蜜盒、架组合成箱

（引自 www. glorybeefoods. com 和 www. blossomland. com）

（3）修筑巢蜜脾：在主要蜜源开花流蜜之前，调整群势，加上巢蜜继箱，利用早期蜜源或辅助蜜源造脾（如生产紫云英巢蜜，可在油菜花后期造脾），或根据实际需要，奖励饲喂，促使蜜蜂造好巢蜜脾。若流蜜开始，脾未造好，要边造脾边生产；或利用副群（非生产巢蜜群）连续造脾。

放进蜂巢内的巢蜜盒（格）框 2～3 天后蜜蜂开始筑造（不涂蜂蜡的巢蜜盒框则需要 5～7 天蜜蜂才在盒内泌蜡），巢房房基加高，3～4 天即可造好巢房。

利用浅继箱修筑巢蜜格巢脾时，在巢箱上一次加两层巢蜜继箱，每层放 3 个巢蜜框架，上下相对，与封盖子脾相间放置，巢箱里放 6～7 个巢脾（图 6-12）。也可用十框标准继箱，将巢蜜格组放在特制的巢蜜格框内。修筑巢蜜盒巢脾，与之相似，但塑料房基巢蜜盒框不宜与封盖子脾间隔放置，以免老脾蜡造房，影响观感。

2. 组织生产群　单王生产群，在大流蜜开始第二天调整蜂群，把继箱卸下，巢箱脾数压缩到 6～7 框，蜜粉脾提出（视具体情况调到副群或分离蜜生产蜂群中），巢箱内子脾按正常管理排列后，针对蜂箱内剩余空间可采用二、七分区管理法：用闸板分开，小区做交配群（图 6-13）；或巢箱内按正常状态排好后，把剩余空间用其他物品填满，以防止蜜蜂在空隙处造小脾装蜜产卵，造成不必要的浪费，避免影响巢蜜的生产速度。巢箱调整完毕，在其上加平面隔王板，隔王板上面放巢蜜继箱，再将组装好的巢蜜盒（格）框视蜂群势大小决定加入多少，加巢蜜框的原则是：蜂多群势好的多加，蜂少群势弱的少加，以蜂多于脾为宜。

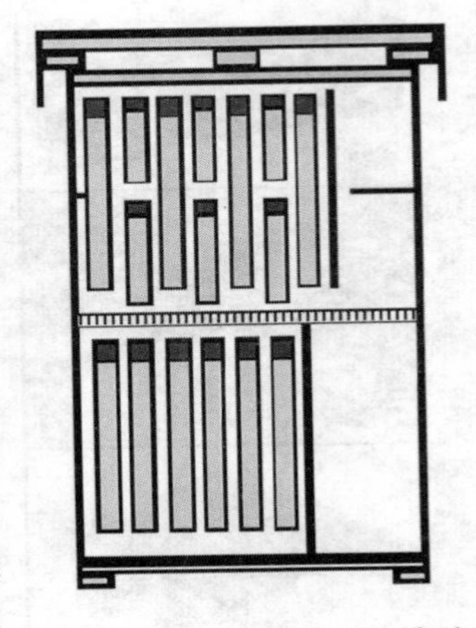
图 6-12　巢蜜格与子脾排列

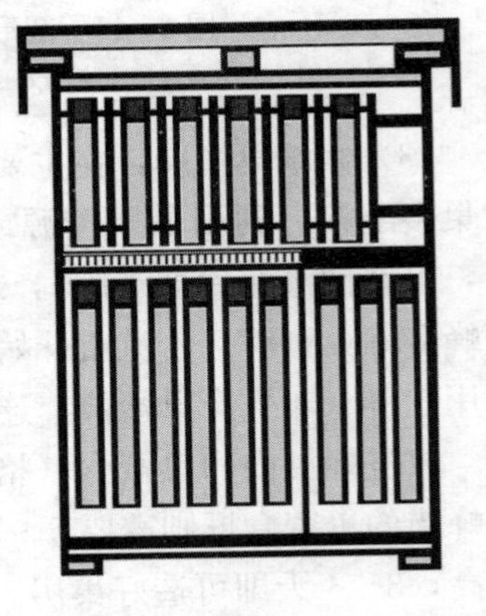
图 6-13　巢蜜生产群的蜂巢

双王生产群，与单王群生产巢蜜蜂群的组织管理相似，需要加强管理的地方有：两侧蜂王日龄一致，所留脾数相同，两边巢脾靠中隔板排放，继箱内的巢蜜框要与巢箱子脾对齐放在中间。

3. 管理生产群

（1）叠加继箱：生产巢蜜采用巢蜜（浅）继箱生产速度快、质量好、成功率高，正确按序加巢蜜继箱有利于采、贮蜂蜜和控制分蜂热。其方法是：组织生产蜂群时加第一继箱，箱内加入巢蜜框后，应达到蜂略多于脾，待第一个继箱贮蜜 60%时，蜜源仍处于流蜜盛期，及时在第一个继箱上加第二个继箱，同时把第一个继箱前、后调头，当第一个继箱的巢蜜房已封盖 80%，将第一个巢蜜继箱与第二个调头后的继箱互换位置，若蜜源丰富，第二个继箱贮蜜已达 70%，则可考虑加第三继箱，第三继箱直接放在前两个继箱上面，第一个继箱的巢蜜房完全封盖时，及时撤下（图 6-14）。叠加继箱要注意，蜂数要足，不要一次加继箱太多或太快。

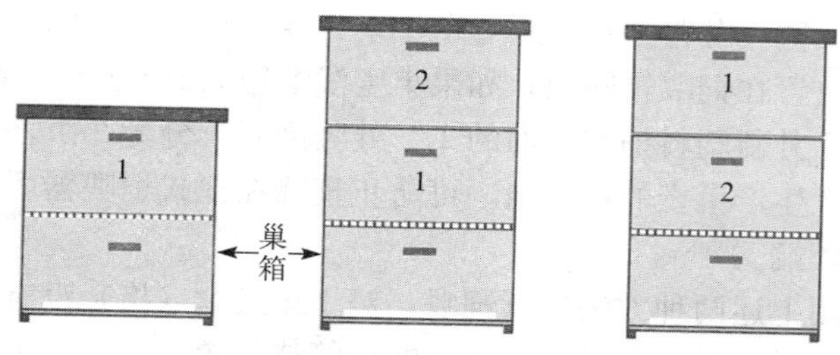

图 6-14　巢蜜继箱叠加顺序

1. 第一继箱　2. 第二继箱

（2）控制分蜂：生产巢蜜的蜂群在巢蜜封盖期间最易起分蜂热。须应用优良新王，及时更换老劣蜂王；每 5～7 天检查一次蜂群，除净王台和控制雄蜂（采用优质巢脾和割的办法）；加强遮阳通风，及时加巢蜜继箱扩大蜂巢；积极进行王浆生产。若蜂群已起分蜂热，可立即除掉封盖王台和蜂王，在第 7 至第 9 天再次消除王台，给蜂群诱入 1 个刚产卵的新王或成熟王台（也可保留 1 个成熟王台）。在抖蜂找王台时，应用软抖的方法把蜂抖落。

（3）控制蜂路：采用 10 框标准继箱生产整脾巢蜜时，蜂路控制在 5～6 毫米为宜；采用 10 框浅继箱生产巢蜜时，蜂路控制在 7～8 毫米为佳。控制蜂路的方法：在每个巢蜜框（或巢蜜格支承架）的一面四个角部位钉 4 个小钉子，每个钉头距巢框 5～

6 毫米。在小隔板的一面同巢蜜框一样钉 4 个小圆钉，在相间安放巢框和隔板时，有钉的一面朝向箱壁，依次排列靠紧，它们之间的 5～6 毫米作为蜂路；在最外侧的隔板与箱内空间，用两根等长的木棒（或弹簧）在前后两头顶住隔板，另一头顶住箱壁，这样可挤紧巢框，使之竖直、不偏不斜，蜂路一致，可有效防止巢蜜表面不平整。

（4）促进封盖：当主要蜜源即将结束，蜜房尚未贮满蜂蜜或尚未完全封盖时，必须及时用同一品种的蜂蜜强化饲喂。

制作一个高度为 60 毫米、长和宽与巢蜜继箱相同的箱圈，安放在巢蜜浅继箱上，采用 6 个 1 千克或 1.5 千克的框式饲喂器均匀地放置在饲喂箱圈内；如果巢蜜浅继箱只放 5～6 个巢框时，可用 2.5 升新塑料桶在大面的 1/2 处竖剖开，分为 2 个，安置在隔王板上生产巢蜜的空区内，可防止蜜蜂在框式饲喂器下空间造小脾的弊端。

选用上述两种方法进行饲喂，对于巢蜜盒（格）没有贮满蜜的蜂群喂量要足，若蜜房已贮满蜂蜜等待封盖，可在每天晚上酌情饲喂；若巢蜜盒（格）中部封盖，周围仍不完满，则限量饲喂。饲喂期间揭开覆布，以加强通风，排除湿气。

（5）预防盗蜂：巢蜜生产尽可能在流蜜后期完毕，因天气等原因，流蜜中断，蜂群还需饲喂，要采取有效措施预防盗蜂。对本场非巢蜜生产蜂群要留足饲料，对已被盗的蜂群做一个长宽各 1 米、高 2 米，四周用尼龙纱围着的活动纱房，罩住被盗蜂群。被盗不重时，只罩蜂箱不罩巢门；被盗严重

图 6-15　卸下巢蜜继箱
（引自 www.glorybeefoods.com）

时，蜂箱、巢门一起罩上，开天窗让蜜蜂进出，待盗蜂离去、蜂群稳定后再搬走纱房。而利用透明无色塑料布罩住被盗蜂群，亦可达到撞击、恐吓直至制止盗蜂的目的。在生产巢蜜期间，各箱体不得前后错开来增加空气流通，这个做法除引发盗蜂外，还会导致在靠近缝隙或开口处的巢蜜房贮蜜、封盖延缓。

4. 采收与包装

（1）采收：巢蜜盒（格）贮满蜂蜜并全部封盖后，把巢蜜继箱从蜂箱上拆卸下来，放在其他空箱（或支撑架）上，用吹风机吹出蜜蜂（图 6－15）。如果巢蜜盒（格）不能同时完成封盖，可以分期分批采收。

（2）灭虫：取出的巢蜜要及时杀灭巢虫等害虫。用含量为 56％的磷化铝片剂对巢蜜熏蒸，在相叠密闭的继箱内按 20 张巢蜜脾放 1 片药，进行熏杀，15 天后可彻底杀灭蜡螟的卵、虫，注意用药不得过量，否则，巢蜜表面颜色变深。

（3）修正：已做上述处理的巢蜜盒（格），从巢蜜继箱提出，解开铁丝，在中间部位用力推出巢蜜盒（格），注意不要碰及蜡盖，然后用不锈钢薄刀片逐个清理巢蜜盒（格）边沿和四角上的蜂胶、蜂蜡及污迹，对刮不掉的蜂胶等，可用棉纱浸稀酒精擦拭干净后，再盖上盒盖或在巢蜜格外套上盒子（图 6－16）。

图 6－16　格子巢蜜的修整与包装

（张中印　摄）

（4）包装、贮藏：经过杀虫、修正的巢蜜，根据其外观平整、封盖颜色、盒（格）的清洁度、花粉房的有无、重量等进行挑选、分级、分类，剔除不合格产品，然后装箱，在每2层巢蜜盒之间放1张纸，以防止盒盖的磨损，再用胶带纸封严纸箱，最后把整箱巢蜜送到通风、干燥、清洁的仓库中保存，保存温度在20℃以下为宜。若长久保存，室内相对湿度应保持在50%～75%。按品种、等级、类型分垛叠放，纸箱上标明防晒、防雨、防火、轻放等标志。

在运输巢蜜过程中，要尽力减少震动、碰撞，要苫好、垫好，避免日晒雨淋，防止高温，尽量缩短运输时间。

5. 其他巢蜜的生产

（1）整脾巢蜜：巢框的内部尺寸一般为425毫米×107毫米，把巢蜜巢础的一边插入巢框上梁腹面的础沟内，将蜡液斜着倾进槽沟中，使巢础粘固在巢框上，然后套在垫板上，拂平巢础，加进浅继箱，在流蜜期开始，搬到巢箱上进行造脾，生产整张封盖蜜脾。其他技术与盒（格）巢蜜相同。整脾巢蜜须及时卖给批发商，以便进行修正、灭虫、切割、包装等贮藏销售前的工作。

用转盘镶础更为快捷。将4块垫板安装在一个转盘上，镶础时，先将巢框套在垫板上，上梁朝外，并被1个与垫板平行的方木条和两侧的弹簧片固定（图6-17）。然后，将预热至30℃左右的巢础置于巢框中，一侧嵌入上梁的础沟，转动转盘，使巢框一端略高于另一端，在高的一端加蜡液，蜡液沿础沟流到另一端，立即转平上梁，蜡液凝固，将巢础与上梁粘连。巢础下缘距下梁须有3毫米的距离。

（2）切块巢蜜：用能加热的特制切刀，把经过消毒、灭虫、修整过的整脾巢蜜放在木板上，按要求切成圆形、方形、六角形等不同式样和不同重量的蜜块，然后把蜜块放在下有浅盘的硬纱网上滴干黏附在切割边缘上的液态蜜，或把它们放在有转盘的特

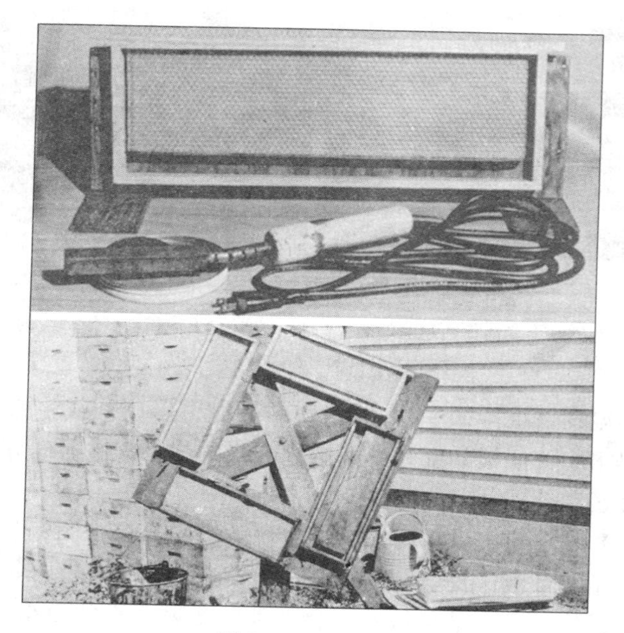

图 6-17 上 础

上：电热埋础器上础（上梁开槽） 下：转盘埋线器上础

（引自 Killion 1975）

制分离机上，开动机器，利用离心力把黏附在边缘上的蜜汁甩净（图 6-18），再用透明玻璃纸或保鲜膜包裹，最后用相应形状的无毒透明塑料盒进行包装待售；或将其镶入巢蜜格，重放回蜂群，让蜜蜂加工成格子巢蜜，用透明塑料盒包装后注明产品、净重、生产者或包装商的姓名和地址等。

切块巢蜜的边沿须整齐、光滑，不能有撕裂的巢房。

（3）混合块蜜：把切割好的巢蜜块沥净或甩净边缘的蜜汁后，连同液态蜂蜜一同放到玻璃瓶内，立即封盖。混合块蜜要求巢蜜占总容量的 50%，巢蜜与液态蜜色泽一致，以浅色、透明、不结晶的蜂蜜为宜。

如果混合块蜜久放发生结晶，应放入恒温箱中，在 50～

图 6-18 清净巢蜜边缘的蜂蜜

左：在铁纱上滴落巢蜜边缘的蜂蜜 右：在转盘上甩掉巢蜜块边缘的蜂蜜

（引自 Killion 1975）

55℃的温度下维持 5～8 小时，使结晶完全熔化；或将盛蜜容器放入热水中，使结晶蜜和巢脾熔化，待冷却后蜜蜡自动分开，过滤出蜂蜜。

（4）功能巢蜜：巢脾修造、蜂群的组织与管理同本节生产方法，以植物汁液或提取物与蜂蜜按比例混合喂给蜂群，生产出以蜂蜜为载体的具有某种特殊生物功能的巢蜜。功能巢蜜的配方、生产、用途、安全测试和评价等，必须严格按照有关规定和标准进行，并进行产品的报批。

（四）提高巢蜜产量和质量的措施

1. 提高产量的措施　第一，新王强群是提高巢蜜产量的基础，生产蜂群的群势要达到 12 足框以上。第二，计划生产。进行巢蜜生产的蜂场，安排好巢蜜和分离蜜生产蜂群，一般 2/3 的蜂群生产巢蜜，1/3 的蜂群生产分离蜜；在流蜜期集中生产，流蜜后期或流蜜结束，集中及时喂蜜，喂蜜量大且要连续。第三，筛选蜂种。长期有计划地生产巢蜜要做好选种育王工作，选育产卵多、进蜜快、封盖好、抗病强、不易起分蜂热的蜂群作巢蜜生产种群；在生产实践中，以东北黑蜂为母本、黄色意蜂为父本的单交或双交蜂种是生产巢蜜较好的种蜂。第四，连续生产。连续进行巢蜜生产，蜜蜂就会对塑料盒（格）产生认识和记忆，生产巢蜜的积极性高。实践证明，连续生产巢蜜的速度，第二批比第一批提前 5 天以上完成，且质量比第一批好。

2. *提高质量的办法*　在生产巢蜜的过程中，要严格按操作要求、巢蜜质量标准和食品卫生要求进行。坚持用浅继箱生产，严格控制蜂路大小和巢蜜框竖直。防止污染，不用病群生产巢蜜。饲喂的蜂蜜必须是纯净、符合卫生标准的同品种蜂蜜，并可延缓或防止结晶，不得掺入其他品种的蜂蜜或异物，生产饲喂工具无毒，防巢虫危害，用于灭虫的药物或试剂，不得对巢蜜外观、气味等造成污染。在巢蜜生产期间，不允许给蜂群喂药，防止抗生素污染。盒、格巢蜜的外观须平整、洁白，100%的封盖；内在质量须符合国家蜂蜜质量标准。

第二节　蜂王浆的生产

蜂王浆主要由西方蜜蜂生产，目前，全国饲养西方蜜蜂 500 万群，蜂王浆总产量约 3 200 吨。由于蜂种、养蜂技术的差异和生产目的不同，蜂场间的产量高低不等，即每群蜂每年生产蜂王浆 0.5～12 千克，另外，还有相当一部分蜂场不进行此项生产。如果全部蜂群每年生产蜂王浆 4 千克，那么，每年全国蜂王浆的总产量可达 20 000 吨。

一、计量蜂王浆

以重量来计算的蜂王浆生产方式。

(一) 生产基础

1. *生产原理*　蜂王浆是工蜂舌腺（又称营养腺）与上颚腺分泌出的浆状混合物，在蜂群中用来饲喂蜂王及 3 日龄内小幼虫的食物，又称蜂乳。蜂王和工蜂都是由受精卵发育来的，工蜂卵产在口略向上的正六棱柱体的工蜂巢房里，孵化后只吃3天蜂王浆，以后吃蜂粮（花粉和蜂蜜的混合物），将来发育成工作蜂；蜂王卵产在比工蜂房大、口朝下的王台基内，卵孵化后终生吃蜂王浆，以后发育成专司产卵的蜂王。工蜂喂给工蜂小幼虫的蜂王浆量小且时间短，而供应蜂王幼虫的蜂王浆量大且一直供给。当蜂群群强子多时，工蜂就会筑造王台基，蜂王在王台基内产卵，培育蜂王，准备分“家”；或蜂群突然失王，巢内又无王台，则工蜂会把有3日龄内小幼虫的工蜂房改造成王台，并喂给大量的蜂王浆，培养这条小幼虫长成蜂王（图6-19）。

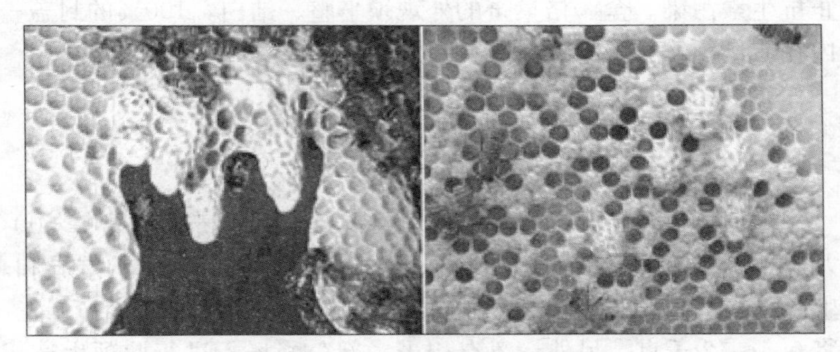

图6-19　蜂群培养蜂王的特点

（引自 www. beeclass. com、黄智勇）

根据上述现象，人们模拟自然王台制作人工王台基——蜡碗或塑料台基（条），把3日龄内的工蜂小幼虫移入人工王台基内放进蜂群，同时通过适当的管理措施使蜂群产生育王欲望，引诱工蜂分泌蜂王浆来喂幼虫，经过一定时间，待王台内积累的蜂王浆量最多时，取出，捡拾幼虫，把蜂王浆挖（吸）出来，贮存在容器中，这就是一般蜂王浆的生产原理。

2. **生产条件**　生产蜂王浆要求蜂群达到8框蜂以上，群内蜂龄协调、子脾齐全、蜂群健康；饲料充足，有一定的粉源或蜜粉源开花；外界气温在15℃以上；有熟练的操作管理技术。

生产蜂王浆的工具在使用时，要用75%的酒精消毒，然后用清水冲净。

（二）操作技术

1. 安装浆框　用蜡碗生产的，首先粘装蜡台基，每条粘20～30个蜡碗。用塑料台基生产的，每框装4～10条，用金属丝绑在浆框条上即可（图6-20）。

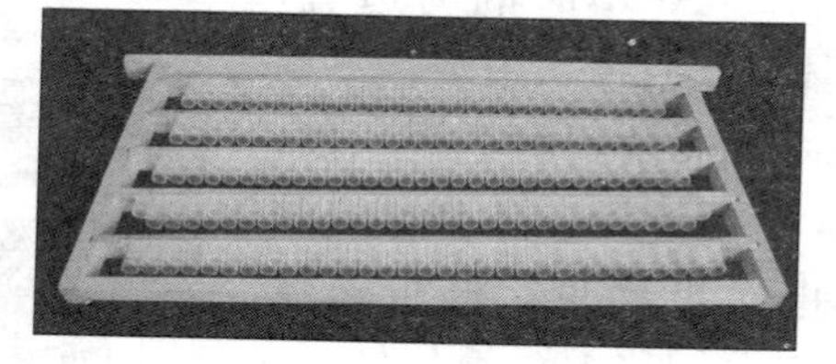

图6-20　将双排塑料台基条捆绑在王浆框上

（张中印　摄）

2. 修台点浆　将安装好的蜡碗浆框，插入产浆群中，让工蜂修理2～3小时，即可取出移虫；掉的台基补上，啃坏的台基换掉。凡是第一次使用的塑料台基，须置于产浆群中修理12～

图6-21　寻找幼虫，移虫针的正确用法

（张中印　摄）

24小时，正式移虫前，在每个台基内点上新鲜蜂王浆，以提高接受率。

3. 移虫插框（图6-21、图6-22） 移虫操作见第五章。移好1框，将王台口朝下放置，及时加入产浆群内，暂时置于继箱的，上放湿毛巾覆盖，待满箱后同时放框。或将台基条竖立于桶中，上覆湿毛巾，集中装框，在下午或傍晚插入最适宜。

所移幼虫虫龄须一致，以15～20小时的为适宜，虫体呈新月形、蛋清色。移虫时要求做到轻、快、稳、准，操作熟练，不伤幼虫和防止幼虫移位，移虫速度3～5分钟移100条左右。

图6-22 移 虫
（张中印 摄）

4. 补虫 移虫2～3小时后，提出浆框进行检查，凡台中不见幼虫的（蜜蜂不护台）均需补移，使接受率在90%左右。补虫时可在未接受的台基内点一点鲜蜂王浆再移虫。

5. 挖浆

（1）收框：移虫后经62～72小时即可取浆，一般下午13～15时提出采浆框（图6-23），捏住浆框一端框耳轻轻抖动，把上面的蜜蜂抖落于原处，用清洁的蜂刷拂落余蜂，观察接受率、台基颜色和蜂王浆是否满台，如果台基内蜂王浆很满，可再加1条台基，如浆不太满，可减去1条台基。同时在箱盖上做上记号，比如写上“6条”“10条”等字样，使下浆框时不致失误。

（2）削平房壁：用喷雾器从上框梁斜向下对王台喷洒少许冷水（勿对王台口），再把王台条翻转90°，用割蜜刀割去王台顶端加高的房壁，或者顺塑料台基口削去加高部分的房壁，留下长约10毫米有幼虫和蜂王浆的基部，勿割破幼虫。

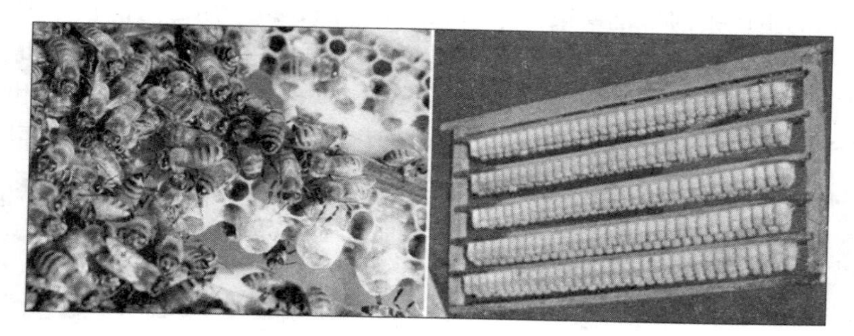

图 6-23　哺育幼虫和抽取浆框
（张中印　龚一飞　摄）

（3）捡虫：割平台基后，立即用镊子夹住幼虫的上部表皮，将其捡出，放入容器（图 6-24 左），注意不要夹破幼虫，也不要漏捡幼虫。

（4）挖浆：用挖浆铲顺房壁插入台底，稍旋转后提起，把蜂王浆刮带出台，然后刮入蜂王浆瓶（壶）内（瓶口可系 1 线，利于刮落），并重复一遍刮尽（图 6-24 右）。

提出的浆框放在周转箱内，或卸下王台条集中在桶中，上覆干净的湿纱布或毛巾，移虫后不能及时放入蜂巢的虫框亦这样处置。

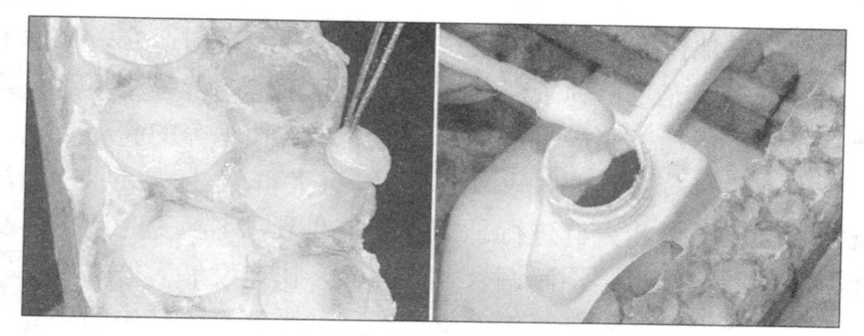

图 6-24　削去加高的房壁，捡去幼虫，挖出王浆
（张中印　摄）

至此，生产蜂王浆的一个流程完成，历时 2～3 天，但蜂王

浆的生产由前一批结束开始第二批的生产，取浆后尽可能快地把幼虫移入刚挖过浆还未干燥的前批台基内（蜡碗可使用6～7批次，塑料台基用几次后，用刮刀旋刮，清理浆垢和残蜡1次，用清水冲洗后再继续使用），前批不被接受的蜡碗割去，在此位置补1个已接受的老蜡碗。如人员富足，应分批提浆框—分批取浆—分批移虫、下浆框，循环生产。

（三）蜂群管理

1. 组织生产群

（1）大群产浆：春季提早繁殖，群势平箱达到9～10框，工蜂满出箱外，蜂多于脾时，即加上继箱生产蜂王浆，巢、继箱之间加隔王板，巢箱繁殖，继箱生产。

选产卵力旺盛的新王导入产浆群维持强群群势（11～13脾蜂），使之长期稳定在8～10张子脾，2张蜜脾，1张专供补饲的花粉脾（大流蜜后群内花粉缺乏时须迅速补足），巢脾布置巢箱为7脾，继箱4～6脾。这种组织生产群的方式最适宜小转地、定地饲养。春季油菜大流蜜期用10条33孔大型台基取浆，框产蜂王浆可达200克以上，夏秋用6～8条台基取浆，全年群均产浆可达10千克左右。

少数转地饲养的蜂场采用这种方式，开大巢门运蜂，蜂群不受闷，饲料留充足，到了新场地，子蜂都正常，群势又不落，浆产量不跌。但蜂王浆产量总不及定地、小转地饲养的高。

专业生产蜂王浆的养蜂场，应组织大群数10%的交配群，既培育蜂王又可与大群进行子、蜂双向调节，不换王时用4区交配群中的卵或幼虫脾不断调入大群哺养，快速发展大群群势。

（2）小群产浆：平箱饲养也可产浆。平箱群蜂箱中间用立式隔王板隔开，分为产卵区和产浆区，2区各4脾，产卵区用1块隔板，产浆区不用隔板。浆框放产浆区中间，两边各2脾。流蜜期产浆区全用蜜脾，产卵区用4张脾产卵；无蜜期，蜂王在产浆区和产卵区 10 天一换，这样 8 框全是子脾。

2. 组织供虫群

（1）选择虫龄：移虫虫龄的大小与工蜂泌浆、蜂王浆产量密切相关。主要蜜源花期，蜂王虫长得快，应选 15～20 小时龄的幼虫；在蜜、粉源稀少期则选 24 小时龄的幼虫，以提高接受率。同一浆框移的虫龄大小一定要均匀。

（2）虫群数量：早春将双王群繁殖成强群后，拆去部分双王群，组织双王小群——移虫群。移虫群数占产浆群数的 9%～10%。例如，一个有产浆群 100 群的蜂场，可组织移虫用的双王小群 9 群，共 18 只蜂王产卵，分成 A、B、C 3 组，每组 3 群，每天确保 12 脾适龄幼虫供移虫专用。

（3）组织方法：在组织移虫群时，双王各提入 1 框大面积正出房子脾放在闸板两侧，出房蜜蜂维持群势。A、B、C 3 组分 3 天依次加脾，每组有 6 只蜂王产卵，就分别加 6 框老空脾，老脾色深、房底圆，便于快速移虫。

（4）调用虫脾：及至第一次加脾的第 4 天 A 组就有 6 框四方形的适龄虫脾供移虫，A 组移虫后的虫脾仍还 A 组。及至第 5 天上午 7 时 A 组再加空脾 6 张供产卵，下午取浆移虫的供虫脾是 B组的 6 张，A 组的 6 张（第 4 天移虫后的虫脾）同时调出作为备用虫脾。移虫后，巢脾充足的蜂场，A 组的这 6 张备用虫脾可调到大群壮大群势；巢脾缺乏的蜂场可用水冲洗大小幼虫及卵，重新作为空脾使用。及至第 6 天移虫的供虫脾是 C 组的 6 张，B 组的 6 张（第 5 天移虫后的虫脾）备用，依次循环。

（5）注意事项：第一，每天 2 组的虫脾不能调错，第一次移虫的供虫脾仍还原移虫箱，第二次再作为替补时的备用虫脾移虫后调入大群哺育；第二，加空脾时间要根据季节、冷（贮备的巢脾）暖脾和群内的热量而定。春季气温较低时空脾应在提出虫脾的当天下午 17 时加入置于隔板外让工蜂整理一夜，到次日上午

7时移到隔板里边第二框位置，也就是中间位置让蜂王产卵，及至第4日下午移虫面积最大，幼虫正适龄；夏天气温较高时幼虫长得快，空脾应在次日上午7时加入。

有些蜂场取浆移虫在上午进行，那么空脾应在当天下午17时加入。实践证明，下午取浆高出上午取浆产量约20%，应提倡下午取浆。

（6）维持群势：长期使用供虫群，按期调入子脾，撤出空脾。

（7）小场组织供虫群：选择双王群，将一侧蜂王和适宜产卵的黄褐色巢脾（育过几代虫的）一同放入蜂王产卵控制器，蜂王被控制在空脾上产卵2～3天，第4天后即可取用适龄幼虫，并同时补加空脾，一段时间后，被控的蜂王与另一侧的蜂王轮流产适龄幼虫。

3. 管理产浆群

（1）选用良种：选择蜂王浆高产、10-HDA含量高的种蜂，培育产浆蜂群的蜂王。

（2）调整子脾：大群产浆，把提上的新封盖子脾放在浆框边，可提高浆框王台接受率，并能吸引哺育蜂聚集。春秋季节气温较低时应提2框新封盖子脾保护浆框，夏天气温高时提上1框脾即可。10天左右子脾出房后再从巢箱调上新封盖子脾，出房脾返还巢箱以供产卵。

（3）培养强群：强群是蜂王浆高产的关键。产浆群应常年维持12框蜂以上的群势，巢箱7脾、继箱5脾，长期保持7～8框四方形子脾（巢箱7脾、继箱1脾）。

（4）双王繁殖，单王产浆：秋末用同龄蜂王组成双王群，繁殖适龄健康的越冬蜂，为来年快速春繁打好基础。双王春繁的速度比单王快，从生产蜂王浆的效益看，单王群较双王群好。

（5）换王选王，保持产量：产卵慢、产花子的蜂王，即使是当年新王也一律淘汰，迅速换上产卵快的新王，导入大群50～

60 天后可鉴定其蜂王浆生产能力，将产量低的蜂王迅速淘汰再换上新王。

蜂王应年年换新，老王不能长年维持强群。夏季气温高，老王产卵力下降，甚至停产，应用产卵力旺盛的年轻蜂王换下老王，保持高温季节群势不下跌，蜂多于脾，蜂王浆依然高产稳产。

（6）维持蜜、粉充足：充足的蜜粉源是培养强群的物质保证，也是蜂产品生产的物质基础。在主要蜜粉源花期，养蜂场应抓住时机大量繁殖蜜蜂。无天然蜜粉源时期，群内缺粉少糖，要及时补足，最好喂天然花粉，也可用黄豆粉配制粉脾饲喂：黄豆粉、蜂蜜、蔗糖按 10∶6∶3 重量配制。制法是黄豆炒至九成熟，用 0.5 毫米筛的磨粉机磨粉，按上述比例先加蜂蜜拌匀，将湿粉从孔径 3 毫米的筛上通过，形如花粉粒，再加蔗糖粉（1 毫米筛的磨粉机磨成粉）充分拌匀灌脾，灌满巢房后用蜂蜜淋透，以便工蜂加工捣实，不变质。粉脾放置在紧邻浆框的一侧，这样，浆框一侧为新封盖子脾，另一侧为粉脾，5～7 天重新灌粉 1 次。在蜂稀不适宜加脾时，也可将花粉饼（按上述比例配制，捏成团）放在框梁上饲喂。群内缺糖时，应在夜间用糖浆奖饲，确保哺育蜂的营养供给，达到“无花不低产，落花不落群”的境界（洪德兴，2003）。

（7）控制蜂巢温、湿度：蜂巢中产浆区的适宜温度是 35℃左右，相对湿度 75%左右。气温高于 35℃时，蜂箱应放在阴凉地方或在蜂箱上空架起凉棚，注意通风，必要时可在箱盖外浇水降温，最好是在副盖上放一块湿毛巾。

（8）注意事项：

①饲料：定地和小转地的蜂场，在产浆群贮蜜充足的情况下，做到糖浆“二头喂”，即浆框插下去当晚喂 1 次，以提高王台接受率；取浆的前一晚喂 1 次，以提高蜂王浆产量。大转地产浆蜂场要注意蜜不能摇得太空，转场时群内蜜要留足，以防到下

个场地时天下雨或者不流蜜，造成蜂群拖子，蜂王浆产量大跌。

②分批生产：备4批台基条，用来连续产浆。第四批台基条在第一批产浆群下浆框后的第三天上午用来移虫，下午抽出第一批浆框时，立即将第四批移好虫的浆框插入，达到连续产浆。第一批的浆框可在当天下午或傍晚取浆，也可在第二天早上取浆，取浆后上午移好虫，下午把第二批浆框抽出时，立即把这第一批移好虫的浆框插入第二批产浆群中，如此循环，周而复始。优点：第一，取蜂王浆和移虫的工作时间分开；第二，抽浆框后立即下移好虫的浆框，达到连续泌浆，可提高浆产量；第三，人手少的蜂场可以缓解单位时间内的劳动强度。

③蜂蜜和王浆错开生产：生产蜂蜜时，须在移虫后的次日进行，或上午取蜜，下午采浆，平时做好降温、喂水工作。

（四）提高产量和质量的措施

1. 提高产量的措施　除遵循上述技术措施外，还须注意下面几点。

（1）选用蜂王浆高产蜂种：中华蜜蜂泌浆量少，黄色意蜂泌浆量比其他蜂种多。在意蜂种群中，工蜂的泌浆量存在着差异，通过选育，目前，产浆群年产浆量高达12千克以上。大型蜂场可引进高产种蜂，然后进行育王，选育出适合本地区的蜂王浆高产品种。

（2）强群投入生产：强群生产蜂王浆，适合蜂群培育蜂王的规律，且泌浆蜂多。

（3）使用高产塑料台基、适量增加王台数：养蜂技术好、蜂群强（15框以上）、蜜源足，可加入圆柱形台基200～330个，如洪德兴师傅用内径0.95厘米、深1.2厘米的直筒圆底33孔台基条生产蜂王浆，效果显著，反之，可使用杯形台基，并减少王台数量。一般12框蜂用王台100个左右。有条件的使用深颜色的塑料台基，如黑色、蓝色、深绿色等。

（4）延长产浆期、连续取浆：早春提前繁殖，使蜂群及早投入生产。在蜜源丰富季节抓紧生产，在有辅助蜜源的情况下坚持生产，在蜜源缺乏但天气允许的情况下，视投入产出比，如果有利，喂蜜喂粉不间断生产，喂蜜喂粉要充足。

（5）虫龄适中、虫数充足：利用副群或双王群，建立供虫群，适时培育适龄幼虫，以提高生产效率和蜂王浆产量。48 小时取浆，移 48 小时龄的幼虫；62 小时取浆，移 36 小时龄的幼虫；72 小时取浆，移 24 小时龄内的幼虫。适时取浆，有助于防止蜂王浆老化或水分过大。

（6）加强管理、防暑降温：蜜粉缺乏季节，浆框放幼虫脾和蜜粉脾之间，在放入浆框的当晚和取浆的前 1 天傍晚奖励饲喂，保持蜂王浆生产群的饲料充足。

外界气温较高时浆框可放边二脾的位置，较低时应放中间位置。有条件的利用双王群进行生产；技术熟练，移虫不伤幼虫。

2. 提高质量的办法

（1）蜂群健康：生产蜂群须健康无病，整个生产期和生产前 1 个月不用抗生素等药物杀虫治病。

（2）选育优良蜂种，蜂台比例合理：选育产量和 10 - HDA 含量高的蜂种。根据蜂数多少决定放台数量：一般情况下，强群 1 框蜂放台数 8～10 个。外界蜜粉不足，蜂群群势弱，应减少放台数量，防止 10 - HDA 含量的下降，王台数量与蜂王浆总产量呈正相关，而与每个王台的蜂王浆量和 10 - HDA 含量成负相关。

（3）防止幼虫体液混入：捡虫时要捡净幼虫，割破的幼虫，要把该台的蜂王浆移出另存或舍弃。

（4）饲料优良：选择蜜粉丰富、优良的蜜源场地放蜂，对蜂群进行奖励时应慎用添加剂饲料，以免影响蜂王浆的色泽和品质。

（5）卫生：严格遵守生产操作规程，生产场所要清洁，空气流通，所有生产用具应用75%的酒精消毒，生产人员身体健康，工作时戴口罩、着工作服、帽，手和衣着整洁。取浆时不得将挖浆工具、移虫针插入口内、水下、蜜中、淀粉里，盛浆容器务必消毒、洗净、晾干，不得剩水或余酒。整个生产过程尽可能在室内进行，禁止无关的物品与蜂王浆接触。

（五）过滤与保存

生产出的蜂王浆及时用60或80目滤网，经过离心或加压过滤，然后装入蜂王浆专用瓶或壶内；不能过滤和无良好保存条件的蜂场，要及时交售给收购单位，收购单位应及时过滤掉蜡渣等杂质。过滤后的蜂王浆，按1千克、6千克分装密封，及时存放在－25～－15℃的冷库或冰柜中贮藏（图6-25）。蜂场野外生产，应在篷内挖1米深的地窖临时保存，上盖湿毛巾，并尽早交售。

图6-25　内衬袋外套盒包装王浆
（张中印　摄）

养蜂场或收购单位严禁在久放或冷藏（冻）后过滤，防止10-HDA的流失。

二、计数蜂王浆

计数蜂王浆有王台蜂王浆和蜂王胚蜂王浆2种，生产原理、蜂群管理、移虫操作与计量蜂王浆的相似。王台蜂王浆是将装满蜂王浆的王台从蜂群提出，捡净幼虫，立即消毒、装盒贮存。蜂王胚蜂王浆是从蜂群中取出王台，连幼虫带王台，经消毒处理后装盒冷冻保存。在销售、保存、使用时，均以1个王台为基本单位进行。

（一）生产工具、条件和方法

1. 专用工具（计数蜂王浆盒）　由盒盖、底座、王台座条、单个王台、取浆勺等组成（图6-26）。每个王台都可以从王台座条上装上或取下，便于置换王台，使产品符合标准，浆框的每梁可安放2条24个王台。

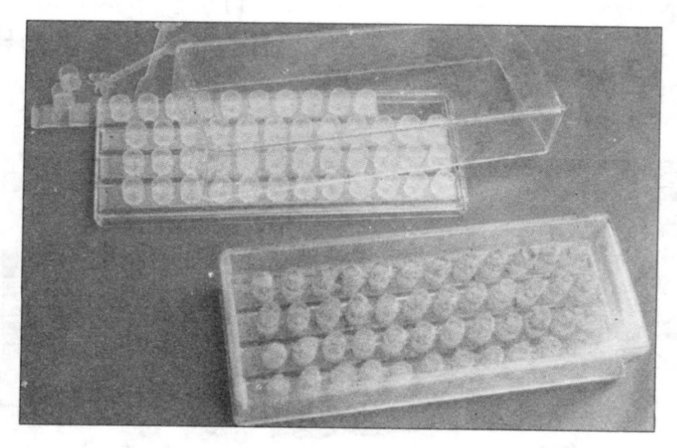

图6-26　计数蜂王浆（示：底座和台基）
（孙士尧　摄）

所有组件透明无毒，有一定的硬度，符合卫生要求，并一眼可看出蜂王浆的外观质量，且能最大限度地保持蜂王浆的天然状态和活性成分不变。

2. 生产条件　生产群要求达到浆蜂10框以上、蜜浆型蜂12框以上蜜蜂，还要求蜜蜂泌蜡洁白，台基中泌浆量一致且量足，产浆技术更加熟练，有冷冻设备或生产后能迅速卖掉。若蜜粉源较充足，全年都可以组织生产。

3. 组织管理　用隔王板把生产群的蜂巢隔为生产区和繁殖区，产浆区组织小幼虫脾放中间，粉脾放两侧，往外是新封盖蛹脾和蜜脾，浆框插在幼虫脾和粉蜜脾之间。生产一段时间后，蜜蜂形成条件反射，就可以不提小虫脾放继箱，巢脾的排列则为蜜粉脾在两边，浆框两侧放新封盖蛹脾，每 6 天（2 个产浆期）调整 1 次蜂群，在生产期，浆框两侧不少于 1 张封盖蛹脾。保持蜂多于脾，饲料充足，视群势强弱增减王台数量。

4. 组装台条　将单个王台推进王台条座的卡槽内，12 个王台组成 1 个王台条，浆框的每一个框梁上安放 2 条王台条，再把每条王台条用橡皮圈固定在浆框的框梁上（根据王台条的长短，在浆框木梁两端及中间各钉 1 个小钉，钉头距木框 3 毫米，用橡皮圈绕木梁一周后捆住王台条，然后挂在小钉 3 毫米的钉头上）（图 6－27）。

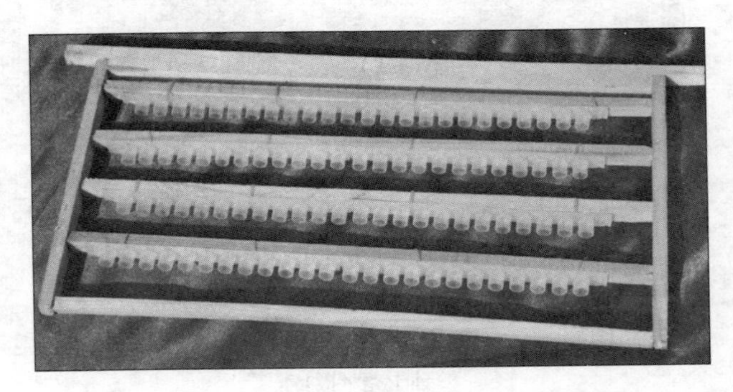

图 6－27　计数蜂王浆框

（孙士尧　摄）

5. 插浆框　移好虫的浆框要及时插入产浆群，初次插框产浆时，首先要提前 1～2 小时将产浆群中的虫脾和蜜粉脾移位，使之相距 30 毫米，插框时徐徐放下，不扰乱蜂群的正常秩序。一般情况下，蜂群达到 8～9 框蜂的可插入有 72 个王台的浆框；达到 12 框蜂的可插入有 96 个王台的浆框；达到 14 框蜂以上的可插入有 144 个王台的浆框，或隔日错开再插入 96 个王台的浆框，保持一个大群有 2 个浆框。但在蜜源、蜂群不太好的情况下，即使插入1个浆框也要酌情减少王台数量，首先减去上面的1条，后减下面的1条，留中间2条，这样王台条刚好在蜂多的位置，以便工蜂泌浆育虫和保温。

在插浆框的同时插入待修王台的浆框。

6. 及时补虫　补虫方法同本节计量蜂王浆的生产。此外，还可把已接受幼虫的王台集中一框继续生产，没接受幼虫的王台重新组框移虫再生产。

7. 收浆装盒　收取计数蜂王浆的时间，一般在移虫后60～70小时（2.5～3天）。收取计数蜂王浆的早上，边收浆框边在原位置放进移好虫的浆框，或把前1天放入的浆框移到该位置，并加入待修台的浆框，以节约时间，并减少开箱次数。从箱内提出的浆框，将附着浆框上的蜜蜂轻轻抖落在蜂箱内，再用清洁的蜂扫拂去余蜂，或用吹蜂机吹落蜜蜂，勿将异物吹进王台中。

从浆框梁上解开橡皮圈，将王台条从框梁上卸下来，用镊子小心捡拾幼虫，注意不能使王台口变形，一旦变形要修整如初，否则，应与不足0.5克的王台一同换掉，使整条王台内蜂王浆一致，上口高度和色泽一样，另外还要注意蜂王浆状态不被破坏。

取出的计数蜂王浆用刀片、酒精清污消毒后，将王台条推进王台盒底的王台条插座内，用75%的酒精喷洒王台盒内外后，放2支取浆勺，盖上盒盖，放进计数蜂王浆专用泡沫箱内，送冷库冷冻存放。

（二）提高产量和质量的措施

1. 提高产量的措施　与本节计量蜂王浆的生产措施大致相同，需要注意的几点是：

（1）选育高产蜂种：如萧山浆蜂、浙农大1号等都是计数蜂王浆高产蜂种。

（2）补粉奖糖：定地养蜂在缺乏蜜粉源的季节，在浆框一侧，添加混合粉（1/3纯花粉加2/3的脱脂豆饼粉做成的粉饼），移虫当天或收取浆框的前夕用1∶2的糖水奖励饲喂。

（3）调脾连产：6～7天从巢箱内或其他蜂群中，给产浆区调入幼虫脾或新封盖子脾，促使更多哺育蜂在此处集结泌浆育虫，只要无特殊情况，不能中断调脾和生产。

2. 提高质量的办法

（1）质量要求：每个王台内蜂王浆含量不少于0.5克；王台口蜡质洁白或微黄，高低一致，无变形、无损坏；王台内的幼虫要求取出的，应全部捡净，并保持蜂王浆状态不变。浆框提出蜂箱后，取虫、清污、消毒、装盒、速冻以最快的速度进行，忌高温和暴露时间过长。盒子透明，不能磨损和碰撞，盒与盒之间由瓦楞纸相隔，采用泡沫箱包装。

（2）计数蜂王浆的质量控制同计量蜂王浆的生产。

第三节　生产蜂花粉

2010年全国生产蜂花粉约10 000吨。作为商品出售的约3 000吨，其中油菜蜂花粉650吨，基本用于制药，内外贸销售约1 100吨。蜂花粉被直接食用的约200吨，其他则是作为蜜蜂饲料消耗掉。

在粉源丰富的季节，有5脾蜂的蜂群就可以投入生产，单王群8～9框蜂生产蜂花粉最适宜，双王群脱粉产量高而稳产。在蜂蜜歉收年景，生产适销对路的蜂花粉，同样能保证好收益，一个管理得法的蜂场，生产蜂花粉的效益有时超过蜂蜜和蜂王浆。而且，进行蜂花粉生产的蜂群，只要选择好巢向和脱粉器，做好防暑降温和管理工作，就不会影响蜂王浆的产量和蜂群的繁殖。同时，有助于植物授粉。生产蜂花粉，还要了解市场行情，选择优良的或具有特殊用途的粉源场地。

一、生产蜂花粉

（一）生产原理

花粉是高等植物雄性生殖器官——雄蕊花药中产生的生殖细胞，其个体称为花粉粒。当花粉成熟时，花药裂开，散出花粉粒。

蜜蜂采集植物的花粉，并在后足花粉篮中堆积成团带回蜂巢（图 6-28）。根据蜜蜂采集携带花粉的习性，在巢门或箱底装上脱粉器，当蜜蜂归巢通过脱粉孔时，其后足携带的两团花粉就被截留下来，待接粉盒积累到一定数量蜂花粉后，集中收集晾（烘）干。

图 6-28　蜂花粉的采集

（引自 beeman. se. com）

（二）生产条件

生产蜜蜂花粉首先要有丰富的粉蜜源植物，一般要求一群蜂应有油菜 3～4 亩、玉米 5～6 亩、向日葵 5～6 亩、荞麦 3～4 亩供采集，并选择有多种粉源植物衔接的地方放蜂，以延长生产期。

适宜的天气、合理的蜂群群势和优良的生产工具，是蜜蜂花粉高产优质的保证。生产蜂花粉的场地要求植被丰富，空气清新，无飞沙与扬尘；周边环境卫生，无苍蝇等飞虫。

（三）生产技术

1. 组织脱粉蜂群　生产蜂花粉，5 脾蜂就行，单王群 8～9 框蜂的群势为佳。在生产花粉 15 天前或进入粉蜜源场地后，有计划地从强群中抽出部分带幼蜂的封盖子脾补助弱群，使之在粉蜜源开花时达到 8～9 框的群势，或组成 10～12 框蜂的双王群，增加生产群数。

2. 选择脱粉工具　根据蜂种、群势、蜜源、不同季节的温湿度、箱内贮粉多少等，灵活选用脱粉器，避免因脱粉而影响繁殖。我国多使用巢门脱粉器生产蜂花粉。钢木巢门脱粉器是用优质木材做支撑架，用 24 号或 26 号不锈钢丝做刮粉孔圈，在使用过程中，具有孔圈大小变化小、对蜜蜂损伤少、蜜蜂进巢速度快、脱掉花粉团的效率高等优点。

（1）根据工作蜂的多少选用不同排数的脱粉器，解决蜜蜂进巢拥挤造成的不良后果。10 框以下的蜂群选用二排的脱粉器，10 框以上的蜂群选用三排及以上的脱粉器。

（2）根据季节的温度和湿度、蜜源以及蜂种间个体大小的差异选用不同规格（孔径）的脱粉器。西方蜜蜂一般选用 4.8 毫米及其以上孔径的脱粉器，干旱年景使用 4.7 毫米的；早春与晚秋温度低、湿度大时用 4.8、4.9 毫米的。如山西省大同地区的油菜花期、内蒙古的葵花期使用孔径 4.7 毫米的，其他地区的油菜花期使用 4.7、4.8 毫米的；驻马店的芝麻花期使用 4.8 毫米的，南方茶叶花期使用 4.8、4.9 毫米的；4.9 毫米孔径的适用于低温、湿度大、花粉团大的蜜粉源花期生产蜂花粉，如四川的蚕豆、板栗花期。

4.5、4.6 毫米孔径的适用于中蜂脱粉。

3. 管理脱粉蜂群

（1）根据温度、纬度选择巢向，避免阳光直射：春天巢向南；夏、秋面向东北方向，巢口不对着风口，仅在上午生产花粉的蜂群，其巢门也可向南。

（2）加强繁殖，协调发展：正常情况下，花粉产量与蜂群中幼虫的多少呈正相关。所以，一方面要促进蜂群的繁殖，做到卵、虫、蛹、蜂的比例正常，幼虫发育良好。另一方面，青壮年蜂比老年蜂爱采花粉，而且采集的花粉团大，青壮年蜂越多，产量就会越高，因此，应在花粉开始生产前 45 天至花期结束前 30 天有计划地培育适龄采集蜂。

采用大、小群互换箱位，或小群小子拿到大群、超出群势的大群出房子脾调到小群等方法，使生产群的群势尽可能合理，这样可以达到大群高产，小群发展又高产的目的。继箱群应根据蜂、虫比例，上、下适当调脾。

（3）蜂数足、饲料够：根据季节的温度、湿度和蜜源，使群势强、弱适中和蜂脾比相称或蜂略多于脾，工蜂才能积极采集，调温能力也强。

巢内花粉够吃不节余，或保持花粉略多于消耗（使用 4.8 毫米孔径的钢木脱粉器脱粉，7 天后箱内无存粉）。无蜜源时先喂好底糖（饲料），有蜜采进但不够当日用时，每天晚上喂，达到第二天糖蜜的消耗量，以促进繁殖和使更多的蜜蜂投入到采粉工作中去，特别是旱天更应每晚饲喂。

（4）注意观察，防止热伤：脱粉过程中若发现蜜蜂爬在蜂箱前壁不进巢、怠工，巢门堵塞，应及时拿去覆布、掀高大盖或暂时拿掉脱粉器，以利通风透气，积极降温，查明原因及时解决。气温在 34℃以上时应停止脱粉。若全场同时脱粉，同一排的蜂箱应同时安装或取下脱粉器，以预防盗蜂和蜜蜂偏集。

（5）预防蜜蜂回采花粉：连续晾晒的花粉碎团粒多，或因箱内缺粉、外界粉源缺乏，蜜蜂就会在晾晒的花粉上采集。其解决方法是，在晾晒的花粉上盖绵纱布，让蜂带适量的花粉回巢，使其够用。

采粉对生产蜂蜜有不同程度的影响，要根据蜂蜜与花粉的价格和流蜜情况决定是生产蜂蜜还是花粉。

4. 规范脱粉技术

（1）安排好时间：一个花期，应从蜂群进粉略有盈余时开始脱粉，而在大流蜜开始时结束或改脱粉为抽粉脾。一天中，一般应在7～14时（如山西省大同的油菜花期、太行山区的野皂荚蜜源），有些蜜源花期可全天脱粉（在湿度大、粉足、流蜜差的情况下），有些只能在较短时间内脱粉（如玉米和莲花粉，只有在早上7～10时才能生产较多的花粉）。

图6-29　截取蜂花粉
（张中印　摄）

在一个花期内如果蜜、浆、粉兼收，脱粉应在9点以前进行，适时安装和取下脱粉器，下午生产蜂王浆，两者之间生产蜂蜜。专门生产蜂花粉，应在群势还较弱或外界粉多蜜少的情况下进行，脱粉器装上后，可一直到脱粉结束时取下。当主要蜜源大流蜜开始，要取下脱粉器，集中力量生产蜂蜜。

（2）安装脱粉器：先把蜂箱垫成前低后高，取下巢门档，清理、冲洗巢门及其周围的箱壁（板）；然后，把脱粉器紧靠蜂箱前壁巢门放置，堵住蜜蜂通往巢外除脱粉孔以外的所有空隙，并与箱底垂直（图6-29）；最后，在脱粉器下安置簸箕形塑料集粉盒（或以覆布代替），脱下的花粉团自动滚落盒内，积累到一定量时，及时倒出。

（四）蜂花粉的干燥与贮存

1. 蜂花粉的干燥　刚生产的蜂花粉含水量高，花粉团松软湿润，容易散团，加上花粉营养丰富，易被微生物污染与破坏，某些昆虫产在花粉团上的虫卵还会孵化蛀食花粉，因此，要及时进行干燥和灭虫处理。

蜂花粉的干燥除采用日光晒干和通风晾干外，还可利用恒温箱干燥，其方法是：把花粉放在烘箱托盘上的衬纸上或托盘上的棉纱布上，接通电源，调节烘箱温度在45℃，8小时左右即可收取保存。

2. 蜂花粉的保存　干燥后的花粉除用双层无毒塑料袋密封后外套编织袋包装外，也可用铝箔复合袋抽气充氮包装。花粉在保存过程中主要防虫蛀、鼠咬、霉变，同时防止在贮存过程中成分的变化。

蜂花粉防虫蛀的方法是对蜂花粉进行消毒和灭虫工作，只要蜂花粉干燥到含水量在5%以下或在低温下保存即可防止霉变，贮存蜂花粉的库房要干净卫生、无鼠洞。实践证明，花粉在−5℃的库房中贮放最好，并做好上述工作。蜂场临时贮存花粉应放在通风、干燥、阴凉处，并时刻防止鼠害。

（五）提高产量和质量的措施

1. 提高产量的措施

（1）选准花期和脱粉工具：根据蜜源花期，适时放蜂脱粉。脱粉工具的选用见本节。

（2）使用良种，优化群势：繁殖力强的种群，蜂花粉产量高，国蜂213和蜂王浆高产种蜂适合脱粉，且花粉团大。以8～9框蜂的群势为好，在粉源好、繁殖好的情况下采用双王群生产，效果更佳。

（3）新王生产，连续脱粉：气候对新王产卵影响不明显，且新王分泌激素多，产的卵个大质量高，使工作蜂采集积极。因此生产蜂花粉的蜂群要更换老、劣蜂王，不使用无王群生产。

在有粉进箱花粉够用时要连续脱粉，不够用或粉源差时再取下脱粉器，雨后及时脱粉。

（4）三不、两少：脱粉蜂群在生产过程中不换王、不治螨、不介绍王台，这些工作要在脱粉前完成。同时要少检查、少惊动。

（5）饲料充足：在生产初期，将蜂群内多余的粉脾抽出妥善保存，但要保证蜜蜂繁殖用的花粉充足又不剩余。维持巢内糖饲料充足，在当天采的花蜜不足以补充当天消耗的情况下要进行奖励饲喂；在流蜜较好进行蜂蜜生产时，应有计划地分批分次取蜜，给蜂群留足糖饲料，以利蜂群繁殖。

2. 提高质量的措施

（1）选择场地，防止污染：有些植物的蜜、粉对人或蜜蜂有害，有些则有不良气味和味道，都是放蜂的避忌，而荷花、油菜、板栗、野皂荚、茶花、栾树、瓜花等集中生长且环境清新的地方都是生产商品花粉的优良粉蜜源场地。

防治病虫害应在脱粉前施行，生产前冲刷箱壁，脱粉中不治螨，不使用升华硫，不用病群生产，以免污染蜂花粉。若粉蜜源植物施药，应停止生产。

（2）勤倒粉盒，分开收集，科学晾晒：集粉盒面积要大，当盒内积有一定量的花粉时要及时倒出晾干，以免压成饼状。

在采杂粉多的时间段内和采杂粉多的蜂群，所生产的花粉要与纯度高的花粉分批收集，分开晾晒，互不混合（图 6-30）。

晾晒要用无毒的塑料布或竹席承垫，倒出的花粉要均匀，厚度约 10 毫米为宜，蜂花粉上覆盖一层棉纱布。晾晒初期少翻动，如有疙瘩时，2 小时后用薄木片轻轻拨开。尽可能一次晾干，干的程度以手握一把花粉听到唰唰的响声为宜。若当天晾不干，应装入无毒塑料袋内，第二天继续晾晒或作其他干燥处理。对莲花

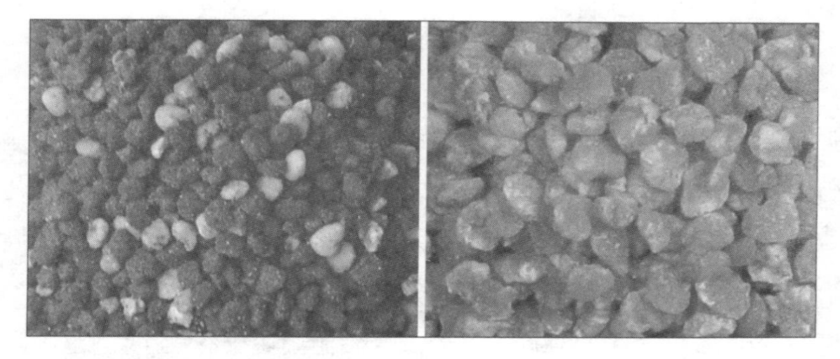

图 6-30 不同花粉
左：杂花粉 右：纯茶花粉
（张中印 摄）

粉，3小时左右须晾干。不得在沥青、油布（毡）上晾晒花粉，以免变黑和沾染毒物。

（3）重视保存，防水浸染：晾干的蜂花粉，要及时装在内衬有2层无毒塑料袋的编织袋内，每袋40千克，密封，置于阴凉通风处保存，在交售前不得反复晾晒、倒腾。在有雨天气，应收回和放好脱粉器和集粉盒，防止脱粉器和水珠浸染花粉团。莲花粉须在塑料桶、箱中保存，内加塑料袋。

二、蜂粮的获得

蜂粮的质量稳定、口感好，卫生指标高于蜂花粉，营养价值优于同种粉源的蜂花粉，易被人体消化吸收，而且不会引起花粉过敏症。因此，蜂粮的生产前景广阔。

（一）蜂粮来源与生产原理

蜂粮（Bee bread）是蜜蜂采集植物的花粉粒（pollen grain）加入工蜂口腺的分泌物和蜂蜜，贮藏在巢房中，夯实并在微生物的作用下，经一系列生物化学变化而成（图6-31）。

图 6-31　蜂　粮

（引自张中印；黄智勇）

正常情况下，蜜蜂把蜂粮贮藏在子圈外围的巢房，形成粉圈，以便哺育蜂取食喂大幼虫或使刚出房的幼蜂容易吃到蜂粮，也有利于蜂巢保温。从整个蜂巢来看，蜂粮在子圈和蜜圈之间，呈一个中空的球壳。因此，生产蜂粮时，要把生产工具安放在离子脾最近而又不让蜂王产上卵的位置，待蜂粮贮存到一定量的时候，及时把蜂粮脾提到边脾或继箱上，当有部分蜂粮巢房封盖时，即可抽出来进一步加工包装。

（二）生产工具和生产技术

1. 生产工具　生产蜂粮，除需要一般的养蜂生产工具外，它要求有生产蜂粮的巢脾——蜂粮脾，蜂粮脾是有活动巢房的塑料巢脾（可拆卸和组装）（图 6-32），其产品是颗粒状的蜂粮；还可用蜡质巢脾生产，与普通巢脾相比，其使用的巢础必须是由纯净的蜜盖蜡轧制的，无础线，脾造好后要让蜂王产上卵育过 2～3 代虫，然后再用于生产蜂粮，其产品是切割成各种造型的块状。

另外，生产蜂粮，还可参照生产盒装巢蜜的方法，用巢蜜盒生产蜂粮，取出装满蜂粮的盒子，经过消毒、清污和灭虫后，盖

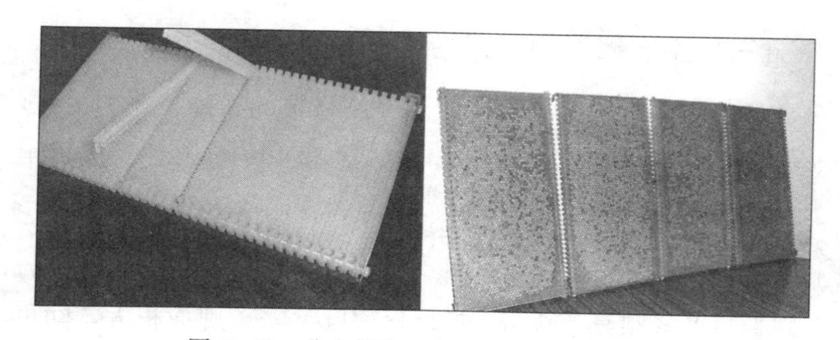

图 6-32 分合巢房（左）、蜂粮巢脾（右）
（张少斌 摄）

上盒盖即可出售。

2. 生产技术

（1）单王群生产：用三框隔王栅和框式隔王板把蜂巢分成产卵区、哺育区和生产区三部分。蜂王在靠箱壁一侧有 3 张脾的产卵区产卵，3 张脾从箱壁到隔王板依次是封盖子脾、大幼虫脾和正在出房的老封盖子脾或 1 张空脾。蜂粮生产脾放在隔王板外侧，即第 4 张脾的位置，使巢门正对着蜂粮生产脾，再依次排放有大面积幼虫的巢脾和整蜜脾。蜂粮生产脾加入 1 周左右，视贮粉多少，及时提到继箱，等待成熟，当有部分蜂粮巢房封盖，即取出，再进一步处理，原位置再放蜂粮生产脾，并把 3 区巢脾调整如初（图 6-34）。

（2）双王群生产：用框式隔王板把巢箱隔成三部分，若三部分相等，中间区的中央放无空巢房的虫脾或卵脾，其两侧放蜂粮生产脾；若中间区有两个脾的空间，则放两张蜂粮脾。在靠箱侧的两区各放 3 张带王的巢脾，3 张巢脾从箱壁往里依次是新封盖子脾、大幼虫脾和正出房的老子脾或 1 张适合产卵的空脾。继箱与巢箱之间加平面隔王板，继箱中放子脾、蜜脾和浆框。当巢房贮满蜂粮后及时提到继箱使之成熟，有部分蜂粮封盖后取出（图 6-35）。

（三）生产蜂群的管理措施

1. 选育优质蜂王　首先要求生产蜂粮的新蜂王产卵力强，能维持大群，分蜂性弱，工蜂采粉和贮粉积极；其次，性情温驯，抗病。浆型种王较适合花粉的生产。

2. 蜂群　生产蜂粮的蜂群群势与生产蜂花粉蜂群的群势基本一样，有5框蜂即可生产，以8～12框蜂的群势为佳，双王强群生产蜂粮具有优势。蜂群繁殖旺盛，子脾面积大，幼虫多，蜂数足，蜂脾比达到相称或蜂略多于脾。

3. 粉、子脾的调整　在外界蜜粉源丰富时，放进蜂巢的蜂粮生产脾，蜜蜂1天即可装满花粉，要及时把装满花粉的蜂粮脾调到边脾或继箱的位置，让蜜蜂继续酿造，当有一部分巢房封盖即表示成熟，及时抽出。在原位置再放进蜂粮生产脾，以供贮粉，继续生产。

在产卵区，要适时在傍晚供给正出房的封盖子脾，以使该区无多余的贮粉巢房，而又不影响蜂王正常产卵，其子脾调到蜂粮脾外侧，保持蜂粮脾外侧一直是大面积的子脾。

4. 选择粉蜜源场地　青海、甘肃、陕西、内蒙古、山西等地的油菜、葵花、荞麦，河南的芝麻，太行山的野皂荚蜜源，长江流域和河南信阳地区的莲花蜜源和板栗蜜源，以及江苏、浙江、安徽、河南信阳等地的茶花都是生产蜂粮的优良粉蜜源场地。

5. 预防分蜂热　生产蜂粮，是让蜜蜂在食粮丰富的情况下进行采集，因此要时刻注意蜂群的增长动态，除及时抽出蜂粮脾外，要给蜂群创造良好的生活环境，预防分蜂热。

6. 连续生产　生产蜂粮和生产蜂花粉一样，也要求连续生产，只要外界粉源较好就坚持生产，使蜜蜂建立起来的条件反射得以充分利用，以提高产量。

7. 奖励饲喂　在粉源较好而流蜜不好的情况下，每天对蜂群进行饲喂，饲喂的量以当天够蜂群消耗为宜，促进蜂群繁殖，同时可以进行蜂王浆的生产。

（四）蜂粮的保存与初加工

1. *保存* 抽出的蜂粮脾用75%的食用酒精喷雾消毒及用无毒塑料袋密封后，放在-18℃的温度冷冻48小时，或用磷化铝熏蒸杀死寄生其上的害虫。蜂粮脾经消毒、灭虫后即可放在通风、阴凉、干燥处保存。保存期间要防鼠害，防害虫的再次寄生，防污变质。若保存条件不好，应及时交售。

2. *初加工* 经消毒和灭虫的蜂粮，在塑料巢脾内，应拆开收集，用无毒塑料袋包装后待售（图6-33）。在蜡质巢脾内的蜂粮，可用模具刀切成所需形状，用无毒薄塑料密封后，再用透明塑料盒包装，标明品名、种类、重量、生产日期、食用方法等，即可出售或保存。

图6-33 蜂 粮

（张少斌 摄）

蜂粮的生产方法与应用，目前报道较少，技术措施还不成熟，有待于进一步研究和开发。

第四节　蜂胶的生产

目前，我国蜂胶年生产能力约350吨，出口占50%以上。近些年来，蜂胶被制成多种产品，已成为国内保健消费热潮。蜂胶制品的销售，促使国内许多蜂产品企业迅速崛起，让蜂拥而起的蜂产品零售商店得到丰厚的利润，巩固和带动了养蜂业的发展。据保守估计，国内蜂胶制品的年销售额不低于25亿元人民币。蜂胶的生产越来越受到重视，产量也在逐步提高。

一、蜂胶的来源与蜜蜂贮胶习性

蜂胶来源于植物，是工蜂从植物幼芽和树干破伤处采集树脂（图6-34、图6-35），混入上颚腺分泌物等加工而成的一种具有芳香气味的固体物。

图6-34　杨树芽分泌的树胶

（张中印　摄）

蜜蜂在气温较高的夏秋季节采胶。蜂群中一般是较老的工蜂进行采集、加工和利用蜂胶，采胶蜂也较少。西方蜜蜂喜好采胶，东方蜜蜂不采胶。

蜜蜂采胶是用来填补蜂箱裂缝、缩小巢门、加固巢框、涂抹巢房（巢房上光）、包埋小动物尸体防止腐臭、抑制病虫害和蜂

图 6-35　蜜蜂采集杨树芽胶
（房柱　提供）

图 6-36　蜜蜂堆积在框耳、箱沿和纱盖上的蜂胶
（张中印　摄）

巢内微生物的生长等，因此，蜂巢中积胶较多的地方是蜂巢上方、纱盖、覆布、巢门等处，其次是框梁、箱壁、隔板、隔王板

边框等（图 6-36）。蜜蜂填补缝隙的宽度，在巢穴上方为 1.0～3.0 毫米、中部 1.0～2.0 毫米、下部 1.0～1.5 毫米，深度一般为 1.5～3.0 毫米。

二、生产蜂胶的原理与生产条件

1. *生产原理* 根据蜂胶的来源和蜜蜂的贮胶习性，可人为地在蜂巢中集胶较多的地方设置集胶器。如在生产季节用木条支离覆布，造成覆布与纱盖或与蜂巢的一定间隙（2.5～3 毫米），或在巢门或框梁上安装带有许多缝隙的集胶器，让蜜蜂贮胶，当贮到一定量的时候，取出来，用刀刮取，或使其冷冻（15℃以下）后再用木棒敲击、挤压的方法使蜂胶与集胶器脱离，最后收集起来。平时也可在蜂箱内刮集蜂胶。

2. *生产条件* 专门生产蜂胶要求外界最低气温在 15℃以上，蜂场周围 2.5 千米范围内有充足的胶源植物；蜂群强壮、健康无病、饲料充足。

产蜂胶的工具主要有刮刀（竹的或不锈钢的）、巢门集胶器、格栅集胶器、集胶副盖、20～60 目的白尼龙纱网、3 毫米厚的小木条、冰柜、无毒塑料袋等，生产蜂胶的工具使用前必须清洗干净并晒干。

三、生产方法和提高质量的技术

（一）放置集胶器具

1. *用尼龙纱网取胶* 在框梁上放 3 毫米厚的竹木条，把 30 目左右的双层尼龙纱网放在上面，再盖上盖布。检查蜂群时，打开箱盖，揭下覆布，然后盖上，再连同尼龙纱网一起揭掉，蜂群检查完毕再盖上（图 6-37）。

2. 用副盖式取胶器（与平面隔王板类似，只是竹丝间隔为2.5毫米）代替副盖使用，在蜜蜂活动季节连续生产。此外，还可在蜂巢两侧放置格栅集胶器积累蜂胶（图6-38）。在使用全副盖式集胶器生产蜂胶时，须盖好覆布，在炎热天气，把覆布两头折叠5～10厘米，以利通气和积累蜂胶，转地时取下覆布，落场时盖上，并经常从箱口、框耳等积胶多的地方刮取蜂胶粘在集胶栅上。不颠倒使用副盖集胶器。

图6-37　放置塑料纱网
（张中印　摄）

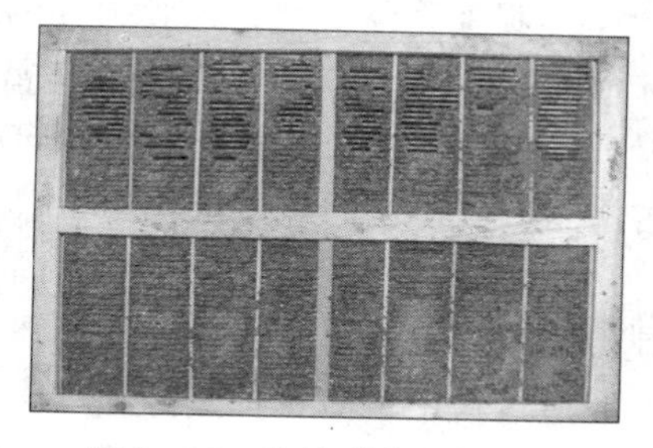

图6-38　竹丝副盖聚集蜂胶
（张中印　摄）

（二）采收保存蜂胶

1. 采收蜂胶　利用上述方法，待蜂胶积累到一定数量时（一般历时25天）即可采收。从蜂箱中取出尼龙纱网或集胶器，放冰箱冷冻后，用木棒敲击、挤压或折叠揉搓，使蜂胶与取胶脱离。取副盖集胶器上的蜂胶时，在15℃以下为宜，否则用冷水处理降温，再用不锈钢或竹质取胶叉顺竹丝剔刮，取胶速度快，蜂胶自然分离。在日常管理蜂群时，可直接用刮刀铲下巢、继箱口边缘、隔王板和框耳等处的蜂胶（图6-39）。

2. 保存蜂胶　采收的蜂胶及时装入无毒塑料袋中，1千克为一个包装，于阴凉、干燥、避光、通风处密封保存，并及早交售。一个蜜源花期的蜂胶存放在一起，勿使混杂。袋上应标明胶源、时间、地点、采集人。一般是当年的蜂胶质量较好，1年后蜂胶颜色加深、品质下降。

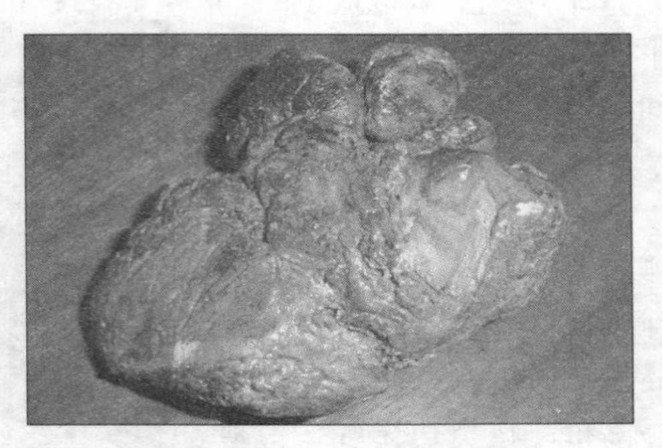

图 6-39 采收后聚积成块的蜂蜜
（张中印 摄）

（三）提高质量和产量

1. 提高产量　选择采胶力强的蜂种（如高加索蜂），或定向选育采胶力强的蜂群；在胶源丰富或蜜、胶源都丰富的地方放蜂；利用副盖式采胶器和尼龙纱网连续积累，防止金属污染，及时清除取胶器上的蜂蜡。

2. 提高质量　影响蜂胶品质的主要因素是胶源植物和生长地，以及挥发油含量、金属污染和蜂蜡等杂质。因此，在蜂胶生产贮运过程中，应选择胶源和环境优良的地方放蜂，严格按要求操作，用白色尼龙纱网和集胶器生产，生产工具要清洗消毒；在生产前刮除箱内的蜂胶，生产期间，不得用水剂、粉剂升化硫等药物对蜂群进行杀虫灭菌，生产蜂胶的人员要健康；采收过程中，认真清除蜡瘤、木屑、棉纱纤维、死蜂肢体等杂质；流蜜期及时取蜜和造脾，缩短生产周期；不得对蜂胶加热过滤和掺杂使假（如胶包蜡、粉等），包装袋要无毒并扎紧密封，及时交售。

（四）生产实践成功范例

1999 年河南科技学院试验蜂场，利用 30 目白色尼龙纱网在

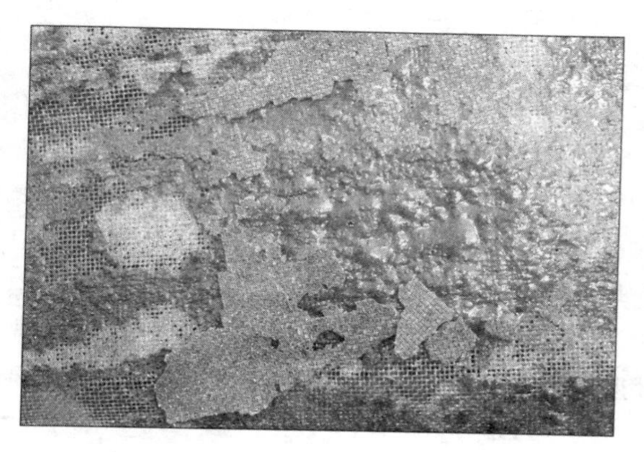

图 6-40　白色尼龙纱网采胶

（张中印　摄）

校本部的生产结果（图 6-40）：在立秋后的 25 天，40 个生产群，本地意蜂，群势 6～11 框蜂，每群生产蜂胶平均 67 克，超过 100 克的有 9 群，最高的达到 113 克。经测定，该批蜂胶 95%乙醇溶出率达到 92%。

第五节　蜂毒的生产

我国现有 500 多万群活框饲养的西方蜜蜂，还有 200 多万群中蜂，以西方蜜蜂每群年产蜂毒粗品 1 克计算，每年可收获蜂毒纯品 2 000 多千克，相当于增产蜂蜜 20 000 吨的产值。2 000 千克蜂毒制成药剂供注射、外用、电离子导入或超声波透入法治病，能供 1 000 万患者使用一个疗程。实际上，我国目前蜂毒的年产量仅 80 千克左右。因此，开发利用蜂毒，既增加养蜂者收入，又提供了优良的天然药材，潜力巨大，前景广阔。

人类应用蜂毒的历史悠久，早在 1 700 多年前，古罗马医学家 Galen 记载蜂毒有止痛等多种用途，而生产蜂毒始于 20 世纪初期，1927 年德国制造出第一个蜂毒制品——蜂毒注射液

“Apicosan”。我国福建农林大学缪晓青教授研究开发的神蜂精，专门用于刮痧治病；房柱主任医师研究开发出了房氏蜂肽油等产品，都被广泛应用。蜂毒的生产从最初的捕捉蜜蜂手工取毒，进而用乙醚麻醉蜜蜂取毒，再发展到用电取毒，前后经历了这3个阶段。电取蜂毒技术逐渐成熟，并成为现在的主要取毒方法。与前两者相比，电取蜂毒操作简便、效率高、产量高、卫生，对蜜蜂伤害较轻。但是，电取蜂毒过程中，还不能防止副腺产生的乙酸乙戊酯等13种挥发性物质的损失，液体蜂毒在常温下很快会干燥成骨胶状的透明晶体，干蜂毒只相当于液体蜂毒重量的30%～40%。

一、蜂毒的产生及其影响因素

1. 蜂毒的产生　蜂毒是工蜂毒腺及其副腺分泌出的具有芳香气味的一种透明毒液，贮存在毒囊中，蜜蜂受到刺激时由螯针排出（图6-41）。1只工蜂一次排毒量约含干蜂毒0.085毫克，毒液排出后不能再补充。电取蜂毒，每群每次约有2 000～2 500只蜜蜂排毒，可得到干蜂毒0.15～0.22克。雄蜂无螯刺和毒腺，不能产生蜂毒；蜂王的毒液约是工蜂的3倍，但只在两王拼斗时蜂王才伸出螯针射毒，又因其量少，而无实际生产价值。

图6-41　工蜂受到刺激排出的毒液
（张中印　摄）

2. 影响的因素　1只新出房的工蜂只有很少的毒液，随着日龄的增长，毒囊中的蜂毒量逐渐增加，到15日龄时有0.3毫克左右，18日龄蜂毒量达到最高峰。在蜜、粉充足的条件下，工蜂排毒量大，春季比秋季能生产更多的蜂毒，而整个冬季则保持同样多的蜂毒量。蜂种间也有差异，东方蜜蜂的蜂毒量低于西方蜜蜂的蜂毒量。

二、生产原理与生产条件

1. *生产原理*　青壮年工蜂在受到低压电流的刺激后就会产生自卫性的刺螫行为，毒囊中的毒液通过毒液道排出，同时招引同伴攻击同一个目标——刺激物，若用玻璃板等承接毒液，受空气的影响，毒液迅速干燥并成晶体。用不锈钢刀等工具把蜂毒晶体刮下集中，干燥后即成粗蜂毒（图 6-42）。

2. *生产条件*　生产蜂毒的蜂群，要求有较强的群势，青壮年蜂多，蜂巢内食物充足，外界气温在 15℃以上的晴朗天气。

图 6-42　蜂　毒

（张中印　摄）

采毒工具：QF-1型蜜蜂电子自动取毒器——副盖式电取蜂毒器（由电网、集毒板、电子振荡电路等构成）、小玻璃瓶、不锈钢刀片、化学干燥器、酒精、药棉等。生产前对各工具认真擦洗消毒。

三、电取蜂毒操作技术

1. *操作方法*　取下巢门板，将取毒器接上电源（在器体的电池盒内装上 2 节 5 号电池，或采用 2～3 伏外接直流电源）后，从巢门口插入（图 6-43）箱内 30 毫米或安放在副盖（应先揭去副盖、覆布等物）（图 6-44）的位置，接通电源开关对电网供电，把电位器调至读数 7～8，给蜜蜂适当的电击强度，并稍震动蜂箱。当蜜蜂停留在电网上受到断续电流刺激（通电 3～4 秒，断电 4 秒），其螫刺便刺穿塑料布或尼龙纱排毒于玻璃上，随着蜜蜂的叫声和刺螫散发的气味，蜜蜂向电网聚集排毒。每群蜂取毒 10 分钟，电路自动控制停止对电网供电，待电网上的蜜蜂离散后，把取毒器移至其他蜂群继续取毒，按下取毒复位开关，即可向电网重新供电，如此采集 10 群蜜蜂，关闭电源，抽出集毒板。

图 6-43 巢门式取毒

（缪晓青 摄）

2. 收取蜂毒

（1）刮集：将抽出的集毒板置阴凉的地方风干，用牛角片或不锈钢刀片刮下玻璃板或薄膜上的蜂毒晶体，即得粗蜂毒。

（2）包装与贮存：取下蜂毒，先置于放有硅胶的玻璃干燥器中干燥至恒重后，再放入棕色小玻璃瓶中密封保存或无毒塑料袋中密封避光保存（图 6-45）。硅胶干燥蜂毒的方法是：在干燥器中放入干燥的硅胶，然后将装有蜂毒的大口容器置于干燥器中，密封干燥 2～3 天，蜂毒就会得到充分干燥。

图 6-44　副盖式取毒
（缪晓青　摄）

图 6-45　蜂毒的包装
（张中印　摄）

3. 注意事项

（1）取毒时间：电取蜂毒一般在蜜源大流蜜结束时进行，选择温度 15℃以上的无风或微风的晴天，傍晚或晚上取毒，每群蜜蜂取毒间隔时间 15 天左右。专门生产蜂毒的蜂场，可 3～5 天取毒 1 次。据周冰峰等报道，在春季，每隔 3 天取毒 1 次，连续取毒 10 次，对蜂蜜和蜂王浆的生产影响都比较大。蜜蜂排毒后，抗逆力下降，寿命缩短，影响群势。所以，在一年中，应根据生产计划和市场需求，合理安排蜂毒生产。

（2）预防蜂螫和刺激：选择人、畜来往少的蜂场取毒；操作人员应戴好蜂帽、穿好防螫衣服，不抽烟，不使用喷烟器开箱；隔群分批取毒，一群蜂取完毒，让它安静 10 分钟再取走取毒器。蜂毒的气味，对人体呼吸道有强烈刺激性，蜂毒能作用于皮肤，因此，刮毒人员应戴上口罩和乳胶手套，以防意外。

（3）缓时转场：蜂群取毒后应休息几日，使蜜蜂受电击造成的损伤得以恢复，然后再转场。

四、提高产量与质量的措施

1. 提高产量的措施　坚持定期连续取毒，维持强群，保持蜂群饲料充足。

2. 提高质量的措施　严格按照操作要求和注意事项进行生产，工具清洗干净，消毒彻底。工作人员注意个人卫生和劳动防护，生产场地洁净，空气清新；蜂群健康无病。选用不锈钢丝做电极的取毒器生产蜂毒，防止金属污染；傍晚或晚上取毒，不用喷烟的方法防蜂蜇，以防蜜水污染；刮下的蜂毒应干燥以防变质。

第六节　蜂蜡的生产

蜂蜡是养蜂生产的传统副产品，主要用于制药、化妆品、润滑油、巢础、蜡烛、蜡染等多个领域。我国每年生产蜂蜡 5 000 吨以上，大多集中在河南省，年生产加工、销售蜂蜡近 5 000 吨，数年来位居全国第一。

一、蜂蜡的来源

1. 蜂蜡的来源　蜂蜡是由蜂蜜经过 8～18 日龄的工蜂腹部的 4 对蜡腺转化而来的。工蜂分泌蜂蜡时，吸饱蜜糖，经过一昼夜的化学变化，蜡液即由细胞孔渗到蜡镜上，分泌的蜡液，在常温下凝固成蜡鳞，蜜蜂用它筑造蜂巢，蜂群每分泌 1 千克蜂蜡要消耗 3.5 千克以上的蜂蜜。

2. 蜂群泌蜡量　据报道，每 2 万只蜜蜂一生中能分泌 1 千克蜂蜡，一个强群在夏秋两季可分泌蜂蜡 5～7.5 千克。

二、蜂蜡的生产

1. 生产原理　人们把蜜蜂分泌蜡液筑造的巢脾，利用加热的方法使之熔化，再通过压榨、上浮或离心等程序，使蜡液和杂质分离，蜡液冷却凝固后，再重新熔化浇模成型，即成固体蜂蜡。从蜜蜂蜡腺分泌的蜡液是白色的，但由于花粉、育虫等原因，蜂蜡的颜色有乳白、鲜黄、黄、棕、褐几种颜色。

2. 生产条件　生产蜂蜡除需要榨蜡器、熔蜡容器、麻袋等工具外，主要是原料蜡的获得。获得原料蜡的条件是蜂群拥有相当数量的 8～18 日龄的适龄泌蜡蜂，蜂子比例合理，蜂王产卵力强，外界蜜粉丰富，气温 15～32℃。

3. 原料蜡的获得

（1）积极造脾：饲养强群，多造新脾，淘汰旧脾；大流蜜期，加宽蜂路，让蜜蜂加高巢房，做到蜜、蜡兼收（图 6－46）。

（2）搜集赘蜡：平常搜集王浆生产割下的蜡壁，以及赘脾等。

图 6－46　蜂蜡的来源

（引自 sites. ecosse. net；www. mondoapi. it；张中印）

4. 蜂蜡的提取　提取蜂蜡就是把专门采集的蜂蜡脾和收集到的旧脾、零星的蜂蜡原料，经过初步处理后，除去其中的茧衣、蜂蜜、蜂花粉、蜂胶、巢虫、木屑等杂质，以利于贮存和保持蜂蜡的质量。

（1）漂浮法：蜡比水轻，把原料蜡块装入一个加重物的麻袋中浸没在一金属容器内，加水浸过麻袋，慢慢煮沸，用木棒搅动麻袋，使蜡液浮到水面，凉后取出蜡块。

（2）杠杆热压法：将蜂蜡原料放于锅内，加入 4 倍清水，煮沸 10～20 分钟，然后倒入特制的麻袋或尼龙纱袋中，最后放在热压板上，以杠杆的作用加压，使蜡液从袋中流入盛蜡的容器内，稍凉，撇去浮沫，待蜡液凝固后，刮去下面的杂质，即得净蜡。剩余蜡渣可加水再加热榨取。

（3）工厂榨蜡：榨蜡时，把下挤板置于榨蜡桶内后，堵住出蜡口，在榨蜡桶内装满热水预热桶身。待桶身预热后，排出热水，内衬麻袋或尼龙袋，随即将煮烂的含蜡原料趁热装入小麻袋或尼龙袋后放入榨蜡桶，扎紧袋口，盖上上挤板。然后缓缓下旋螺杆对上挤板施压，蜂蜡原料中的蜡液即被逐渐挤压溢出，经榨蜡桶底部的出蜡口导至盛蜡容器。在榨蜡过程中，蜂蜡原料要经几次加热、压榨，以提高出蜡率。榨蜡工作结束时，趁热清理蜡渣和各个部件。

另外，还可利用光能提取蜂蜡。

5. 浇模成型　将冷凉的蜡块（毛蜡）清除杂质后，重新加水熔化，撇去上层气泡和杂质，待蜡液开始凝固时，用长勺舀入一个光滑而有倾斜度边的模子里，待蜡块完全凝固后取出，刮去底层的沉淀物。若使用的模子是木制的，浇模前应将模子用水浸透；也可以用不锈钢模或瓷盘等作模具，把模子外边缘浸入水中可加速蜂蜡凝固。

重新熔化的蜂蜡，也可连同所加的水倒入一个上口略大、下部稍小的容器内，撇去浮沫，冷却后反扣容器，蜡块自然落下，刮去下部杂质（图 6-47）。

图 6-47　商品蜂蜡

（引自 www.kitchen-labo.co.jp 等）

6. 注意事项　加热蜂蜡时，要浸于水中加热，以免引起火灾与蜂蜡变色；加热蜡液不得长久沸腾。

7. 包装与贮存

（1）包装：把蜂蜡进行分等分级，以 50 千克为一个包装单位，用麻袋包装。麻袋上应标明时间、等级、净重、产地等。

（2）贮存：不同品种、等级的蜂蜡，分别堆垛于枕木上，堆垛要整齐，每垛附账卡，注明日期、等级、数量。贮存蜂蜡的仓库要求干燥、卫生、通风好，无农药、化肥、鼠。养蜂场贮存蜂蜡，包装后放在通风阴凉的地方保存，并及早出售。

三、蜂蜡的优质和高产措施

提高蜂蜡产量的措施同蜂蜡原料的获得。提高蜂蜡质量的办法主要有：严格按照操作要求生产。加工前对蜂蜡原料进行分类：一类为蜜盖、赘脾、采蜡框采的蜡，色泽好；二类为无病的巢脾；三类是病脾。分类后，先提取一类蜡，按序提取，不得混杂。熔化前应将蜂蜡原料用清水浸泡 2～4 天，提取时可除掉部分杂质，并使蜂蜡色泽鲜艳。熔蜡容器宜用铝、镍、锡或不锈钢器皿，不宜与铁、铜、锌等器皿接触，以免使蜂蜡色泽加深。养蜂场提取蜂蜡，不得添加任何添加剂使蜂蜡色泽改变。

第七节 蜂虫蛹生产

雄蜂蛹、虫是当代重要的昆虫食品资源之一。蜜蜂是完全变态昆虫，其个体发育经过卵、虫、蛹、成虫 4 个阶段。目前，国内开发利用的蜜蜂躯体有蜂王幼虫和雄蜂的虫、蛹，即我国古代所谓的“蜜蜂子”，主要应用于保健和制药行业。

饲养西方蜜蜂的蜂场，用郎氏巢脾生产，每次每脾可获取雄蜂蛹 0.6 千克，如果全国 500 万群意蜂每群蜂生产一批次（即从卵算起，雄蜂幼虫的生产周期为 10 天，雄蜂蛹为 22 天或 12

天），可生产 3 000 吨雄蜂蛹；如果每群蜂 1 年生产 10 批次，则可收获雄蜂蛹 3 万吨，按 2010 年的收购价格 70 元/千克计算，价值 210 000 万元，产量和效益相当可观。而实际上，我国每年生产雄蜂蛹只有 30～50 吨，究其原因，一是宣传力度不够，人们对昆虫食品认识不足，对雄蜂蛹、虫的美食和营养保健价值不了解；二是养蜂员对生产雄蜂蛹、虫的效益不够重视，生产技术也有待普及和提高。

一、蜂王幼虫的获得

蜂王幼虫是生产蜂王浆的副产品，其采收过程即是取浆工序中的捡虫环节，每生产 1 千克蜂王浆，可收获 0.2～0.3 千克蜂王幼虫（图 6-48）。其生产方法详见本章第二节“蜂王浆的生产”。

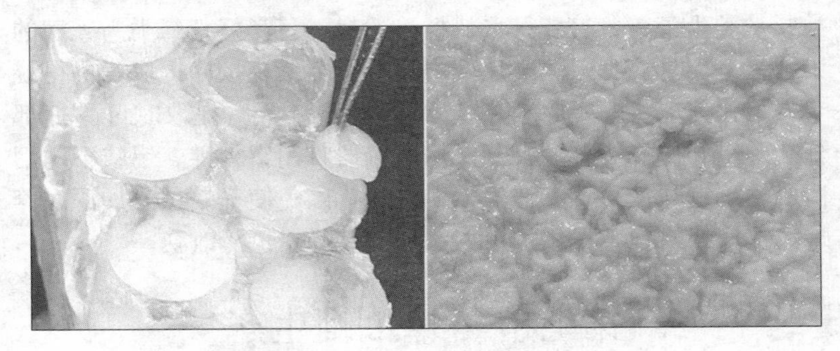

图 6-48　蜂王幼虫的获得——捡虫
（张中印　摄）

二、生产雄蜂蛹、虫

（一）生产条件和生产原理

1. 生产原理　蜂群强盛就具备了分蜂的基础，蜂王就会在雄蜂房产下未受精卵，培育雄蜂，准备分蜂。此时，给蜂群加入雄蜂脾，让蜂王产未受精卵，然后集中哺育，待雄蜂发育到10日龄或22日龄时取出雄蜂脾，在低温下或用敲击的方法取出雄蜂虫、蛹。

2. 生产条件　生产雄蜂蛹、虫的蜂群要求健康无病，蜂螨寄生率低，群势在12框蜂以上，巢内饲料充足，外界有较丰富的蜜源。在河南省，每年4月15日至8月20日之间均可生产雄蜂蛹、虫。

批量生产雄蜂蛹、虫，还需要有雄蜂巢础、隔王板、贮存用的冰箱、竹制或塑料筛子、铝锅或砂锅、漏勺、无毒塑料袋或纱布袋、蜂王产卵控制器等。

（二）生产技术

生产雄蜂蛹、虫的两个重要环节，一是取得日龄一致的雄蜂卵脾，二是把雄蜂卵培育成雄蜂蛹、虫。

1. 筑造雄蜂脾　生产雄蜂蛹的蜂群，每群配备3张左右的雄蜂巢脾，在天气温暖、蜜源丰富、蜂群强壮时期修造，对造脾的蜂群适当奖励饲喂。用标准巢框横向拉线，再在上梁和下梁之间拉两道竖线，然后，把雄蜂巢础镶装进去；或用3个小巢框镶装好巢础，组合在标准巢框内，然后将其放入强群中修造。修造好的雄蜂脾要求整齐、牢固，在非生产季节，取出雄蜂巢脾妥善保存。

2. 组织产卵群　若以雄蜂幼虫取食7天为一个生产周期，1个供卵群，可为2～3个哺养群提供雄蜂虫脾。

（1）选择双王群：将蜂王产卵控制器安放在巢箱内一侧的幼虫和封盖子脾之间，内放雄蜂脾，次日下午将蜂王捉住放入控制器内，36小时后抽出雄蜂脾，放入继箱或哺育群中孵化、哺育。

（2）选择强盛群：用隔王板把蜂王隔在巢箱内一侧只有3张巢脾的小区，这3张巢脾中间的1张为空的雄蜂小脾，其余2张为产满边角的虫脾或新封盖子脾，迫使蜂王在雄蜂小脾上产卵。

(3) 用处女王群：在处女王出房后第6天，用二氧化碳气麻醉处女王8分钟，以后隔天1次，共3次，第三次麻醉后的1周内，处女王开始产未受精卵。在做上述工作时，用隔王栅把巢门堵住，预防处女王飞出交配。处女王产卵后，抽出群内工蜂脾，加入雄蜂小脾1张，并在雄蜂小脾的两侧加隔王板。

3. 培养雄蜂蛹、虫　在蜂王产卵36小时或24小时后，将雄蜂脾抽出，原位置再加1张空雄蜂脾，让蜂王继续产卵。把从供虫群中抽出的雄蜂脾（若为雄蜂小脾，3张组拼后镶装在标准巢框内），置于强群继箱中哺育，雄蜂脾两侧分别放工蜂幼虫脾和蜜粉脾。在非流蜜期，对哺育群和供卵群均须进行奖励饲喂。在低温季节，加强保温，高温时期做好遮阳、通风和喂水工作。

4. 维持供卵群群势　在供虫群组织1周后，把强群供虫群小区内的2张工蜂脾提出，重新加入整张的卵虫和新封盖子脾，子脾由副群补充，适当时候让蜂王产一些受精卵，以弥补群势的下降。处女王群可直接补充幼蜂或补充子脾来维持群势。双王群，用蜂王产卵控制器迫使一侧蜂王产雄蜂卵一段时间后，与另一侧蜂王交替轮流产雄蜂卵。

5. 采收雄蜂蛹、虫　从蜂王产卵算起，在第10天和第21～22天采收雄蜂虫、蛹为适宜时间。

(1) 雄蜂蛹的采收：把封盖雄蜂脾从哺育群提出，脱去蜜蜂（图6-49），或从恒温恒湿箱中取出（雄蜂子脾全部封盖后放在恒温恒湿箱中化蛹的），把巢脾平放在“井”字形架子上（有条件的可先把雄蜂脾放在冰箱中冷冻几分钟），用木棒敲击巢脾上梁和边条，使巢房内的蛹下沉，然后用平整锋利的长刀把巢房盖削去，再把巢脾翻转，使削去房盖的一面朝下（下铺白布等作接蛹垫），再用木棒或刀把敲击巢脾四周，使巢脾下面的雄蜂蛹震落到垫上，同时上面巢房内的蛹下沉离开房盖，按上法把剩下的一面房盖削去，翻转、敲击，震落蜂蛹（图6-50）。敲不出的蛹

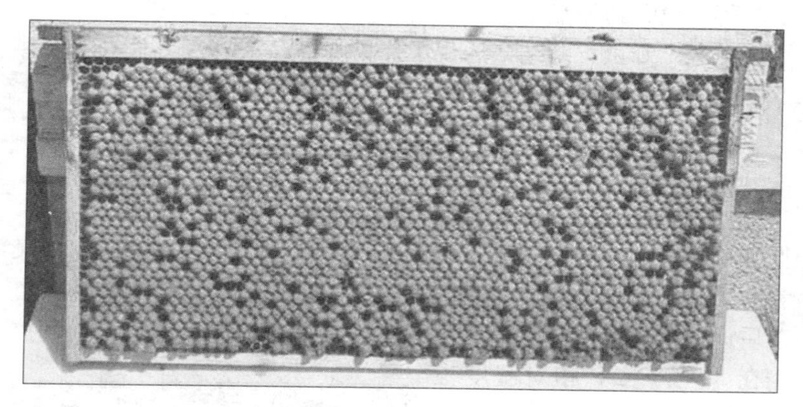

图 6-49　雄蜂蛹脾
（叶振生　摄）

图 6-50　雄蜂蛹的生产
左：割去房盖　右：敲下蛹体
（叶振生；王磊　摄）

用镊子取出。取蛹后的巢脾用硫黄熏蒸后重新插入供卵群，让蜂王产卵，继续生产。

（2）雄蜂幼虫的采收：从蜂群中抽出雄蜂虫脾，抖落蜜蜂，摇出蜂蜜，将其巢房削去 1/3 后，放进室内，让雄蜂幼虫向外爬出，落在设置的托盘中。

生产雄蜂虫、蛹结束后，雄蜂巢脾要经过消毒、杀虫后妥善保存。

(三) 提高质量和产量的措施

1. *提高产量的措施*　利用双王群进行雄蜂虫、蛹的生产，保证食物充足，连续生产。生产雄蜂蛹，从卵算起，21～22 天为一个生产周期，强壮的哺育群，7～8 天可加 1 脾，雄蜂房封盖后调到副群或集中到恒温恒湿箱中化蛹，恒温恒湿箱的温度控制在 34～35℃，相对湿度控制在75%～90%。

2. *提高质量的方法*　生产虫、蛹的工具和容器要清洗消毒，防止污染；严格按照要求进行生产，保证虫、蛹日龄一致，去除被破坏的和不符合要求的虫、蛹（图 6-51）；生产场所要干净，工作人员要保持卫生；不用有病群生产；生产的虫、蛹要及时进行保鲜处理和冷冻保存。

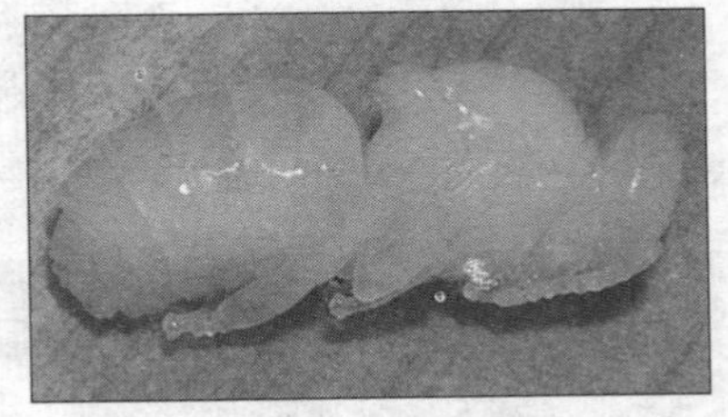

图 6-51　虫龄合适的蜜蜂蛹，翅芽、足已形成，复眼蓝紫色
（张中印　摄）

(四) 雄蜂蛹、虫的包装与保存

由于雄蜂蛹、虫易受内、外环境的影响而变质，雄蜂蛹、虫生产出来后，要及时进行处理，妥善保存。

1. *雄蜂蛹*　新鲜雄蜂蛹中的酪氨酸酶易被氧化，在短时间内可使蛹体变黑，失去商品价值。因此，雄蜂蛹生产出来后，立即捡去割坏或不合要求的虫体，并用清水漂洗干净。

（1）冷冻法：用 80%的食用酒精对雄蜂蛹喷洒消毒，然后用不透气的聚乙烯透明塑料袋分装，每袋 0.5 千克或 1 千克，排除袋内空气，密封，并立即放入－18℃的冷柜中冷冻保存（图6-52）。

（2）淡干法：把经过漂洗的雄蜂蛹倒入蒸笼内的纱布上，用旺火蒸10分钟，使蛋白质凝固，然后烘干或晒干。晒干时，蛹体倒在白布上，上罩纱罩。也可以把蒸好的蛹体表水沥干，然后装入聚乙烯透明塑料袋中冷冻保存。

（3）盐渍法：取蛹前，把含盐10％～15％的盐水煮沸备用。雄蜂蛹漂洗后倒入锅内，大火烧沸，煮15分钟左右，捞出沥出盐水，摊平晾干。煮后的盐水如重复再用，每次按加水的重量按比例添加食盐。沥干后的盐渍雄蜂蛹用聚乙烯透明塑料袋包装（1千克/袋）后在－18℃以下冷冻保存。或者装入纱布袋内挂在通风阴凉处待售。盐煮处理的雄蜂蛹，乳白色，蛹体较硬，盐分难以除去。

2. 蜜蜂幼虫

（1）低温保存：生产出的雄蜂幼虫用透明聚乙烯袋包装后，及时存放在－15℃的冷库或冰柜中保存。

（2）白酒浸泡：用60°白酒或75％的食用酒精浸泡，液面浸过幼虫，装满后密封保存，及时出售。

（3）冷冻干燥：利用匀浆机把幼虫粉碎匀浆后过滤，经冷冻干燥后磨成细粉，密封在聚乙烯塑料袋中保存，备用。

第七章 蜜蜂病敌防治技术

蜂群生病通常表现为行为或功能的失常和变化，得病个体体色不鲜艳、无光泽，生活力下降，寿命缩短，直至死亡。

蜂群的异常行为有：由多种病因引起蜜蜂在地上的乱爬，农药毒害造成蜜蜂的追螫人畜，饥饿、干扰和高温导致蜂群的逃跑等。冻害、毒害、病原微生物可引起蜜蜂的腐烂，后者还会产生臭气。极端的高温、低温和蜂螨寄生损伤蜜蜂的翅，病原微生物和蜜露则使蜜蜂腹部膨胀。随着蜜蜂清除死亡幼虫或蛹，巢脾上会出现房盖“穿孔”或蜂子日龄不一的“花子”现象。

蜂病传播包括群内传播和群间传播两个方面。

（1）病原微生物通过蜜蜂取食和个体间的相互喂养，或通过伤口经接触感染，形成水平传播。

（2）病原微生物还通过蜂王传递给子代。在蜂群之间，迷巢的蜜蜂、盗蜂、健康与不健康蜂群的合并或调整等，都会传播疾病。转地放蜂，是疾病远距离大面积传播的途径。

虽然由食物、药物中毒以及捕食蜜蜂的天敌所造成的危害不会传播，但在短期内会对蜂群产生严重的伤害。

第一节　防治措施

一、健康管理

（一）饲养管理

科学的饲养管理，可以使蜜蜂个体、群体发育良好，提高蜜蜂的抗病能力，减少病害的发生及其损失。反之，会使蜂群的抗病力和生产力下降，进而影响经济效益。

1. *饲养强群*　强群蜂多子旺，繁殖力、生产力和抗病力强。在春繁时，如果蜂群群势弱小，无力为子脾提供足够的温度或食物（主要为蜂王浆），则蜂子就将发生冻害或营养不良，进而诱发各种幼虫病，强群则可避免。有些细菌和病毒病害，在发生初期，强群蜜蜂能及时清除掉病虫，减少病原数量，阻止病害的进一步传染和蔓延。患病蜂群经治疗后，恢复也较快。实践证明，在许多病害的预防中，强群有着明显的抗病优势。

2. *饲料供应*　强群是生活在饲料优良和充足的环境中的。当蜂群缺乏饲料时，成年蜂及蜂子便处于饥饿状态，正常的生理机能被破坏，抵抗力减弱，病原就容易侵入体内而引起病害。同时，因营养不良，致使蜜蜂早衰，群势下降。对蜂子来说，要么死亡，要么羽化后不健康、寿命短。因此，在早春繁殖或蜂群越夏时，由于繁殖和保（降）温的需要，饲料消耗增多，要供给蜂群充足的饲料。在缺蜜时期，应补喂蜂蜜或糖浆；在缺粉季节，补喂花粉或代用饲料，时时保证饲料充足。

饲料品质的优劣直接影响着蜂群的健康。受病原体污染的饲料是许多传染病传播的媒介，例如，蜜蜂的大肚、下痢就是由于采食了被病原体污染的饲料引起的。因此在饲喂前，对来源不明的花粉应做消毒处理，喂糖比喂蜜经济，且不易引起盗蜂和病害。变质的或营养不全的饲料，也会影响蜂群的安全。

另外，正确处理蜂脾关系，繁殖蜂群时，培养幼虫的数量应与蜂群的哺育能力、保持蜂巢的温度、湿度能力相一致。

3. 管理蜂王　一个好的蜂王应该是产卵力和抗病力都强的蜂王。蜂王是蜂群种性的载体，优质蜂王是培养强群的基本条件之一。新蜂王一般带病原体的机会较少，在养蜂生产中常用新王替换老王来防治囊状幼虫病等病毒病，换王后，可保证1～2子代不发病或仅少数幼虫发病。同时，换王也是养蜂生产管理中维持蜂群强盛的需要。

4. 讲究卫生　在蜂群管理中，要讲究个人卫生，这是养蜂生产的基本要求之一。另外，对蜂群间的蜂、子调整应以不传播疾病为原则，有病蜂群用过的工具，须经过清洗或彻底消毒后再用于其他蜂群。积极造脾，及时更新旧脾，优质的巢脾可减少疾病的发生。

（二）抗病育种

不同品种的蜜蜂抗病性不同，同种的蜜蜂之间抗病力也有差异，而且许多抗病性是可遗传的，这就是蜜蜂抗病选育的基础。

在生产过程中，养蜂人应注重选择抗病力强、繁殖力高和生产性能好的蜂群来培育雄蜂和蜂王，还要兼顾蜜蜂的温驯性和适应养蜂所在地的气候。不少养蜂者经长期对蜂群进行选育，已获得对某些病害具有明显抗性的蜂群，例如，抗中蜂囊状幼虫病的中蜂。

除了常规的育种方法外，还可运用人工授精技术、基因工程技术，转移抗虫抗病基因，并使之在后代蜂群中得以表达抗病敌性。

（三）蜂场环境

不卫生的环境往往是病菌的发源地，所以要搞好蜂场的环境卫生。蜂场要选在环境较好的地方作为场址，及时填平蜂场周边的污水坑，在蜂场25～50米内设饲水器。清除蜂箱前后和蜂场周围的杂草、脏物和蜂尸，可以有效减少蚂蚁等敌害的滋生，并可减少传染源。当有传染性病害发生时，要及时做好蜂箱等蜂具和蜂场的消毒工作。蜂场不建在污染源及粉尘污染源的下风向，清除蜂场附近的胡蜂巢等。

二、蜂病预防

任何蜜蜂病害的发生都会造成蜂群的损失，尤其是一些危险性病害的暴发与流行，更会造成巨大的经济损失。预防工作做得好，可以有效地防止病害的发生与蔓延。因此，蜜蜂病害的防治工作应遵循“以防为主，防重于治，防治结合”的原则。预防工作主要有如下几个方面。

（一）检疫

蜜蜂检疫是控制病害流行扩散的最有效途径。特别是产地检疫工作，能将病害限制在发生地，及时处理而不使蔓延。

由于我国许多蜂场转地放蜂，蜂群全年活动范围遍布全国，若检疫不严，很容易造成病害的发生和传播。意蜂爬蜂病、白垩病等病害的流行都曾造成我国蜂业的很大损失。因此，一方面检疫部门应严格检疫；另一方面，养蜂者也应认识到检疫是事关我国养蜂业全局利益及养蜂者个人利益的大事，主动接受检疫，严防病害扩散。

（二）消毒

消毒是指用物理、化学或其他方法杀灭外界环境中的病原体。

1. 消毒的种类　根据消毒的目的，分为预防消毒、紧急消毒和巩固消毒3类。预防消毒，是在疫病未发生前，为了预防感染而进行的定期消毒。紧急消毒，是指从疫病发生到扑灭前所进行的消毒，目的是为了尽快彻底地消灭外界的病原体。巩固消毒，是指在疫病完全扑灭之后对环境的全面消毒，目的是为了消灭可能残存的病原体，巩固前期消毒效果。

2. 消毒的方法　有机械、物理和化学3种消毒方法。

（1）机械消毒：是指用清扫、洗刷、刮除、通风换气等机械方法清除病原体。如对蜂箱内和蜂场的清扫，减少病源物在蜂箱和蜂场内的存在；铲刮蜂具表面污物可清除病原体。

（2）物理消毒：靠阳光、紫外线、灼烧和煮沸等方法杀灭病原体。

①阳光：阳光中的紫外线有较强的杀菌作用，一般的病毒和非芽孢病原体，在阳光直射下几分钟到几小时即死亡，有的细菌芽孢在连续几天的强烈暴晒下也会死亡。此法经济实用，可用于保暖物、蜂箱、隔板等蜂具的消毒。

②灼烧：用酒精或煤油喷灯灼烧蜂箱、巢框等蜂具表面至焦黄。是简单有效的消毒方法，应坚持每年秋季1次。消毒彻底，不留死角，但对蜂具有损伤。

③煮沸：大部分非芽孢细菌在100℃沸水中迅速死亡，煮沸1小时，则可消灭一切病原体。常用于覆布、工作服、金属器具等耐煮沸物品的消毒。水面应高于消毒物品。

④紫外线：使用紫外线灯（低压水银灯）进行消毒。其消毒效果与照射距离、照射时间长短有关，用30瓦的紫外线灯1～2只对2米处的物品照射30分钟即可达到消毒效果。该法常用于巢脾等蜂具的表面及空气消毒。

（3）化学消毒：是使用最广的消毒方法，常用于场地、蜂箱、巢脾等，液体消毒剂可用喷洒、浸泡的方式消毒，熏蒸或熏烟则要在密闭空间里消毒蜂具。常用消毒剂及使用方法见表7-1。

表 7-1　常用消毒剂使用浓度和特点

消　毒　剂	使用浓度	消杀对象及特点
乙醇（C_2H_5HO）	70%～75%	皮肤、花粉、工具。喷雾或擦拭，喷洒后密闭 12 小时
高锰酸钾（$KMnO_4$）	0.1%～3%	可杀灭病毒、细菌，用于皮肤、蜂具消毒。浸泡
甲醛（HCHO）溶液	40%原液	细菌、芽孢、病毒、孢子虫和阿米巴。每箱体 8～10 张脾，用甲醛 10 毫升＋热水 5 毫升＋高锰酸钾 10 克；室内消毒每立方米用甲醛 30 毫升＋热水 30 毫升＋高锰酸钾 18 克，密闭 12～24 小时
生石灰（CaO）	10%～20%	病毒、真菌、细菌、芽孢。蜂具浸泡消毒。悬浮液须现配，用于洒、刷地面、墙壁；石灰粉撒场地
漂白粉［Ca（$OCl)_2$］	5%～10%	能杀灭病毒、真菌、细菌营养体和芽孢。用于蜂箱洗涤，巢脾和蜂具浸泡(1～2 小时)；1 米^3 水＋6～8 克漂白粉，0.5 小时后可以饮用
喷雾灵（2.5%聚维酮碘溶液）	500 倍液	杀灭病毒、支原体、真菌、衣原体、细菌及其芽孢。喷雾、冲洗、擦拭、浸泡，作用时间≥10 分钟；5 000 倍作饮水消毒
过氧乙酸	0.05%～0.5%	蜂具消毒，1 分钟可杀死芽孢。喷洒或熏蒸
冰乙酸（CH_2COOH）	80%～98%	蜂螨、孢子虫、阿米巴、蜡螟的幼虫和卵。每箱体用10～20 毫升。以布条为载体，挂于每个继箱，密闭 24 小时，气温≤18℃，熏蒸 3～5 天
硫磺（燃烧产 SO_2）	3～5 克/箱	蜂螨、蜡螟、真菌。用于花粉、巢脾的熏蒸消毒

注：除硫黄外，其他均为水溶液。HCHO、CH_2COOH 对人有害，使用时注意安全。针对疫情使用消毒剂，浸泡和洗涤的物品，用清水冲洗后再用；熏蒸的物品，须置空气中 72 小时后才可使用。

三、药物防治

（一）治疗原则

发现疫情，立即报告当地动物检疫部门，同时逐个检查蜂群，把发病群和可疑病群送到不易传播病原体、消毒处理方便的地方隔离治疗，有病群用的蜂具和产品未经消毒处理不得带回健康蜂场。如果是恶性或国内首次发现的传染病，或已失去经济价值的带菌（毒）群，都应进行就地焚烧处理。对被隔离的蜂群，经过治疗且经过该传染病 2 个潜伏期后，没有再发现病蜂症状，才可解除隔离。

（二）药物选用

药物治疗是目前消灭蜜蜂病敌害的主要手段。在治病之前，先作出诊断，确定病原，然后再对症下药，选取高效低毒药物。一般对细菌病，常选用盐酸土霉素可溶性粉、红霉素和氟哌酸等药物；对真菌病，则选用杀真菌药物，如制霉菌素、二性霉素 B 和食醋等；对病毒病，则选用抗病毒药，如肽丁胺粉（4%）和抗毒类中草药糖浆等；对螨类敌害，可选用氟氯苯氰菊酯条、甲酸乙醇溶液、双甲脒条（500 毫克）、氟胺氰菊酯条等。

（三）注意事项

1. 防止抗药性的产生　为防止病原体、螨类产生抗药性，不长期使用一种抗生素或杀螨药物，而应选用两种以上药物交替使用。

2. 准确配制、使用药剂　配制药物时，要准确掌握用量，用量大不仅使蜜蜂发生中毒，也容易造成蜂产品污染；用量小则无疗效，徒使病原体产生抗药性。

3. 掌握用药时间　抓住关键时机用药，省工省力，疗效卓著。例如，在蜂群断子期治螨，只需连续用药2～3次，即可全年免生螨害。

4. 切实利用药效　抗生素糖浆有效时间短，应随配随用，每次饲喂量以蜂群当天吃完为宜，不应剩余。

5. 防止污染产品　在流蜜期，不得使用抗生素或其他可能造成蜂产品污染的药物，以免造成污染，降低产品品质。蜂蜜的抗生素污染，一直是影响我国蜂蜜质量和价格的重要原因，应予以足够重视。

6. 慎重用药　一般不用抗生素治疗病毒病，病因不明、病情较轻者不用药，加强管理使其自愈。对蜂螨的防治，不能采取有螨无螨治3遍的态度，只有在蜂螨寄生率达到防治要求时，再抓住有利时机防治，与运输蜂群一样，对蜂群的每一次施药都是一次伤害，严重者施药2小时后即引起爬蜂后果，得不偿失。

第二节　蜜蜂病害

一、美洲幼虫腐臭病

美洲幼虫腐臭病（American Foulbrood Disease，AFB）是西方蜜蜂一种常见的恶性幼虫病，现已传播到世界各地，我国也有发生。

（一）病原

幼虫芽孢杆菌（*Bacillus larvae* White），杆状，革兰氏阳性菌。周生鞭毛，能运动。形成的椭圆形芽孢，对热、化学消毒剂、干燥等不良环境有很强的抵抗力，在100℃热水中能活13分钟，自然界中能生存35年。

（二）传播与流行

病害在整个繁殖期中都能发生。罹患病虫是该病的主要传染源，病脾、带菌花粉等被污染物是主要的传播媒介，内勤蜂的清巢、饲喂等活动也是群内传播的方式。群体间传播主要由盗蜂、迷巢蜂、患病群与健康群之间巢脾等蜂具互用造成，或饮水被污染引起。

（三）症状

1日龄幼虫被芽孢感染，在封盖后3～4天死亡（即前蛹期），少数在幼虫期或蛹期死亡。在蛹期死亡的，尽管虫体部已腐烂，但其口喙朝巢房口方向前伸，形如舌状。病虫体色变化明显，逐渐由正常的珍珠白变黄、淡褐色、褐色直至黑褐色。病脾封盖子蜡盖下陷、颜色变暗，呈湿润状，部分有穿孔。烂虫具黏性，有腥臭味，用竹签挑，可拉出长丝。随着虫体不断失水干瘪，最后会变成工蜂难以清除的黑褐色鳞片状物（图7-1）。

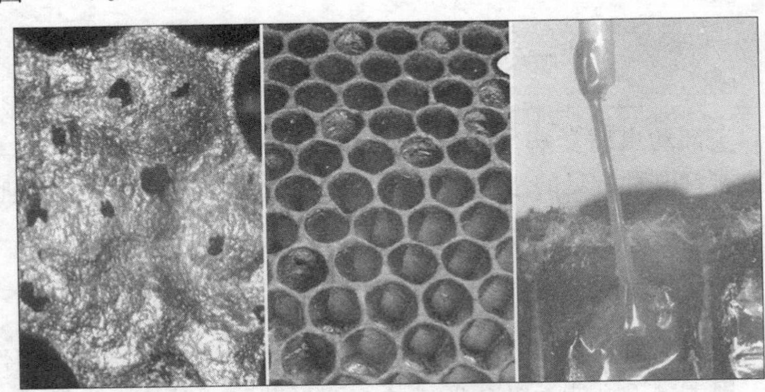

图7-1 美洲幼虫腐臭病

左：病脾 中：虫尸干枯在房壁上 右：示拉丝

（引自黄智勇）

（四）诊断

1. *根据症状诊断* 烂虫腥臭味，有黏性，可拉出长丝。死蛹吻前伸，如舌状。封盖子色暗，房盖下陷或有穿孔。

2. *牛乳试验诊断* 鳞片状物上加 6 滴 74℃的热牛奶，1 分钟后牛奶凝结，随即凝结乳块开始溶解，15 分钟后全部溶尽。

3. *荧光检查诊断* 将干燥的鳞片状物置紫外灯下，能产生强烈的荧光。

（五）防治

1. *预防措施* 选择工蜂咬开病虫房盖和清理病原的蜂群进行抗病育种，提高蜂群的抗病力；加强检疫，禁止病群流动，防止传染；彻底消毒，焚烧患病蜂群，对病源作扑灭处理；防治蜂螨，切断病源传播途径。选择蜜源丰富的地方放蜂，提高蜂群的自愈能力。

2. *药物治疗* 每 10 框蜂用红霉素 0.05 克，加 250 毫升 50%的糖水喂蜂，或 250 毫升 25%的糖水喷脾，每 2 天喷 1 次，5～7 次为一个疗程。也可用盐酸土霉素可溶性粉 200 毫克（按有效成分计），加 1∶1 的糖水 250 毫升喂蜂，每 4～5 天喂 1 次，连喂 3 次，采蜜之前 6 周停止给药。上述药物要随配随用，防止失效。研碎后加入花粉中，做成饼喂蜂也有效。用青链霉素 80 万单位防治一群，加入 20%的糖水中喷脾，隔 3 天 1 次，连治 2 次。

二、欧洲幼虫腐臭病

在我国，欧洲幼虫腐臭病（European Foulbrood Disease，EFB）多感染中华蜜蜂，意蜂则较少发生。

（一）病原

蜂房球菌（*Melissococcus pluton*）等，革兰氏阳性菌，无芽孢，披针形，直径 0.5～1 微米，菌体常结成链状或成簇排列。另外有多种次生菌。蜂房球菌和蜂房芽孢杆菌能保持数年的侵染性。

（二）传播与流行

罹患病虫是重要的传染源，病脾是主要的传播媒介。内勤蜂的清洁、饲喂活动是群内传播的途径，群间传播主要是由于调整蜂群势、盗蜂、迷巢蜂等引起。小幼虫取食被污染的食物后，病菌在中肠迅速繁殖，使多数患病幼虫迅速死亡，少量能化蛹，在化蛹前，肠道内的细菌随粪便排出而污染巢房。

在我国南方，3 月初至 4 月中（即油菜和荔枝花期）和 10 月初为发病高峰期，即与繁殖高峰期相吻合，常见于弱群，在主要蜜源开花期可自愈。

（三）症状

小于 2 日龄的幼虫易被感染，4～5 日龄时死亡。病虫移位，体色由珍珠白变为淡黄色、黄色、浅褐色，直至黑褐色。当工蜂不及时清理时，幼虫腐烂，并有酸臭味，稍具黏性，但拉不成丝，易清除（图 7-2）。

由于幼虫大量死亡，巢脾上“花子”严重，蜂群中长期只见卵、虫不见封盖子，群势下降快。

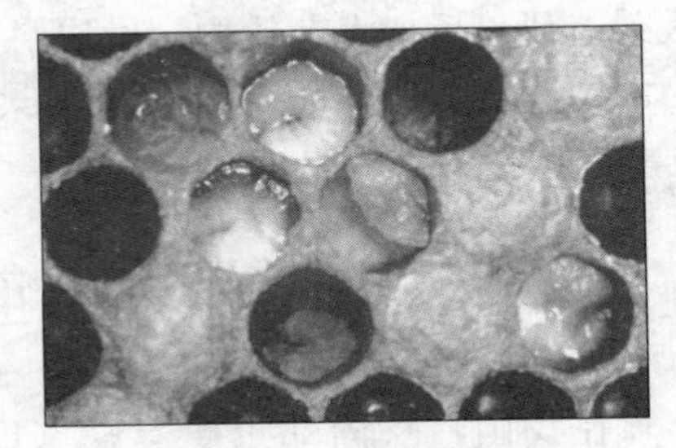

图 7-2　欧洲幼虫腐臭病
（引自黄智勇）

（四）诊断

1. 根据症状诊断　先观察脾面是否“花子”，再检查是否有移位、扭曲或腐烂于巢房底的小幼虫。

2. 显微检查诊断　挑出可疑病虫少许，取中肠内容物于载玻片上，简单染色后，在 1 000 倍显微镜下观察，如见到大量单个或成对、成堆、成链状的球菌，可初步判断为此病。进一步诊断，须做病菌的分离纯化和生理生化鉴定或血清学鉴定。

（五）防治

1. 预防措施　抗病育种可提高蜂群抗欧洲幼虫腐臭病的能力，更换新王有利于病群恢复健康，加强管理保持蜂多于脾、饲料充足增加蜂群的抗病力，彻底消毒病群换出的蜂箱、蜂脾等，防止病源的扩散。

2. 药物治疗　参考美洲幼虫腐臭病防治。

三、囊状幼虫病

囊状幼虫病（Sacbrood Disease）是一种常见的蜜蜂幼虫病毒病，具传染性。中蜂、意蜂都有发生，只是病原不同。主要引起蜜蜂大幼虫或前蛹死亡，但受病毒感染的成年蜂不表现任何症状。

（一）病原

蜜蜂囊状幼虫病毒（Sacbrood virus，SBV），是非包涵体病毒，病毒粒子为正二十面体，平均直径 30 纳米。

（二）传播与流行

病死幼虫是主要的传染源，受病毒污染的花粉、巢脾等是重要的病毒载体，SBV 还可由大蜂螨携带并传播。携带病毒的蜜蜂不表现症状，但在饲喂、清巢、贮粉等活动时将病毒直接或间接地传递给健康的个体。病害在蜂群之间的传播，由互调子脾、分蜂、蜂具混用、盗蜂和迷巢蜂引起。转地放蜂是病害远距离传播的方式。

外界蜜源好，巢内幼虫多，而温度较低（15～20℃）或气温不稳定、昼夜温差大的条件下，中蜂群常同时发生囊状幼虫病和欧洲幼虫腐臭病，且发病较重，如山区发病重于平原。另据报道，经常受到干扰的中蜂群易患此病，桶养的中蜂比箱养的中蜂少得此病。在华南及长江以南各省，3～4 月和秋季常发生囊状幼虫病，黄河流域主要在 4～5 月发生此病。笔者养蜂实践和调查发现，自 1996 年以来，在河南省的太行山区，中蜂囊状幼虫病 2～3 年就发生一次。

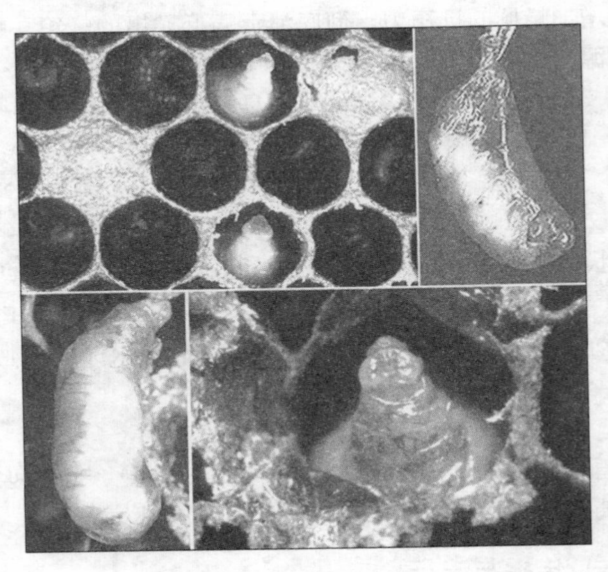

图 7-3　囊状幼虫病

（引自黄智勇）

（三）症状

蜂群发病初期，脾面上呈现卵、幼虫、封盖子排列不规则的现象，即“花子”症状。当病害严重时，患病的大幼虫（5～6日龄）或处于前蛹期时死亡，巢房被咬开，呈“尖头”状；幼虫的头部有大量的透明液体聚积，用镊子小心夹住幼虫头部将其提出，幼虫则呈囊袋状。

死虫逐渐由乳白变至褐色，当虫体水分蒸发，会干成一黑褐色的鳞片，头尾部略上翘，形如“龙船状”；死虫体不具黏性，无臭味，易清除（图7-3）。

中蜂成年蜜蜂被病毒感染后，消化道中有大量的病毒粒子，损伤中肠细胞，寿命缩短，但外观不表现症状。

（四）诊断

根据典型症状诊断。

（五）防治

1. *预防措施* 选抗病群（如无病群）作父、母群，经连续选育，可逐渐获得抗囊状幼虫病的蜂群。而将蜂群置于环境干燥、通风、向阳和僻静处饲养，少惊扰可减少蜂群得病。

加强管理，采取换王断子、补足优良饲料和使蜂数密集等措施，能较快恢复蜂群的正常活动。及时用石灰水浸泡蜂具和对场地喷洒消毒，有利于病群康复和控制病害蔓延。

2. *药物治疗*

可用中药进行治疗。半枝莲榨汁，配成浓糖浆后，灌脾饲喂，饲喂量以当天吃完为度，连续多次。海南金不换（河南叫牛舌头蒿）根煮汁，配成50%的糖浆喂蜂，一群蜂用药量与一个人的用量相同。

四、白 垩 病

白垩病（Chalk brood）是西方蜜蜂的一种幼虫病，广泛分布于各养蜂地区。我国自 1991 年首次报道以来，危害一直较严重，给我国养蜂生产造成很大损失。该病在我国台湾省虽有发生，但不严重。

（一）病原

有 2 种，一种是大孢球囊霉（*Ascosphaera major*），另一种是蜜蜂球囊霉（*Ascosphaera apis*）。

（二）传播与流行

病虫和病菌污染的饲料、蜂具是主要的传染源。菌丝和孢子均有侵染性，它们可由成年蜂或蜂螨体表携带并在蜂群内或蜂群间传播。

病蜂群生产的花粉带有病菌，这种花粉的广泛流通和使用是此病在我国快速蔓延的重要原因之一。高温、高湿或连续阴雨天气，该病发生严重。

（三）症状

子囊孢子被 4～5 日龄（最敏感时期）幼虫摄入后，在中肠萌发，菌丝直接穿过围食膜和中肠上皮细胞，进入血腔大量生长。在老熟幼虫死亡时，病虫软塌、白色，贴在房底失去虫体轮廓，或已经长满白色菌丝，后期失水缩小成较硬的虫尸；在封盖后的头 2 天或前蛹期死亡时，封盖有塌陷、油湿，色泽从深棕色到黑色，有的有洞孔、臭味。最后，虫尸干枯成石灰子状，呈白色或黑白两色。由于雄蜂幼虫常分布在脾的外围，易受冻，故而雄蜂幼虫比工蜂幼虫更易受到感染（图 7－4）。

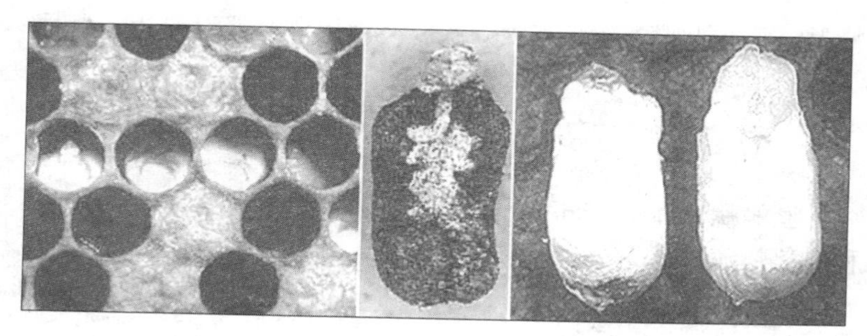

图 7-4　白垩病

（引自黄智勇）

（四）诊断

典型症状诊断：在病群的巢门前、箱底或巢脾上见到长有白色菌丝或黑白两色的幼虫尸，箱外观察可见巢门前堆积像石灰子样的或白或黑的虫尸，即可确诊。

（五）防治

1. *预防措施*　选育和使用抗病蜂王，春季在向阳温暖和干燥的地方摆放蜂群，保持蜂箱内干燥透气，可有效防止或减轻白垩病的发生危害。

加强管理，防治蜂螨，减少病原传播者。不饲喂带菌的花粉，外来花粉应消毒后再用。生产实践证明，喂养茶叶花粉，可预防白垩病的发生。病群换下的蜂箱需经彻底消毒后才能使用，巢脾化蜡或烧毁，防止病原再次传播。在有些时候，转移蜂场，把蜂群安置在干燥、通风的地方，白垩病会不治而愈。

2. *药物治疗*

（1）每 10 框蜂用制霉菌素 200 毫克，加入 250 毫升 50%的糖水中饲喂，每 3 天喂 1 次，连喂 5 次；或用制霉菌素（1 片/10 框）碾粉掺入花粉饲喂病群，连续 7 天。

（2）用喷雾灵（25%聚维酮碘）稀释500倍液，喷洒病脾和蜂巢，每2天喷1次，连喷3次。空脾用该溶液浸泡0.5小时。

五、蜜蜂螺原体病

蜜蜂螺原体病（Honeybee spiroplasmosis）是西方蜜蜂的一种成年蜂病害。

（一）病原

为蜜蜂螺原体（*Spiroplasma melliferum*），属柔膜菌纲（Mollicutes）。是一种螺旋形、能运动、无细胞壁的原核生物。长度一般生长初期较短，呈单条丝状，生长后期螺旋性减弱，出现分枝，结团，丝状体上有泡囊产生。固体培养基中菌落直径75～210微米，呈煎蛋形；在液体培养基中菌体能做快速的扭曲和旋转运动。

（二）传播与流行

病死蜜蜂是主要传染源。病蜂和无症状的带菌蜂是病害的传播者。病菌污染的巢脾、饲料等是传播媒介。从刺槐、荆条等花上分离到螺原体，它们对蜜蜂也有致病性。即蜜蜂的采集活动也是病害传播的原因之一。

长期转地蜂群发病重，定地或小转地蜂群发病轻；阴雨天或寒流后严重，使用代用饲料、劣质饲料越冬的蜂群发病严重。南方在4～5月为发病高峰期，东北一带6～7月为高峰期。

（三）症状

病蜂腹部膨大，行动迟缓，不能飞翔，在蜂箱周围爬行。病蜂中肠变白肿胀、环纹消失，后肠积满绿色水样粪便。

病蜂感染3天后，血淋巴中可检测到菌体，感病7天后死亡。此病原与孢子虫、麻痹病病毒等混合感染蜜蜂时，病情严重，爬蜂死蜂遍地，群势锐减。

（四）诊断

显微检查 取可疑病蜂5只，用1%升汞水表面消毒，再用无菌水冲洗2～3次，加少量水研磨，1 000转/分离心5分钟，取1滴上清液于载玻片上，加盖片，在1 500倍显微镜暗视野下检查，见到晃动的小亮点，并拖有1条丝状体，做原地旋转或摇动，即可确诊。也可用电镜检查。

（五）防治

1. *预防措施* 选择干燥向阳的场所越冬，留足优质饲料，不用代用品。培育强壮的越冬蜂。对病群换下的箱、脾等蜂具及时消毒。

2. *药物治疗* 每10框蜂用红霉素0.05克，加入250毫升50%的糖水中喂蜂，或25%的糖水喷脾，每2天喂（喷）1次，5～7次为1疗程。

六、蜜蜂微孢子虫病

蜜蜂微孢子虫病（Nosema disease）是一种常见的西方蜜蜂成年蜂病，三型蜂均可感染。发病率较高，造成成年蜂寿命缩短，春繁和越冬能力降低。孢子虫经常与其他病原物一起侵染蜜蜂，造成并发症。该病在东方蜜蜂种群中尚未见流行。

（一）病原

蜜蜂微孢子虫（*Nosema apis*）。孢子椭圆形，两端钝圆，似米粒状，内有两个细胞核，孢子前端有一胚孔，为放射极丝的孔道，以侵入细胞。

蜜蜂微孢子虫在1%的石炭酸溶液中，10分钟即被杀死；在2%的氢氧化钠溶液中15分钟死亡。

（二）传播与流行

冬、春为病害发生高峰期。孢子通过食物载体进入蜜蜂中肠，放射出中空的极丝，通过极丝，将两细胞核及少量细胞质注入中肠上皮细胞中增殖。1周后，中肠细胞脱落，释放出孢子虫，随粪便排出体外，污染箱、脾、粉、蜜。病蜂有下痢症状时，污染更严重。内勤蜂因清理受污染的巢脾、取食受污染的蜜粉而感染。

蜂群间传播由迷巢蜂、盗蜂及不当管理行为造成。孢子能随风到处飘落，造成大面积、大范围的散布；当病蜂和健康蜂在同一区域采集同一蜜源时，病蜂会污染花及水源，健康蜂便会感染发病。

（三）症状

病蜂行动迟缓，腹部末端呈暗黑色。当外界连续阴雨潮湿时，有下痢症状。

健康蜂的中肠环纹清晰，弹性良好；病蜂中肠环纹消失，失去弹性，极易破裂。

（四）诊断

1. 观察　用拇指和食指捏住成年蜂腹部末端，拉出中肠，观察中肠的环纹、弹性。病蜂中肠环纹消失，失去弹性。

2. 镜检　挑取可疑病变中肠组织一小块，置载玻片上，加少量蒸馏水捣碎，盖上盖玻片置于400～600倍显微镜下观察，若有大量大小一致的椭圆形粒子存在，即可确诊。

（五）防治

1. 预防措施　用冰醋酸、福尔马林加高锰酸钾熏蒸消毒蜂箱、巢脾等蜂具（见本章第一节）。空箱、空脾在49℃、24小时，即可杀死孢子虫。

2. 药物防治

（1）喂酸饲料：在每升饱和糖浆或蜂蜜中加入1克柠檬酸或4毫升食醋，每10框蜂每次喂250毫升，2～3天喂1次，连喂4～5次，可抑制孢子虫的侵入与增殖。

（2）西药：用烟曲霉素（Fumagillin）加入糖浆（25毫克/升）中喂蜂治疗，效果良好。

七、爬蜂病

（一）病原

爬蜂病（Crawling - bee Disease）的病原物有蜜蜂微孢子虫、蜜蜂马氏管变形虫、蜜蜂螺原体、奇异变形杆菌（*Proteus mirabilis*）等。另外，不良饲料造成蜜蜂消化障碍，也易引起爬蜂病。

（二）传播与流行

病蜂是主要的传染源，其排泄物含有大量病原体，会污染箱内蜂具及饲料，使之成为传播媒介。盗蜂、迷巢蜂、人为的子脾互调和蜂具混用等操作会使病害在群间蔓延。

该病仅发生在我国境内，为西方蜜蜂成年蜂病害，4月为发病高峰期，秋季病害基本自愈。发病与环境条件密切相关，当温度低、湿度大时，病害重。

（三）症状

病蜂多在凌晨（4时左右）爬出箱外，行动迟缓，腹部拉长，有时下痢，翅微上翘。病害前期，可见病蜂在巢箱周围蹦跳，无力飞行，后期在地上爬行，于沟、坑处聚集，最后抽搐死亡。死蜂伸吻、张翅。病蜂中肠变色，后肠膨大，积满黄色或绿色粪便，时有恶臭。还有些病蜂腹部膨胀、体色湿润，挤在一堆。

（四）诊断

根据症状可作出初步判断，但需结合显微镜检查才能确诊。具体方法参见蜜蜂螺原体、孢子虫部分。

（五）防治

1. 预防措施

（1）内外环境：选择高燥、避风、向阳的越冬及春繁场地。保持蜂巢干燥、透气。利用气温 12℃以上的中午，促进蜜蜂排泄，翻晒保暖物品，慎用塑料薄膜封盖蜂箱。

（2）休养生息：适时停产王浆，培育适龄的越冬蜂。供给蜂群充足优良的饲料。加喂酒石酸、食醋等酸味剂，抑制病原物的繁殖，不用代用品。春季不过早繁殖。

（3）消毒：每年秋季对蜂具或换下的箱、脾等消毒。

2. 药物防治　氟哌酸加 1 克蜂胶（10 框蜂），碾细末，配制成含药糖浆或花粉饼饲喂，在采蜜期禁止用药。

八、蜜蜂麻痹病

（一）急性麻痹病

急性麻痹病（Acute paralysis Disease）是西方蜜蜂的一种成年蜂病害，我国有发生。

1. 病原　为蜜蜂急性麻痹病病毒（Acute paralysis virus，APV）。

2. 传播与流行　多发生于春季，通过成年蜂唾液腺分泌物、被污染的花粉传播，大蜂螨是该病毒高效的传播媒介。

3. 症状　病毒可在蜜蜂的脂肪体细胞的细胞质、脑部及咽下腺增殖，但并不表现明显症状。当病毒被注射进蜜蜂血腔中，则会在5～9天死亡，死前蜂体颤抖，并伴有腹部膨大症状。

4. 诊断　根据症状诊断。

5. 防治　由于蜂螨是该病的主要媒介，故以治螨为主。用药治疗与“慢性麻痹病”相同。

（二）慢性麻痹病

慢性麻痹病（Chronic paralysis Disease）是一种常见的西方蜜蜂成年蜂病，具传染性。患病蜂群逐渐衰弱，严重的整群死亡。该病在世界各地广泛发生，在我国，它是引起春秋两季蜜蜂死亡的主要原因之一。

1. 病原　慢性麻痹病病毒（Chronic paralysis Virus.，CPV），有4种长度不同的椭圆形病毒颗粒，直径均为22纳米，长度分别为30、40、55、65纳米。

2. 传播与流行　病蜂是主要传染源，受污染的花粉、蜂具等是重要的传播媒介，携带病毒的蜜蜂则是主动的传播者。传染途径主要通过口和伤口。病毒可在蜜蜂的脑、神经节、上颚腺、咽下腺等许多组织内增殖，在这些部位有大量的病毒粒子，病蜂通过饲喂活动扩散病毒到健康蜜蜂和幼虫。蜂群间的传播者主要是迷巢蜂和盗蜂。

抗麻痹病毒的蜂群，外观上正常的蜜蜂可能是隐性带毒者，患病蜜蜂死于距蜂群较远的地方，所以很多病群可能会被漏诊。

3. 症状　慢性麻痹病有两种症状，一种为大肚型，一种为黑蜂型。

（1）大肚型：病蜂双翅颤抖，腹部因蜜囊充满液体而肿胀，翅展开，不能飞翔，在蜂箱周围或草上爬行，有时许多病蜂在箱内或箱外聚集。患病个体常在5～7天死亡。

（2）黑蜂型：病蜂体表绒毛脱落，腹部末节油黑发亮，个体略小于健康蜂。刚被侵染时还能飞翔，但常被健康蜂啃咬攻击，并逐出蜂群（图7-5）。几天后蜂体颤抖，不能飞翔，并迅速死亡。

图7-5　患慢性麻痹病蜜蜂
（张中印　摄）

4. 诊断　根据症状可作出初步判断。再进行电镜检查或血清学检查确诊。

（1）电镜检查法：将可疑病蜂收集在一起，加缓冲液研磨后，经高速离心和蔗糖梯度离心制成病毒悬浮液，再经磷钨酸负染，用透射电镜观察，若见到大小不等的椭圆形病毒粒子，即可确诊被慢性麻痹病毒感染。

（2）血清学检查：用提纯的病毒制作兔免疫抗体血清，与可疑蜂的病毒悬浮液做琼脂免疫扩散电泳，出现沉淀线的为阳性，即判断为有病。

5. 防治

（1）预防措施：选育抗病品种，更换蜂王。加强饲养管理，春季选择向阳高燥地方、夏季选择半阴凉通风场所放蜂群，及时清除病、死蜂。

将核糖核酸酶加入糖浆，用盒或喷脾方法不间断地饲喂蜂群，分解肠道中该病毒的核酸，保护健康蜜蜂不染病，但对已感病者无效。

（2）药物治疗：用升华硫4～5克/群，撒在蜂路、巢框上梁、箱底，每周1～2次，用来驱杀病蜂。

4%酞丁胺粉12克，加50%糖水1升，每10框蜂每次250毫升，洒向巢脾喂蜂，2天1次，连喂5次，采蜜期停用。

九、营养不良

（一）病因

在蜜蜂饲料中，糖类、脂类、蛋白质、维生素、微量元素等缺乏或过多，都会引起蜜蜂营养代谢紊乱而发病。早春繁殖时缺花粉、缺水，蜂王浆产量高而泌浆蜂营养不足，平日蜂群饥饿，蜂群中子多蜂少哺育力不足和不良饲料等都会引起。巢温过高、过低或天气干旱，会造成蜜蜂各虫期生理代谢紊乱，以及蜂离脾而哺育力相对不足。

（二）症状

幼虫营养不良严重者死亡或被工蜂拖弃，有些能羽化出房者，但体质差、个小、寿命短、生命力差，并伴随卷翅等畸形。成年蜂营养不良会早衰、蜂王浆产量下降，幼蜂爬死、消化不良等。夏季和秋季，蜜露还会造成蜜蜂中毒，表现在巢前有很多青年工蜂爬行，腹部膨大发亮，行动迟钝，死于巢门周围，有黄色粪便污染，蜂场周围有蜜露蜜源则可确诊。由于营养不良、劳役过重，蜜蜂体质弱，患该病的蜂群常并发孢子虫病、病毒病而大批死亡。

冬季和早春由于糖蜜结晶或饲料不良（如用玉米制成的糖浆喂蜂），还会导致下痢病：在春天，蜜蜂体色深暗，腹部膨大，行动迟缓，飞行困难，并在蜂场及其周围排泄黄褐色、有恶臭气味的稀薄粪便，为了排泄，常在寒冷天气爬出箱外，冻死在巢门前。

（三）防治

把蜂群及时运到蜜源丰富的地方放养或补充饲料。在恶劣条件下，应暂停蜂王浆、蜂蛹等消耗营养大的生产活动。在蜜蜂活动季节，要根据蜂数、饲料等具体情况来繁殖蜂群，并努力保持巢温的稳定。蜂群越冬，提前喂足，慎用玉米糖浆喂蜂。

第三节 蜜蜂敌害

包括取食蜜蜂和吮吸蜜蜂体液的所有动物。

一、蜂 螨

（一）大蜂螨

1. 分布与危害 我国于1955年在江苏、浙江一带发现大蜂螨（*Varroa jacobsoni* Oud.），1960年全国大部分地区暴发流行，并发现小蜂螨。发现蜂螨至今，是年年防治，稍疏忽大意，就暴发成灾。所以，有螨无螨治3遍，防治蜂螨已成了西方蜜蜂饲养管理中不可缺少的工作。如今，有人说，不会治螨就不会养蜂，可见，蜂螨对蜂群危害之大。

被寄生的成年蜂烦躁不安，体质衰弱，寿命缩短。幼虫受害后，有些在蛹期死亡，而羽化出房的蜜蜂畸形、翅残，失去飞翔能力，四处乱爬。受害蜂群，繁殖和生产能力下降，群势迅速衰弱，直至全群灭亡（图7-6）。

大蜂螨除了吸食蜜蜂淋巴造成为害外，它还是多种病原体的携带者和传播者，如急性麻痹病毒、蜜蜂克什米尔病毒、残翅病毒、慢性麻痹病毒、云翅粒子病毒、蜂房哈夫尼菌和蜜蜂球囊霉、曲霉、孢子虫等。当以上某些病害和螨同时发生在蜂群中时，蜂螨就可以通过取食和活动在群内甚至群间传播病害，使蜂群病情更加严重，或加速传染病的扩散。因此，在治疗以上病害时，要彻底治螨。

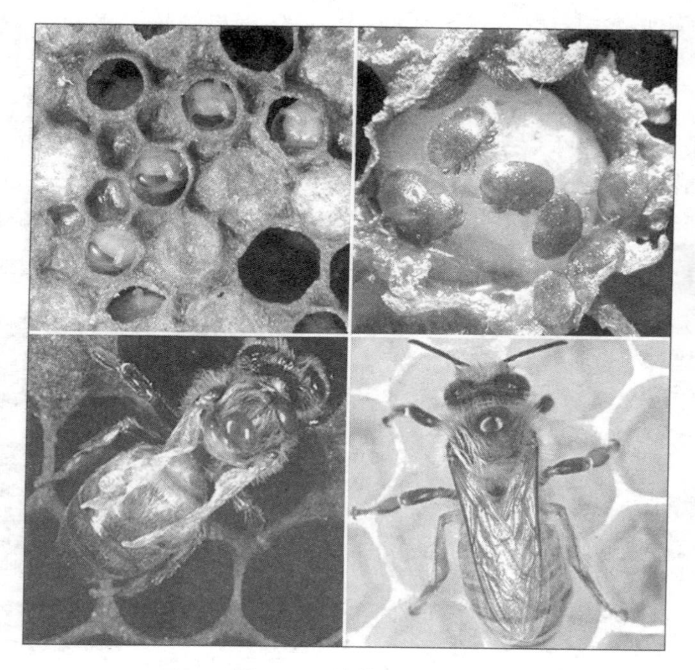

图 7-6 蜂螨的危害

上左：形成白头蛹 上右：寄生在巢房

下左：无翅的废品 下右：背负大蜂螨

（引自黄智勇）

2. 形态特征

（1）卵：乳白色，卵圆形，长 0.60 毫米、宽 0.43 毫米。卵膜薄而透明，产下时已发育，可见 4 对肢芽，形如紧握的拳头。

（2）若螨：分前期和后期若螨。前期若螨近圆形，乳白色，体表着生稀疏的刚毛，具有 4 对粗壮的附肢。体形随时间的延长而由近圆形变为卵圆形，长 0.74 毫米、宽 0.69 毫米。后期若螨体呈心脏形，长 0.87 毫米、宽 1.00 毫米。随着横向生长的加速，体由心脏形变为横椭圆形，体背出现褐色斑纹，体长增至

1.09 毫米、宽至 1.38 毫米。腹面骨板已形成，但尚未骨化。

（3）成螨：雌成螨呈横椭圆形，棕褐色，长 1.11～1.17 毫米、宽 1.60～1.77 毫米。

①颚体：位于躯体前端，由颚基、1 对螯肢（摄食器官）、1 对须肢、口下板、头盖组成。大、小蜂螨均无眼，由须肢及足上的感器执行感觉功能。

②躯体：由 1 块背板、7 块腹板及 4 对足组成。背板覆盖整个背面，密布刚毛（图 7-7）。

图 7-7　大蜂螨成螨

左：背面　中：腹面　右：前面

（引自黄智勇；www.invasive.org）

雄成螨较雌成螨小，体呈卵圆形，长 0.88 毫米、宽 0.72 毫米。背板 1 块，覆盖体背的全部。背板上的刚毛末端不弯曲。

3. 生活习性　大蜂螨有卵、若螨和成螨 3 个发育阶段。发育历期雄螨约 6.5 天，寿命 0.5 天（在蜂房与雌螨交配后即死亡）；雌螨生长发育约 8.5 天，平均寿命 43.5 天，越冬时可达 6 个月以上。

成螨寄生在成年蜜蜂体上，靠吸食蜜蜂的血淋巴生活，而潜在幼虫房内产卵，卵孵化后，若螨就在蜂房中以蜜蜂虫蛹体液为营养生长发育。大蜂螨必须借助于封盖子来完成一个世代，封盖子期越长，其成活率就越高，这与大蜂螨多寄生在雄蜂房中的习性相一致。

蜂群越冬期间，蜂螨就寄生在工蜂和雄蜂的胸部背板绒毛间，以及翅基下和腹部节间膜处，与蜂群一起越冬。越冬雌成螨在第二年的春季蜂王开始产卵时，从越冬蜂体上进入蜂房，开始越冬代螨的为害。以后随着蜂群发展，子脾的增多，螨的寄生率迅速上升。长年转地饲养和终年无断子期的蜂群，蜂螨整年都可为害蜜蜂。若在割开的雄蜂房内发现大蜂螨，说明蜂螨已暴发成灾。

根据生产实践和调查发现，在河南省自然条件下，大蜂螨5月份的寄生密度可达到0.21头螨/蜂，并发现小蜂螨活动；7～8月份上升快，9月份寄生密度达61%，为全年最高峰（图7-8）。

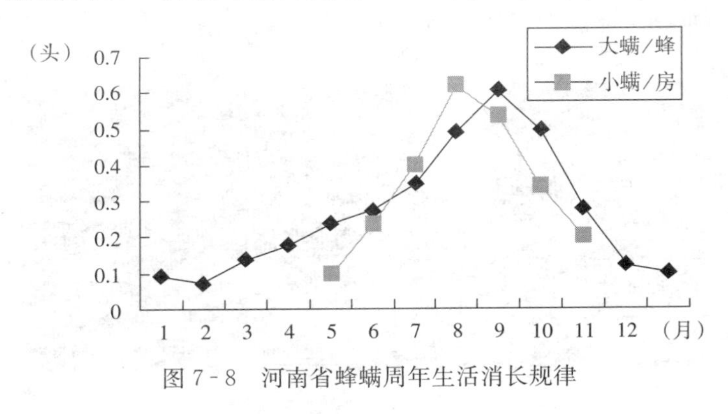

图7-8 河南省蜂螨周年生活消长规律

4. *传播途径* 带螨蜂和健康蜂接触（如盗蜂和迷巢蜂）、互调子脾和合并蜂群，采蜜蜂通过花朵的媒介传播等。不同地区的传播是由转地造成的。

（二）小蜂螨

1. *分布与危害* 小蜂螨（*Tropilaelaps* Clareae）已遍及全国有蜂地区，靠吸食幼虫和蛹的淋巴生活，造成幼虫和蛹大批死亡和腐烂，封盖子房有时还会出现小孔，个别出房的幼蜂翅残缺不全、体弱无力。小蜂螨的为害比较隐蔽，往往造成见子不见蜂的现象。生产实践证明，在河南省，小蜂螨的为害是6月份采荆条花的蜂群群势下降的原因之一。

2. 形态特征

（1）卵：卵膜透明，近圆形，似紧握的拳头，15～30分钟后孵化为若螨。

（2）若螨：前期体乳白色，椭圆形；后期卵圆形。5天后进入成螨期。

（3）成螨：雌螨呈长椭圆形，褐红色，前端略尖，后端钝圆，体长0.97毫米、宽0.49毫米。背板覆盖整个背面，其上密布光滑刚毛。腹部由胸板、生殖腹板和肛板组成。

雄螨呈卵圆形，淡棕色，大小似雌螨（图7-9）。

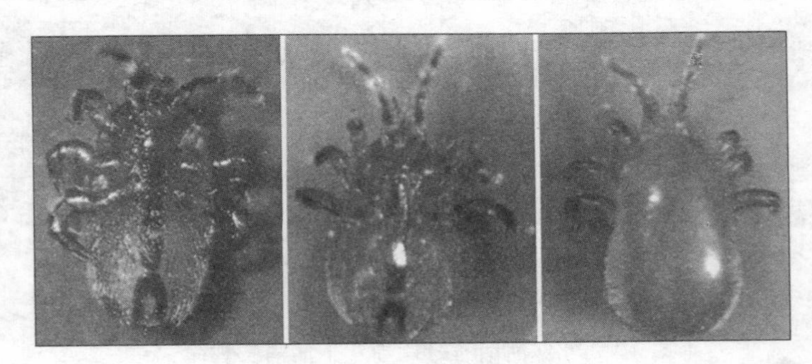

图7-9 小蜂螨成螨

左：雄螨腹面 中：雌螨腹面 右：怀孕雌螨

（引自王习合、魏华珍）

3. 生活习性 小蜂螨主要生活在大幼虫房和蛹房中，很少在蜂体上寄生，其生活史多是在封盖房中完成，在蜂体上只能存活2天。对阳光和灯光有很强的趋光性，在巢脾上爬行迅速。小蜂螨也在蜂体上越冬，据调查，在河南省，小蜂螨5～9月份都能为害蜂群，8月低、9月初最为严重，生产上，6月份就需要对小蜂螨进行防治。

4. 传播途径 小蜂螨的传播途径与大蜂螨相同。

（三）综合防治

蜂螨的综合防治，本着“预防为主，治疗为辅，加强管理，防治结合”的原则，根据蜂群、蜂螨的生物学特性，选用高效、低毒药物，采取先进、正确的施药手段，简便、经济、高效、安全地把蜂螨控制在最低阈值内（大流蜜期前螨寄生率≤5%），甚至在某些隔离区（如保护区或岛屿），彻底消灭蜂螨，达到无螨化养蜂生产。

1. 加强管理

（1）养强群：大蜂螨的寄生率与蜂群群势呈负相关。强群的蜂巢温度能恒定在35℃，不利于螨的繁殖。因此，生产上采取蜂、脾相称或蜂多于脾、选好蜜源场地、保证饲料充足、积极预防病虫害等措施，努力饲养强群。

（2）讲卫生：在蜂群管理中，不互相调子脾、调蜂。

（3）防盗蜂：选择优良蜜源场地，蜂场不太近，根据季节、气候、地形，灵活摆放排列蜂群，预防盗蜂和迷巢蜂。夏日巢门北向或东北向，有助于蜂群的繁殖和防止盗蜂。

（4）控雄蜂：利用优良种王和更换新王、优质巢脾等方法，控制雄蜂的数量。或积极进行雄蜂蛹的生产，诱杀蜂螨。

2. 抗螨育种　根治蜂螨必须加强抗螨育种研究。东方蜜蜂为蜂螨的原始寄主，但对大、小蜂螨有强烈的清理（抗性）行为，故蜂螨对东方蜜蜂并不造成危害。而西方蜜蜂对蜂螨也有一定的清理行为，这种防御行为是由基因控制和可选育的。但不同的蜂群对其抗性有差异，选择对蜂螨（蜂巢）有较强清理行为的蜂群为育种群，蜂螨的寄生率低，没有其他疾病，定向培育，就可以控制蜂群中的蜂螨寄生率达到不需要防治的限度，大量减少杀螨药剂的使用。

淘汰被蜂螨为害严重的小群。

3. 断子期药物治螨

（1）防治原理：大、小蜂螨都是在幼虫房和封盖子房内产卵，完成若螨和成螨的世代生长发育，而且，在繁殖期小蜂螨离开蜂子房仅能存活2天。因此，抓住蜂群各种断子的机会用药物毒杀，可以收到事半功倍的效果。蜂群断子时间，以群内没有3日龄以上幼虫和封盖子并有施药时间为准，一般要求囚王18天左右。

（2）时间选择：一年中蜂群自然断子时间有秋繁结束、春繁之前，南方蜂群越夏后、秋繁前。为使断子时间统一，可在这几个时期囚王强制蜂群断子。各地区还能根据蜜源、生产管理和治螨需要，在繁殖期间，人为地对蜂群进行断子，例如，北方蜂群繁殖越冬蜂前断子，南方蜂群囚王断子越冬。全年一般选择2个断子时机防治蜂螨，就能控制其为害。比如，在河南可选择早春蜂群繁殖前和秋季蜂群繁殖越冬蜂前，或刺槐花期后和蜂群越冬前，人为地断子治螨。

一天当中，应趁绝大部分蜜蜂在巢内时进行，多数情况下傍晚或早晨蜂未出工前施药。早春和越冬前治螨，在治螨前的1天饲喂蜜蜂，效果会更好。

（3）用药方法

①选用药剂：常用的药剂有杀螨剂1号、速杀螨、敌螨1号、绝螨精以及复方制剂等水剂，喷雾防治。

②施药工具：手动喷雾器、“两罐雾化器”（图7-10）。用“两罐雾化器”，药物为杀螨剂，载体为煤油，比例为1∶6。先按比例配好药剂，装进药液罐。在燃烧罐中加入适量酒精，点燃，使螺旋加热管温度升高。然后，手持雾化器，将喷头通过巢门或钉孔插入箱中，对着箱内空处，压下动力系统的手柄2～3下即可，并关闭巢10分钟。雾滴小，容易控制用药量，不易产生药害，省时省力。无论采用哪种工具，务必用药均匀、周到、不留死角，用药量要足，间隔3天1次，用药3次就要达到防治目的。

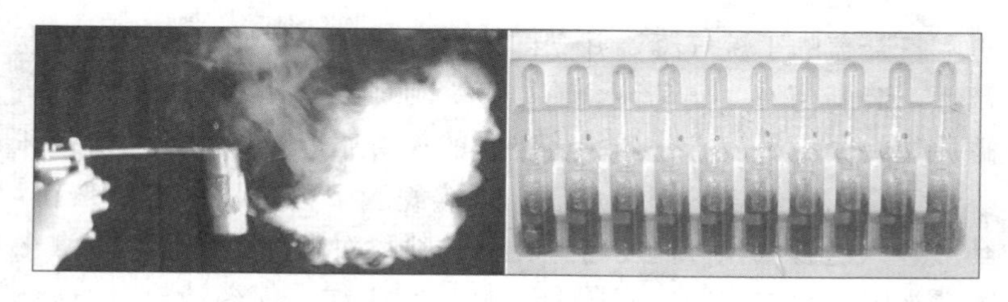

图 7-10　防治蜂螨

左：用“两罐雾化器”喷洒药液　右：常用的喷雾杀螨剂

（张中印　摄）

③药物配比与用量：据试验，用杀螨剂 1 号 0.5 毫升，对水 500 毫升，用手动喷雾器施药，可以防治 10 框群 10 群。如用 50 毫升杀螨剂，加煤油 300 毫升，用“两罐雾化器”，可以防治 10 框群 200 群。

④药效试验：取 2 个巢箱，箱底铺张报纸，傍晚将试验蜂群平均一分为二，分别置于准备的巢箱中，同时用不同浓度的药液对同一群蜂置于不同巢箱中的蜂脾喷药，左手提出巢脾（抓中间），右手持手动喷雾器，距脾面 25 厘米左右，斜向蜜蜂喷射 3 下，喷过一面，再喷另一面，然后放入蜂巢，再喷下一脾，最后，盖上副盖、覆布、大盖。连治 2～3 群，第二天早晨打开蜂箱，卷出报纸，把分开的同群蜜蜂合并到原箱。观察落螨情况，选择落螨多、治疗效果好的浓度配药，进行大面积防治。

⑤热力雾化器治螨：采用加热装置把药液——双甲脒汽化，经过巢门喷入蜂箱，药剂在蜂箱中分布均匀，治螨效果好，工作效率高。热力雾化器由加热装置、喷药装置、防护罩和塑料器架等组成，治螨时，点燃燃料，加热蛇管，按动药泵按钮将药液从药罐中抽出，送到被加热的蛇管中，在蛇管中立即被汽化，并以蒸汽云的形式从雾化器的喷嘴喷出。

燃料为丁烷气、药物是双甲脒。

使用时，在丁烷气调节阀门处于关闭状态下，旋下气罐，放进刚打开盖的丁烷气罐，并立即把该容器重新装好。然后，旋下药罐，装满药液（如药液含有杂质，则须过滤处理），最后把药罐原位旋紧，平放雾化器。将燃烧的火柴靠近防护罩，随即打开丁烷气阀门，燃烧炉即被点燃，预热蛇管 2 分钟后，按下按钮，药液进入蛇管汽化。同时将雾化器的喷嘴对准蜂箱巢门，将汽化的药液喷入巢内空间。每隔4～5秒喷雾 1 次，使药液充分汽化，如果雾滴还较大，延长间隔时间。如果喷出火苗，应关闭丁烷气阀门，然后重新点火。工作完毕，应把喷嘴拆下清理干净，冷却后置于通风处妥存。

4. 繁殖期药物治螨

（1）防治原理：蜂群繁殖期，卵、虫、蛹、成蜂四虫态俱全，即有寄生在成年蜜蜂体上的成年蜂螨，也有寄生在巢房内的螨卵、若螨和成螨，应设法造成巢房内的螨与蜂体上的螨分离，分别防治；或者选择即能杀死巢房内螨又能杀死蜂体上螨的药物，采用特殊的施药方法进行防治。对有封盖子的蜂群治螨，应连续用药 12 天以上。

（2）用药方法：

①选用药物：螨扑（如氟胺氰菊酯条、氟氯苯氰菊酯条）、升华硫、杀螨剂等。使用前，都需要做药效试验。

②施药方法：

挂螨扑片：每群蜂用药 2 片，弱群 1 片，将药片固定在第二个蜂路巢脾框梁上，对角悬挂，1 周后再加 1 片（图 7－11、图 7－12）。使用的螨扑一定要有效。

图 7－11　螨　扑

（张中印　摄）

分巢轮治（蜂群轮流治螨）：将蜂群的蛹脾和幼虫脾带蜂提出，组成新蜂群，导入王台；蜂王和卵脾留在原箱，待蜂安定后，用杀螨水剂或油剂喷雾治疗。新分群先治1次，待群内无子后再治2次。

图7-12　防治蜂螨

也可把蜂群事先搭配好，A群的幼虫脾和蛹脾提到B群，B群的卵脾提到A群，先治A群，囚B群蜂王2周，割除雄蜂，18天后治疗B群，然后，根据需要对A群和B群调整子脾。

升华硫治小蜂螨：断子和分巢防治对小蜂螨都有很好的防治效果。在蜜源前期、繁殖好的条件下，也可用升华硫防治小蜂螨。

方法一、将杀螨剂和升华硫混合（升华硫500克+20支杀螨剂，可治疗600～800框蜂），用纱布包裹，抖落封盖子上的蜜蜂，使脾面斜向下，然后涂药于封盖子的表面。同时，也可挂螨扑兼治大蜂螨。不向幼虫脾涂药，并防止药粉掉入幼虫房中，涂抹尽可能均匀、薄少，防止引起爬蜂等药害。预防盗蜂，芝麻、葵花等易起盗蜂的蜜源和长时间的阴雨天气，不使用升华硫治螨。王浆生产群，浆框放小虫脾中间。

方法二、升华硫500克+20支杀螨剂+4.5千克水，充分搅拌，然后澄清，再搅匀。提出巢脾，抖落蜜蜂，用羊毛刷浸入上述药液，提出，刷抹脾面。脾面斜向下，先刷向下的一面，避免药液漏入巢房内，刷完一面，反转后再刷另一面。涂抹要均匀周到，不留死角。这个方法杀螨效果好，对蜂安全，且不会污染蜂产品。在河南、山西两省区，每年5月中旬或6月份每群施药1～2次，即可有效控制小蜂螨的危害。用羊毛刷刷抹子脾，若在巢箱底铺上报纸，可检查落螨情况。

5. 注意事项　严格控制用药量，防止药害。

二、蜡　　螟

蜡螟属鳞翅目、螟蛾科、蜡螟亚科，在我国危害蜜蜂的有大蜡螟（*Galleria mellonella* L.）和小蜡螟（*Achroia grisella* Fabricius）2种。

（一）分布与危害

分布在全国各地。蜡螟以其幼虫（又称巢虫）蛀食巢脾、钻蛀隧道，为害蜜蜂的幼虫和蛹，成行的蛹的封盖被工蜂啃去，造成“白头蛹”，影响蜂群的繁殖，严重者迫使蜂群逃亡，东方蜜蜂较西方蜜蜂受害严重。此外，蜡螟还破坏保存的巢脾，并吐丝结茧，在巢房上形成大量丝网，使被害的巢脾失去使用价值。

（二）形态特征

蜡螟为全变态昆虫，有卵、幼虫、蛹、成虫4个发育阶段。

1. 大蜡螟　卵呈粉红色，近圆形，卵粒密集成块。老熟幼虫长18～23毫米，浅黄色或灰褐，前胸背板为棕褐色。蛹茧长约28毫米，梭形、白色。成虫雌蛾体长18～20毫米，翅展30～35毫米；下唇须在头前方突出，头及胸背面褐黄色；前翅略呈正方形，翅灰白色不匀，有褐色和灰白色斑，翅周有长毛；腹部灰色。雄蛾体小，前翅端部有一呈“Y”形的凹陷（图7-13）。

2. 小蜡螟　卵黄白色，短椭圆形。幼虫体黄白色，成熟幼虫体长12～16毫米。蛹茧长20毫米，白色，常挤在一起。成虫雌蛾体长10～13毫米，翅展21～25毫米，除头顶部橙黄色外，全身紫灰色，下唇须不突出于头前方，翅紫灰色，周缘有长毛。雄蛾体较小，其前翅基部靠前缘处有一长3毫米左右的菱形翅痣（图7-14）。

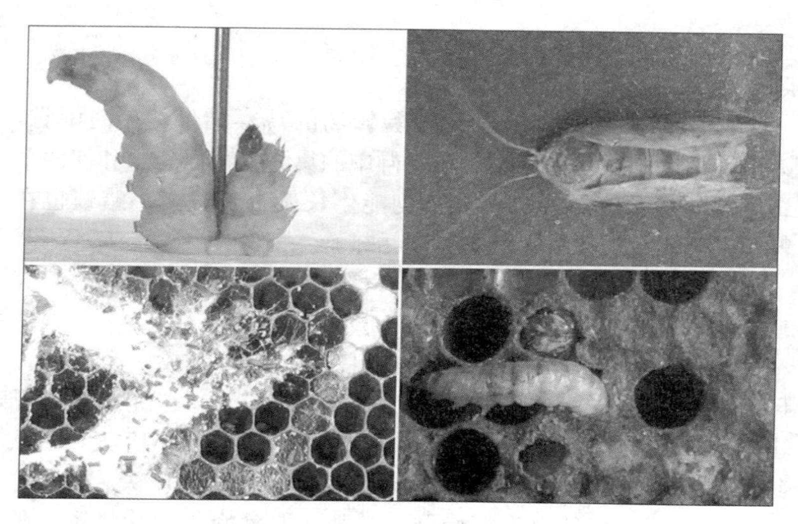

图 7-13　大蜡螟

上左：幼虫　上右：成虫　下左：为害巢脾　下右：为害子脾

（张中印　摄）

图 7-14　小蜡螟

左：幼虫　右：成虫和为害状

（引自 www. beecare. com index；黄智勇）

（三）生活习性

1. *越冬*　河南科技学院试验蜂场的观察结果，在河南省，无论是大蜡螟还是小蜡螟，在蜂群中的巢脾上都以幼虫和卵两个虫态越冬，而且，在12～38℃均能生长发育良好。小蜡螟也在蜂箱上和贮存的巢脾上越冬（罗岳雄）。

2. *活动*　蜡螟成虫昼伏夜出，雌蛾常在1毫米以下的缝隙或箱底的蜡屑中产卵。

3. *世代*　蜡螟一年发生3～5代，大蜡螟完成一个世代需60～80天或更长时间，小蜡螟则需60～75天。在纯蜂蜡制品上，其幼虫不能完成生活史。大蜡螟雌蛾寿命在3～15天，雄蛾约5.5天。小蜡螟雌蛾寿命在4～11天，雄蛾6～31天。

4. *为害*　以幼虫为害蜂群和巢脾，取食蜂巢内除蜂蜜以外的所有蜂产品，嗜好黑色巢脾。

（四）防治

1. *加强管理，预防为主*

（1）蜂箱制作要规范、严实无缝，不留底窗，小巢门高度以7毫米为宜。摆放蜂箱要前低后高，左右平衡。贮藏巢脾，可用塑料膜袋密封，要求脾不露箱，并用药物有计划地熏蒸。

日常管理中捕杀成蛾，铲除幼虫和蛹。越冬期间清理蜂具，并在−7℃以下冷冻贮藏巢脾5～10小时，消灭蜡螟越冬的虫、蛹。空巢脾使用前，可放入水中浸泡24小时，甩净水珠后使用，即可杀死巢虫，又便于工蜂清理巢房。

（2）饲养强群，保持蜂多于脾或蜂、脾相称。造新脾，换老脾，旧脾化蜡；讲究卫生，勤扫箱底，或换箱消毒，防止蜡螟幼虫和其他病虫害滋长，恶化蜡螟的生活环境。

2. *药物熏蒸，消灭蜡螟［磷化铝（AlP）熏蒸］*　磷化铝纯品为白色晶体，工业品为灰绿色或灰褐色固体（图7－15）。在空气中易燃，遇火燃烧，遇酸反应，触水会发生爆炸和着火。无气味，干燥条件下稳定，对人畜较安全；吸水分解释放出有电石或大蒜气味的无色磷化氢气体，比空气重，渗透力强，对人有剧毒。为广谱性熏蒸杀虫、灭鼠剂，对蜡螟、蜂螨都有熏蒸毒杀作用。

图 7-15　磷化铝

（张中印　摄）

商品剂型有65%的磷化铝片剂和56%的丸剂、粉剂。一般用量5～8克/米^3。实际应用中，可用56%磷化铝，先把巢脾分类、清理后，每个继箱放10张，箱体相叠，用纸封闭缝隙（或用塑料膜袋套封），每箱体框梁上放一粒（用纸盛放），密闭即可。熏蒸在10℃以上进行，密闭时间15天以上，使用前要通风晾24小时，药物不得与蜂脾接触，严禁儿童接触药品。

磷化铝主要用于熏蒸贮藏室中的巢脾和蜂具，也用于巢蜜脾上蜡螟等害虫的防除，一次用药即可达到消灭害虫的目的。

磷化钙（散剂）也可用来熏蒸巢虫，用法和效果与磷化铝相似。

3. 生物防治　一是利用苏云金芽孢杆菌0.14%芽孢晶体悬浮液，喷脾或浸脾，或把苏云金芽孢杆菌置于巢础中使用；二是利用螟螟的天敌，即在箱中释放蜡螟大腿小蜂、蜡螟绒茧蜂等寄生蜂，让其寄生在蜡螟体上，达到防治目的。目前，生物防治技术有待进一步研究和推广。

（五）被害蜂群和子脾的处理

1. 被害巢脾的处理　如果巢脾被害严重或是老脾，应作化蜡处理。如果是被害较轻的新脾，要找出巢虫，用水浸泡后，加入大群，让蜜蜂进行修补；或用水浸泡后削去巢房的2/3，还给小群蜜蜂修补。修复后的空脾，如不使用，要及时熏蒸密闭保存。

若封盖子脾面不平、凹陷，许多封盖有穿孔或有啃咬痕迹，确定为蜡螟为害后，须先割掉封盖，摇出虫、蛹，再进行熏蒸或用水浸泡处理，最后交给大群清理、修复；如需割去2/3的房盖，割房盖后应加入小群修复。若失去使用价值，要及时化蜡处理。为害较轻时，可提出子脾，置阳光下，结合震动、镊子夹取等方法，除掉巢虫后交还蜂群。

2. *被害蜂群的处理* 被巢虫为害的蜂群，子脾经过上述方法处理后，要抽脾缩巢，使蜂多于脾，清理蜂箱，喂足饲料。若群势小，影响繁殖、生产或越冬、越夏时，须及时合并。有病群要给予药物治疗。

三、蜂　虱

蜂虱并不是真正的虱子，而是双翅目蜂虱蝇科（*Braulidae*）的一种高度特化的无翅蝇。

（一）分布与危害

1. *分布* *Braula* 属有5个种和2个亚种。*Braula coeca coeca* Nitzsch 分布在欧洲、非洲、澳大利亚和美国；*B. c. angulata* Orosi 广泛分布在南非的纳塔耳、津巴布韦的罗德西亚南部和意大利；*B. schmitzi* Orosi 分布于亚洲、欧洲和南美；*B. orientalis* Orosi 分布于前苏联、土耳其、阿拉伯国家和以色列；*B. pretoriensis* Orosi则分布于南非、坦桑尼亚和刚果等；*B. kohli* Schmitz 分布于刚果。

我国尚未发现蜂虱，为检疫性虫害。

2. *危害* 蜂虱常栖息于工蜂和蜂王的头部、胸部和腹背的绒毛处。它们并不吸取蜜蜂的血淋巴，而是在工蜂和蜂王头部分食蜜蜂的饲料，并使蜜蜂烦躁不安、体质衰弱，蜂王产卵力下降，从而导致群势削弱和采集力下降。严重时，也可造成蜂群死亡。

（二）形态与习性

1. *形态特征* 成虫无翅，体长 1.5 毫米、宽 1 毫米。体扁平，红褐色，具有稠密的黑色绒毛。头扁，呈三角形；触角小，3 节，生于喙基部但不易见。腹部卵圆形，5 节。足 3 对，腿（股）节粗，跗节末端有齿状梳，用于抓住蜂体。幼虫椭圆形，乳白色，行动活泼。卵椭圆形，乳白色，长 0.77 毫米、宽 0.37 毫米（图 7-16）。

图 7-16 蜂 虱
（引自 maarec. cas. psu. edu）

2. *生活习性* 雌性蜂虱产卵于半封盖房封盖下、房壁、蜡屑以及蜂箱的缝隙中。幼虫孵出后，就在蜡盖下穿蛀隧道，不断取食蜂粮和蜂蜜，末龄幼虫就在隧道末端化蛹。从卵到成虱需要 16～23 天的时间。成虫羽化后，会从隧道钻出巢脾表面，用梳状的爪抓住蜂体，并常聚集在蜂王体上。当蜂王接受工蜂饲喂时，蜂虱常从蜂王胸腹爬向头部，在张开的上颚和下唇旁获取食物，或在蜜蜂中唇舌腹面获取涎腺分泌物。

（三）传播与防治

1. *传播* 蜂虱在蜂群间的传播，主要是通过蜜蜂间相互接触，如盗蜂、迷巢蜂以及随意调换巢脾等。而蜂虱的远距离传播，则主要通过蜂群、蜂王的出售以及蜂群的转地饲养等。

2. 防治　饲养强群，经常淘汰旧巢脾；初发生时切除蜜盖，并立即化蜡处理；对受害严重的蜂群，可采用茴香油、烟叶、三氯杀螨砜等药治疗。

四、胡　蜂

胡蜂属膜翅目 Hymenoptera 胡蜂总科 Vespoidea 胡蜂科 Vespidae。为害蜜蜂的主要是胡蜂属的种类。

（一）分布与危害

1. 分布　胡蜂在我国南方各省，为夏秋季节蜜蜂的主要敌害。捕食蜜蜂的胡蜂有：金环胡蜂（*Vespa mandarinia* Smith）、墨胸胡蜂（*V. nigrithorax* Buysson）、基胡蜂（*V. basalis* Smith）、黑尾胡蜂（*V. ducalis* Smith）、黄腰胡蜂（*V. affinis* L.）、黑盾胡蜂（*V. bicolor* Fabricius）。此外，还有黄边胡蜂（*V. crabro*）、凹纹胡蜂（*V. auraria* Smith）、大金箍胡蜂、小金箍胡蜂（*V. tropisca baematodes*）等种类。

2. 危害　胡蜂是杂食性昆虫，放养在山区的蜜蜂是其主要的捕食对象，在食物短缺季节，便集中危害。

在我国南方，自 4、5 月份起，胡蜂就开始捕食蜜蜂，到气候炎热的 8～10 月份，胡蜂为害最为猖獗，常常造成蜜蜂越夏困难。全场蜂群均可能受害，外勤蜂损失可达 20%～30%。

在山区，胡蜂种类和数量较多，蜜蜂受害也较严重。像属中小体型的墨胸胡蜂等，常在蜂箱前 1～2 米处盘旋，寻找机会，抓捕进出飞行的蜜蜂；而像体型大的金环胡蜂和黑尾胡蜂，除了在箱前飞行捕捉外，还能伺机扑向巢门直接咬杀蜜蜂，若有胡蜂多只，还能攻进蜂巢中捕食，迫使中蜂弃巢逃跑。

（二）形态与习性

1. 形态　金环胡蜂，雌蜂体长 30～40 毫米。头宽大于复眼宽，头部橘黄色至褐色，中胸背板黑褐色，腹部背、腹板呈褐黄与褐色相间。上颚近三角形，橘黄色，端部呈黑色。雄蜂体长约 34 毫米。体呈褐色，常有褐色斑。

墨胸胡蜂，雌蜂体长约 20 毫米。头宽等于复眼宽，头部呈棕色，胸部呈黑色。腹部 1～3 节背板为黑色，5、6 节背板呈暗棕色，上颚红棕色，端部齿呈黑色。雄蜂较小。

黑盾胡蜂，雌蜂体长约 21 毫米。头宽等于复眼宽，头部呈鲜黄色，中胸背板呈黑色，其余呈黄色，翅为褐色，腹部背、腹板呈黄色，其两侧各有一个褐色小斑。上颚鲜黄色、端部齿黑色。雄蜂体长 24 毫米，唇基部有不明显突起的 2 个齿。

基胡蜂，雌蜂体长 19～27 毫米。头部浅褐色。中胸背板黑色，小盾片褐色。腹部除第二节黄色外，其余均为黑色。上颚黑褐色，端部 4 个齿。

黑尾胡蜂，雌蜂体长 24～36 毫米。头宽略大于复眼宽，头部橘黄色。前胸与中胸背板均呈黑色，小盾片浅褐色。腹部第 1、2 节背板褐黄，第 3～6 节背、腹板呈黑色。上颚褐色，粗壮近三角形，端部齿黑色。

黄腰胡蜂，雌蜂体长 20～25 毫米。头部深褐色。中胸背板黑色，小盾片深褐色。腹部除第 1、2 节背板黄色外，第 3～6 节背、腹板均为黑色。上颚黑褐色。雄蜂体长 25 毫米，头胸黑褐色。

2. 生活习性

（1）生活史：据观察，福建南部山区黑盾胡蜂一年可发生 5～6 代，东部地区的黑胸胡蜂一年 4～5 代。因种类及气候的差异，各地的胡蜂世代数不同。

（2）生物学习性：胡蜂群由蜂王和工蜂组成，雄蜂仅出现在交配季节。越冬后的蜂王独自营巢、产卵、捕食、哺育等。工蜂羽化后，则由其承担除产卵以外的所有工作，一些雌性蜂交配后成为新的产卵王，新、老蜂王同巢产卵。雄蜂是由蜂王产的未受精卵发育而来的，在交配季节，一个胡蜂群有上百只雄蜂，与雌蜂数量相当。雄蜂与雌蜂交配后不久死亡。最后一代的雌蜂交配后，黑盾胡蜂、墨胸胡蜂和基胡蜂通常弃巢，寻找温暖的屋檐下、墙缝、树洞等处聚积越冬。

胡蜂一般在冬暖夏凉、温湿度适宜而又较隐蔽的场所营巢。营巢地点有的在大树洞内或在屋檐下、小灌木上、高大的树干、电杆上，如墨胸胡蜂、黑盾胡蜂、黑尾胡蜂；有的在土洞中筑巢，如金环胡蜂。蜂巢外都有一虎斑纹的外壳包裹，巢内巢脾单面，巢口向下，可有数层巢脾，脾数依蜂群大小而异。巢房六角形，房底较平（图 7-17）。

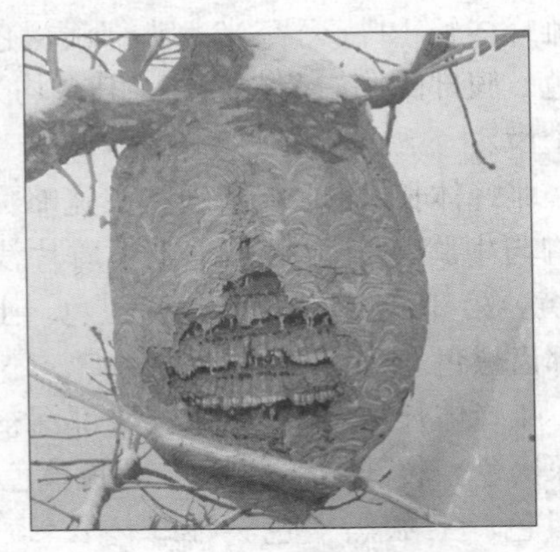

图 7-17　胡蜂巢穴和头部

（张中印；Y. Barbier）

（三）防除方法

1. 诱杀　将矿泉水瓶装糖水 1/3，上部用钉刺穿多个小孔，吊挂在蜂场，引胡蜂入瓶。

2. 人工扑打　当发现有胡蜂为害时，可用薄板扑击。

3. 巢穴毒杀　已知胡蜂巢穴时，可在夜间用蘸有敌敌畏等农药的布条或棉花塞入巢穴，杀死胡蜂。

五、老　　鼠

鼠属啮齿目鼠科或松鼠科，是蜜蜂越冬季节的重要敌害。

（一）分布与危害

1. 分布　鼠已遍布亚洲、欧洲、美洲。为害蜂群的有家栖鼠和野栖鼠两大类。在我国，小家鼠各地均有，黄胸鼠在长江以南和西藏东南部，屋顶鼠分布在南方地区和北方沿海。

2. 危害　在蜂群越冬季节，蜂团收缩，巢脾部分裸露，鼠咬破箱体或从巢门钻入蜂箱中，一方面取食蜂蜜、花粉，啃咬毁坏巢脾，并在箱中筑巢繁殖，使蜂群饲料短缺，同时啃啮蜜蜂头、胸，把蜜蜂腹部遗留箱底。另一方面，鼠的粪便和尿液的浓烈气味，使蜜蜂骚动不安，离开蜂团而死，严重影响蜂群越冬，同时也污染了蜂箱、蜂具。在早春或冬季，箱前有头胸不全、足翅分离的碎蜂尸和蜡渣，即可断定是老鼠危害。

（二）形态与习性

1. 形态　鼠为哺乳动物，体小，全身被毛，尾长。雌鼠胸、腹部具成对的乳头，以乳汁育仔。上下颌有一对异常发达的凿状门齿，门齿能不断生长，有磨牙习性。

2. 习性　家鼠常栖息于仓库、杂物堆和墙体等阴暗角落。野鼠多栖息于田埂、草地。食性杂，家鼠以人的各种食物为粮，野鼠以植物种子、草根等为食，也吃昆虫。鼠性成熟快，繁殖力强，一年多胎，一胎多仔。

（三）防除方法

把蜂箱巢门高做成 7 毫米，能有效地防鼠进箱。在鼠经常出没的地方放置鼠夹、鼠笼等器具逮鼠。市售毒鼠药有灭鼠优、杀鼠灵、杀鼠迷、敌鼠等，按说明书使用，注意安全。

六、蜘　蛛

（一）分布与危害

蜘蛛分布广泛。一方面，它潜伏花上守株待兔，等蜜蜂落下，便猛攻（以其喷射出的毒液使蜜蜂立即麻痹）捕食。另一方面，蜘蛛还结网黏滞蜜蜂，从而获得食物，尤其是荆条花期，老荆多的地方，蛛网密布，是蜂群在荆条花期群势下降或不能生长的主要原因之一。

图 7-18　蜘蛛花上守候，伺机捕食蜜蜂；
张网设陷阱，等蜜蜂自投罗网
（张中印　等）

（二）形态与习性

1. 形态　蜘蛛有 4 对长足，一个大而圆的腹部，体色有土黄色、黄色带条纹、褐色等。腹部末尾有纺绩突器，分成 6 个小突器，可排出胶状物质织网（图 7-18）。

2. 生物学习性　蜘蛛性情凶猛，多数栖息在农田、果园、森林和庭院，直接攻击猎物，或结网捕食小虫为生。

（三）防除方法

在蜂场附近发现蛛网，及时清除。在嫩荆多、老荆少的地方放蜂。

七、蚂　　蚁

蚂蚁（Ant）属膜翅目、蚁科（Formicidae）的社会性昆虫。

（一）分布与危害

1. 分布　广泛，以高温、潮湿和森林地区最多。在我国，为害蜜蜂的有大黑蚁（*Camponotus japanicus* Mayr）和棕色黄家蚁（*Monomorium pharasonis* L.）。在欧洲、北美等地有 *Formica integra* Nylander 和红褐林蚁（*Formica rufa* L.）；分布于南非、美国等地的有 *Iridomyrmex humilis* Mayr；分布于美国、印度、英国等地的丝蚁（*Zformica fusca* Ibid）、火蚁（*Solenosis geata*）等。

2. 危害　尽管蚂蚁个体小，但其数量众多，捕食能力很强。蜂群周围或蜂箱内总能见到蚂蚁的活动。有的是在蜂巢内外寻找食物，啃噬蜂箱，有的还在蜂箱内或副盖上建造蚁穴永久居住。蜂群由于受到蚂蚁的攻击和骚扰而变得非常暴躁，易螫人，还可能导致蜂群弃巢飞逃。

（二）形态与习性

1. 形态　蚁体多呈黄色、褐色、黑色或橘红色。一生经历卵、幼虫、蛹和成虫 4 个阶段。卵白色，纺锤形；幼虫白色，无足；化蛹于茧中。成虫有些种有翅，有的无。

蚂蚁是全变态社会性昆虫，蚁群中有细致的分工，分雌蚁、雄蚁、工蚁和兵蚁 4 种。工蚁上颚发达，无单眼。膝状触角，柄节特长。胸腹间有明显的细腰节。雌蚁和雄蚁有翅两对。

2. 生物学习性　常在地下洞穴、石缝等地方营巢，食性杂，有贮食习性。喜食带甜味或腥味的食物。工蚁嗅觉灵敏，找到食物后，靠分泌的示踪激素给其他成员指示路线和传递信息。有翅的雌、雄蚁在夏季飞出交配，交配后雄蚁死亡，雌蚁脱翅，寻找营巢场所，产卵育蚁。一个蚁群工蚁可达十几万只。

（三）防除方法

1. 拒避法　将蜂箱置于木桩上，在木桩周围涂上凡士林、沥青等黏性物，可防止蚂蚁上蜂箱。用氟化钠、硼砂粉等拒避杀蚁。若用箱架，把箱架的四脚立于盛水的容器上，可阻止蚂蚁上箱。

2. 捣毁蚁巢　找到蚁穴后，用火焚毁或用煤油或汽油灌入毒杀。

3. 药剂毒杀　在蚁类活动的地方，用氯丹施于土壤上，可杀死蚂蚁。

此外，蜂箱不放在枯草上，清除蜂场周围的灌木、烂木和杂草也可减少蚂蚁筑窝。

八、蟾　　蜍

蟾蜍（Toad）俗称癞蛤蟆，属两栖纲蟾蜍科（Bufonidae），是蜜蜂夏季的主要敌害之一。

(一) 分布与危害

1. 分布　蟾蜍分布于世界各地，在新几内亚、澳大利亚、波里西亚和马达加斯加最多。这一科有 10 个属，以 *Bufo* 属的蟾蜍对蜜蜂危害最大。我国仅有 *Bufo* 一属，共有 6 种，蜂场中常见的有：中华大蟾蜍（*B. gargarizans* Cantor)、黑眶蟾蜍（*B. Melanostictus* Schneider)、华西大蟾蜍（*B. andrewsi* Schmidt)、花背蟾蜍（*B. raddei* Strauch)。此外，我国南方还有一些常见的蛙类，如狭口蛙（*Kaloula borerealis*)、雨蛙（*Hyta chinengunther*)、林蛙（*Ranajaponica gunther*）也会捕食蜜蜂，但为害不如蟾蜍大。

2. 危害　每只蟾蜍一晚上能吃掉数十只到 100 只以上的蜜蜂。若每晚都在蜂群前捕食，会使群势下降直至死亡。

(二) 形态与习性

1. 形态　比蛙属动物大，一般黄棕色或浅绿色，间有花斑，形态丑陋。身体宽短，皮肤粗糙，布有大小不等的疣粒，眼后有隆起的耳腺，能分泌毒液。腹面乳白色或乳黄色。四肢几乎等长，趾间有蹼，擅长跳跃行动。

2. 生物学习性　蟾蜍多在陆地较干旱的地区生活，白天隐藏于石下、草丛、箱底下，黄昏时爬出觅食，捕食包括蜜蜂在内的各种昆虫、蠕虫等。在天热的夜晚，蟾蜍会呆在巢门口捕食蜜蜂。

(三) 防除方法

铲除蜂场周围的杂草，减少蟾蜍藏身之地。垫高蜂箱，使蟾蜍无法接近巢门捕捉蜜蜂。黄昏或傍晚到箱前查看，尤其是阴雨天气，用捕虫网逮住蟾蜍，放生野外。

九、其他天敌

狗熊，又名黑瞎子，它能搬走（或推翻）蜂箱，攫取蜂蜜。预防方法是养狗放哨，放炮撵走。

食虫虻，属双翅目食虫虻科。全身呈灰色或黑色，腹部细长，有白色环纹。夏秋季节侵袭蜜蜂，当它追上蜜蜂时，将其抱着，并用口针刺穿蜜蜂的颈，吸取血淋巴。预防方法是加强巡视，及时捕杀。

桉花虫，在桉树花后期，爬上蜜蜂，使蜜蜂体质衰弱，寿命缩短。预防方法是，提前转场。

另外，蜂虎、壁虎和蜻蜓等也捕食蜜蜂。

第四节　蜜蜂毒害

蜜蜂毒害，是指由于自然或人为的因素，迫使蜜蜂摄取无法利用或有害的物质，或对蜜蜂虫体造成损伤，从而引起机体生理功能紊乱、寿命缩短或死亡的现象。可分为植物毒害、农药毒害、环境毒害 3 种。

一、植物毒害

（一）植物的机械性损伤

蜜蜂在聚合草花上采集食物，并为其传粉做媒，对其传宗接代和种群的壮大尽心竭力。可是聚合草花叶上锐如钢针的刺，却总是刺穿蜜蜂赖以飞翔的翅和黏附花粉的细小绒毛，这使蜜蜂不久就因失去飞翔能力而死亡。

（二）有害植物花蜜花粉

在少数蜜粉源植物的花蜜或花粉中含有某些蜜蜂无法消化或对蜜蜂直接产生毒性的物质，这些物质导致蜜蜂中毒。我国常见的对蜜蜂有害的蜜粉源植物有20多种，如油茶（*Camellia oleifra*）、茶花（*Camellia sinensis*）、枣树（*Ziziphus jujuba*）等。

1. 茶花蜜中毒　茶树是我国南方广泛种植的重要经济作物，开花期9～12月，花期长达50～70天，流蜜量大，花粉丰富且经济价值高。因此，茶树是秋末冬初的一个主要蜜源。但是，茶花期发生蜜蜂烂子病，使群势下降，给蜂群越冬造成困难。

（1）中毒原因：生产实践证明，引起茶花期蜜蜂中毒的是茶花蜜。茶花蜜中含有约14.2%的三糖和四糖等，这些寡糖中的半乳糖以及在蜜蜂肠道中经酶解后产生的半乳糖，是蜜蜂所不能消化的，造成蜜蜂幼虫营养障碍而中毒。此外，茶花蜜中还含有微量的咖啡因和茶皂甙，尚不明确是否会造成幼虫中毒。

（2）中毒症状：成年蜂一般不表现症状，主要是大幼虫成片出现腐烂，严重时有酸臭味。仅在茶花期出现，据此可与美洲幼虫腐臭病相区别。

（3）防治措施：在茶花期，将蜂巢分隔成繁殖区和贮蜜区，每隔1～2天对繁殖区饲喂1∶1糖水，减少幼虫取食茶花蜜的量，减轻中毒症状。

2. 油茶中毒　油茶是我国长江中下游地区以及南方各省种植的重要油料作物。开花期9～11月，花期长达50～60天，蜜粉丰富，是晚秋主要蜜源。

（1）中毒原因：油茶花蜜中含有咖啡因和半乳糖。

（2）中毒症状：开花期间，成年蜂采集花蜜后腹胀，无法飞行，直至死亡；幼虫取食油茶花蜜后表现为烂子。

（3）防治措施：方法同茶花蜜中毒，也可用中国林业科学院研制的“油茶蜂乐”解毒。

3. 枣花蜜中毒　枣是我国重要果树之一，也是北方夏季主要蜜源植物。5～7月开花，花期长达30天以上。泌蜜量大，花粉少。开花放蜂期间，蜂群繁殖差，群势下降达30%以上，尤以干旱年份较重。

（1）中毒原因：一种观点认为是枣花蜜中所含生物碱引起中毒，另一种观点认为是由于枣花蜜中含有过高的钾离子引起中毒。此外，笔者认为，蜂群缺粉、高温和蛋白质食物中含有尘埃，也可能是引起蜜蜂中毒、群势下降的原因。

（2）中毒症状：工蜂腹胀，失去飞翔能力，只能在箱外做跳跃式爬行；死蜂呈伸吻勾腹状，踩上去有轻微的噼啪爆炸声。

（3）防治措施：放蜂场地要通风，并有树林遮阳。采蜜期间，做好蜂群的防暑降温工作，一早一晚清扫场地并洒水，扩大巢门，蜂场增设饲水器。保持巢内花粉充足，可减轻发病。

4. 甘露蜜中毒　在外界蜜粉源缺乏时，蜜蜂会采集某些植物幼叶及花蕾等部位分泌的甘露，或蚜虫、介壳虫分泌的蜜露。

（1）中毒原因：在蜜露蜜或某些甘露蜜中含有较多的无机盐和糊精，蜜蜂因无法消化吸收和排泄而胀死。

（2）中毒症状：成年蜂腹部膨大，无力飞翔。拉出消化道观察，可见蜜囊膨胀，中肠环纹消失，后肠有黑色积液。严重时幼蜂、幼虫、蜂王也会中毒死亡（图7-19）。

（3）防治措施：选择蜜源丰富、优良的场地放蜂，保持蜂群食物充足，一旦蜜蜂采集了松柏等甘露或蜜露，要及时摇出，给蜂群补喂含有复合维生素B或酵母的糖浆，并转移蜂场。

5. 有毒蜜源

（1）中毒原因：我国常见的有毒蜜源植物有：藜芦、苦皮藤、喜树、博落回、曼陀罗、毛茛、乌头、白头翁、羊踯躅、杜鹃等。这些植物的花粉或花蜜含有对蜜蜂有害的生物碱、糖甙、毒蛋白、多肽、胺类、多糖、草酸盐等物质，蜜蜂采集后，受这些毒物的作用而生病。

图 7-19　蜜露蜜中毒

（牟秀艳　摄）

（2）中毒症状：因花蜜而中毒的多是采集蜂，中毒初期，蜜蜂兴奋，逐渐进入抑制状态，行动呆滞，身体麻痹，吻伸出；中毒后期，蜜蜂在箱内、场地艰难爬行，直到死亡。因花粉而中毒的多为幼蜂，其腹部膨胀，中、后肠充满黄色花粉糊，并失去飞行能力，落在箱底或爬出箱外死亡。花粉中毒严重时，幼虫滚出巢房而毙命，或烂死在巢房内，虫体呈灰白色。

（3）诊断方法：调查了解蜜源场地的植物种类，提取蜜囊或巢房中的花蜜或花粉，用显微镜观察其中的花粉粒，对照有毒蜜源植物的花粉形态，鉴定是哪些有毒植物造成的蜜蜂中毒。

①花粉鉴定：在蜂巢中取新鲜花粉 5～10 克于离心管中，加少量水，用玻棒搅拌，再置于离心机中，以 3 000 转/分离心 5～10 分钟，放出上清液，加少量水，摇匀。取 1 滴混合液于载玻片上，盖上盖玻片，最后放在 400 倍显微镜下观察花粉形态。

②花蜜鉴定：称取可疑蜂蜜 25 克，置于 100 毫升烧杯中，加 50 毫升 80℃的热水，搅拌混合，以下操作同花粉鉴定。

博落回花粉粒球形，轮廓清晰，直径 15.4～23.3 微米，具 6～8 个萌发孔，孔径 2.2 微米，具盖，周围有细颗粒。外壁具细网状雕纹，网眼小，网脊由颗粒组成（图 7-20/上左）。

羊踯躅花粉粒为四合体形，1 粒在上、3 粒在下，或相反排列。单粒花粉结合紧密，粒间界限不明显，极面观为钝三角形，表面具皱褶和三歧状隆起，3 沟，相邻 2 沟结合处有裂缝内孔。表面还具稀的网状雕纹，网眼小，圆形，网脊宽而平，表面有细颗粒（图 7-20/上中）。

藜芦（木属）花粉粒椭圆形，平均大小为 22.1 微米×35.2 微米，外壁具清晰的细网状雕纹，花粉粒轮廓线不平。

乌头花粉粒为长球形，赤道面观为椭圆形，极面观为 3 裂圆形，大小为（33.5～41.7）微米×（20.6～34.3）微米，具 3 沟，外壁表面具细颗粒状雕纹。

曼陀罗花粉粒球形或近球形，赤道面观为椭圆形，极面观为 3 裂圆形。大小为 32.2 微米×31.4 微米。具 3 孔沟，沟窄而短，

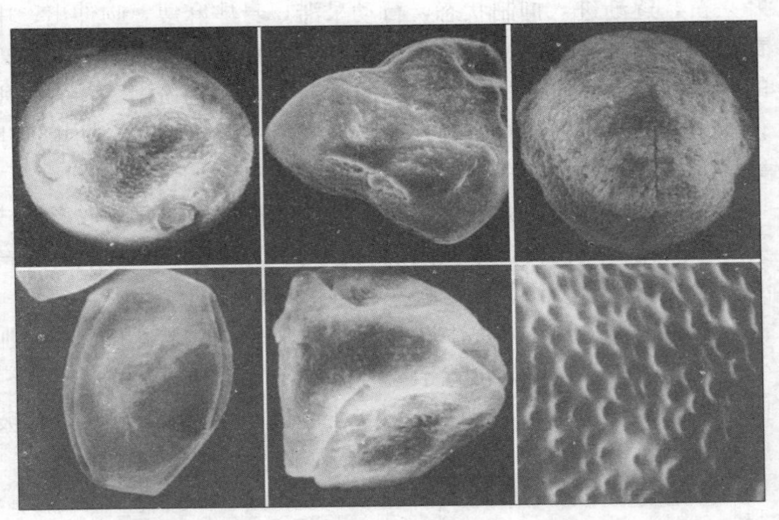

图 7-20　有害植物花粉粒

上左：博落回　上中：羊踯躅　上右：曼陀罗　下：喜树

（引自《中国蜜蜂学》）

不明显。外壁具短而粗的条状或蠕虫状雕纹（图 7 - 20/上右）。

苦皮藤花粉粒扁球形或近圆形，大小为（19.8～24.4）微米×（22.9～27.5）微米。具 3 沟，沟宽，两端尖，外壁表面具清晰的网状雕纹，网眼圆形或不规则，网脊由颗粒组成，花粉轮廓线分明，呈波浪式。

喜树花粉粒近球形或扁球形，赤道面观为梭形，极面观为钝三角形。大小为（45.4～53.5）微米×（34.8～44.4）微米，具 3 孔沟，沟长至两极，外壁具细网状雕纹，网眼圆形或近圆形，网脊宽，表面有细颗粒（图 7 - 20/下）。

（4）防治措施：选择没有或少有毒蜜源（2 千米内）的场地放蜂，或根据蜜源特点，采取早退场、晚进场、转移蜂场等办法，避开有毒蜜源的毒害。如在秦岭山区狼牙刺场地放蜂，早退场可有效防止蜜蜂苦皮藤中毒。

发现蜜蜂蜜、粉中毒后，首先须及时从发病群中取出花蜜或花粉脾，并喂给酸饲料（如在糖水中加食醋、柠檬酸，或用生姜 25 克＋水 500 克，煮沸后再加 250 克白糖喂蜂）。若确定花粉中毒，加强脱粉可减轻症状。其次，如中毒严重，或该场地没有太大价值，应权衡利弊，及时转场。

二、药物毒害

（一）农药

1. *农药中毒与危害*　由于各种药物的广泛大量使用，蜜蜂药物中毒一直是困扰各国养蜂生产的一大问题。蜜蜂药物中毒主要是在采集水果、蔬菜等人工种植植物的花蜜花粉时发生。如我国南方的柑橘、荔枝、龙眼，北方的枣树、杏等，每年都造成大量蜜蜂死亡，许多蜂农常常不得不提早退出场地，以减少蜜蜂损失。另外，我国最主要的蜜源——油菜、枣等果树，由于催化剂和除草剂的应用，驱避蜜蜂采集，或蜜蜂采集后，造成蜂群停止繁殖。尽管我国已有相关的法规保护蜜蜂授粉行为，但是对种植者缺乏约束力，加之对蜜蜂授粉的知识还不够普及，种植者对授粉的益处了解甚少，少有主动配合者。因此，蜜蜂中毒常有发生，给养蜂者和果农都造成经济损失。

2. *药物种类和机理* 对蜜蜂威胁较大的主要是人工合成的有机杀虫剂，如敌敌畏，植物杀虫剂毒性较小，如鱼藤。而杀菌剂、除草剂、生物农药等的危害相对较小。

药物对蜜蜂的毒杀方式主要有3种：触杀、胃毒和熏蒸。它们分别由体壁、口和气门进入体内，作用于神经、呼吸系统，破坏蜜蜂正常的生理机能而发生毒害作用。

不同的农药，杀虫效果不一样，用致死中量 LD_{50} 来表示。高毒的 $LD_{50}=0.001\sim1.99$ 微克/蜂，中毒的 $LD_{50}=22.0\sim10.99$ 微克/蜂，低毒的 $LD_{50}>11.0$ 微克/蜂。

一般来说，药剂颗粒越小，悬浮率越高，在空中飘浮的时间也越长，毒力也越强。因此，喷雾或喷粉比其他施用方法对蜜蜂的危害大。

3. *中毒症状与诊断* 农药中毒的主要是外勤蜂，有些在飞回蜂巢途中死亡，有些在回巢后出现中毒症状。成年工蜂中毒后，在蜂箱前乱飞，追蜇人畜，蜂群很凶。中毒工蜂正在飞行时旋转落地，肢体麻痹，翻滚抽搐，打转、爬行，无力飞翔。最后，两翅张开，腹部勾曲，吻伸出而死，有些死蜂还携带有花粉团；严重时，短时间内在蜂箱前或蜂箱内可见大量的死蜂，全场蜂群都如此，而且群势越强死亡越多。

当外勤蜂中毒较轻而将受农药污染的食物带回蜂巢时，造成部分幼虫中毒而剧烈抽搐并滚出巢房。有一些幼虫能生长羽化，但出房后残翅或无翅，体重变轻。当发现上述现象时，根据对花期特点和种植管理方式的了解，即可判定是农药中毒。

不同的农药，引起蜜蜂中毒的症状差别不大，很难从中毒蜂的表现和死蜂的状态来推断农药的类别。但若为催化剂（生长激素）或除草剂中毒，则可能造成蜂群停止繁殖。

4. 预防与急救措施

（1）预防措施：一旦发生蜜蜂农药中毒，造成的损失很难挽回，因此，要做好预防工作，尽量避免发生农药中毒现象。

①依法保护蜜蜂：制定相关的法规来保护蜜蜂的授粉采集行为，大力宣传蜜蜂授粉知识。

②协调种养关系：养蜂者和种植者密切合作，尽量做到花期不喷药，或在花前预防、花后补治。种植者应尽量采用对蜜蜂安全的施药方式，能用颗粒剂的就不选用粉剂和乳油。

③优选施药方式：若必须在花期喷药的，应尽量在清晨或傍晚喷施，以减少对蜜蜂的直接毒杀作用，使治虫与授粉采集两不误。尽量选用对蜜蜂低毒和残效期短的农药，在不影响药效和不损害农作物的前提下，在农药中添加适量驱避剂，如杂酚油、石炭酸、苯甲醛等，以驱避蜜蜂采集。

④做好隔离工作：在习惯施药的蜜源场地放蜂，蜂场以距离蜜源 300 米为宜。若花期大面积喷施对蜜蜂高毒的农药，应及时搬走蜂群。如蜂群一时无法搬走，就必须关上巢门，并进行遮盖，保持蜂群环境黑暗，注意通风降温，且最长不超过 2～3 天。对不宜关巢门的蜂群必须在蜂巢门口连续洒水。

（2）急救措施：第一，若只是外勤蜂中毒，及时撤离施药区即可。若有幼虫发生中毒，则须摇出受污染的饲料，清洗受污染的巢脾。第二，给中毒的蜂群饲喂 1∶1 的糖浆或甘草糖浆。对于确知有机磷农药中毒的蜂群，应及时配制 0.1%～0.2%的解磷定溶液，或用 0.05%～0.1%的硫酸阿托品喷脾解毒。对有机磷或有机氯农药中毒，也可在 20%的糖水中加入 0.1%食用碱喂蜂解毒。

（二）兽药

1. 中毒原因　在使用杀螨剂防治蜂螨时，用药过量（如绝螨精二号），在施药2小时后，幼蜂便从箱中爬出，在箱前乱爬，直到死亡为止。

在用升华硫抹子脾防治小蜂螨时，若药沫掉进幼虫房内，则引起幼虫中毒死亡。另外，使用依维菌素的鸡厂、猪厂排泄的粪便，蜜蜂饮其污水，能使蜜蜂繁殖受到影响。

2. 预防措施　严格按照说明配药，使用定量喷雾器施药（如两罐雾化器）。或先试治几群，按最大的防效、最小的用药量防治蜂病。

远离鸡场、猪场放置蜂群。

（三）激素

主要有生长素、坐果素等。目前对养蜂生产威胁最大的是赤霉素。农民对枣树花、油菜花喷洒赤霉素，可提高枣花坐果率。蜜蜂采集后，便引起幼虫死亡，蜂王停产直至死亡，工蜂寿命缩短，并减少甚至停止采集活动。

解救措施有饲喂解磷啶，更换蜂王，离开喷洒此药的蜜源场地。

（四）除草剂

玉米、小麦田喷洒除草剂，蜜蜂在其上喝露水引起中毒，注意喂水预防。

三、环境毒害

（一）中毒原因

在工业区（如化工厂、水泥厂、电厂、铝厂、药厂、冶炼厂等）及砖瓦厂附近，烟囱排出的气体中，有些含有氧化铝、二氧化硫、氟化物、砷化物、臭氧、臭氟等有害物质，随着空气（风）漂散并沉积下来（图7-21）。这些有害物质，一方面直接毒害蜜蜂，使蜜蜂死亡或寿命缩短，另一方面它沉积在花上，被蜜蜂采集后影响蜜蜂健康和幼虫的生长发育，还对植物的生长和蜂产品质量形成威胁。受这些毒物的危害，成年蜜蜂表现出体质衰弱，寿命缩短，采集、哺育和抗逆力下降；幼蜂发育不良，甚至死亡，从而造成群势下降，严重者全群覆没，而且无药可治。

图 7-21　污浊的空气
引自《BIOLOGY》- *The Unity and Diversity of Life*，EIGHTH EDITION)

除工业区排出的有害气体外，其排出的污水和城市生活污水也时刻威胁着蜜蜂的安全。污水造成的毒害，近些年来的“爬蜂病”，污水是其主要发病原因之一。荆条花期，水泥厂排出的粉尘是附近蜂群群势下降的原因之一。

毒气中毒以工业区及其排烟的顺（下）风向受害最重，污水中毒以城市周边或城中为甚。

（二）中毒症状

环境毒害，造成蜂巢内有卵无虫、爬蜂，蜜蜂疲惫不堪，群势下降，用药无效。

因污水、毒气造成蜜蜂的中毒现象，雨水多的年份轻、干旱年份重，并受季风的影响，在污染源的下风向受害重，甚至数十千米的地方也难逃其害。只要污染源存在，就会一直对该范围内的蜜蜂造成毒害。

（三）防治措施

一旦发现蜜蜂因有害气体而中毒，首先清除巢内饲料后喂给糖水，然后转移蜂场。

如果是污水中毒，应及时在箱内喂水或巢门喂水，在落场时，做好蜜蜂饮水工作。

由环境污染对蜜蜂造成毒害有时是隐性的，且是不可救药的。因此，选择具有优良环境的场地放蜂，是避免环境毒害的唯一好办法，同时也是生产无公害蜂产品的首要措施。

第五节　蜜蜂检疫

一、蜜蜂检疫的意义

蜜蜂检疫是动物检疫的一部分，是根据国家或地方政府规定，对蜜蜂及其产品进行检查，控制有疫病的蜜蜂和产品移动的一种措施。检疫的目的是为了预防和消灭蜜蜂传染病，防止危险性病虫害的扩大蔓延。随着商品经济的日益发展，蜂群及其产品流动性加大，蜜蜂疫病的传播机会增多，为保障养蜂业的健康发展，必须对流通的蜜蜂及其产品加强检疫，以防止疫病的传入或传出，保护广大蜂农的利益。

20世纪50年代末的螨害流行，70年代末的中蜂囊状幼虫病暴发，以至90年代的“爬蜂病”、白垩病等，都曾从小范围发生而迅速蔓延全国，造成巨大的经济损失。因此进行蜜蜂检疫是非常必要的。为了做好检疫工作，一方面检疫机关要严格执法，另一方面要求受检蜂场主积极配合。

二、内外检疫的对象

我国动物检疫分为外检和内检，各自又包括若干种检疫形式。

（一）检疫的种类

1. 外检　对出入国境的动物及其产品进行的检疫叫国境检疫，又叫进出境检疫或口岸检疫，简称外检。蜜蜂外检的目的是为了保护国内的蜜蜂不受外来蜜蜂疫病的侵袭和防止国内蜜蜂疫病的传出。我国在海、陆、空各口岸设立了动植物检疫机关，代表国家执行检疫，既不允许外国蜜蜂疫病的传入，也不允许国内蜜蜂疫病的传出。

外检又分为进出境检疫、过境检疫、携带和邮寄物检疫、运输工具的检疫等。只有被检蜜蜂及其产品不带有检疫对象时，方准许输入或输出。反之，则作退回或销毁处理。对来自疫区的蜜蜂及其产品不论带菌与否，都予以退回或销毁，禁止入境。

2. 内检　对在国内流通的动物及其产品作为检疫对象的检疫，叫国内检疫，简称内检。国内检疫的主要是转地蜂群、邮寄或托运的蜜蜂及蜂产品等。蜜蜂内检的目的是为了保护各省、市、自治区的蜜蜂不受邻近地区蜜蜂疫病的传染，防止蜜蜂疫病的扩散蔓延。

内检包括产地检疫、运输检疫等。蜜蜂的产地检疫是在蜜蜂饲养地进行的检疫，是蜜蜂检疫最基层的环节，因此搞好产地检疫可有效地控制蜜蜂疫病扩散。蜜蜂的运输检疫是指蜜蜂在起运之前的检疫，若受检蜂场主持有有效的检疫证明则可免检。

（二）检疫对象

检疫对象是指政府规定的动物疫病。这些疫病往往传染性强、危害性大，一旦传出或传入都可能造成大的经济损失。因此，国家制定相应的法令法规，并由农业部的相关部门或其委托部门来强制执行。危害性大而目前防治有困难或耗费财力的蜜蜂疫病（如美洲幼虫腐臭病、白垩病和蜂螨），以及国内尚未发生或已消灭的蜜蜂疫病（如壁虱、蜂虱），都应确定为检疫对象。

1．外检对象　1992年6月农业部公布的《进口动物检疫对象名单》中关于蜜蜂的对外检疫对象有：美洲幼虫腐臭病、欧洲幼虫腐臭病、壁虱病、瓦螨病、蜜蜂微孢子虫病。

2．内检对象　依照农业部1992年发布的《家畜家禽防疫条例》及其实施细则的规定，蜜蜂的国内检疫对象可由各省、自治区、直辖市根据当地实际情况，自行规定，亦可参照外检对象名单进行检疫。根据目前蜜蜂疫病的情况，蜜蜂病虫害的检疫对象，主要是美洲幼虫腐臭病和欧洲幼虫腐臭病、蜂螨、囊状幼虫病、白垩病、孢子虫病、爬蜂病。

由于随地域、年份的不同，疫情也会有变化，因而各省、市、自治区的检疫对象不是一成不变的，各地的农牧主管部门可根据当时当地的情况确定合理的检疫对象。

三、蜜蜂检疫的方法

（一）抽样方法

对数量不多的蜂群、引种蜂王、蜂产品，应进行逐箱逐件检疫。对于数量太大而无法做到逐件检疫时，可采取抽样检疫的办法。抽样的比例和方法要求尽量客观、具有代表性。一般说来，100件（群）以下不低于15%～20%，101～200件（群）不低于10%～15%，201～300件（群）不低于5%～10%。引进的种蜂在100件以内要逐件检疫。

（二）检疫技术

蜜蜂检疫方法主要有现场检疫、实验室检疫。检疫方法、手段要求尽可能灵敏、准确、简易、快速，极力避免误检和漏检。

1．现场检疫　能够在现场进行并得到一般检查结果的检疫方法。通常以蜜蜂流行病学调查和临诊检查为主。这是基层检疫工作中最常用的方法。具体内容为：

（1）调查当前蜜蜂疫病流行情况，包括病害种类、发病时间、地点、数量等。

（2）对待检的所有蜂群进行箱外观察，从中把可疑有病的蜂群挑出来，进一步进行箱内检查。内容包括箱内外有无异常的丢弃物，蜜蜂是否有行为、形态等方面的异常，巢脾上的幼虫是否有病态表现，幼虫或成年蜂身上是否携带有寄生物，以此对蜂群的健康状况做出初步的判断。

①蜂巢小甲虫（small hive beetle）：出尾虫科，学名 *Aethina tumida*。分布于非洲南部和美国。卵期 2～6 天，珍珠白色，香蕉状，约为蜂卵的 2/3 大小。幼虫期 10～14 天，体长 13 毫米，头较大，体上有许多突起，以花粉、蜂蜜和巢脾为食，还食用蜜蜂的卵和幼虫。幼虫成熟后在土中化蛹，蛹为珍珠白色，胸部和腹部有刺状突起，历时 8～60 天。成虫黑色，体长 5～7 毫米，有 3 对足，2 对短翅（图 7 - 22），爬行迅速，还能飞翔，平均寿命 2 个月（Bee World，1999）。

②白垩病：巢门口有白色、黑色或黑白杂色的石灰子样的虫尸，或提脾可见到巢房内表面长有白色或黑色短绒状菌丝的死亡虫尸，则可判断蜂群已患此病。

③（中蜂）囊状幼虫病：提脾观察，若巢脾上有成簇的开了房盖的前蛹期幼虫（呈尖头状），幼虫头部内有液滴，用镊子钳出时呈囊袋状，则可判断蜂群（中蜂）已患此病。

④欧洲幼虫腐臭病：提幼虫脾观察，若有卵、虫、蛹巢房相间的“花子”现象，甚至虫体组织分解并发出酸臭味，则可初步判断蜂群已患此病。

⑤美洲幼虫腐臭病：提幼虫脾观察，若有卵、虫、蛹巢房相间的“花子”现象，封盖子房盖下陷、湿润，颜色变暗，有的有孔洞，临近封盖或已封盖的大幼虫明显变色，甚至呈咖啡色。用竹签或镊子挑虫尸易拉出细丝，死虫发出腥臭味，即可判断蜂群

图 7-22　非洲小甲虫

1. 成虫　2. 危害状　3. 幼虫

（引自 www. dpi. vic. gov. au）

已患此病。

⑥孢子虫病：见蜜蜂在巢门口等处排泄污物，工蜂的腹部膨大，腹末端颜色发暗。从腹末端轻轻拉出其消化道观察，若中肠暗灰色，环纹不清，且膨胀松软，容易破裂，则可初步判断蜂群已被孢子虫寄生。

⑦大蜂螨：箱外有残翅的幼蜂爬行，或提脾观察，成年蜂体上有棕褐色的 1 毫米大小的横椭圆形红色“小虫”，或随机挑开数个雄蜂或工蜂房封盖，见有大蜂螨寄生，都可确诊。

⑧小蜂螨：箱外有残翅的幼蜂爬行，仔细观察巢脾，有小蜂螨在巢房间迅速爬动；一些封盖房上出现小孔，挑出虫蛹可见虫

体上有小螨寄生，严重时出现封盖子腐烂，有腐臭味。

⑨蜂虱：仔细观察，见有蜜蜂骚动不安，认真察看它们的头部、胸部背面绒毛处，如有红褐色并着生稠密绒毛的体外寄生物，有3对足，但无翅。或在抽取的即将封盖的蜜脾上，仔细察看半封盖蜜房盖下或巢房壁上，如有虫蛀的细小隧道、乳白色的卵和幼虫。据此可初步判断蜂群被蜂虱寄生。蜂虱在国内尚无发现，属对外检疫对象。

⑩壁虱病：成年蜂体质衰弱，失去飞翔能力，前后翅错位，翅呈“K”形，据此可初步断定蜂群已患壁虱病。我国尚未发生壁虱病，为外检对象。

2. 实验室检疫　是利用实验室仪器，依据病原物特征作微生物学、病理学、免疫学等方面的检查，确定检查结果。除了白垩病、美洲幼虫腐臭病具有典型症状或已经直接找到病原物或寄生物，可以确诊外，欧洲幼虫腐臭病、孢子虫病、壁虱病、蜂虱等还必须在现场检疫症状的基础上，取回可疑材料，进一步进行实验室检验。

（1）欧洲幼虫腐臭病：挑取2～4日龄的病死幼虫，制片镜检，若发现略呈披针形的蜂房链球菌，有时还有杆菌、芽孢杆菌时，即可初步确定为欧洲幼虫腐臭病。

在普通马铃薯-琼脂培养基和酵母浸膏-琼脂培养基平面上，接种病原物，在32～35℃恒温箱内培养24～36小时后观察，蜂房芽孢杆菌在酵母浸膏－琼脂培养基平面上菌落低平而有光泽，直径1～1.5毫米，并能液化明胶，分解蛋白胨产生腐烂气味，能利用葡萄糖、麦芽糖、糊精和甘油产酸产气，不发酵乳糖。蜂房链球菌在马铃薯－琼脂培养基平面上生长，菌落淡黄色，边缘光滑，直径0.5～1.5毫米。

（2）美洲幼虫腐臭病：可从封盖子脾上挑取病虫涂片，加热固定，然后加数滴孔雀绿于涂片上，再加热至沸腾，维持3分钟后水洗。加番红水溶液染色30秒钟，水洗后吸干。在1 000～

1 500倍的显微镜下进行检查，若发现有大量呈游离状态的芽孢（芽孢呈绿色，营养体染为红色）存在，即可初步确定是美洲幼虫腐臭病。

为进一步确定病原，可做实验室培养：从可疑病脾上挑取患病幼虫 5～10 只，经镜检发现有大量芽孢后，即可将其置研钵中研磨，加无菌水稀释，制成悬浮液，在 80℃水浴中保温 30 分钟，以杀死营养细胞，然后接种到胡萝卜培养基（或马铃薯培养基或酵母浸膏培养基）上，置 30～32℃培养 24 小时。再将待定菌株分别移植到胡萝卜培养基斜面和牛肉汁培养基斜面培养，若在胡萝卜培养基斜面上生长良好，而在牛肉汁培养基斜面上不能生长或生长很差，则可确定为美洲幼虫腐臭病病原菌。

（3）蜂虱：用酒精将蜂虱杀死，在解剖镜下观察，如果确证了其形态、色泽、大小等与现场观察无异，并有在蜜房封盖下穿成隧道型症状，即可确定为蜂虱。

（4）蜜蜂孢子虫病：从蜂群中取病蜂 2～3 只，用镊子或两手指捏住蜜蜂尾部，连同螫针，轻轻地拉出其消化道，然后取一载玻片，在其中央加 1 滴无菌水，再用解剖剪剪下一小块中肠壁，在水滴中轻轻捣碎，盖上盖片，置于 400～600 倍显微镜下观察。若发现有大量大小一致的椭圆形孢子，即可确定为孢子虫。

如需进一步确诊，可根据孢子虫在酸性溶液里溶解消失的特性，用 10%盐酸从盖玻片边缘滴加在上述涂片上，置于温箱 30℃保温 10 分钟，再进行镜检，若是蜜蜂孢子虫，则大部分溶解消失，而酵母菌及真菌孢子仍然存在。

对蜂王的检疫，可采集蜂王的排泄物涂片镜检。

（5）壁虱病：从蜂群中取病蜂，用左手捏住双翅，右手持解剖剪在紧靠第一对胸足基部的后方和头部上方，将其与头部一起剪掉，然后腹部朝上，用昆虫针固定在蜡盘上。在解剖镜下，用镊子将切口处残余的前胸背板（如衣领似的围在切口处）顺时针方向撕掉，仔细观察，在胸腔内可见1对人字形的气管干。正常气管为白色、透明、富有弹性。若发现前胸气管内出现褐色斑点或更深，或看到任何发育阶段的壁虱，即可确定为壁虱病（图7-23）。

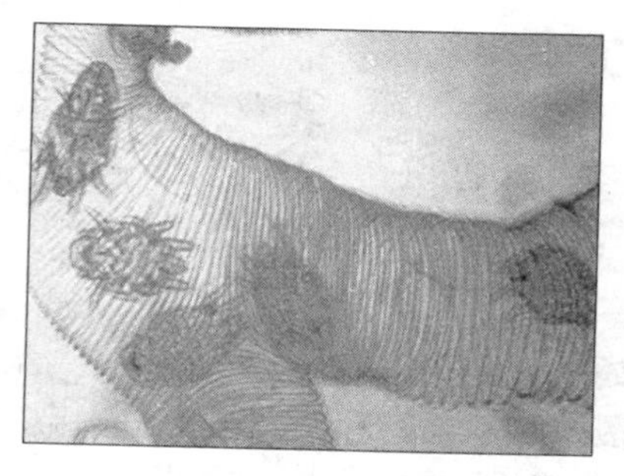

图7-23　蜜蜂气管壁虱病
（引自黄智勇）

（三）隔离检疫

隔离检疫是将蜜蜂隔离在相对孤立的场所进行的检疫。这是一种在进出境检疫、运输前后及过程中发现有或可疑有传染病时，或为建立健康群体时所采取的检疫方式。一般隔离时间为30天。隔离期间，须经常进行现场检查，并做好管理记录，一旦发现异常，立即采样送检。隔离期满，经检疫合格，凭检疫放行通知单，才可运出隔离场。不合格的，按规定作退回或销毁处理。

参 考 文 献

安奎，何铠光．1998. 养蜂学［M］．台北：花香园出版社．
陈崇羔，张向阳，沈国忠，等．1989. 饲喂添加维生素E糖浆对工蜂王浆腺发育的影响［J］．中国养蜂（3）：2－5.
陈崇羔．1999. 蜂产品加工学［M］．福州：福建科学技术出版社．
陈盛禄．2001. 中国蜜蜂学［M］．北京：中国农业出版社．
陈耀春．1993. 中国蜂业［M］．北京：中国农业出版社．
方文富，周冰峰，黄少康．2005. 蜂王浆生产新技术研究［J］．中国养蜂（1）：6－8.
房柱．1999. 蜂胶［M］．太原：山西科学技术出版社．
冯峰．1995. 中国蜜蜂病理及防治学［M］．北京：中国农业科技出版社．
葛凤晨，薛运波．1997. 关于杂交蜜蜂的累代利用问题——论生产性蜂群换种（四）［J］．蜜蜂杂志（11）21－22.
葛凤晨．1997. 蜜蜂饲养管理技术［M］．吉林：吉林延边人民出版社．
葛凤晨．1999. 利用蜜蜂授粉的大棚樱桃早期落果原因探析［J］．蜜蜂杂志（11）：2.
葛凤晨．1999. 越冬蜂群的管理及异常情况的处理［J］．中国养蜂（6）：14－15.
龚一飞，方文富．1996. 蜜蜂机具学［M］．福州：福建科学技术出版社．
龚一飞，张其康．2000. 蜜蜂分类与进化［M］．福州：福建科学技术出版社．
洪德兴．1995. 萧山种蜂生产性能及蜂群管理技术．蜜蜂杂志（10）：12－14.
侯宝敏，张中印，王永远．2002. 怎样养蜂［M］．郑州：河南科学技术出版社．
黄文诚，吴本熙．1998. 养蜂手册［M］．北京：中国农业出版社．

黄文诚．1997. 养蜂技术［M］．北京：金盾出版社．
柯贤港．1995. 蜜粉源植物学［M］．北京：中国农业出版社．
匡邦郁，匡海欧，刘意秋，等．2000. 蜜蜂生物学理论的运用与实践［J］．蜜蜂杂志（3）：3-4.
匡邦郁．1991. 橡胶花期［J］．蜜蜂杂志（2）：24-25.
匡邦郁．2002. 蜜蜂生物学［M］．昆明：云南科学技术出版社．
李金福，张中印．2000. 我国主要蜜及放蜂路线简况［J］．蜜蜂杂志（6）：23.
李仰山．1992. 饲料和群势是影响蜜蜂寿命的关键［J］．养蜂科技（4）：14.
梁诗魁，任再金．1993. 蜜源植物要览［M］．北京：农业出版社．
马德风，黄文诚．1993. 中国农业百科全书·养蜂卷［M］．北京：农业出版社．
缪晓青，陈震，吴珍红，等．2000. 电取蜂毒对蜜蜂个体生物学的影响［J］．福建农业大学学报（4）：514-518.
彭文君，安建东，梁诗魁．1999. 蜜蜂科中几个具有重要经济价值的昆虫及其利用概况．蜜蜂杂志（12）：7-8.
邵瑞宜．1995. 蜜蜂育种学［M］．北京：中国农业出版社．
邵有全．2001. 蜜蜂授粉［M］．太原：山西科学技术出版社．
沈基楷，肖体元．1998. 几种措施对蜂群春繁的影响［J］．中国养蜂（1）：5-6.
沈基楷．1987. 多箱体养蜂技术［M］．北京：中国农业出版社．
宋心仿，邵有全．2000. 蜜蜂饲养新技术［M］．北京：中国农业出版社．
苏松坤，陈盛禄，林雪珍，等．2000. 蜂粮生产技术［J］．养蜂科技（4）29-30.
苏松坤，陈盛禄，林雪珍，等．2001. 蜂子比值与采蜜量相关性的研究［J］．蜜蜂杂志（1）：4-7.
王建鼎，梁勤，苏荣．1997. 蜜蜂保护学［M］．北京：中国农业出版社．
王开发，张盛隆，张卫东．1999. 花粉的蛋白质和氨基酸［J］．养蜂科技（6）：10-14.
王丽华，苏松坤，邵瑞宜．2001. 分子生物技术在蜜蜂育种研究上的应用［J］．福建农业大学学报（4）：518-523.

王贻节.1994. 蜜蜂产品学［M］. 北京：中国农业出版社.
吴杰.1998. 养蜂技术问答［M］. 北京：中国农业出版社.
吴美根，陈莉莉.1984. 蜜蜂为砀山梨授粉增产研究初报［J］. 中国养蜂（6）：7-10.
徐景耀，庄元忠.1991. 蜜蜂花粉研究与利用［M］. 北京：中国医药科技出版社.
徐万林.1992. 中国蜜粉源植物［M］. 哈尔滨：黑龙江科学技术出版社.
薛慧文，和绍禹.2003. 蜜蜂无公害饲养综合技术［M］. 北京：中国农业出版社.
颜志立，周先超，金士义，等.1991. 湖北省荆条分布带及花期蜂群管理［J］. 蜜蜂杂志（5）：10-11.
杨冠煌.2001. 中华蜜蜂［M］. 北京：中国农业科技出版社.
叶振生.2003. 蜂产品深加工技术［M］. 北京：中国农业出版社.
曾志将，吴桂生，张中印，等.2000. 割雄蜂蛹对蜂群生产力、繁殖力和分蜂性的影响［J］. 浙江大学学报，26（5）：540-542.
曾志将.2003. 养蜂学［M］. 北京：中国农业出版社.
张复兴.1998. 现代养蜂生产［M］. 北京：中国农业大学出版社.
张中印，陈崇羔.2003. 中国实用养蜂学［M］. 郑州：河南科学技术出版社.
张中印，李金福，王运兵.2002. 弈树属蜜源植物的研究与开发利用［J］. 中国养蜂（5）：25-26.
张中印，刘荷芬，余昊，等.2005. 铜锤草蜜源的观察与研究［J］. 蜜蜂杂志（11）：11-13.
张中印，王运兵，贾玉涵.2002. 河南省新乡市区蜜源植物调查与利用［J］. 中国养蜂（1）：24-25.
张中印，王运兵，刘荷芬，等.2003. 河南省城市主要蜜源——槐树［J］. 蜜蜂杂志（5）：36-36.
张中印，王运兵，吕华伟，等.2003. 蜂胶的优质高产技术与安全应用研究［J］. 蜜蜂杂志（1）：8-9.
张中印，王运兵，吕华伟，等.2004. 人体蜂毒过敏和中毒急救［J］. 中国养蜂（3）：23-24.
张中印，王运兵，吕华伟.2004. 市场上蜂蜜名称必须规范化［J］. 中国科学学报（4）：79 - 80.

张中印，王运兵，潘鹏亮．2003. 温室油桃的蜜蜂授粉技术［J］．蜜蜂杂志（12）：7 - 8.

张中印，王运兵，吴存坡．2005. 野皂荚蜜源的研究与开发利用［J］．中国养蜂（6）：20 -21.

张中印，王运兵，武存坡．2000. 钢木巢门脱粉器的研制与提高花粉产量试验［J］．中国养蜂（3）：7 - 8.

张中印，吴利民，吴存坡．2003. 大小蜂螨的综合防治技术［J］．中国养蜂（4）：20 - 22.

张中印，周冰峰，王运兵，等．2003. 蜂花粉优质高产技术研究与应用［J］．蜜蜂杂志（6）：9 - 11.

张中印．1992. 河南蜂群的秋季管理［J］．中国养蜂（2）.

张中印．1994. 河南蜂群的春夏管理［J］．中国养蜂（1）：13 - 14.

张中印．2003. 收捕野生中蜂群［J］．蜜蜂杂志（2）：36 - 37.

张中印．2004. 蜡螟的综合防治技术［J］．中国养蜂（4）：22 - 21.

张中印．2005. 河南省养蜂资源与生产贸易［J］．中国销商情．中国供销商情（45）：30 -32.

张中印．2005. 雄蜂蛹、虫优质高产技术与开发利用［J］．中国供销商情（45）：37 - 41.

周冰峰，贾光群，李学伟，等．1994. 电取蜂毒对意大利蜜蜂寿命的影响［J］．福建农业大学学报，23（2）：237 - 239.

周冰峰，莫之芬．1993. 蜜蜂安全运输的技术措施［J］．中国养蜂（4）：15 - 17.

周冰峰．2002. 蜜蜂饲养管理学［M］．厦门：厦门大学出版社．

诸葛群．2001. 养蜂法［M］．北京：中国农业出版社．

Bailey L. Honey Bee Pathology. New York：Academic Press New York，1981.

Bamford S，Heath L A F. The inrection of Apis mellifera larvae by Asck-sphaera apis. Journal of Apicultural Research，1989，28（1）：30～35.

Dadant & Sons. *The Hive and the Honeybee*. Inc. Hamilton，Illinois，USA，1993.

Dadant & Son. *The hive and the honeybee*. Illinois：M & W Graphics，

Inc. , 1993.

Elbert R. J. *Beekeeping in the Midwest*. London：University of Illinois Press，1976.

Erickson E H，JR，Stanley D C，Martin B G. *A scanning electron microscope atlas of the honey bee*. Iowa：The Iowa State University Press，1986

Free J. B. *Bees ang mankind*. London：George Allen & Unwin（pubishers) Ltd，1982.

Free J. B. Pheromones of Social Bees. London：Chapman and Hall，1987.

http：// www. legaitaly. com/.

http：//photo. bees. net/.

http：//www. acay. com. au/asqbees bigpic/.

http：//www. apihealth. com/.

http：//www. beecare. com/index.

http：//www. beeman. se/index－f. htm.

http：//www. befarmer. com/fotos/2005－ecee/gallery/eceeae4. html.

http：//www. bgy. gd. cn/.

http：//www. cannonbee. com/.

http：//www. dpi. vic. gov. au/dpi/index. htm.

http：//www. draperbee. com/.

http：//www. flickr. com/.

http：//www. forestryimages. org/.

http：//www. glorybeefoods. com/gbf/.

http：//www. greensmiths. com/.

http：//www. hive－mind. com/bee/blog/.

http：//www. honeybeeworld. com/.

http：//www. invasive. org/.

http：//www. megalink. net/～northgro/images/myphotos. htm.

http：//www. mondoapi. it/.

http：//www. mtpic. com/.

http：//www. pbs. org/wgbh/nova/bees.

http：//www. scottcamazine. com /photosKillerBee pages/.

http：//www. warrenphotographic. co. uk/.

http：//zoologie. umh. ac. be/hymenoptera/equipe. htm.

Hung A C F，Simanuki H，Knox D A. The role of viruses in bee parasitic mite syndrome. American Bee Journal，1996，136（10）：731～732.

Jack C. Carey. 《BIOLOGY》—The Unity and Diversity of Life，EIGHTH EDITION，1992.

Killion G. E. The production of comb ang bulk comk honey. In：Dadant & Son. *The hive and the honeybee*. Illinois：M & W Graphics，Inc.，1975. 429～446.

Mark L，Winston Keith N. Applinations of queen honey bee mandibular pheromone for beekeeping and corp pollination. Bee Word，1993，74（3）：55～61.

Okada I. Three species of wax moths in Japan. Honeybee Sxience，1988，9（4）：145～149.

Root AI. ABC and XYZ of Bee Culture. USA：AI Root CO. 1990.

Winston M. L. *The Biology of Honey bee*. london：Harvard University Press，1987.

Winter T. S. *Beeking in New Zealand*. Wellington：the New Zealand government printer，1980.

图书在版编目（CIP）数据

现代养蜂法 / 张中印编著．—2版．—北京：中国农业出版社，2015.1（2018.4重印）
（最受养殖户欢迎的精品图书）
ISBN 978-7-109-19902-6

Ⅰ.①现… Ⅱ.①张… Ⅲ.①养蜂 Ⅳ.①S89

中国版本图书馆CIP数据核字（2014）第294474号

中国农业出版社出版
（北京市朝阳区麦子店街18号楼）
（邮政编码 100125）
责任编辑 郭永立 张艳晶

中国农业出版社印刷厂印刷 新华书店北京发行所发行
2015年3月第2版 2018年4月第2版北京第4次印刷

开本：850mm×1168mm 1/32 印张：18.375
字数：462千字
定价：46.00元